普通高等教育“十三五”规划教材

大学计算机基础

（第三版）

主　编　王建忠

副主编　张　萍　赵晴凌
　　　　高　铁　方　涛
　　　　梁　静　王敏娜
　　　　郭亚钢　林蓉华

科学出版社

北　京

内 容 简 介

本书凝聚了一线教师的教学经验与科研成果，讲述了计算机的基本知识，阐明了重要的概念、技术和方法，提供了大量现实生活中的实用案例，强化了操作技能。全书共9章，主要内容包括计算机基础知识、Windows 7操作系统、文档处理软件Word 2010、电子表格制作软件Excel 2010、演示文稿制作软件PowerPoint 2010、Photoshop CS5平面设计基础、网络基础、多媒体技术基础和基础知识综合训练。

本书结构合理清晰，语言准确精练，内容详略适当，理论联系实践，实例精彩实用。

本书可作为普通本科院校非计算机专业的计算机基础教材（专科院校可选其中的部分进行教学），也可作为参加计算机等级考试的考生和社会在职人员的参考书。

图书在版编目(CIP)数据

大学计算机基础 / 王建忠主编．—3版．—北京：科学出版社，2014.6
普通高等教育“十三五”规划教材
ISBN 978-7-03-041008-5

Ⅰ．①大… Ⅱ．①王… Ⅲ．①电子计算机－高等学校－教材 Ⅳ．①TP3

中国版本图书馆CIP数据核字(2014)第124427号

责任编辑：毛 莹 张丽花 / 责任校对：郑金红
责任印制：张 伟 / 封面设计：迷底书装

科学出版社 出版
北京东黄城根北街16号
邮政编码：100717
http://www.sciencep.com

北京虎彩文化传播有限公司 印刷

科学出版社发行 各地新华书店经销

*

2010年9月第 一 版 开本：787×1092 1/16
2014年6月第 三 版 印张：23 1/2
2019年1月第十八次印刷 字数：616 000

定价：52.00元

前　言

本书根据2013年6月全国计算机等级考试一级考试大纲、2011年10月教育部高等学校计算机基础课程教学指导委员会编写的《高等学校计算机基础核心课程教学实施方案》、2009年10月编写的《高等学校计算机基础教学发展战略研究报告暨计算机基础课程教学基本要求》以及2008年11月教育部高等学校文科计算机基础教学指导委员会编写的《大学计算机教学基本要求》中所涉及的知识点与技能点，并结合本科院校非计算机专业学生的计算机实际水平与社会需求等相关内容编写而成。针对普通高等院校非计算机专业的教学目标和要求，重点讲授了计算机应用相关的基本知识；阐明了计算机应用相关核心的概念、技术和方法；强调理论联系实际并重视实际应用，提供了大量现实案例，强化了操作技能。

本书结构合理清晰，语言准确精练，内容详略适当，理论联系实践，案例精彩实用，其中操作系统采用 Windows 7、办公软件采用 Office 2010 进行讲解。本书配套有《大学计算机基础实训指导(第三版)》，为方便教学，还可提供大学计算机基础电子课件、实训素材及样文等辅助教学资源。如有需要，请与出版社联系。

本书由长期从事计算机基础教学、科研工作的骨干教师编写，具体的编写分工如下：第1章由王敏娜编写，第2章由赵晴凌编写，第3章3.1～3.5节由张萍编写、3.6～3.8节由王建忠编写，第4章由方涛编写，第5章由高轶编写，第6章由郭亚钢编写，第7章由梁静编写，第8章由林蓉华编写，第9章由王建忠编写。全书由王建忠统稿与审阅。

本书的出版得到四川师范大学副校长祁晓玲教授、教务处处长杜伟教授、基础教学学院院长唐应辉教授等领导的大力支持，同时也得到四川师范大学基础教学学院从事计算机教学的老师们的支持与关心，在此一并表示真诚的感谢！

由于时间仓促，书中难免存在不足与欠妥之处，为了便于今后的修订，恳请广大读者提出宝贵的意见与建议。

编　者

2014年4月

目　　录

第 1 章　计算机基础知识

在电子计算机出现后短短的半个多世纪里，随着计算机及计算机应用技术的普及，计算机技术得到了飞速的发展，正迅速渗透到社会的各个领域中，并逐步进入家庭，成为一个国家现代化的重要标志之一。

近 20 年来，计算机的应用不断深入。由于计算机日益向智能化发展，人们形象地把微型计算机称为“电脑”。

1.1　计算机概述

计算机是一种能对数字化信息进行自动高速运算的通用处理装置。计算机科学与技术是第二次世界大战以来发展最快、影响最深远的新兴学科之一。计算机产业已在世界范围内发展成为一种极富生命力的战略产业。

1.1.1　计算机的产生和发展

1. 计算机的产生

现代计算机问世之前，计算机的发展经历了机械式计算机、机电式计算机和萌芽期的电子计算机三个阶段。

在第二次世界大战爆发前后，军事科学技术对高速计算工具的需求尤为迫切。在此期间，德国、美国、英国都在进行计算机的开拓工作，几乎同时开始了机电式计算机和电子计算机的研究。

世界上第一台电子计算机 ENIAC(Electronic Numerical Integrator and Computer)于 1946 年 2 月 15 日由美国宾夕法尼亚大学研制成功，它主要用于计算弹道的各种非常复杂的非线性方程组。众所周知，这些方程组是没有办法准确求解的，只能用数值方法近似地进行计算，因此研究一种快捷准确计算的办法很有必要。ENIAC 后经多次改进而成为能进行各种科学计算的通用计算机。

从技术而言，ENIAC 并没有太明晰的 CPU 概念。因为它采用电子管作为基本电子元件，用了 18000 多个电子管，而每个电子管大约有一个普通家用 25W 灯泡那么大。这样，整部计算机有 8ft 高、3ft 宽、100ft 长(1ft = 0.3048m)，占地 170m^2，重达 30t，功率高达 140kW，每秒能进行 5000 次加法运算(而人最快的运算速度每秒仅 5 次加法运算)，还能进行平方和立方运算，计算正弦和余弦等三角函数的值及其他一些更复杂的运算。这样的速度反映出当时人类智慧的最高水平。

2. 计算机的发展

美国数学家冯·诺依曼于 1945 年提出了著名的“冯·诺依曼体系结构”理论，被西方人誉为“计算机之父”。冯·诺依曼体系结构的主要内容如下：

(1)采用二进制形式表示数据和指令。在存储程序的计算机中，数据和指令都是以二进制形式存储在存储器中的。

(2)采用存储程序方式。这是冯·诺依曼体系结构的核心。“存储程序方式”是指事先编制程序，将程序(包含指令和数据)存入存储器中，计算机在运行程序时就能自动地、连续地从存储器中依次取出指令执行。这是计算机能高速自动运行的基础。

(3)计算机系统由运算器、控制器、存储器、输入设备和输出设备五大部件组成，并规定了这五部分的基本功能。

上述这些概念奠定了现代计算机的基本结构思想，到目前为止，绝大多数计算机仍沿用这一体系结构，即冯·诺依曼型计算机体系。

计算机的发展根据电子元器件的不同可以分为五代，如表 1-1 所示。

表 1-1 计算机的发展阶段

发展阶段	逻辑器件	运算速度	起止年代	特 点
第 1 代	电子管	几千次/秒	1946～1958 年	内存储器采用水银延迟线，外存储器有纸带、卡片、磁带和磁鼓。程序设计语言还处于最低阶段，使用机器语言编程，尚无操作系统出现，操作机器困难
第 2 代	晶体管	几十万次/秒	1959～1964 年	存储器使用磁性材料制成的磁心，外存储器有磁盘、磁带。出现了监控程序并发展为后来的操作系统，出现了高级程序设计语言 Basic、Fortran 和 Cobol，大大提出了计算机的工作效率
第 3 代	集成电路	几千万次/秒	1965～1970 年	体积、重量、功耗都进一步减小，出现了结构化、模块化的程序设计思想，出现了结构化的程序设计语言 Pascal
第 4 代	大规模、超大规模集成电路	几亿/秒	1971 年至今	开始引入光盘，外部设备种类和质量都有很大提高。操作系统向虚拟操作系统发展、数据库管理系统不断完善和提高，程序语言进一步发展和改进
第 5 代	智能计算机	万亿次/秒	1980 年至今	把信息采集、存储、处理、通信和人工智能结合起来，具有形式推理、联想、学习和解释能力。它的体系结构突破传统的冯·诺依曼体系，实现高度的并行处理

3. 计算机的发展趋势

从目前的发展趋势来看，未来的计算机是微电子技术、光学技术、超导技术和电子仿生技术相互结合的产物。计算机逐渐向巨型化、微型化、智能化和网络化等方向发展。

(1)巨型化。巨型化是指研制处理速度更高、传输速度更快、容量更大和功能更强的大规模并行处理超级计算机。目前，超级计算机的应用已与国计民生密不可分。它的应用多与国家重大工程相关，比如日本的“京”，主要用于地震海啸预测、生命科学、新药研制；美国的“泰坦”主要用于研究气候变迁、核研究、材料科学等。又如，在娱乐产业的应用，《阿凡达》电影中，超过 2/3 的人物与景象都是通过超级计算机计算出来的。

超级计算机已经变成“国之重器”，世界各国在超级计算机的研制上竞争激烈。2010 年，我国研制的首台千万亿次超级计算机“天河一号”曾在全球 TOP 500 超级大型计算机排行榜中排名第一，但在 2011 年被日本研发的超级计算机“京”超越了。2012 年，美国的“泰坦”又超越了日本的“京”。2013 年，我国研制的“天河二号”超级计算机，以峰值计算速度每秒 5.49 亿亿次、持续计算速度每秒 3.39 亿亿次双精度浮点运算的优异性能位居榜首，成为全球最快的超级计算机。

(2)微型化。微型化是指由于微电子技术和超大规模集成电路技术的迅猛发展，计算机体积变得更小，出现了各种笔记本电脑、掌上电脑、腕上电脑等微型计算机。

(3) 多媒体化。多媒体化是指计算机能处理文字、图形、声音、动画等多种形式的信息。多媒体技术是 20 世纪 80 年代中后期兴起的一门跨学科的新技术，采用这种技术，可以使计算机具有处理图、文、声、像等多种媒体的能力(即成为多媒体计算机)，从而使计算机的功能更加完善，提高了计算机的应用能力。当前，全世界已形成一股开发应用多媒体技术的热潮。与人们生活息息相关的教育、医疗、娱乐等多方面都是大量计算机多媒体化以后的成果。例如，在远程教育中，多媒体技术的使用，使教材的思想性、科学性、艺术性充分结合，为各学科教学提供了丰富的视听环境，给受众以全方位的、多维的信息，提高了形象视觉和听觉的传递信息比率，缩短了教学时间、扩大了教学规模。

(4) 智能化。智能化是指计算机具有类似人类的部分智能，如“思维”、“听觉”、“行为”等能力，它是计算机发展的一个重要方向。新一代计算机将可以模拟人的感觉行为和思维过程的机理，可以“看”、“听”、“说”、“想”、“做”，具有逻辑推理、学习与证明的能力。美国海军的 X-47B 隐形无人机是世界上第一架完全依靠人工智能进行控制的无人机，它和以往的无人机所不同的是不需要操作人员通过远程控制设备和系统对其进行实时遥控，工作人员只需在 X-47B 起飞之前为其设定好飞行任务即可，随后安装在飞机上的“控制显示单元”能够根据任务进行独立计算，依靠 GPS、自动驾驶仪和防撞传感器等先进的设备和技术调整飞机的前进方向和飞行模式，从而自行完成飞行任务。

(5) 网络化。网络化是指众多的计算机系统通过通信线路灵活方便地连接在一起，收集和传递信息，并实现资源共享、均衡负载。计算机网络是现代通信技术与计算机技术相结合的产物，它已在现代企业管理中发挥着越来越重要的作用，如银行系统、商业系统、交通运输系统等。计算机网络化也极大地改变了人们的生活模式，例如，网络购物已经在很大程度上成为人们购物时的首选，网络上看视频和听音乐也成为了很多家庭娱乐生活的方式之一。

展望未来，计算机的发展必然要经历很多新的突破。第一台超高速全光数字计算机，已由英国、法国、德国、意大利和比利时等国家的 70 多名科学家和工程师合作研制成功，光子计算机的运算速度比电子计算机快 1000 倍。在不久的将来，超导计算机、神经网络计算机等全新的计算机也会诞生，届时计算机将发展到一个更高、更先进的水平。

1.1.2　计算机的分类

按处理数据的方式，计算机分为模拟计算机和数字计算机；按应用特点，计算机分为专用计算机和通用计算机。根据计算机的规模和性能，计算机分为以下几类。

1. 巨型计算机

巨型计算机指运算速度快、存储容量大的高性能计算机。目前，巨型计算机主要用于战略武器(如核武器和反导弹武器)的设计、空间技术、石油勘探、长期天气预报、极端气候模拟、模仿火山爆发、应急气候、纳米技术、激光技术、流体动力学和社会模拟等领域。巨型计算机的研制水平，可以在一定程度衡量一个国家的科学技术能力、工业发展水平和国家综合实力，世界上只有少数几个国家能生产巨型计算机。我国继 1983 年成功制造了运算速度为每秒 1 亿次的巨型机“银河Ⅰ号”后，在 1993 年研制成功运算速度为 10 亿次的“银河Ⅱ号”，1997 年 6 月又研制成功“银河Ⅲ号”并行计算机，全系统内存容量为 9.15GB，峰值性能为每秒 130 亿次浮点运算。由国防科学技术大学研制、安装部署在中国国家超级计算天津中心的“天河一号”超级计算机峰值运算速度达到了 2.507 千万亿次每秒。这表明我国研制巨型计算机的水平已经进入世界先进行列。

2. 大型计算机

大型计算机运算速度没有巨型计算机那样快，一般只有大中型企事业单位才有必要配置和管理它。以大型主机和其他外部设备为主，并且配备众多的终端，组成一个计算机中心，才能充分发挥大型主机的作用。美国 IBM 公司生产的 IBM360、IBM370、IBM9000 系列，就是国际上有代表性的大型主机。

3. 中型计算机

中型计算机与大型计算机的区别不甚明显，通常用于国家重点科研机构、重点理工科院校。

4. 小型计算机

小型计算机一般为中小型企事业单位或某一部门所用，如高等院校的计算机中心都以一台小型机为主机，配以几十台甚至上百台终端机，以满足大量学生学习程序设计课程的需要。当然其运算速度和存储容量都比不上大型主机。美国 DEC 公司生产的 VAX 系列机、IBM 公司生产的 AS/400 机，以及我国生产的太极系列机都是小型计算机的代表。

5. 工作站

工作站是介于个人计算机和小型计算机之间的一种高档微型机。1980 年，美国 Apollo 公司推出世界上第一台工作站 DN-100。十几年来，工作站迅速发展，现已成长为专用于处理某类特殊事务的一种独立的计算机系统。著名的 SUN、HP 和 SGI 等公司是目前最大的几个生产工作站的厂家。工作站通常配有高档 CPU、高分辨率的大屏幕显示器和大容量的内外存储器，具有较强的数据处理能力和高性能的图形功能。它主要用于图像处理、计算机辅助设计等领域。

6. 微型计算机

微型计算机也称为个人计算机，简称微机、PC 机。微型计算机已进入仪器、仪表、家用电器等小型仪器设备中，同时也作为工业控制过程的心脏，使仪器设备实现“智能化”。20 世纪 70 年代以来，由于大规模和超大规模集成电路的飞速发展，微处理器芯片连续更新换代，微型计算机连年降价，加上丰富的软件和外部设备，操作简单，使微型计算机很快普及到社会各个领域并走进了千家万户。随着微电子技术的进一步发展，笔记本电脑、掌上电脑等微型计算机必将以更优的性能价格比受到人们的欢迎。

随着计算机技术的发展，各类机器之间的差别越来越不明显。近几年的高档微机的速度、性能甚至超过了前几年的小型计算机。

1.1.3 计算机的特点

1. 运算速度快

计算机能以极快的速度进行运算和逻辑判断。由于计算机运算速度快，使得许多过去无法处理的问题都能得以及时解决。例如，天气预报问题，要迅速分析大量的气象数据资料，才能作出及时的预报。若手工计算需十几天才能得出结论，从而失去预报的意义。现在用计算机只需十几分钟就可完成一个地区内数天的天气预报。

2. 计算精度高

计算机具有以往计算工具无法比拟的计算精度，一般可达几十位、几万位有效数字的精度。这样的计算精度能满足一般实际问题的需要。1949 年，瑞特威斯纳（Reitwiesner）用 ENIAC 把圆周率π算到小数点后 2037 位，打破了著名数学家商克斯（W.Shanks）花了 15 年时间于1873年创下的小数点后707位的记录。这样的计算精度是任何其他工具所不可能达到的。

3. 记忆能力强

计算机的存储系统具有存储和“记忆”大量信息的能力，能存储输入的程序和数据，保留计算结果。现代计算机存储容量极大，一台计算机能轻而易举地将一个中等规模的图书馆的全部图书资料信息存储起来，且不会“忘却”。人用大脑存储信息，随着脑细胞的老化，记忆能力会逐渐衰退，记忆的东西会逐渐遗忘，相比之下计算机的记忆能力是超强的。

4. 逻辑判断能力

计算机的逻辑判断能力是实现计算机自动化和具备人工智能的基础，是计算机基本的、也是重要的功能。

5. 自动控制能力

计算机是自动化电子装置，能自动执行存放在存储器中的程序。人们事先编好程序后，向计算机发出指令，计算机即可帮助人类完成那些枯燥乏味的重复劳动。近年来，各个大中型企业的生产过程已广泛采用计算机自动控制技术。

1.1.4 计算机的应用

1. 科学计算

科学计算是计算机最早的应用领域，计算机高速、高精确的运算是人工计算望尘莫及的。现代科学技术的许多领域，如军事、航天、气象、地震探测等，都离不开计算机的精确计算。计算机的应用大大节约了人力、物力和时间。

2. 数据处理

数据处理也称为事务处理。使用计算机可对大量的数据进行分类、排序、合并、统计等加工处理，如人口统计、人事、财务管理、银行业务、图书检索、仓库管理、预订机票、卫星图像分析等。数据处理已成为计算机应用的一个最重要的方面。

3. 过程控制

过程控制也称为实时控制，主要用于工业和军事领域。计算机能及时采集检测数据并按最优方案实现自动控制，如炼钢过程的计算机控制、导弹自动瞄准系统、飞行控制调动等。

4. 计算机辅助系统

计算机辅助系统包括计算机辅助设计（Computer Aided Design，CAD）、计算机辅助制造（Computer Aided Manufacturing，CAM）、计算机辅助教学（Computer Aided Instruction，CAI）、计算机辅助工程（Computer Aided Engineering，CAE）等。

5. 人工智能

人工智能应用主要表现在以下三个方面。

(1) 机器人。主要分为“工业机器人”和“智能机器人”两类。前者用于完成重复的规定操作，通常用于代替人进行某些作业(如海底、井下、高空作业等)；后者具有某些智能，具有感知和识别能力，能“说话”和“回答”问题。

(2) 专家系统。专家系统是一个智能计算机程序系统，其内部含有大量的某个领域专家水平的知识与经验，能够利用人类专家的知识和解决问题的方法来处理该领域问题。也就是说，专家系统是一个具有大量的专门知识与经验的程序系统，它应用人工智能技术和计算机技术，根据某领域一个或多个专家提供的知识和经验，进行推理和判断，模拟人类专家的决策过程，以便解决那些需要人类专家处理的复杂问题，简而言之，专家系统是一种模拟人类专家解决特定领域问题的计算机程序系统。近年来，专家系统技术逐渐成熟，广泛应用在工程、科学、医药、军事、商业等方面，如医疗专家系统能模拟医生分析病情、开出药方和假条。

(3) 模式识别。模式识别(Pattern Recognition)是指对表征事物或现象的各种形式(数值、文字和逻辑关系)的信息进行处理和分析，以对事物或现象进行描述、辨认、分类和解释的过程，是信息科学和人工智能的重要组成部分。例如，机器人的视觉器官和听觉器官、指纹锁、指纹打卡机及手机的语音拨号功能都是模式识别的应用。

1.2　数据在计算机中的表示

在人类历史发展的长河中，先后出现过多种不同的表示数的方法，其中有些至今仍在使用，如现在普遍使用的十进制和计时用的六十进制。

计算机采用二进制进行存储和运算，因为在计算机中采用二进制有以下好处。

(1) 电路实现容易：计算机主要由电子元器件组成。如果使用十进制，就需用 10 个物理状态的器件来表示 0～9 这十个数，这在实现上比较复杂；采用二进制，则只需用两个物理状态的器件来表示 0、1 这两个数，实现上较为容易，如开关的通与断，晶体管中导通与截止，磁介质的带磁与不带磁等。

(2) 工作状态可靠：二进制只有两种状态。这使得器件不易产生混乱状态，工作可靠，抗干扰能力强。

(3) 运算法则简单：二进制运算法则比较简单。这使得计算机运算器的结构大大简化，控制也简单，较容易实现。

(4) 便于逻辑运算：用二进制中的数码 0 和 1，可直接代表逻辑代数中的“假”和“真”，对于逻辑运算很有好处。

1.2.1　数制

1. 数制的基本概念

数制即表示数的方法，可分为进位计数制和非进位计数制。罗马数制就是典型的非进位计数制，如 I 总是代表 1，II 总是代表 2，III总是代表 3，IV总是代表 4，V总是代表 5。非进位计数制表示数据不便，运算困难，已基本不用。

按进位的原则进行计数，称为进位计数制，简称“进制”，常见的进制有十进制、二进制、八进制和十六进制。进位计数制区别于非进位计数制的关键在于，表示数值大小的数码与它在数中所处的位置有关，如十进制中的1并不都表示1，它在十位表示数值10，在百位表示数值100。

任何一种进制都有三要素即基数、符号集和进位规则，三要素是理解进制的关键。

(1)基数：在进制中，允许使用的基本符号的个数称为基数。

(2)符号集：在进制中，所有允许使用的基本符号的集合称为该进制的符号集。

(3)进位规则：当数的某位增大到某一数值时，必须向高位进位的法则称为进位规则。

例如，十进制由10个基本符号0、1、2、3、4、5、6、7、8和9组成，它的基数为10，符号集为0～9这十个整数，进位规则为逢十进一。

二进制由两个基本符号0和1组成，它的基数为2，符号集为0、1这两个整数，进位规则为逢二进一。

八进制由8个基本符号0、1、2、3、4、5、6和7组成，它的基数为8，符号集为0～7这八个整数，进位规则为逢八进一。

十六进制由16个基本符号0、1、2、3、4、5、6、7、8、9、A、B、C、D、E和F组成，它的基数为16，符号集为0～9这十个整数加上A、B、C、D、E和F这六个字母(不区分大小写)，A、B、C、D、E和F分别对应十进制中的10、11、12、13、14和15，十六进制的进位规则为逢十六进一。

以此类推，对于r进制，其基数为r，符号集为0，1，2，3，…，r–1个符号，进位规则为逢r进一。表1-2给出了各种进制数之间的对应关系。

表1-2　各种数制的对应关系

二进制数	八进制数	十进制数	十六进制数
0000	0	0	0
0001	1	1	1
0010	2	2	2
0011	3	3	3
0100	4	4	4
0101	5	5	5
0110	6	6	6
0111	7	7	7
1000	10	8	8
1001	11	9	9
1010	12	10	A
1011	13	11	B
1100	14	12	C
1101	15	13	D
1110	16	14	E
1111	17	15	F

2. 各种进制数的表示

在数学科学中书写315，它表示三百一十五，但在计算机程序中直接使用315，计算机将不能识别该数，因此必须用一种方法来表示各种进制数，以使计算机能识别它们。

在计算机科学中规定：数字后面加字母D表示十进制数(Decimal Number)，加字母B表示二进制数(Binary Number)，加字母O表示八进制数(Octal Number)，加H表示十六进制数(Hexadecimal Number)，不区分大小写。例如，315D、101B、315O、315H。

在文档中输入或在纸张上书写时，也可用基数作为下标来表示各种进制数，如$(315)_{10}$、$(101)_2$、$(315)_8$、$(315)_{16}$。

3. 权与位权表示法

对于十进制数111，其中的数字1在不同位置表示的数值是不相同的，三个1从右到左分别表示1、10、100，为什么同样的数字“1”表示的值不同呢？显然是因为所处的数位不同，即存在一个与数位有关的值，由于该值的不同使得同一数字在不同位置表示的数值不相同，把与数位有关的这个值称为“权”或者“位权”。

一个数字符号处在某个位置所代表的数值是其本身的数值乘上所处数位的一个固定常数，这个固定常数称为权或位权。十进制、二进制、八进制和十六进制的权分别为 10^i、2^i、8^i、16^i，其中 i = …，3，2，1，0，−1，−2，−3，…。显然，权的大小是以基数为底、数字所在位置为指数的整数次幂，小数点向左的数字位置分别为 0，1，2，…，小数点向右的数字位置分别为−1，−2，−3，…。

例如，$1998.67\text{D} = 1\times10^3+9\times10^2+9\times10^1+8\times10^0+6\times10^{-1}+7\times10^{-2}$；

$1101.11\text{B} = 1\times2^3+1\times2^2+0\times2^1+1\times2^0+1\times2^{-1}+1\times2^{-2}$；

$726.3\text{O} = 7\times8^2+2\times8^1+6\times8^0+3\times8^{-1}$；

$8\text{A}7.\text{CH} = 8\times16^2+10\times16^1+7\times16^0+12\times16^{-1}$。

以此类推，一个 r 进制数 N 则可表示为

$$N = a_{n-1}\times r^{n-1}+\cdots+a_1\times r^1+a_0\times r^0+a_{-1}\times r^{-1}+a_{-2}\times r^{-2}+\cdots+a_{-m}\times r^{-m}$$
$$=\sum_{i=n-1}^{-m} a_i\times r^i$$

其中，a_i 为 r 进制的基本符号，r 为基数，r^i 为权。这种将一个数按位权展开成一个多形式之和，用来表示一个数的方法称为位权表示法。

1.2.2　各进制数间的转换

在输入计算机的程序或数据中，可能会出现十进制数、八进制数和十六进制数，但计算机只能采用二进制进行存储和运算，这就涉及进制的转换问题。掌握各种进制的转换规则和处理技巧是学会进制转换的关键。

1. 二、八、十六进制数转换成十进制数

二、八、十六进制数转换成十进制数可采用按位权展开求和的方法(位权表示法)，即写出该进制数的位权展开多形式，再按十进制运算法则进行运算。

例如：

$$(101101.011)_2=1\times2^5+0\times2^4+1\times2^3+1\times2^2+0\times2^1+1\times2^0+0\times2^{-1}+1\times2^{-2}+1\times2^{-3}$$
$$=32+8+4+1+0.25+0.125$$
$$=45+0.375$$
$$=(45.375)_{10}$$

$$(726.3)_8=7\times8^2+2\times8^1+6\times8^0+3\times8^{-1}$$
$$=448+16+6+0.375$$

$= (470.375)_{10}$

$(8A7.C)_{16}=8\times16^2+10\times16^1+7\times16^0+12\times16^{-1}$

$=2048+160+7+0.75$

$= (2215.75)_{10}$

另外，二进制转数换成十进制数还有一更简单的办法：$(11111111)_2$数位的权分别为 128、64、32、16、8、4、2、1，相邻的高位的权是低位的 2 倍，记住这一规律后再使用位权表示法转换将变得非常容易，如$(101101)_2=32+8+4+1=(45)_{10}$。

2. 十进制数转换成二、八、十六进制数

1) 十进制数转换成二进制数

十进制整数转换成二进制数：将此数除 2 取余数，直到商为 0 后，然后反向取余数。这种方法称为除 2 取余法。

例如，$(25)_{10}=(11001)_2$转换过程如下(注意最后取二进制数的顺序)：

除数	被除数	余数	
2	25	1	低位
2	12	0	
2	6	0	
2	3	1	
2	1	1	高位
	0		

2) 十进制数转换成八制数

整数部分除 8 取余，直到商为 0，然后反向取余数。这种方法称为除 8 取余法。

小数部分乘 8 取整，直到值为 0 或达到精度要求，然后正向取整。

例如，$(1702)_{10}=(3246)_8$，转换过程如下：

除数	被除数	余数	
8	1702	6	低位
8	212	4	
8	26	2	
8	3	3	高位
	0		

3) 十进制数转换成十六进制数

整数部分除 16 取余，直到商为 0，然后反向取余数。这种方法称为除 16 取余法。

小数部分乘 16 取整，直到值为 0 或达到精度要求，然后正向取整。

例如，$(1702)_{10}=(6A6)_{16}$，转换过程如下：

除数	被除数	余数	
16	1702	6	低位
16	106	A	
16	6	6	高位
	0		

3. 二进制数与八进制数间的转换

1) 二进制数转换成八进制数

3 位二进制数最大为$(111)_2=(7)_{10}$，最小为$(000)_2=(0)_{10}$，所以任意 3 位二进制数按权展开求和后得到的数字一定是八进制的符号。二进制数转换成八进制数的方法是：将二进制数以小数点为界，整数部分从低位向高位，小数部分从高位向低位，每 3 位一组，不足 3 位补上 0，将每组二进制数按权展开求和即可。

例如，$(11010110.01011)_2=(326.26)_8$，转换过程如下：

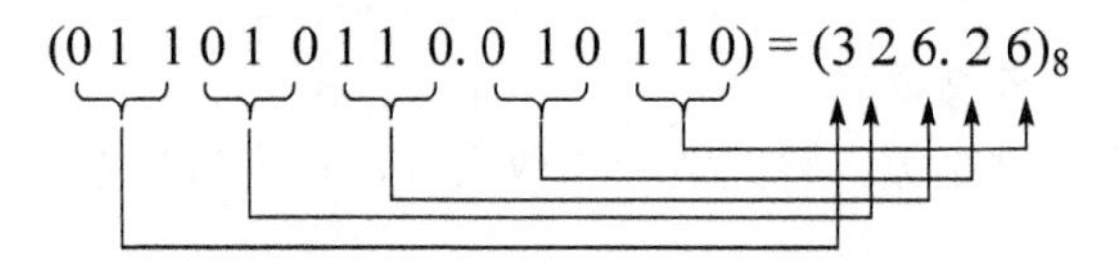

2) 八进制数转换成二进制

(1) 将八进制数按权展开求和后转换成十进制数；

(2) 将该十进制数转换为二进制数。

更简单的办法是：直接将每位八进制数转换成 3 位二进制数即可。

例如，$(213)_8=(10001011)_2$，转换过程如下：

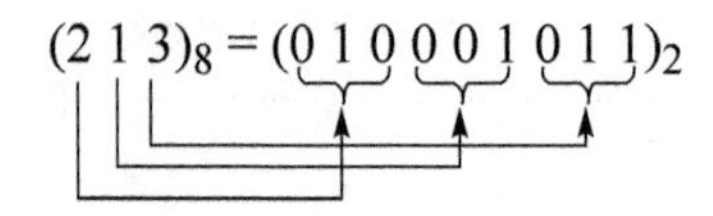

4. 二进制数与十六进制数间的转换

1) 二进制数转换成十六进制数

4 位二进制数最大为$(1111)_2=(15)_{10}$，最小为$(0000)_2=(0)_{10}$，所以任意 4 位二进制数按权展开求和后得到的数字一定是十六进制的符号。二进制数转换成十六进制数的方法是：将二进制数以小数点为界，整数部分从低位向高位，小数部分从高位向低位，每 4 位分为一组，不足 4 位补上 0，将每组的二进制数按权展开求和即可。

例如，$(11010110.01011)_2=(D6.58)_{16}$，转换过程如下：

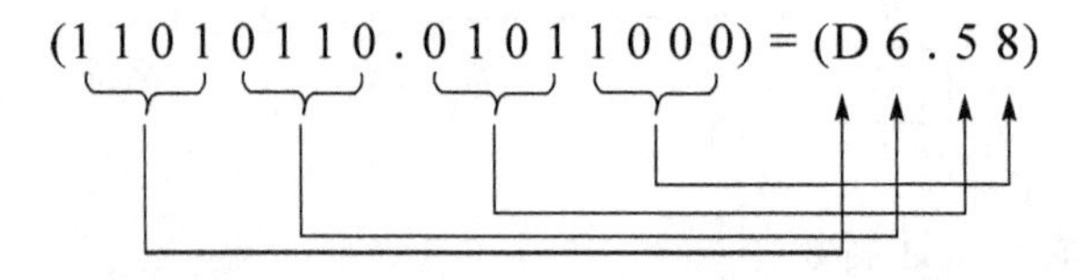

2) 十六进制数转换成二进制数

(1) 将十六进制数按权展开求和后转换成十进制数；

(2) 将该十进制数转换为十六进制数。

更简单的办法是：直接将每位十六进制数转换成 4 位二进制数即可。

1.2.3　非数值数据的表示

计算机中只能存储和处理二进制形式的数据。对于字符、文字、图形、音频、视频等形式的非数值数据，它们不代表数值的大小，更是一种符号数据，要对其进行存储和处理，就必须对每一个符号(如英文字母、汉字等)进行编码，即用一个唯一的二进制串来表示一个字符，这样，计算机才能识别并加以存储和处理。

1. ASCII 码

在 20 世纪 60 年代，由于标准化的需要，美国国家标准局(ANSI)制定了美国标准信息交换码(American Standard Code for Information Interchange，ASCII)，它已被国际标准化组织(ISO)定为国际标准，称为 ISO 646 标准，它适用于所有拉丁文字字母。

ASCII 码由 7 位二进制数组成。因为 1 位二进制数可以表示 2 种状态：0、1； 2 位二进制数可以表示 4 种状态：00、01、10、11。以此类推，7 位二进制数可以表示 128(2^7)种状态，每种状态都唯一地编为一个 7 位的二进制码，对应一个字符(或控制码)，所以 7 位 ASCII 码是用 7 位二进制数进行编码的，可以表示 128 个字符。

第 0～32 号及第 127 号(共 34 个)是控制字符或通信专用字符，如控制字符：LF(换行)、CR(回车)、FF(换页)、DEL(删除)、BS(退格)、BEL(振铃)等；通信专用字符：SOH(文头)、EOT(文尾)、ACK(确认)等。

第 33～126 号(共 94 个)是字符，其中第 48～57 号为 0～9 十个阿拉伯数字；65～90 号为 26 个大写英文字母，97～122 号为 26 个小写英文字母，其余为一些标点符号、运算符号等。

在计算机的存储单元中，一个 ASCII 码占一个字节(8 个二进制位)，其最高位用作奇偶校验位。所谓奇偶校验，是指在代码传送过程中用来检验是否出现错误的一种方法，一般分奇校验和偶校验两种。奇校验规定：正确的代码一个字节中 1 的个数必须是奇数，若非奇数，则在最高位添 1。偶校验规定：正确的代码一个字节中 1 的个数必须是偶数，若非偶数，则在最高位添 1。表 1-3 列出了部分字符的 ASCII 编码。

表 1-3　部分字符的 ASCII 编码

高三位 / 低四位	010	011	100	101	110	111
0000	<空格>	0	@	P	、	p
0001	!	1	A	Q	a	q
0010	"	2	B	R	b	r
0011	#	3	C	S	c	s
0100	$	4	D	T	d	t
0101	%	5	E	U	e	u
0110	&	6	F	V	f	v
0111	'	7	G	W	g	w
1000	(	8	H	X	h	x
1001	)	9	I	Y	i	y
1010	*	：	J	Z	j	z
1011	+	；	K	[	k	{
1100	,	<	L	/	l	|
1101	–	=	M	]	m	}
1110	·	>	N	^	n	～
1111	/	?	O	–	o	DEL

某个字符的 ASCII 码转换成的十进制数称为该字符的 ASCII 码值。例如，字母 A 的 ASCII 码为 1000001，转换成十进制数是 65，所以 A 的 ASCII 码值是 65。因为英语字母依次是 B，C，…，所以 B 的 ASCII 码值是 66，以此类推。

2. 汉字编码体系

英语基本符号较少，编码容易，在一个计算机系统中，输入、内部处理、存储和输出都可以使用同一代码。汉字是象形文字，计算机显示实质是一个图形，编码比较困难，因此在不同的场合要使用不同的编码。通常有 4 种类型的编码，即输入码、国标码、内码、字形码。

1) 输入码

输入码所解决的问题是如何使用西文标准键盘把汉字输入到计算机内，称为外码或者输入法。输入码主要可以分为四类：数字码、拼音码、字形码和音形码。

数字码就是用数字串代表一个汉字，常用的有区位码。它将国家标准局公布的 6763 个两级汉字分成 94 个区，每个区分 94 位。实际上是把汉字表示成二维数组，区码、位码各用两位十进制数表示，输入一个汉字需要按 4 次键。数字编码是唯一的，但记忆太困难。例如，“中”字，它的区位码以十进制表示为 5448(54 是区码，48 是位码)。

拼音码是以汉字的汉语拼音为基础，以汉字的汉语拼音或其一定规则的缩写形式为编码元素的汉字输入码。由于汉字同音字太多，即重码较多，通常要进行选择，降低了输入速度。例如，全拼输入法、简拼输入法。

字形码是以汉字的形状结构及书写顺序特点为基础，按照一定的规则对汉字进行拆分，从而得到若干具有特定结构特点的形状，然后以这些形状为编码元素“拼形”而成汉字的汉字输入码。例如，五笔字型输入法、表形码输入法、郑码输入法等。

音形码是一类兼顾汉语拼音和形状结构两方面特点的输入码，它降低了拼音码的重码率。例如，自然码输入法、智能 ABC 输入法等。

同一汉字可用不同的输入法输入计算机，因此，同一汉字的输入码有多种。

2) 国标码

国家标准信息交换用汉字编码字符集(GB 2312—1980)简称国标码，于 1980 年制定，是具有汉字处理功能的不同计算机系统间交换汉字信息时使用的编码。它用两个字节来表示一个汉字，每个字节的最高位均为 0，因此可以表示的汉字数为 16384 个。每个汉字的国标码是唯一的。例如，“中”字的国标码为 01010110 01010000。

3) 内码

国标码用两个字节来表示一个汉字，将其两个字节最高位的 0 均变为 1 后的编码称为内码。例如，“中”字的内码为 11010110 11010000。这样做的目的是使汉字内码区别于西文的 ASCII，因为每个西文字母的 ASCII 的最高位也为 0。汉字内码是在设备和信息处理系统内部存储、加工处理、传输时统一使用的编码。无论使用何种输入码，进入计算机后就立即被转换为机内码。

4) 字形码

汉字的字形码是用于汉字打印和显示的代码。它是汉字字形的字模数据，因此也称为字模码，是汉字的输出形式，通常用点阵、矢量函数等表示。用点阵表示时，字形码指的就是这个汉字字形点阵的代码，输出汉字的要求不同，点阵的多少也不同。简易型汉字为 16×16 点阵，提高型汉字为 24×24 点阵、48×48 点阵等。点阵越大，显示出的汉字越精细，但所需的存储空间越大。图 1-1 所示为各种汉字编码间的关系示意图。

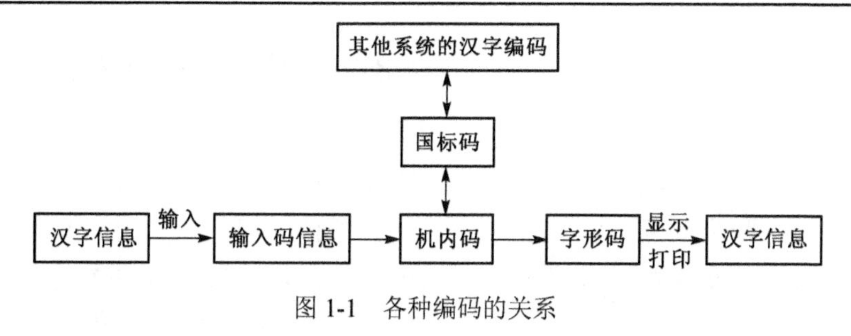

图 1-1　各种编码的关系

1.2.4　计算机中的信息单位

计算机中常用的信息单位有位(bit)、字节(Byte)、KB、MB、GB、TB。

1. 位

位(bit)是计算机中表示信息的最小数据单位，1 位即一个二进制基本元素(0 或 1)。例如，字母 A 在计算机中用二进制表示就是 01000001，共有 8 个二进制位。

2. 字节

字节(Byte)是计算机中用来表示存储空间大小的最基本的容量单位，8 个二进制位称为 1 字节。在计算机和通信领域，通常用 B 表示 Byte，用 b 表示 bit。英文字母的 ASCII 码占用 1 字节存储空间，一个汉字的机内码占用 2 字节存储空间。例如，用“记事本”创建一个文本文件，里面保存 3 个英文字母，则文件大小为 3B。

3. 千字节

千字节(Kilo Bytes)，简写为 KB，1KB=1024B。例如，在 Windows XP 中，Windows 目录下的记事本文件 notepad.exe 大小为 65KB。

4. 兆字节

兆字节(Mega Bytes)，简写为 MB，1MB=1024KB。例如，一首 MP3 格式的歌曲的大小通常在 2～5MB；一张音乐 CD 光盘的容量为 750MB。

5. 吉字节

吉字节(Giga Bytes)即千兆字节，简写为 GB，1GB=1024MB。例如，一部高清电影视频可达 3GB；一个硬盘容量为 500GB。

6. 太字节

太字节(Tera Bytes)，简写为 TB，1TB=1024GB。2007 年，日立推出了全球首款 1TB 容量的硬盘。目前，容量 1TB 及 2TB 的硬盘在市面上已经较为常见。

1.3　计算机系统的组成

计算机系统由硬件系统和软件系统两部分组成。硬件系统是软件系统的基础，软件系统必须依靠硬件系统，软件系统是对硬件系统的进一步扩充。

1.3.1 计算机系统组成概述

硬件就是泛指的实际的物理设备，主要包括运算器、控制器、存储器、输入设备和输出设备五部分。只有硬件的计算机称为裸机，裸机是无法运行的。计算机软件包括计算机本身运行所需要的系统软件和用户完成任务所需要的应用软件。计算机是依靠硬件系统和软件系统的协同工作来执行给定任务的。

在计算机系统中，硬件是系统的物质基础，软件是系统的灵魂，软件发挥管理和使用计算机的作用。软件的功能与质量在很大程度上决定了整个计算机的性能，故软件和硬件一样，是计算机工作必不可少的组成部分。计算机系统的组成如图 1-2 所示。

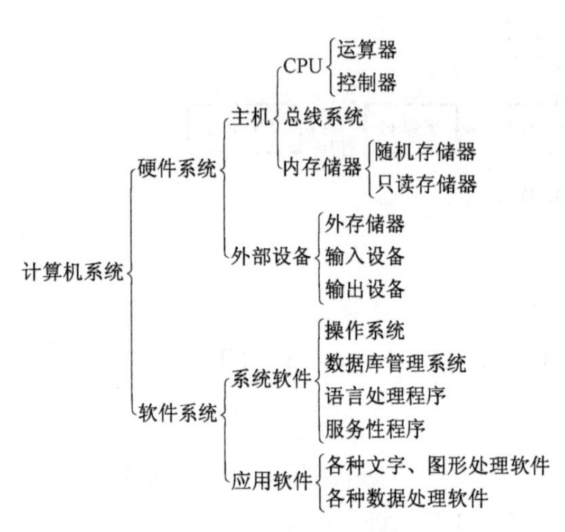

图 1-2 计算机系统的组成

1.3.2 计算机的硬件系统

计算机经过几十年的发展，已形成了一个完备而庞大的家族。不同计算机的性能、用途虽然有所不同，但它们在硬件结构上大都沿用了冯·诺依曼计算机体系结构，即计算机硬件系统主要由运算器、控制器、存储器、输入设备和输出设备五部分组成如图 1-3 所示。通常把运算器、控制器和内存储器合称为主机。

1. 中央处理器

中央处理器(Central Processing Unit，CPU)，是计算机系统中必备的核心部件，由运算器和控制器组成，分别由运算电路和控制电路实现。图 1-4 所示为 CPU。

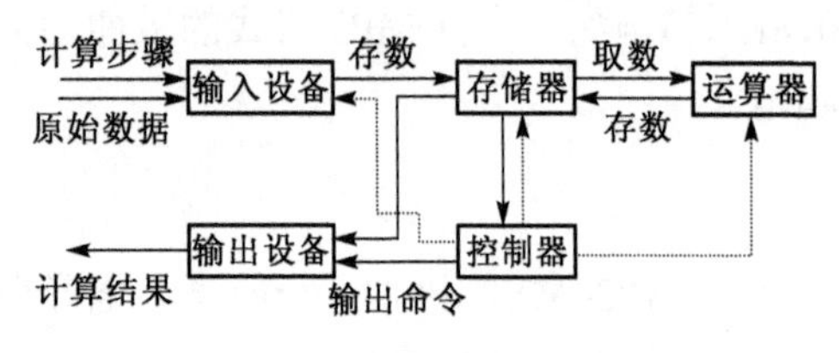

图 1-3 计算机硬件系统的组成

图 1-4 CPU

运算器是对数据进行加工处理的部件，它在控制器的作用下与内存交换数据，负责进行各类基本的算术运算、逻辑运算和其他操作。运算器含有暂时存放数据或结果的寄存器。运算器由算术逻辑单元(Arithmetic Logic Unit，ALU)、累加器、状态寄存器和通用寄存器等组成。ALU 是用于完成加、减、乘、除等算术运算，“与”、“或”、“非”等逻辑运算，以及移位、求补等操作的部件。

控制器是整个计算机系统的指挥中心，负责对指令进行分析，并根据指令的要求，有序地、有目的地向各个部件发出控制信号，使计算机的各部件协调一致地工作。控制器由程序计数器、指令寄存器、指令译码器、时序产生器和操作控制器等组成。

寄存器也是CPU的一个重要组成部分，是CPU内部的临时存储单元。寄存器既可以存放数据和地址，又可以存放控制信息或CPU工作的状态信息。

通常把具有多个CPU同时执行程序的计算机系统称为多处理机系统。依靠多个CPU同时并行地运行程序是实现超高速计算的一个重要方向，称为并行处理。

CPU品质的高低直接决定了一个计算机系统的档次，反映CPU品质的最重要指标是主频和数据传送的位数。主频说明了CPU的工作速度，主频越高，CPU的运算速度越快。现在常用的CPU主频有2800MHz、3100MHz、3400MHz等；CPU传送数据的位数是指计算机在同一时间能同时并行传送的二进制信息位数。人们常说的32位机和64位机是指该计算机中的CPU可以同时处理32位和64位的二进制数据。386机是32位机，486机是32位机，Pentium机有32位和64位机。随着型号的不断更新，微机的性能也不断提高。

2006年，市面上出现了双核处理器，即在一个处理器上集成两个运算核心，从而提高计算能力。现在，双核处理器及四核处理器已经在市面上普及。

2. 存储器

计算机系统的一个重要特征是具有极强的“记忆”能力，能够把大量计算机程序和数据存储起来。存储器是计算机系统内主要的记忆装置，既能接收计算机内的信息(数据和程序)，又能保存信息，还可以根据命令读取已保存的信息。

存储器按功能可分为内存储器(简称内存)和外存储器(简称外存)。

1) 内存储器

内存是计算机中最重要的存储器，所有的程序都必须先调入内存后才能执行。它具有以下特点：

(1) 用于存放当前运行程序的指令和数据；

(2) 直接与CPU相连，负责与CPU交换信息；

(3) 存取速度快；

(4) 存储容量相对较小。

内存由许多存储单元组成，用于存放二进制数或二进制指令。数据在内存中的存储以字节为基本单位，任何数据总是占据整数个字节单元；内存中的每一个字节单元均有一个编号，这个编号称为内存单元的“地址”；该地址所指向的内存单元中存放的数据称为内存单元的“内容”；计算机读取数据的过程为：首先获得该数据所在存储单元的地址，再到该地址所指向的内存单元读取内存单元的内容。

现在的内存储器大多是半导体存储器，其中采用了大规模集成电路或超大规模集成电路器件。内存储器按其工作方式的不同，可以分为随机存取存储器(Random Access Memory，RAM)和只读存储器(Read Only Memory，ROM)。

- RAM：随机存取存储器允许随机按任意指定地址向内存单元存入或从该单元取出信息。RAM的特点是可随时写入、读出其中的内容，计算机断电后，其中的内容全部消失。计算机工作时使用的程序和数据等都存储在RAM中，对程序或数据进行修改之后，应该将它存储到外存储器中，否则关机后信息将丢失。通常所说的内存大小就是指RAM的大小，一般以KB或MB为单位。如图1-5所示为内存条。

- ROM：只读存储器是只能读出而不能随意写入信息的存储器。ROM中的内容是由厂家制造时用特殊方法写入的，或者利用特殊的写入器才能写入。它的特点是只能读出其中的内容，不能写入；计算机断电后，ROM 中的信息不会丢失。当计算机重新被加电后，其中的信息保持不变，仍可被读出。ROM 一般存放计算机启动的引导程序、启动后的检测程序、系统最基本的输入输出程序、时钟控制程序，以及计算机的系统配置和磁盘参数等重要信息。

图 1-5　内存条

2) 外存储器

外存储器是用来大量存储程序和数据的存储设备，如磁盘(硬盘、U 盘)、磁带、光盘等。计算机执行程序、处理数据时，外存中数据不能直接送到运算器，而是成批地将数据转运到内存，CPU 再到其中取来自外存的数据，即计算机是通过外存与内存不断交换数据的方式来使用外存中的信息。下面介绍常用的三种外存。

(1) 硬盘：硬盘由主轴、磁盘、磁头、磁头臂、马达等主要部件组成。盘片是将磁粉附着在铝合金(新材料也有用玻璃，如 IBM 腾龙二代)圆盘片的表面上。这些磁粉被划分成若干个同心圆，这些同心圆被称为“磁道”。盘体由多个盘片组成，这些盘片重叠放在一个密封的盒中，它们在主轴电机的带动下以很高的速度旋转，其转速达 5400r/min、7200r/min 甚至以上。磁头用来读取或者修改盘片上磁性物质的状态，一般说来，每一个磁面都会有一个磁头，从最上面开始，从 0 开始编号。磁头在停止工作时，与磁盘是接触的，但是在工作时呈旋转状态。磁头采取在盘片的着陆区接触式启停的方式，着陆区不存放任何数据，磁头在此区域启停，不存在损伤任何数据的问题。读取数据时，盘片高速旋转，由于对磁头运动采取了精巧的空气动力学设计，此时磁头处于离盘面数据区 0.2～0.5μm 高度的旋转状态。既不与盘面接触造成磨损，又能很好地读取数据。硬盘在工作时不能突然关机。当硬盘开始工作时，一般都处于高速旋转之中，如果我们中途突然关闭电源，可能会导致磁头与盘片猛烈摩擦而损坏硬盘。因此最好不要突然关机，关机时一定要注意面板上的硬盘指示灯是否还在闪烁，只有当硬盘指示灯停止闪烁、硬盘结束读写后方可关闭计算机的电源开关。忽然断电会让磁头在还来不及回到着陆区的情况下与盘片直接接触，可能使磁盘表面产生坏扇区。

硬盘大多由多个盘片组成，此时，除了每个盘片要分为若干个磁道和扇区以外，多个盘片表面的相应磁道在空间上形成多个同心圆柱面。

在通常情况下，硬盘安装在计算机的主机箱中，但现在流行的移动硬盘，通过 USB 接口和计算机连接，方便用户携带大容量的数据。

(2) 光盘：随着多媒体技术的推广，光盘以其容量大、寿命长、成本低的特点，很快受到人们的欢迎，普及相当迅速。与磁盘相比，光盘的读写通过光盘驱动器中的光学头用激光束完成。目前，用于计算机系统的光盘有三类：只读光盘(CD-ROM)、一次写入光盘(CD-R)和可擦写光盘(CD-RW)。

(3) U 盘：全称为 USB 闪存盘，英文名为 USB flash disk。它是一种 USB 接口无需物理驱动器的微型高容量移动存储产品，可以通过 USB 接口与计算机连接，实现即插即用。U 盘最大的优点就是：小巧、便于携带，存储容量大，价格低，性能可靠。U 盘体积很小，仅大拇指般大小，重量极轻，一般在 15g 左右，特别适合随身携带，可以把它挂在胸前、吊在钥匙串上，甚至放进钱包里。一般的 U 盘容量有 1GB、2GB、4GB、8GB、16GB、32GB、64GB 等。U 盘中无任何机械式装置，抗震性能极强。另外，U 盘还具有防潮防磁、耐高低温等特性，安全可靠。U 盘几乎不会让水或灰尘渗入，也不会被刮伤，而这些在旧式的携带式存储设备(如光盘、软盘片)等是严重的问题。U 盘所使用的固态存储设计让它们能够抵抗无意间的外力撞击。这些优点使得U盘非常适合用来从某地把个人数据或是工作文件携带到另一地，如从家中到学校或是办公室，或是一般来说需要携带到并访问个人数据的各种地点。由于 USB 在现今的个人计算机中几乎无所不在，因而 U 盘使用得相当广泛。

图 1-6 所示为现在常见的几种外存。

图 1-6　现在常见的几种外存

3) 输入设备

计算机常用的输入设备是键盘和鼠标。

(1) 键盘。键盘通过一根五芯电缆连接到主机的键盘插座内，其内部有专门的微处理器和控制电路，当操作者按下任一键时，键盘内部的控制电路产生一个代表这个键的二进制代码，然后将此代码送入主机内部，操作系统就知道用户按下了哪个键。

现在的键盘通常有 101 键键盘和 104 键键盘两种，目前较常用的是 104 键键盘。

(2) 鼠标。鼠标可以方便准确地移动光标进行定位，因其外形酷似老鼠而得名。根据结构的不同，鼠标可分为机械式和光电式两种。

① 机械式鼠标：其底部有一个橡胶小球，当鼠标在水平面上滚动时，小球与平面发生相对转动而控制光标移动。

② 光电式鼠标：其对光标进行控制的是鼠标底部的两个平行光源，光源发出的光经反射后转化为移动信号，控制光标移动。

(3) 摄像头。摄像头是一种视频输入设备，广泛运用于视频会议、远程医疗及实时监控等方面。普通人也可以彼此通过摄像头在网络进行有影像、有声音的交谈和沟通。另外，人们还可以将其用于当前各种流行的数码影像及影音处理。

4) 输出设备

计算机常用的输出设备为显示器和打印机。

(1) 显示器。显示器是计算机系统最常用的输出设备，它的类型很多，按显示器件不同分为：阴极射线管(CRT)、发光二极管(LED)和液晶(LCD)显示器。其中，阴极射线管显示器常用于台式机；发光二极管显示器常用于单片机；液晶显示器以前常用于笔记本电脑，目前许多台式机也配用液晶显示器。

衡量显示器好坏有两个重要指标：一个是分辨率；另一个是像素点距。在以前，还有一个重要指标是显示器的颜色数。

(2) 打印机。打印机也是计算机系统常用的输出设备。目前，常用的打印机有点阵式打印机、喷墨打印机和激光打印机三种。

① 点阵式打印机：又称为针式打印机，有 9 针和 24 针两种。针数越多，针距越密，打印出来的字就越美观。针式打印机的主要优点是价格低，维护费用低，可复写打印，适合于打印蜡纸。缺点是打印速度慢、噪声大、打印质量稍差。目前，针式打印机主要应用于银行、税务、商店等的票据打印。

② 喷墨打印机：它通过喷墨管将墨水喷射到普通打印纸上而实现字符或图形的输出，主要优点是打印精度较高，噪声低，价格低；缺点是打印速度慢，墨水消耗量大，日常维护费用高。

③ 激光打印机：激光打印机是近年来普及很快的一种输出设备，由于它具有精度高、打印速度快、噪声低等优点，已越来越成为办公自动化的主流产品。随着普及率的提高，其价格也将大幅度下降。激光打印机的一个重要指标就是 DPI (每英寸点数)，即分辨率。分辨率越高，打印机的输出质量就越好。

5) 总线

总线是连接计算机中各个部件的一组物理信号线。总线在计算机的组成与发展过程中起着关键的作用，因为总线不仅涉及各个部件之间的接口与信号交换规则，还涉及计算机扩展部件和增加各类设备时的基本约定。

总线通常可分为内部总线和系统总线。内部总线通常是指在 CPU 内部或 CPU 与存储器之间交换信息用的总线；系统总线是 CPU、存储器与各类 I/O 设备之间互相交换信息的总线。

在计算机系统中，总线使各个部件协调地执行 CPU 发出的指令。CPU 相当于总指挥部，各类存储器提供具体的机内信息(程序与数据)，I/O 设备担任计算机的“对外联络任务”(输入与输出信息)，而由总线沟通所有部件之间的信息流。

PC 机的总线结构有 ISA、EISA、VESA、PCI 等几种，目前以 PCI 总线为主流。

6) 主板

打开主机机箱后，可以看到位于机箱底部的一块大型印制电路板，称为主板(又称为系统板或母板)。主板上通常有微处理器插槽、内存储器(ROM、RAM)插槽、输入输出控制电路、扩展插槽、键盘接口、面板控制开关和与指示灯相连的接插件等，如图 1-7 所示。

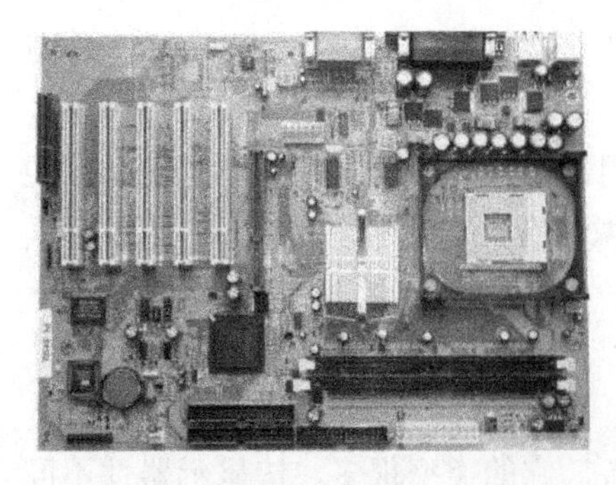

图 1-7　主板

主板上有一些插槽或 I/O 通道，不同的 PC 机所含的扩展槽个数不同。扩展槽可以随意插入某个标准选件，如显示适配器、软盘驱动器适配器、声卡、网卡和视频解压卡等。扩展槽有 16 位和 32 位槽两种。主板上的总线并行地与扩展槽相连，数据、地址和控制信号由主板通过扩展槽送到选件板，再传送到与 PC 相连的外部设备上。

7) 机箱

机箱是计算机的外壳，从外观上分为卧式和立式两种。机箱一般包括外壳、用于固定软硬驱动器的支架、面板上必要的开关、指示灯和显示数码管等。配套的机箱内还有电源。

通常，主机机箱的正面都有电源开关 Power 和 Reset 按钮，Reset 按钮用来重新启动计算机系统(有些机器没有 Reset 按钮)。有的主机机箱的正面有一个软盘驱动器的插口，用以安装软盘驱动器。此外，通常还有一个光盘驱动器插口。

主机机箱的背面配有电源插座，用来给主机及其他的外部设备提供电源。一般 PC 都有一个并行接口和两个串行接口，并行接口用于连接打印机，串行接口用于连接鼠标、数字化仪等串行设备。另外，通常 PC 还配有一排扩展卡插口，用来连接其他的外部设备。

8) 几种新型的计算机硬件设备

除以上介绍的计算机的基础硬件外，随着计算机技术的发展，逐步出现了许多新的计算机设备，下面对几种典型设备加以介绍。

(1) 新一代的 PC 接口标准——USB 2.0。USB (Universal Serial Bus，通用串行总线) 是一种计算机外设连接规范，由 PC 行业的一系列大公司联合制订，包括康柏、惠普、英特尔、Lucent、微软、NEC 和 Philips。USB 2.0 在现行的 USB 1.1 规范上增加了高速数据传输模式。在 USB 2.0 中，除了 USB 1.1 中规定的 1.5Mbit/s 和 12Mbit/s 两个模式以外，还增加了 480Mbit/s 这一高速模式。

在 USB 1.1 规范中，传输速度(12Mbit/s)比标准串口约快 100 倍，支持多个设备同时连接，而且具有真正的“即插即用”特性。由于具有这些优点，USB 受到了外设厂家的普遍青睐。USB 规格经过几年的推广，如今已经被计算机、游戏机、视听家电等数字产品广泛采用。在 USB 2.0 规范中，传输速度比目前的 USB 1.1 版快了 40 倍。

要实现 USB 2.0，需要得到硬件和软件双方的支持。除了计算机中安装的 Host Controller 等设备，以及内置于集线器的控制芯片需要支持 2.0 版本外，还要在操作系统中安装驱动软件。支持 USB 2.0 的控制芯片现正陆续产品化，市场上采用 USB 接口的外设越来越多(如扫描仪、Web 摄影机、数码相机等)。

USB 3.0 是最新的 USB 规范，最大传输带宽高达 5.0Gbit/s (即 640MB/s)。而且 USB 3.0 实现了更好的电源管理；能够使主机为器件提供更多的功率；能够使主机更快地识别器件；新的协议使得数据处理的效率更高。

(2) 无线鼠标。无线鼠标使人们摆脱了电线的束缚，令计算机的操控更加无拘无束，一经推出便受到了许多人的青睐。不过，无线鼠标也分不同的层次和等级，从无线发送和接收的方式上分，可以分为无线电和红外线两种。红外线穿透力差，在发送和接收口前只要有遮挡物存在就会严重影响使用；无线电则不存在这类问题，即使在发射和接收口前放上厚厚的书本也毫无影响。

无线鼠标要能够正常地工作，必须安装一个信号接收器，而传统无线鼠标的接收器都是采用红外线技术的，需要将发射器对准接收器成一直线，且其间不可有障碍物；采用了最新无线电技术的无线鼠标则没有这类问题，只要鼠标和主机的距离在 2m 内，即使有障碍物也可以正常工作。

1.3.3　计算机的主要性能指标

一台计算机功能的强弱或性能的好坏不是由某项指标单独决定的，而是由它的系统结构、指令系统、硬件组成、软件配置等多方面的因素综合决定的。通常可从以下几个主要指标来评价计算机的性能。

1. 字长

在计算机中，一串二进制数码被作为一个整体来处理或运算，则称其为一个计算机字，简称字，而该字所包含的二进制位数称为字长。其他指标相同时，字长越大，单位时间内处理的数据就越多，速度越快。目前，计算机的字长主要为 32 位和 64 位。

2. 运算速度

运算速度是衡量计算机性能的一项重要指标。通常所说的计算机运算速度(平均运算速度)，是指每秒钟所能执行的指令条数，一般用“百万条指令 / 秒”(Million Instructions Per Second，MIPS)来描述。

同一台计算机执行不同运算所需时间可能不同，因而对运算速度的描述常采用不同的方法。常用的有 CPU 时钟频率(主频)、每秒平均执行指令数(iPs)等。微型计算机一般采用主频来描述运算速度，如 Pentium Ⅲ/800 的主频为 800MHz，Pentium 4 1.5GHz 的主频为 1.5GHz。一般说来，主频越高，运算速度就越快。

3. 存取速度

内存完成一次读/写操作所需的时间称为内存的存取时间或访问时间，而连续进行读/写操作所允许的最短时间间隔称为存取周期。存取周期越短，则存取速度越快，存取速度的快慢对运算速度影响极大。

4. 内存容量

内存是 CPU 可以直接访问的存储器，需要执行的程序、处理的数据就是存放在主存中的。内存容量的大小反映了计算机即时存储信息的能力。内存容量越大，系统功能就越强大，能处理的数据量就越庞大。

另外，CPU 指令系统的合理性、I/O 的速度等都对计算机的性能有影响。

1.3.4　计算机的软件系统

计算机软件(Computer Software)，也称为软件是指计算机系统中的程序及其文档。程序是计算任务的处理对象、处理规则的描述；文档是为了便于了解程序所需的文字资料。

软件是用户与硬件之间的接口界面，用户主要通过软件与计算机进行交流，软件是计算机系统设计的重要依据。为了方便用户，为了使计算机系统具有较高的总体效用，在设计计算机系统时，必须通盘考虑软件与硬件，以及用户的要求和软件的要求。

软件系统包括系统软件和应用软件两大类。

1. 软件系统与硬件系统的关系

硬件系统和软件系统是一个完整计算机系统互相依存的两大部分，如图1-8所示。它们的关系主要体现在以下三个方面。

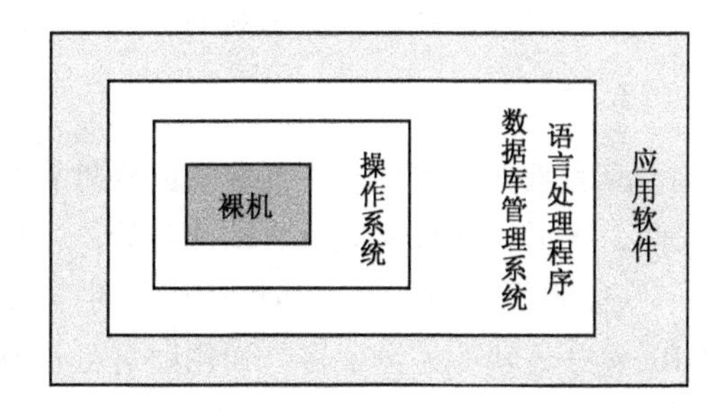

图1-8　硬件系统与软件系统的关系

1) 硬件和软件互相依存

硬件是软件赖以工作的物质基础，软件的正常工作是硬件发挥作用的唯一途径。计算机系统必须配备完善的软件系统才能正常工作，才能充分发挥其硬件的各种功能。

2) 硬件和软件无严格界线

随着计算机技术的发展，在许多情况下，计算机的某些功能既可由硬件实现，也可由软件实现。因此，硬件与软件在一定意义上没有绝对严格的界线。

3) 硬件和软件协同发展

计算机软件随着硬件技术的迅速发展而发展，而软件的不断发展与完善又促进硬件的更新换代，两者密切地交织发展，缺一不可。

2. 系统软件

系统软件是指控制计算机的运行，管理计算机的软件和硬件资源，并为应用软件提供支持和服务的一类软件，它主要包括操作系统、数据库管理系统、语言处理程序，以及一些服务程序。

1) 操作系统

操作系统(Operating System，OS)是最基本、最重要的系统软件。它管理计算机系统的所有软件和硬件资源，组织和协调计算机各部分的工作；所有软件(除ROM中的程序外)都需要操作系统的支持，否则将无法运行；它直接与硬件接触，是其他软件操作硬件的接口；操作系统也是用户使用计算机系统的接口，每个用户都是通过操作系统来使用计算机的。

启动计算机后，操作系统的主要部分被调入内存中，并常驻内存，通常把这部分称为内核。常用的操作系统有Windows、Linux、UNIX、OS/2、Netware等。

2) 数据库管理系统

数据库管理系统(DataBase Management System，DBMS)是一种操作和管理数据库的大型软件，用于建立、使用和维护数据库。它对数据库进行统一的管理和控制，以保证数据库的安全性和完整性；用户通过DBMS访问数据库中的数据，数据库管理员通过DBMS进行数据库的维护工作。它提供多种功能，可使多个应用程序和用户用不同的方法在同时或不同时刻建立、修改和查询数据库；它使得用户能方便地定义和操作数据，维护数据的安全性和完整性，进行多用户下的并发控制和恢复数据库操作。常用的数据库有Visual FoxPro、DB2、Oracle、Sybase、SQL Server等。

3) 语言处理程序

语言处理程序一般由汇编程序、编译程序、解释程序和相应的操作程序等组成。它是为用户设计的编程服务软件，其作用是将汇编语言、高级语言源程序翻译成计算机能识别的目标程序，如微软的宏汇编程序MASN、Turbo C、Visual Basic、Visual C++等。

4) 服务程序

服务程序为系统提供诊断服、设备驱动服务等，如磁盘扫描程序、设备驱动程序等。

3. 应用软件

应用软件是用户利用计算机的硬件资源，在系统软件的支持下，为某一特定应用开发的软件。应用软件数量庞大、功能各异，主要可以分为三大类。

(1) 通用应用软件。通用应用软件支持最基本最常见的应用，广泛应用于各行各业，如 Office 办公软件、浏览器、通用财务处理软件(金算盘、金蝶、用友、管家婆等)、网络通信软件等。

(2) 专用应用软件。专用应用软件应用于某一专业领域，如股票交易软件、税务软件等。

(3) 定制应用软件。有一些公司或企业由于某些特殊的需要，而现成的软件通常又不能满足特殊需要，这就需要按照公司或企业的需求进行定制设计。这种软件的使用面较窄，通用性不强。

4. 计算机语言

计算机语言是一个能完整准确和规则地表达人们的意图，并用以指挥或控制计算机工作的“符号系统”。要利用计算机来解决问题，就必须使用计算机语言编写程序，因此计算机语言也称为程序设计语言。计算机语言通常分为三类，即机器语言、汇编语言和高级语言。

1) 机器语言

机器语言(Machine Language)是用二进制代码表示的计算机能直接识别和执行的一种机器指令的集合。它是计算机的设计者通过计算机的硬件结构赋予计算机的操作功能。机器语言具有灵活、直接执行和速度快等特点。

用机器语言编写程序，编程人员必须熟记所用计算机的全部指令代码和代码的涵义。编写程序时，程序员只能自行处理每条指令和每一数据的存储分配以及输入输出，还必须记住编程过程中每步所使用的工作单元处于何种状态。这是一件十分烦琐的工作，编写程序花费的时间往往是实际运行时间的几十倍或几百倍，且编出的程序全是些 0 和 1 的指令代码，直观性差，容易出错。现在，除了计算机生产厂家的专业人员外，绝大多数程序员已经不再学习机器语言。

2) 汇编语言

为了克服机器语言难读、难编、难记和易出错的缺点，人们就用与代码指令实际含义相近的英文缩写词、字母和数字等符号来取代指令代码(如用 ADD 表示运算符号“+”的机器代码)，于是就产生了汇编语言(Assemble Language)。汇编语言是一种用助记符表示、仍然面向机器的计算机语言，汇编语言也称为符号语言。汇编语言由于采用了助记符号来编写程序，比用机器语言的二进制代码编程方便些，在一定程度上简化了编程过程。汇编语言的特点是用符号代替了机器指令代码，而且助记符与指令代码一一对应，基本保留了机器语言的灵活性。使用汇编语言能面向机器并较好地发挥机器的特性，得到质量较高的程序。

汇编语言中由于使用了助记符号，用汇编语言编制的程序送入计算机后，计算机不能像用机器语言编写的程序一样直接识别和执行，必须通过预先放入计算机的汇编程序的加工和翻译，才能变成能够被计算机识别和处理的二进制代码程序。用汇编语言等非机器语言编写好的符号程序称为源程序，运行时汇编程序将源程序翻译成二进制目标程序，称为编译，此后目标程序能被计算机的 CPU 处理和执行。

3) 高级语言

机器语言和汇编语言都是面向机器硬件的操作语言，要求使用者必须对硬件结构及其工作原理都十分熟悉，这对非计算机专业人员是难以做到的，对于计算机的推广应用极为不利。这就促使人们寻求一些与人类自然语言相接近，能为计算机所接受，且语意确定、规则明确、自然直观和通用易学的计算机语言。这种与自然语言相近并为计算机所接受和执行的计算机语言称为高级语言。高级语言是面向用户的语言。无论何种机型的计算机，只要配备相应的高级语言的编译或解释程序，则用该高级语言编写的程序就能在各种机器上执行。目前，广泛使用的高级语言有 Basic、Pascal、Cobol、Fortran、C、C++、C#、Java 等。

每一种高级语言都有规定的专用符号、英文单词、语法规则和语句结构(书写格式)，它与自然语言(英语)更接近，一般不需要了解硬件结构，便于用户掌握和使用；高级语言的通用性强，兼容性好，便于移植。

计算机不能直接识别和执行用高级语言编写的源程序，必须将其翻译后，计算机才能识别和执行。这种“翻译”通常有两种方式，即编译方式和解释方式。

(1) 编译方式。编译程序是一种能将高级语言翻译成机器语言的程序，一般由大型软件开发商提供，如微软。用高级语言编写的程序称为源程序。当用户将源程序输入计算机并执行编译操作后，编译程序便把源程序全部翻译成用机器语言表示且与之等价的目标程序，再由链接程序将其链接成可执行文件，计算机运行可执行文件得到结果。图 1-9 所示为高级语言执行过程示意图。

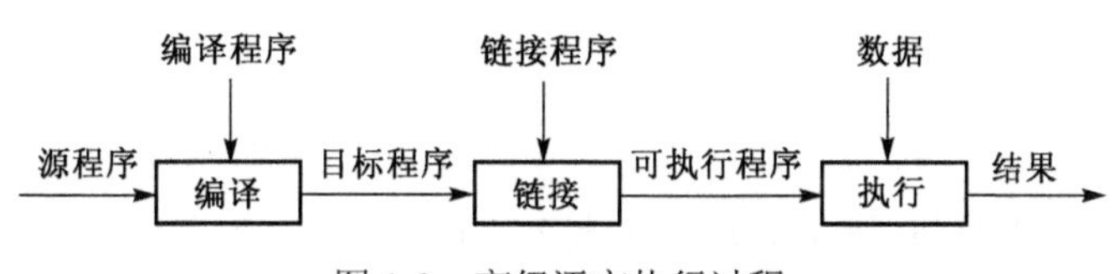

图 1-9　高级语言执行过程

(2) 解释方式。解释程序也是一种能将高级语言翻译成机器语言的程序。解释方式与编译方式的区别为：解释方式翻译一句，计算机执行一句，解释方式不产生目标程序；编译方式需全部翻译完后，计算机才执行，编译方式会产生目标程序。Pascal、C、C++等高级语言执行编译方式，Basic 语言则以执行解释方式为主。

习　题　一

一、判断题(正确填写“A”，错误填写“B”)

1. 数码照片在计算机中是以二进制形式保存的。(　　)
2. 384O 表示八进制数 384。(　　)
3. 每个汉字都有唯一的内码和外码。(　　)
4. 所存数据只能读取，无法将新数据写入的存储器称为 RAM。(　　)
5. 计算机中存储一个汉字需要 1 字节的存储空间。(　　)

6. CPU 可以直接从硬盘上提取数据进行运算，但运算速度较慢。（　　）

7. 计算机系统是由主机和外设构成。（　　）

8. 计算机的执行速度完全取决于 CPU 的速度。（　　）

9. 计算机只能直接识别机器语言。（　）

10. 二进制数 01100101 转换成十进制数是 65。（　）

11. 开机时先开显示器后开主机。（　　）

12. U 盘上的写保护口能保护 U 盘上的数据不被删除与防止病毒进入。（　　）

13. 汉字的输入码是唯一的。（　）

14. 杀毒软件是系统软件。（　）

15. CD-ROM 光盘是可多次擦除型光盘。（　　）

16. 目前，微机中广泛采用的电子元器件是晶体管。（　　）

17. 控制器指挥、协调各部件工作，英文缩写为 CPU。（　　）

18. 计算机辅助教学的英文缩写为 CAE。（　　）

19. MIPS 是用于描述字长的单位。（　　）

20. 世界上第一台计算机诞生在剑桥大学。（　　）

二、单项选择题

1. 在微型计算机中，运算器、控制器和内存储器的总称是________。

   A. 主机　　B. MPU　　C. CPU　　D. ALU

2. 微型计算机中的最小单位是________。

   A. 字节　　B. 字　　C. 位　　D. KB

3. 在微型计算机中，I/O 设备的含义是________。

   A. 输入设备　　B. 输出设备　　C. 输入/输出设备　　D. 控制设备

4. 数字字符 1 的 ASCII 码的十进制表示为 49，那么数字字符 8 的 ASCII 码的十进制表示为________。

   A. 56　　B. 58　　C. 60　　D. 54

5. 由高级语言编写的源程序要转换成计算机能直接执行的目标程序，必须经过________。

   A. 编辑　　B. 编译　　C. 汇编　　D. 解释

6. 二进制数 01100100 转换成十六进制数是________。

   A. 64　　B. 63　　C. 100　　D. 144

7. 1KB 等于________。

   A. 1024 个二进制符号　　B. 1000 个二进制符号

   C. 1000 字节　　D. 1024 字节

8. 存储容量的基本单位是________。

   A. 位　　B. 字节　　C. 字　　D. ASCII 码

9. 微机系统的开机顺序是________。

   A. 先开主机再开外设　　B. 先开显示器再开打印机

   C. 先开主机再打开显示器　　D. 先开外部设备再开主机

10. AutoCAD 是一种重要的应用软件，其中 CAD 的含义是________。

   A. 计算机辅助教育　B. 计算机辅助测试　C. 计算机辅助设计　D. 计算机辅助管理

11．计算机工作中突然停电，________中的数据全部丢失。

A．RAM　　B．ROM　　C．硬盘　　D．U 盘

12．下列四种存储器中，存取速度最快的是________。

A．硬盘　　B．光盘　　C．U 盘　　D．内存

13．扫描仪是________。

A．输入设备　　B．输出设备　　C．存储器　　D．运算器

14．________不是计算机高级语言。

A．C 语言　　B．VB　　C．Office 2007　　D．VF

15．下列存储器中，属于外部存储器的是________。

A．RAM　　B．ROM　　C．Cache　　D．硬盘

16．下列设备________不是输入设备。

A．鼠标　　B．键盘　　C．扫描仪　　D．打印机

17．已知“装”字的拼音输入码为“zhuang”，而“大”字的拼音输入码为“da”，则存储它们两的内码分别需要________字节。

A．6,2　　B．3,1　　C．2,2　　D．3,2

18．________是系统软件的核心。

A．数据库管理系统　　B．杀毒软件　　C．程序语言系统　　D．操作系统

19．下列软件中，不是系统软件的是________。

A．Linux　　B．MS-DOS　　C．MS-Office　　D．Window XP

20．计算机感染病毒的可能途径之一是________。

A．从键盘上输入数据　　B．随意运行未经杀毒软件严格审查的 U 盘上的软件

C．所使用的光盘表面不清洁　　D．电源不稳定

21．显示器是一种________。

A．输入设备　　B．输出设备　　C．存储器　　D．控制器

22．下列关于杀毒软件说法错误的是________。

A．杀毒软件可以查、杀所有计算机病毒　　B．计算机病毒是人为制造的、具有破坏性的一段程序

C．杀毒软件必须经常升级　　D．杀毒软件既能查杀病毒，又能预防计算机中毒

23．在计算机内存中，每个存储单元都有一个唯一的编号，这个编号是________。

A．地址　　B．设备号　　C．门牌号　　D．房号

24．下列软件中属于应用软件的是________。

A．Windows XP　　B．PowerPoint　　C．DOS　　D．UNIX

25．计算机内部采用的数值是________。

A．十进制　　B．二进制　　C．八进制　　D．十六进制

26．32 位微处理器中的 32 表示的技术指标是________。

A．字节　　B．字长　　C．存储容量　　D．运算速度

27．下列 4 个数中正确的八进制数字是________。

A．8707　　B．1001　　C．4109　　D．10BF

28．英文缩写 CAI 的意思是________。

A．计算机辅助制造　　B．计算机辅助教学

C．计算机辅助设计　D．计算机辅助管理

29．用高级语言编写的程序________。

A．计算机能直接执行　B．可读性和可移植性较好

C．可读性差但执行效率高　D．依赖于具体机器，不可移植

30．一个完整的计算机系统应包含________。

A．主机、键盘和显示器　B．系统软件和应用软件

C．主机、外设和办公软件　D．硬件系统和软件系统

三、多项选择题

1．下列关于打印机的描述中，________是正确的。

A．激光打印机是击打式打印机　B．目前，打印质量最好的打印机是激光打印机

C．针式打印机可复写打印　D．喷墨打印机需要消耗墨水

2．以下关于 ASCII 码的论述中，正确的有________。

A．ASCII 码中的字符全部都可以在屏幕上显示　B．ASCII 码基本字符集由 7 个二进制数码组成

C．用 ASCII 码可以表示汉字　D．ASCII 码基本字符集包括 128 个字符

3．在以下关于微机内存的叙述中，正确的是________。

A．是用半导体集成电路构成的　B．掉电后均不能保存信息

C．是依照数据对存储单元进行存取信息　D．是依照地址对存储单元进行存取信息

4．常见的打印机类型有________。

A．激光打印机　B．针式打印机　C．喷墨打印机　D．Modem

5．以下关于计算机程序设计语言的说法中，错误的是________。

A．计算机只能直接执行机器语言程序　B．机器语言和汇编语言合称为低级语言

C．高级语言是高级计算机才能执行的语言　D．计算机可以直接执行汇编语言程序

6．以下属于输出设备的有________。

A．打印机　B．键盘　C．显示器　D．磁盘驱动器

7．在计算机中，一个字节可表示________。

A．二位十六进制数　B．四位十六进制数　C．一个 ASCII 码　D．256 种状态

8．下列关于汇编语言叙述正确的有________。

A．汇编语言编写的程序不能被计算机直接执行

B．汇编语言所写得程序必须经过编译后生成目标程序才能被执行

C．汇编语言是一种程序设计语言

D．汇编语言是一种仍然面向机器的计算机语言

9．随机存储器(RAM)的特点是________。

A．RAM 中的信息可读可写　B．RAM 的存取速度高于磁盘

C．RAM 中的信息可长期保存　D．RAM 是一种半导体存储器

10．下列叙述中正确的有________。

A．CPU 可以直接存取外部存储器中的数据　B．操作系统是计算机系统中最重要的系统软件

C．1TB=1024GB　D．所有的光盘都是只能读取，不能写入

四、填空题

1．于 1946 年诞生的第一台计算机称为________。

2．ASCII 码由________位二进制数组成。

3．有一台计算机是 64 位机，64 表示________。

4．计算机系统包括________、________。

5．计算机软件系统分为________、________。

6．计算机系统的硬件结构由________、________、________、________、________五大部分组成，将________、________之和称为 CPU。

7．内存中的每一个字节单元均有一个编号，这个编号称为内存单元的________。

8．________是最基本、最重要的系统软件。

9．1MB =________KB。

10．在掉电后，能继续为计算机系统供电的电源称为________。

11．计算机唯一能识别的语言是________。

12．移动硬盘和 U 盘进行读/写利用的计算机接口是________。

13．假设某台计算机内存容量是 2G，硬盘容量是 1T，则硬盘容量是内存容量的________倍。

14．随机存储器的英文缩写是________。

15．内存中有一小部分用来存储系统的基本信息，CPU 对它们只读不写，这种存储器的英文缩写是________。

第 2 章　Windows 7 操作系统

操作系统是随着计算机硬件的发展和计算机应用的深入而产生的，形成于 20 世纪 60 年代。操作系统最初发布时，只能完成一些简单的磁盘管理和文件管理功能，后来，独立的公司开始开发实用程序，许多功能被不断地补充到操作系统中，使得操作系统的功能不断完善，通过操作系统这个接口，普通用户使用计算机变得更为方便了。

本章介绍操作系统的基本概念、操作系统的功能和分类，并以 Windows 7 为例，介绍操作系统的基本操作、文件管理、控制面板及多媒体功能等主要功能及其使用方法。

2.1　操作系统概述

用户在使用计算机时，实际上都是在与各种软件打交道，操作系统就是其中最重要的一种软件，它是计算机系统中一个必不可少的关键组成部分。

操作系统（Operating System）是控制与管理计算机系统的软件。它使用户能够灵活、方便和有效地使用计算机，使整个计算机系统能高效运行。

2.1.1　操作系统的基础知识

1. 操作系统的基本概念

操作系统是由一系列具有控制和管理功能的程序组成的系统软件。操作系统的任务是管理计算机的全部硬件和软件资源，提高计算机的使用效率；担任用户与计算机之间的接口，使用户通过操作系统提供的命令方便地使用计算机。操作系统直接运行在裸机上，是对计算机硬件系统的第一次扩充；只有在操作系统的支持下，计算机才能运行其他软件。因此，从应用的角度看，操作系统是计算机软件的核心和基础。常见的计算机操作系统有 Windows、Linux、XENIX、UNIX、OS/2 等。

2. 操作系统的发展

操作系统的发展历程与计算机硬件的发展历程密切相关。从 1946 年诞生第一台电子计算机以来，计算机的每一代进化都以减少成本、缩小体积、降低功耗、增大容量和提高性能为目标，计算机硬件的发展也加速了操作系统的形成和发展。

最初的计算机并没有操作系统，人们通过各种操作按钮来控制计算机。随后为了提高效率而出现了汇编语言，操作人员通过有孔的纸带将程序输入计算机进行编译。这些将语言内置的计算机只能由操作人员编写程序来运行，不利于设备、程序的共用。为了解决这种问题，就出现了现代的操作系统。操作系统是人与计算机交互的界面，是各种应用程序共同的平台。有了操作系统，一方面很好地实现了程序的共用；另一方面也方便了对计算机硬件资源的管理。

随着计算技术和大规模集成电路的发展，微型计算机迅速发展起来。从20世纪70年代中期开始出现了计算机操作系统。1976年，美国DIGITAL RESEARCH软件公司研制出8位的CP/M操作系统。这种系统允许用户通过控制台的键盘对系统进行控制和管理，其主要功能是对文件信息进行管理，以实现硬盘文件或其他设备文件的自动存取。此后出现的一些8位操作系统多采用CP/M结构。

计算机操作系统的发展经历了两个阶段。第一个阶段为单用户、单任务的操作系统，继CP/M操作系统之后，还出现了C-DOS、M-DOS、TRS-DOS、S-DOS和MS-DOS等磁盘操作系统。

随着社会的发展，早期的单用户操作系统已经远远不能满足用户的要求，各种新型的现代操作系统犹如雨后春笋一样出现了。现代操作系统是计算机操作系统发展的第二个阶段，它是以多用户多道作业和分时为特征的系统。其典型代表有UNIX、Windows、Linux、OS/2等操作系统。

2.1.2　操作系统的功能与特点

1. 操作系统的功能

操作系统是计算机系统的资源管理者，它负责管理并调度对系统各类资源的使用，具体地说，具有以下五大管理功能。

(1) 作业管理。用户为完成一个任务要求计算机所做的全部工作称为一个作业。作业管理包括作业的调度、控制、处理和报告。

(2) CPU管理。一个用户在录入、编辑文字的同时，如果需要打印文档，还希望计算机播放优美的音乐。怎样让它同时完成多个任务呢？其实，这正是操作系统CPU管理功能的一个具体实例。在通常情况下，每台计算机中只有一个CPU，同一时刻它只能对一个作业的程序进行处理。当进入内存等待处理的作业有多个时，就需要合理地安排每个进程占用CPU的时间，以保证多个作业的完成和CPU效率的提高，使用户等待的时间最少，这便是CPU管理的目的。

(3) 存储管理。存储管理的目的是为了合理分配内存，使各个作业占有的内存区不发生冲突，不互相干扰，并且可对内存进行扩充。

(4) 文件管理。操作系统的文件系统负责对文件进行管理，包括管理文件的目录，为文件分配存储空间，执行用户提出的给文件命名、更名、存取、修改、删除等使用文件的各种命令。

(5) 设备管理。当用户程序要使用外部设备时，由它控制(或调用)驱动程序使外部设备工作，并随时对该设备进行监控，处理外部设备的中断请求等。

2. 操作系统的特点

与其他软件相比，尤其与其他系统软件相比，操作系统有如下特点。

(1) 常驻内存：操作系统是开机后第一个进入计算机主机的程序，也是关机前最后一个退出主机的程序。

(2) 中断驱动：操作系统的所有功能都是由中断驱动的，系统调用和外部中断都是以中断方式进入操作系统内部执行的。

(3) 并发共享、竞争互斥、同步、通信等现象大量存在：操作系统所管理的对象是并发的，操作系统本身的动态活动也是并发的。

(4) 庞大复杂：操作系统的本质功能、其所管理的众多不同资源，以及并发现象导致操作系统的规模庞大，结构复杂。

(5) 重要性：操作系统是每个计算机系统的重要部分。任何一台计算机都必须配备操作系统，否则计算机用起来太不方便且效率太低。

2.1.3　操作系统的分类

自从操作系统产生以来，出现了众多不同类型的操作系统，主要分为两类。

1. 按能够支持的用户数划分

(1) 单用户操作系统。计算机系统每次只支持一个用户登录，一个用户独占计算机的用全部硬件和软件资源，如 DOS 操作系统。

(2) 多用户操作系统。多用户操作系统是指多个用户可通过终端共享一台主机的硬件和软件资源的操作系统，如 UNIX、XENIX 等。

2. 按系统的功能划分

(1) 分时操作系统。由一台主机和多个用户终端构成系统。主机的 CPU 按固定的时间片轮流为多个终端服务，各个终端在各自的时间片内占有 CPU，分时共享主机资源。由于 CPU 速度很快，时间片极短，加之分时系统具有交互式会话的功能，所以用户感觉不到其他用户终端存在，像是用户独占这台计算机一样。

(2) 实时操作系统。实时操作系统是一种时间性强、反应迅速的操作系统。它分为实时控制和实时处理两大类，前者常见于生产现场数据实时采集、过程控制，后者用于实时处理数据的系统。

(3) 批处理操作系统。批处理操作系统是采用批量化作业处理技术的系统，用户将作业交给操作系统后，由系统根据一定的策略将要处理的作业按一定的组合和顺序执行，从而提高系统运行效率。

(4) 网络操作系统。网络操作系统是用来管理连接在网络上的多台计算机的操作系统，该系统除提供普通操作系统的功能外，还提供网络通信、网络资源共享等功能。需要注意的是，网络上的每台计算机都是一个独立的计算机系统，而这正是与分时操作系统中多个用户终端的区别。常见的网络操作系统有 Windows NT Server、Windows 2000 Server、Windows Server 2003、NetWare 和 UNIX、Linux 操作系统。

2.2　Windows 7 操作系统概述

Windows 是一种基于图形界面的操作系统，它的版本较多，从最早在中国普及的 Windows 3.1 到今天，每隔 3～5 年的时间微软就会推出一个新的版本。同时，随着计算机技术的发展，Windows 也推出了专门用于服务器和掌上电脑的版本。由于使用风格统一的图形界面，各个版本的 Windows 操作方法都大同小异，掌握其中任何一版本的基本使用方法后，再用其他的版本就不会有太多困难。

本书在以下的章节中以中文版 Windows 7 为例，学习 Windows 操作系统的使用方法。

2.2.1　Windows 7 的新特性

Windows 7 是微软公司 Windows 操作系统的较新版本，是 Windows 的第七代操作系统。Windows 7 除保留了 Windows Vista 版本的优良特性外，还有以下几个方面的新特点。

1. 使用更方便

Windows 7 的任务栏功能很多，例如，将鼠标指针指向一个按钮即可看到所有打开文件的大幅预览画面，可以重新排列和整理按钮。想要在桌面上看到图标和快捷方式吗？最快的方法莫过于使用桌面透视功能。只需将鼠标指针指向“显示桌面”按钮(不必单击鼠标)，所有打开的窗口和程序都会消失，直至再次移动鼠标才会重新出现。

在以前版本的操作系统里可以将程序锁定到“开始”菜单，在 Windows 7 中不仅可以执行此项操作，而且可以将程序锁定到任务栏上，这样可以更快地找到想要的程序。使用 Jump List 工具可以节省大量时间。右击“任务栏”上的程序按钮，即可看到最近打开过的项目。如果有非常喜欢的项目，可以将它们锁定到 Jump List，方便以后启动该项目。

在 Windows 7 中，可以快速地在多个位置中搜索到更多内容。在“开始”菜单搜索框中键入要查找的内容，可立即在计算机上看到一列相关的文档、图片、音乐和电子邮件。搜索结果将按类别分组，并包含高亮显示的关键字和文本片断，便于快速查找内容。另外，现在很少有人会将所有文件存储在同一个位置，因此 Windows 7 进行了专门设计，可以搜索外部硬盘驱动器、联网计算机和库。如果搜索结果太多而觉得无从下手，可以根据日期、文件类型和其他有效分类来缩小搜索范围。

2. 量身定制

小工具在桌面上提供了信息概览、头条新闻、天气和照片等内容，一目了然。在 Windows 7 中，可以将小工具放在桌面上的任何位置，也可移动或调整它们的大小。

操作中心是一个中央位置，可以在这儿查看警报信息，执行有助于确保 Windows 7 顺畅运行的操作。将鼠标指针停放在“任务栏”用户通知区域中的“操作中心”图标上，就可以快速查看操作中心是否有新消息。

Windows 7 让计算机桌面美不胜收。用户可以将桌面背景图像设置为 Windows 自带的图片或自定义的图片。桌面背景幻灯片让操作系统更加美观，用户还可以指定一个主题，主题内容中包含了背景、屏幕保护程序、窗口颜色和声音的设置等。有些主题还包括桌面图标和鼠标指针的设置。Windows 7 自带许多主题，也可以创建个性化的主题。

3. 随时随地工作

控制面板中的“设备和打印机”用于连接、管理和使用打印机，以及电话和其他设备。将设备连接到计算机后，只需单击几次鼠标即可启动并运行设备。使用“设备和打印机”可设置位置感知打印，以防止在家庭网络和办公网络之间切换时无法正常打印。如果改变了网络的环境，打印机会自动匹配，正确打印。

4. 媒体随身行

Windows 7 可以传输视频流和音频流，并从其他计算机访问它们。有了流式传输，即使不坐在计算机前，照样可以欣赏歌曲、视频或图片等。例如，可以将卧室中的计算机中 The Beatles 的音乐传输到厨房的便携式计算机上，随时随地享受音乐的乐趣。

利用媒体库可以访问和整理不同位置的文档、音乐、图片和其他媒体文件。如果硬盘和外部驱动器上的文件夹都包含音乐文件，就可以使用音乐库同时访问这些音乐文件。通过创建自己的媒体库，还可以简化媒体播放器的操作。

5. 连接更容易

利用 Windows 7 中的家庭组可以共享图片。在设置计算机时，家庭组将自动创建，这样就可以设置与网络家庭组中其他运行 Windows 7 的计算机共享或不共享的库。若要在家庭网络中共享文件和打印机，使用家庭组是最简单的方法之一。

6. 触控技术手势

如果计算机带有触摸屏，使用手势会比鼠标、触笔或键盘更轻松。如果触摸屏至少可以识别两个触摸点，就可以使用触控技术手势。

7. 浏览互联网

Internet Explorer 8 在以前版本的基础上做了很多改进，便于用户轻松地浏览互联网。

2.2.2 Windows 7 的运行环境与安装

1. Windows 7 的运行环境

Windows 7 相对于以前版本的 Windows 操作系统而言，对硬件的要求有很大的提高，最低要求如下：

- 1GHz 32 位或 64 位处理器。
- 1GB 内存(基于 32 位)或 2G 内存(基于 64 位)。
- 16GB 可用硬盘空间(基于 32 位)或 20GB 可用硬盘空间(基于 64 位)。
- 带有 WDDM 1.0 或更高版本的驱动程序的 DirectX 9 图形设备。

2. Windows 7 的安装

1)安装前的注意事项

在安装之前，要进行磁盘扫描和磁盘碎片整理，这样可以减少安装中断的概率。如果主板上有病毒防护功能，则安装之前要关闭主板的病毒防护功能。如果使用升级安装，也要在安装之前关闭在线病毒防火墙，关闭所有在 Windows 启动组中添加的不必要的应用程序项。

2)全新安装 Windows 7

如果符合下面的任意条件之一：未安装任何操作系统，原操作系统不支持升级或想保存现有的操作系统，建议选择全新安装 Windows 7 系统。

采用全新安装方式，由于 Windows 7 的安装光盘具有直接启动功能，可先在 CMOS 中设置系统从光盘启动，之后将 Windows 7 的安装光盘放入 CD-ROM 中，并重新引导系统启动。当系统启动后，自动执行相应目录中的 Setup.exe 文件，开始安装系统。

3) 升级安装 Windows 7

Windows 7 支持从 Windows Vista 的升级安装操作。在升级过程中，Windows 7 安装向导将替换 Windows Vista 系统的文件，但是会保留现有的应用程序和设置。值得注意的是，有些应用程序可能与 Windows 7 系统不兼容而导致升级后无法正常工作。若具备以下两个条件，则可选择升级安装。

(1) 计算机上已经使用的 Windows Vista 系统支持升级为新版本——Windows 7 系统。表 2-1 列出了原操作系统和欲升级后新版本 Windows 7 操作系统的关系。其中标有“P”的为支持升级安装，其余为不支持升级安装。

表 2-1　可升级的 Windows Vista 系统

版　本	Windows 7 家庭高级版	Windows 7 专业版	Windows 7 旗舰版
Windows Vista 家庭普通版	P	P	P
Windows Vista 家庭高级版	P		P
Windows Vista 商业版			P
Windows Vista 旗舰版			P

(2) 系统经过兼容性测试，确定当前硬件配置支持升级至 Windows 7 的操作系统。升级安装 Windows 7，应先进入 Windows Vista 操作系统，将 Windows 7 安装光盘放入光驱中，在弹出的 Windows 安装界面中单击“现在安装”按钮，在“选择安装类型”界面中选择“升级安装”，开始进入升级安装过程。安装过程中的设置和全新安装的方法相同。

2.2.3　Windows 7 的启动与退出

Windows 7 的启动和退出操作比较简单，但对系统来说是非常重要的。

1. Windows 7 的启动

按下显示器上的电源开关，再按下主机箱上的 Power 按钮，计算机将自动进行硬件测试，然后启动 Windows 7 操作系统。如果正常启动，系统将会进入到登录界面，利用用户设立的账号进入到操作系统中。

如果账号设置了登录密码保护，那么登录时系统会要求用户输入密码进行身份验证。Windows 7 操作系统的用户身份验证延续了 Windows XP 操作系统的风格，即只有在系统的用户管理中预先定义的用户才会有效。当用户输入正确的账号和密码后，系统就会开始检测用户配置，进入“欢迎”界面，几秒钟后，用户就可以看到图 2-1 所示的 Windows 7 桌面。

图 2-1　Windows 7 桌面

2. Windows 7 的关机

计算机的关机有别于其他的电器设备，不能直接断电，否则会导致数据丢失甚至硬件损坏。关机的正确步骤是，单击按钮打开“开始”菜单，单击关机按钮。

经过上面的操作之后，Windows 7 就关闭所有正在运行的程序并保存系统设置，然后自动断开计算机电源。

注意：系统关机时会自动关闭所有运行程序，所以在关机之前需要保存个人文档。

1) 睡眠

睡眠是 Windows 7 内置的一种节能模式。进入睡眠模式的计算机，内存部分保持供电，其他部件则全部停止工作，整台计算机处于最低功耗状态。

打开睡眠模式的方法：单击按钮打开“开始”菜单，然后单击右侧的关机按钮，在弹出的菜单中选择“睡眠”选项。

2) 休眠

休眠是退出 Windows 7 操作系统的另一种方法，选择休眠功能会保存会话并关闭计算机，打开计算机时会还原会话。此时计算机并没有真正的关闭，而是进入了一种低耗能状态。

如果用户要将计算机从休眠状态中唤醒，则必须重新启动。 按下主机上的 Power 按钮，启动计算机并再次登录，会发现已恢复到休眠前的工作状态，用户可以继续完成休眠前的工作。

“关闭选项”中还有一项“睡眠”状态，它能够以最小的能耗保证计算机处于锁定状态，与“休眠”状态有些相似，最大的不同在从“睡眠”状态恢复到计算机原始工作状态不需要按主机上的 Power 按钮。

3) 锁定

当用户有事情需要暂时离开，但是计算机还在进行某些操作不方便停止，也不希望其他人查看自己计算机里的信息时，就可以通过锁定功能来锁定计算机，恢复到“用户登录界面”，再次使用时只有输入用户密码才能开启计算机进行操作。

4) 注销

Windows 7 与之前的操作系统一样，允许多用户共同使用一台计算机上的操作系统，每个用户都可以拥有自己的工作环境并对其进行相应的设置。当需要退出当前的用户环境时，可以通过注销的方式来实现。“注销”功能和“重新启动”功能相似，在进行该动作前要关闭当前运行的程序，保存打开的文档，否则会造成数据丢失。进行此操作后，系统自动将个人信息保存到硬盘，并快速地切换到“用户登录界面”。

5) 切换用户

通过“切换用户”能快速退出当前用户，并回到“用户登录界面”。系统会快速切换到“用户登录界面”，同时提示当前登录的用户为“已登录”的信息。此时用户可以选择其他的“用户账户”来登录系统，而不会影响到“已登录”用户的账户设置和运行的程序。

“注销”和“切换用户”的区别：二者都可以快速地回到“用户登录界面”，但是“注销”要求结束程序的操作，关闭当前用户；而“切换用户”则允许当前用户的操作程序继续进行，不会受到影响。

2.2.4　获得帮助和支持

给出问题的答案，并随时联机解决问题，Windows 7 的帮助更像是身边的技术专家，遇到问题时不仅能给出必要的提示，而且还会告知相关的背景知识。当问题无法解答时可联系技术支持专家，以及请求远程协助。

1. 帮助和支持中心

Windows 7 的帮助系统称为“帮助和支持中心”，在这里不仅可以查阅微软公司提供的脱机帮助文件，还可以下载帮助文件的最新版本，了解获取其他支持方式的途径，并获得来自微软公司的最新通知。

单击按钮，在弹出的菜单中选择“帮助和支持”选项，打开“Windows 7 帮助和支持”窗口，如图 2-2 所示。

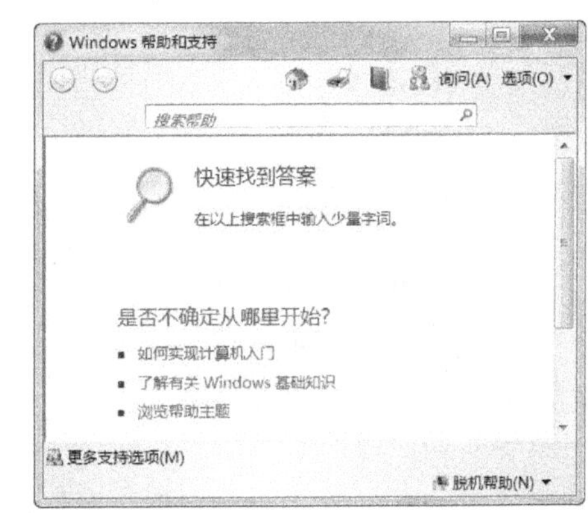

图 2-2　“Windows 帮助和支持”窗口

在“Windows 帮助和支持”窗口中提供了以下几种帮助方法。

• 快速找到答案：在窗口的搜索框中输入想要查找的字词，单击按钮或者 Enter 键，系统就会自动搜索出和输入的字词相关的帮助信息，并以列表的方式显示出来供用户选择查看。

• 如何实现计算机入门：包含在设置计算机时可能希望执行的一系列任务。

• 了解有关 Windows 基础知识：基本常识中的各个主题介绍了个人计算机和操作系统。无论是计算机入门者，还是曾经使用过 Windows 其他版本的有经验的用户，这些主题都将有助于了解顺利使用计算机所需的任务和工具。

• 浏览帮助主题：以目录的形式列出了“帮助和支持”下所有的内容，都是以超链接的方式进行组织，单击即可跳转到相关的页面，查看起来更方便。

• Windows 网站的详细介绍：单击 Windows 超链接，就可以进入微软的“Windows 帮助和操作方法”网页，里面有更多信息、下载资源和方法，通过这些可以帮助用户更好地使用 Windows 7。

2. 联机帮助

Windows 7 帮助系统中的某些内容，很可能因为一些补丁程序的发布而产生变化。要随时保证的帮助内容是最新的，就需要用到 Windows 7 的联机帮助。

默认的情况下，如果在打开“帮助和支持中心”时，系统已经连接到了互联网，那么 Windows 7 会自动使用联机帮助。如果系统设置为不使用联机帮助或者系统没有连接到互联网，那么 Windows 7 就会使用脱机帮助。只要查看“Windows 帮助和支持”窗口右下角的状态按钮即可，也可通过“Windows 帮助和支持”窗口右下角的选项在两种模式之间进行切换，如图 2-3 所示。

3. 更多支持选项

如果遇到的问题比较麻烦，在 Windows 7 的帮助文件和微软的帮助和支持网站上都搜索不到答案，可以单击图 2-2 窗口下方的 更多支持选项(M) 按钮或者标题栏上 询问(A) 按钮，“Windows 帮助和支持”窗口显示如图 2-4 所示的页面。

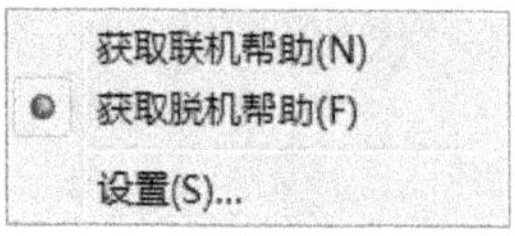

获取联机帮助(N)
获取脱机帮助(F)
设置(S)...

图 2-3　两种帮助方式

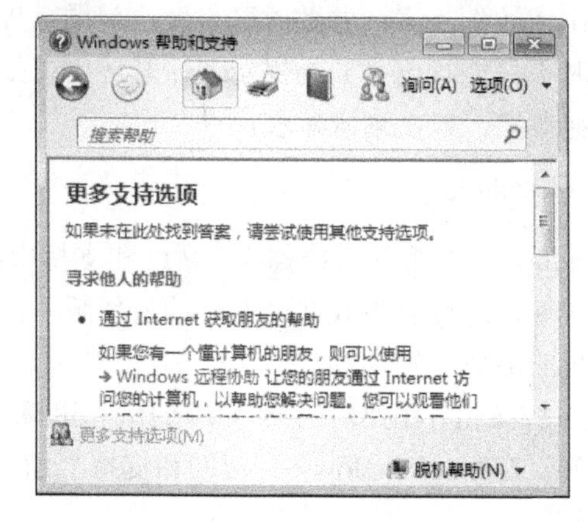

图 2-4　更多支持

按照窗口中的提示，可以找朋友进行远程协助，或者联机与计算机制造商或 Microsoft 客户支持获取技术帮助；还可以通过电子邮件、聊天或电话的方式获取技术支持，使用窗口中提示的其他资源来获得帮助。

2.3　Windows 7 的基本操作

Windows 7 中的所有对象各有一个图标与之对应，用户可以通过键盘或鼠标对图标进行相应操作来完成指定的任务，而 Windows 7 的所有任务都是在对应的窗口和对话框中完成的。所以，认识 Windows 7 的操作界面，了解基本约定，熟练掌握其基本操作方法，是用户熟练使用 Windows 7 的基础。本节主要介绍 Windows 7 中鼠标和键盘的使用方法，Windows 7 的桌面、窗口、对话框等基本操作界面，Windows 7 中用户界面的基本约定及应用程序的管理方法。

2.3.1　鼠标、键盘和快捷键的使用

1. 鼠标的使用

操作 Windows 可以使用鼠标和键盘，在大多数的情况下，使用鼠标更加快捷方便。鼠标常用的有左右两个键，常用的操作有以下几种。

(1) 指向。移动鼠标时，鼠标指针在桌面上移动。其目的是将指针移动到操作对象上，以便对其进行相应的操作。

(2) 单击。按下鼠标左键并立即释放称为左单击(一般简称为单击)，一般用于选定某一具体的对象。

(3) 双击。双击是指快速进行两次单击左键的操作，常用于启动应用程序或打开一个窗口。

(4) 拖动。鼠标指针指向某一对象(如窗口、图标)时，按住鼠标左键并拖动它，会将对象拖到一个新位置，到达目标位置后松开鼠标左键完成拖动操作。

(5) 右击。按下鼠标右键并立即释放，通常用于完成一些快捷操作。一般情况下，右击都会打开一个菜单，选择其中的选项可以快速执行菜单中的命令，因此称为快捷菜单。

当计算机工作时，在屏幕上能看到一个小箭头，该箭头为鼠标指针，指示当前的工作情况。计算机在工作中，根据所处的不同情况，鼠标指针的形状会发生相应的变化，表 2-2 列出了默认方式下最常见的几种鼠标指针形状表示的不同含义。

表 2-2　鼠标指针形状

名称	图标	名称	图标	名称	图标
正常选择		选定文本		沿对角线调整 1	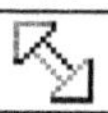
帮助选择		手写		沿对角线调整 2	
后台运行		不可用		移动	
忙		垂直调整		候选	
精确定位		水平调整	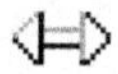	链接选择	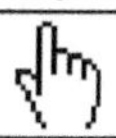

2. 键盘的使用

通过键盘，用户可以在输入状态下向计算机输入信息，如英文字母、汉字、数字及各种符号等，也可通过键盘上几个键的组合(称为快捷键)向计算机发出指令，如按 Ctrl+A 快捷键就可以选中当前窗口中的所有对象。表 2-3 给出了 Windows 7 的常用快捷键。

表 2-3　Windows 7 的常用快捷键表

快捷键	功能	快捷键	功能
Ctrl+X	剪切	⊞	显示或隐藏“开始”菜单
Ctrl+C	复制	⊞+Pause/Break	显示“系统属性”对话框
Ctrl+V	粘贴	⊞+F	搜索文件或文件夹
Ctrl+Z	撤销	⊞+D	显示桌面或还原所有窗口
F1	系统帮助	⊞+R	打开“运行”对话框
Alt+Tab	切换窗口	⊞+E	打开“资源管理器”窗口
Alt+F4	关闭窗口或系统	⊞+Tab	在打开的项目之间切换

2.3.2　Windows 7 的桌面

进入 Windows 7 操作系统后，就会看到 Windows 7 的桌面(图 2-5)，下面对 Windows 7 的桌面构成作简要介绍。

1. 桌面图标

桌面图标是代表程序、文件或文件夹等各种对象的小图像。用图标来区分不同类型的对象，图标的下面有相应的对象名称。桌面上的图标一般都是比较常用的。

2. 任务栏

任务栏默认的位置是在桌面的底端，如图 2-5 所示，它由下面几个部分组成。

• 开始菜单按钮：单击后可以打开“开始”菜单。

• 快速启动栏：快速启动栏中有常用的程序图标。单击某个图标，即可启动相应的程序，这比从“开始”菜单中启动程序要快捷得多。

• 窗口任务栏按钮：当启动一个程序或者打开一个窗口后，系统都会在任务栏中增加 一个窗口任务按钮。单击窗口任务按钮，即可切换该窗口的活动和非活动状态，或 者控制窗口的最大化、最小化。

• 通知区域：显示系统当前状态的一些小图标，通常有数字时钟、音量及网络连接等。

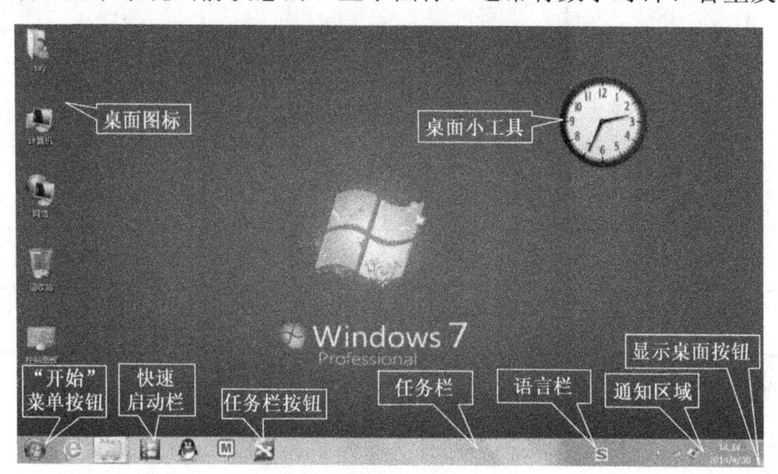

图 2-5　Windows 7 的桌面

3. Windows 7 桌面小工具

桌面小工具是 Windows 7 的一个组件，桌面小工具就是一些小程序，可以提供即时信息，也是调用常用工具的一种途径。例如，使用小工具显示图片幻灯片、查看不断更新的标题或查找联系人。

4. 语言栏

语言栏是一个浮动的工具条，它总在桌面的最顶层，显示当前使用的语言和输入法。

2.3.3 窗口的操作

在使用 Windows 7 的过程中，无论是执行程序还是设置系统都会遇到各种各样的窗口，在 Windows 7 中，无论从其外观还是其内涵来说，窗口都与以前版本的 Windows 操作系统不同。

1. 窗口的组成

在 Windows 7 系统中打开一个文件、文件夹或者程序时，屏幕上会出现一个矩形的区域，这个区域称为窗口。窗口通常包括标题栏、工具栏、地址栏、搜索框、导航窗格、内容显示窗格、详细信息面板以及“最小化”按钮、“最大化”按钮、“还原”按钮、“关闭”按钮、“前进”按钮、“后退”按钮和“刷新”按钮。图 2-6 所示为一个典型的窗口。

• 标题栏：用于显示窗口的名称(如软件的名称或打开文档的名称)。

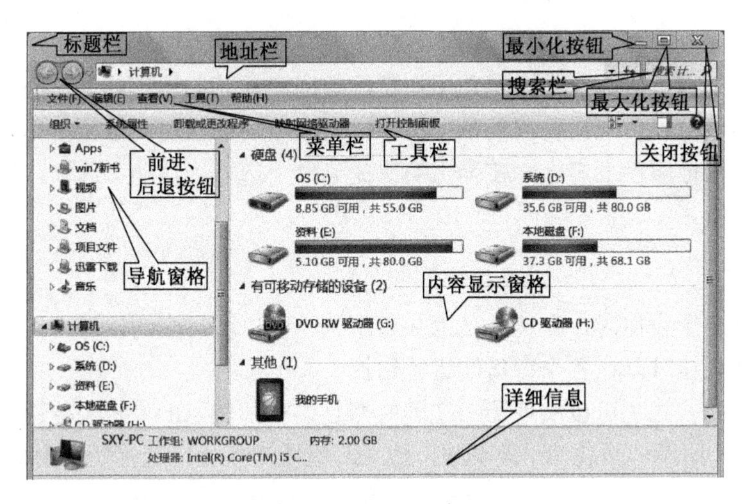

图 2-6　Windows 窗口

• 菜单栏：包含程序中可单击进行选择的项目。

• 工具栏：对窗口或者对象进行操作的一些基本按钮。

• 地址栏：显示窗口或文件所在的位置，也就是常说的路径。

• 搜索框：用于搜索相关的程序或者文件。输入相关内容后，按 Enter 键就可以搜索到相应结果。

• 导航窗格：显示当前文件夹中所包含可展开的文件夹列表。

• 内容显示窗格：用于显示信息或供用户输入资料的区域。

• 详细信息面板：用于显示程序或文件(夹)的详细信息。

• 按钮：单击该按钮，使窗口最小化到任务栏。

• 按钮：单击该按钮，使窗口最大化，铺满整个屏幕，按钮变成按按钮。此时若单击按钮，又可以让窗口还原到原来的大小。

• 按钮：单击该按钮关闭窗口。

• 按钮：单击该按钮，回到前一步操作的窗口。

• 按钮：单击该按钮，回到操作过的下一步操作的窗口。

• 按钮：单击该按钮，让窗口的内容刷新一次。

2. 打开和关闭窗口

双击桌面上的图标即可打开“计算机”窗口。

当用户不再使用窗口时，可以关掉窗口。关闭窗口的方法很多，最常用的就是单击窗口右上角的按钮。

3. 改变窗口的大小

单击窗口右上角的按钮即可使窗口最小化。单击窗口右上角的按钮使窗口最大化。用户可以根据自己的需要，任意调整窗口的高度和宽度。把鼠标指针放在该窗口的上下左右边界或窗口角上，鼠标指针变成⟺、⇕或⤡形状，此时按住鼠标左键，往某一个方向拖动，然后松开，窗口的宽度就会发生变化。

4. 移动窗口

同时打开多个窗口时，经常会发现用户想用的窗口被其他窗口或对话框挡住，这时可以移动窗口。要移动窗口，只需要移动鼠标指针指向窗口的标题栏，按住鼠标左键，然后拖动鼠标即可。或者在标题栏上右击，在弹出的快捷菜单中选择“移动”选项，按下鼠标左键不放，即可移动窗口。

5. 切换窗口

当用户打开多个窗口时，在任务栏上会显示各个窗口所对应的以最小化形式显示的程序按钮，单击这些按钮可以在各个窗口间进行切换。

利用快捷键的方式也可以实现窗口之间的相互切换。按 Alt+Tab 快捷键，会弹出一个切换窗口，如图 2-7 所示。按住 Alt 键不放，按 Tab 键依次移动，选择所需窗口即可。

图 2-7　切换窗口

6. 排列窗口

当用户打开的窗口太多时，可能会显得非常零乱，此时有必要对窗口进行排列。在任务栏的空白处右击，弹出一个快捷菜单，如图 2-8 所示。可选择“层叠窗口”、“堆叠显示窗口”、“并排显示窗口”等排列方式，如图 2-9 所示。按 Alt+Esc 快捷键也可以实现窗口之间的相互切换。

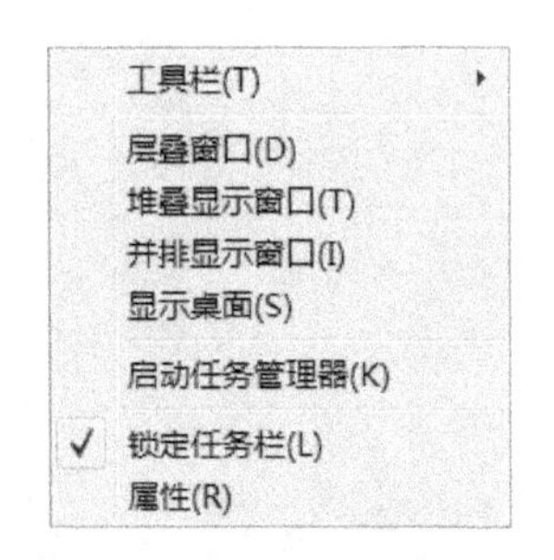

图 2-8　任务栏右键快捷菜单

图 2-9　“并排显示”窗口

2.3.4　对话框的操作

对话框是特殊类型的窗口。当程序或 Windows 需要用户进行响应以继续时，经常会看到对话框。与常规窗口不同，多数对话框无法最大化、最小化或调整大小，但可以被移动。

对话框是用户和系统交流的桥梁。运行程序以及执行某种操作时，系统经常会通过对话框向用户询问是否执行该操作，当用户确认后系统才会执行。

例如，用户要删除一个文件时，系统会通过一个对话框询问用户是否要删除该文档，如图 2-10 所示。若单击 是(Y) 按钮，则系统会执行该操作；若单击 否(N) 按钮，则放弃该操作。

除了进行选择性操作之外，对话框常用于用户的相关信息。如图 2-11 所示的“页面设置”对话框，提供了大量页面设置的相关信息供用户设置，设置完毕后单击 确定 按钮，就可以把设置的内容应用到程序当中。

图 2-10 “删除文件”对话框

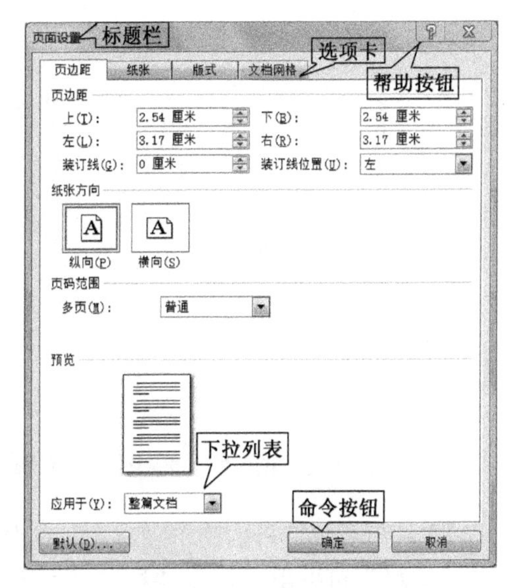

图 2-11 “页面设置”对话框

2.3.5 菜单和工具栏

1. 菜单

菜单是命令的集合，在 Windows 的操作过程中，菜单根据操作情况的不同会出现不同的状态，而不同菜单命令前后也会出现一些不同的符号。

1) 基本操作

(1) 打开菜单。打开菜单的操作主要有鼠标操作和键盘操作两种方式。

- 单击菜单名字即可打开菜单。
- 用键盘上的 Alt 键加上菜单名字后面括号里的字母也可以打开对应的菜单。例如，在键盘上按 Alt+F 键，就可以打开“文件”菜单。

(2) 关闭菜单。关闭菜单的方法主要有以下两种：

- 单击菜单以外的其他地方即可关闭菜单。
- 按 Esc 键也可以关闭菜单。

(3) 执行菜单命令。执行菜单命令主要有以下两种：

- 单击菜单中的命令即可执行菜单命令。
- 展开菜单后，在键盘上按↑、↓键选中要执行的命令，再按 Enter 键即可。

2) 菜单的约定

(1) 变灰的菜单。正常的菜单选项是以黑色字符显示的，表示该菜单中当前可用的命令。用灰色字符显示的菜单表示当前的菜单命令不可用，如图 2-12 所示。

(2) 菜单名后有“…”的菜单。打开这种菜单，会弹出一个对话框，要求用户输入信息或改变某些设置。

(3) 菜单名后带有三角“ ▸ ”的菜单选项。这种带有“ ▸ ”的菜单选项表示该菜单还有下级菜单，当光标指向该菜单时，会自动展开下级菜单，如图 2-13 所示。

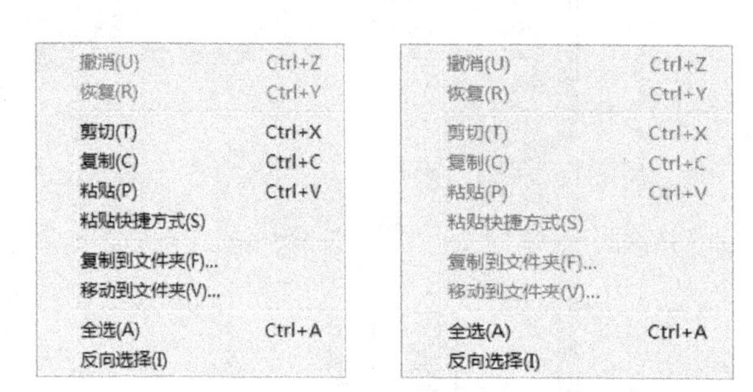

图 2-12　正常的菜单和变灰的菜单

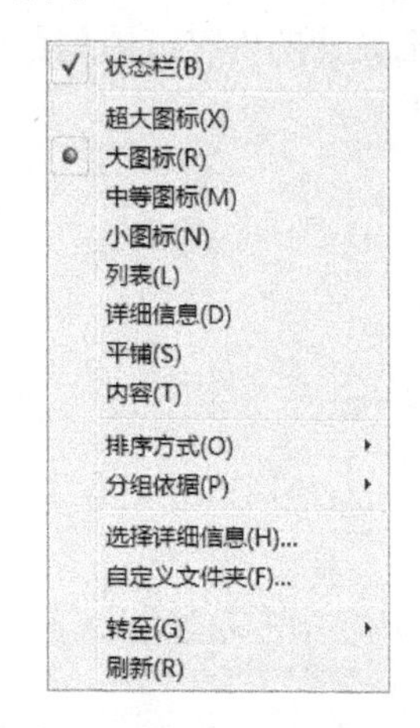

图 2-13　带有特殊符号的菜单

(4) 名字后带字母的菜单项。表示该菜单可以用提示的键盘快捷键来执行该命令，如展开“工具栏”可以用 Ctrl+T 快捷键来执行，如图 2-13 所示。

(5) 菜单名前带“✓”的菜单项。表示这种菜单项可以在“选中”和“未选中”两种状态之间转换，又称为复选项，如图 2-13 所示。

(6) 菜单名前带“ • ”标记的菜单项。该菜单项表示是被选用的。在同一分组菜单项中，同时有且只有一个被选中，被选中的选项前带“ • ”标记。若后来又选中了同一组中的另一个选项时，前一个选项的“ • ”标记就会消失。这种菜单项被称为单选项，如图 2-13 所示。

2.3.6　应用程序的管理

应用程序是指为了完成某项或某几项特定任务而被开发，运行于操作系统之上的计算机程序。本节将介绍启动应用程序和退出应用程序的方法。

1. *启动应用程序*

启动应用程序有多种方法，常用的有 3 种。

(1) 通过桌面快捷方式启动应用程序。如果应用程序启动文件的快捷方式被放置在桌面上，则直接双击桌面的快捷图标即可启动该应用程序。

(2) 通过“开始”菜单启动应用程序。选择“开始 | 所有程序”命令，单击需启动的应用程序快捷图标，即可启动该应用程序。如果“所有程序”中没有直接找到对应的快捷方式，则需先展开其所在的子菜单，再单击其快捷方式。

(3) 通过浏览文件夹启动应用程序。有的应用程序没有快捷方式，或者快捷方式并未在“所有程序”菜单中或桌面上。运行这些程序的有效方法是，使用“计算机”或“Windows 资源管理器”浏览磁盘和文件夹，找到应用程序启动文件，然后双击启动它。例如，Microsoft Word 2010 的程序启动文件 WINWORD.EXE 位于 C:\Program Files (x86)\Microsoft Office\Office14 文件夹中，用“计算机”打开该文件夹，如图 2-14 所示，双击 WINWORD.EXE 图标，即可启动 Microsoft Word 2010。

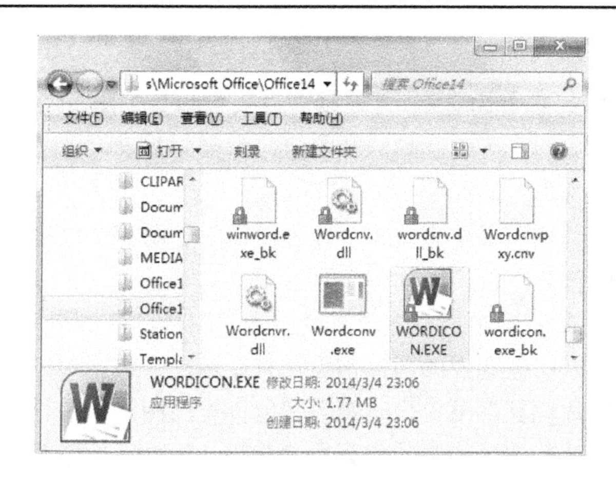

图 2-14　Office 14 文件夹窗口

2. 退出应用程序

退出应用程序的常用方法有下列 4 种。

(1) 如果应用程序有“文件”菜单，则选择“文件 | 关闭”命令。

(2) 单击应用程序窗口右上角的“关闭”按钮。

(3) 按 Alt+F4 键。

(4) 当某个应用程序不再响应用户的操作时，可以按 Ctrl+Alt+Del 快捷键，选择“启动任务管理器”，就会弹出“Windows 任务管理器”对话框，如图 2-15 所示。它显示了正在运行的所有应用程序清单。用户可单击“应用程序”选项卡，选择所要关闭的应用程序，然后单击“结束任务”按钮就可以退出该应用程序；若“应用程序”选项卡中没有出现需关闭的应用程序名，可单击“进程”选项卡，再选择应用程序的可执行文件名，单击“结束进程”按钮，关闭应用程序。

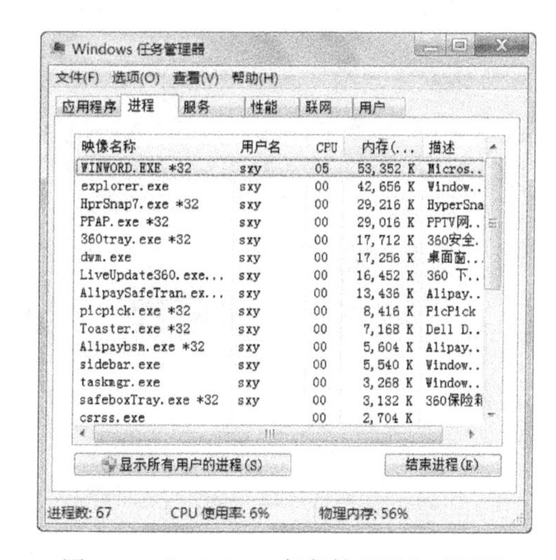

图 2-15　“Windows 任务管理器”对话框

2.4　个性化设置界面

Windows 7 图形界面和以前的 Windows 版本相比有了很大的改进，Windows 7 提供了一种全新的、绚丽的用户界面 Aero，具有透明玻璃效果、Aero Snap、Aero Peek、Aero Shake、Flip 3D 等全新功能，Windows 7 还增加了桌面小工具，开始菜单、任务栏、通知区域也都有改变。

2.4.1　桌面管理

用户每次开机后首先看到的是桌面的背景图案和图标，如何设置背景图案和桌面图标是很多用户都非常关心的问题。

1. 设置桌面背景

Windows 7 桌面背景(也称为壁纸)可以是个人收集的数字图片、Windows 7 提供的图片、纯色或带有颜色框架的图片。可以选择一个图像作为桌面背景，也可以显示幻灯片图片。

1)设置图片为桌面背景

单击按钮，在“开始”菜单中选择“控制面板 | 外观和个性化 | 个性化 | 更改桌面背景”命令，打开“桌面背景”窗口，如图 2-16 所示。

用户可以在图 2-16 所示的窗口中选择系统自带的图片，单击图片后，Windows 7 桌面系统以所见即所得的方式立即把选择的图片作为背景显示，单击保存修改按钮，确认桌面背景的改变。也可以单击“图片位置”下拉列表查看其他位置的图片，进行选择设置。

如果用户需要把其他位置处的图片作为桌面背景，在如图 2-16 所示的窗口中，只要单击浏览(B)...按钮，找到图片并打开，就可以把图片设为桌面背景。用户还可以根据所选图片与屏幕分辨率的情况在“桌面背景”窗口中设置图片位置，有填充、适应、拉伸、平铺和居中等多种方式可选，如图 2-17 所示。

图 2-16 “桌面背景”窗口

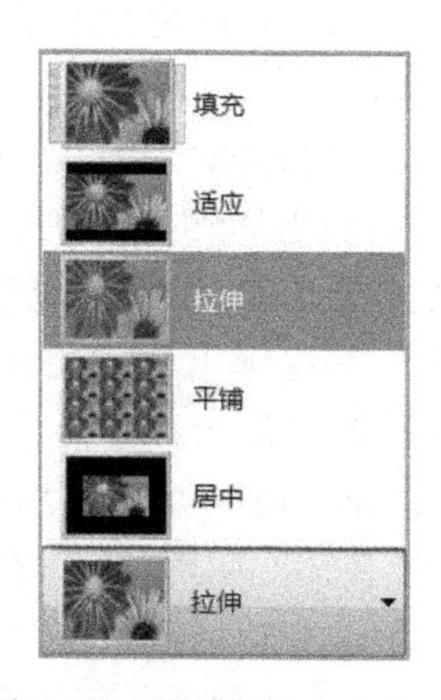

图 2-17 “图片位置”列表

2)设置幻灯片为桌面背景

在 Windows 7 中可以使用幻灯片作为桌面背景，也可以使用自己的图片或 Windows 7 中某个主题提供的一部分图片。使用自己的图片作幻灯片的方法如下。

作为幻灯片的所有图片都必须位于同一个文件夹中。在如图 2-16 所示的窗口中，查找要包含在幻灯片中的图片。如果要使用的图片不在桌面背景图片的列表中，单击“图片位置”下拉列表查看其他类别，也可以单击“浏览”按钮，在计算机中查找图片所在的文件夹。选中要包含在幻灯片中的每张图片对应的复选框。默认情况下，将选中文件夹中的所有图片并将其作为幻灯片的一部分。

单击“更改图片时间间隔”下拉列表中的项目，选择幻灯片变换图片的时间间隔。选中“无序播放”复选框可以使图片以随机顺序显示。单击保存修改按钮，确认桌面背景的改变。幻灯片将作为未保存主题显示在“个性化”窗口中“我的主题”下。

2. 屏幕保护程序

屏幕保护程序是指在一段指定的时间内没有鼠标或键盘事件时，在计算机屏幕上出现移动的图片或图案。它使用户得到放松的同时可以保护计算机，当用户离开计算机一段时间，给屏幕保护程序设置密码，这样可以防止在离开时别人看到工作屏幕，同时也可以防止别人未经授权使用计算机。

在选择“控制面板 | 外观和个性化 | 个性化 | 更改屏幕保护程序”命令，即可打开“屏幕保护程序设置”对话框，如图 2-18 所示。

在对话框中的“屏幕保护程序”下拉列表中选择屏幕保护程序后，在“屏幕保护程序设置”对话框中可以预览到所选屏幕保护程序的效果。单击 确定 按钮完成设置。用户可以根据自己的工作环境和工作习惯，设置进入屏幕保护程序的等待时间，如果需要密码对屏幕保护程序进行保护，选中 ☑ 在恢复时显示登录屏幕(R) 复选框，这样在退出屏幕保护程序时，需要输入密码才能解除对计算机的锁定。如果密码为空，就不能对屏幕保护程序进行密码保护。

3. 主题、颜色和外观

Windows 主题是用于计算机桌面的可视元素和声音的集合。主题决定桌面上各种可视元素的外观，如窗口、图标、字体、颜色和声音。在选择主题后，用户可以个性化设置桌面及窗口的外观、颜色及字体等。

1) 选择和使用桌面主题

Windows 7 系统自带的主题有两大类：Aero 主题、基本和高对比主题。每个类别中又有多种不同风格的主题，用户可以选择使用，也可以进行个性化的修改后，保存为自己的主题。

在“外观和个性化”窗口中选择“更改主题”选项，如图 2-19 所示，选择要使用的主题，这时桌面背景会变化成当前主题的效果，关闭窗口即可完成操作。如果计算机配置比较高，建议选取 Aero 主题，体验 Windows 7 全新的界面风格。

图 2-18 “屏幕保护程序设置”对话框

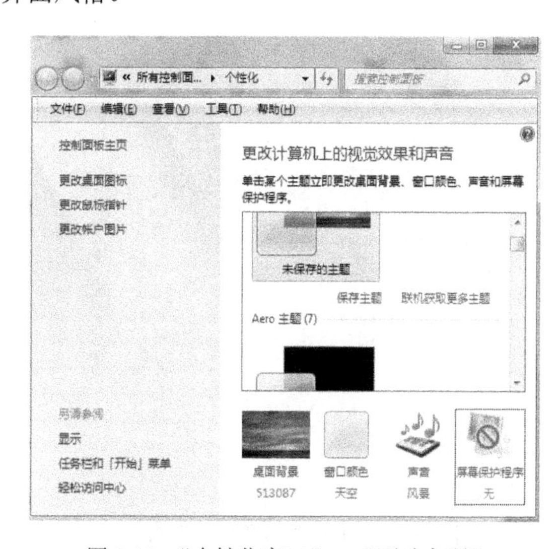

图 2-19 “个性化窗口”—“更改主题”

Windows 7 主题包含了很多系统设置，如果用户要更改主题中的某些元素，如鼠标指针、系统操作时的声音等，可以在“个性化”窗口中选择并进行更改；也可以对桌面背景、窗口颜色、屏幕保护程序、声音和鼠标指针等进行个性化设置，设置全部完成后，在“个性化”窗口中的“我的主题”会显示一个“未保存主题”，右击“未保存主题”选项，在弹出的菜单中选择“保存主题”命令进行保存。

2) 颜色和外观

主题有默认的窗口、对话框等元素的设置，如颜色、字体和字号等，对于这些元素用户都可以进行设置。

(1) Aero 界面特有的设置。如果当前使用的窗口主题是 Aero 主题，在“个性化”窗口中选择“窗口颜色”选项，弹出如图 2-20 所示窗口。

① 在窗口中单击颜色的名称，可以更改窗口、对话框等颜色，在当前的窗口可以预览效果。如果要自己创建颜色，单击“显示颜色混和器”按钮，窗口中会显示出颜色混和器，通过拖动滑块调节色调、饱和度和亮度 3 个参数来创建自定义的颜色。

② 如果要启用透明玻璃效果，在“窗口颜色和外观”窗口中选中“启用透明效果”复选框，窗口的边缘会有透明玻璃的效果，可以模糊地看到窗口后面被遮挡的内容。

③ 使用“颜色浓度”调整滑块可以查看窗口颜色的浓度。如果启用了透明效果，使用“颜色浓度”调整滑块就可以同时调整窗口颜色的浓度及透明度，向右拖动滑块，窗口的颜色浓度不断增大，而窗口的透明度逐渐减小，设置完成后，单击［保存修改］按钮完成操作。

(2) 外观和颜色的高级设置。在 Aero 界面中，打开“个性化”窗口，选择“窗口颜色和外观”选项，选择窗口中的“高级外观设置”选项，弹出如图 2-21 所示的对话框。在“项目”下拉列表中选择要修改的项目，如菜单的大小和颜色，菜单中的字体、字号和颜色等，都可以进行修改，有些修改可以直接在对话框的小窗口中预览，如消息框字体及颜色的改变。修改完后，单击［确定］按钮保存。

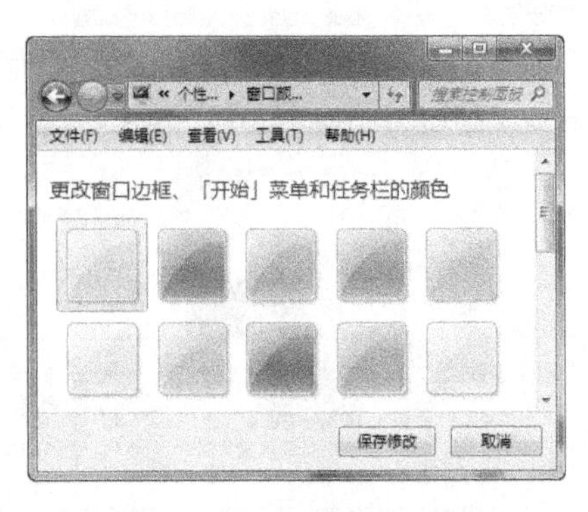

图 2-20 “窗口颜色和外观”窗口

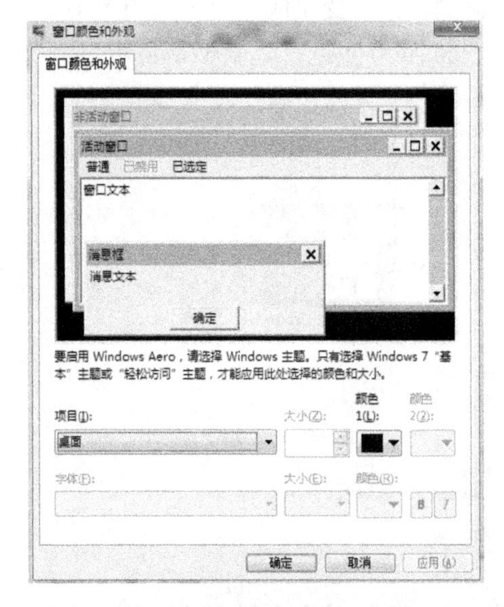

图 2-21 “高级外观设置”对话框

4. 分辨率的设置

根据监视器选择最佳的显示设置，包括屏幕分辨率、刷新频率和颜色深度。这些设置根据所用监视器的类型、大小、性能以及视频显示卡的不同而有所差异。

屏幕分辨率是指屏幕上文本和图像的清晰度。分辨率越高，屏幕上显示的对象越清楚。同时屏幕上的对象显得越小，以便屏幕容纳更多内容。分辨率越低，屏幕上的对象越大，屏幕容纳的对象会越少，但更易于查看。

(1) 在桌面空白处右击，在弹出的菜单中选择“屏幕分辨率”选项，弹出的窗口如图 2-22 所示。

(2) 在“分辨率”下拉列表中将滑块移到想要的分辨率，然后单击确定按钮。

5. 刷新频率设置

影响监视器显示效果的另一个重要因素是屏幕刷新频率。如果刷新频率太低，监视器可能会闪烁，这会引起眼睛疲劳和头痛。应该选择 75 赫兹以上的刷新频率。

(1) 在桌面空白处右击，在弹出的快捷菜单中选择“屏幕分辨率”选项，弹出“屏幕分辨率”窗口，在窗口中单击“高级设置”选项，在弹出的对话框中打开“监视器”选项卡，如图 2-23 所示。

(2) 在“屏幕刷新频率”下拉列表中选择新的刷新频率，监视器将花费一小段时间进行调整。然后单击确定按钮，系统应用刚才选定的监视器刷新率。

图 2-22 “屏幕分辨率”窗口

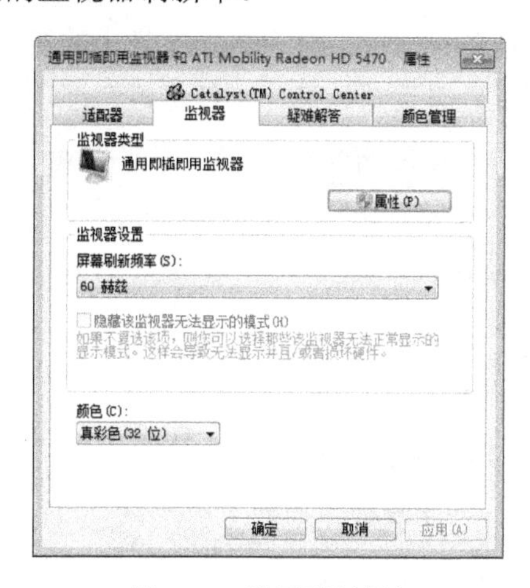

图 2-23 设置刷新频率

6. 添加桌面小工具

用户可以将计算机上安装的任何小工具添加到桌面，也可以添加小工具的多个实例。例如，要同时看两个时区的时间，可以添加时钟小工具的两个实例，并相应地设置每个实例的时间。

右击桌面，在弹出的快捷菜单中单击“小工具”选项。弹出如图 2-24 所示的窗口。双击小工具将其添加到桌面，也可以拖动小工具到桌面。

7. 任务栏

任务栏位于屏幕的最底部，任务栏的左边是快速启动栏及当前运行程序的任务栏按钮。任务栏的右边是通知区域，用于存放系统时间、操作中心、系统音量以及网络连接情况等内容。中间部分用于存放窗口以及 IE 浏览器等最小化的图标，如图 2-25 所示。用户可以自定义任务栏的外观。

图 2-24 “桌面小工具”窗口

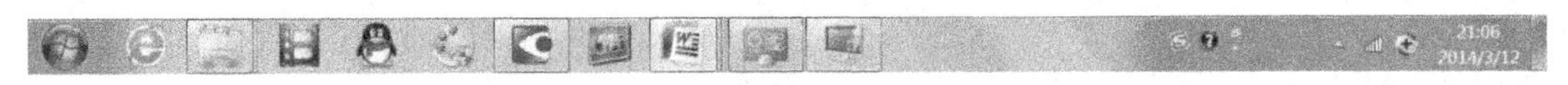

图 2-25 任务栏

1) 设置任务栏

在任务栏上空白处右击，在弹出的快捷菜单中选择“属性”选项，打开“任务栏和「开始」菜单”对话框，打开“任务栏”选项卡，如图 2-26 所示。

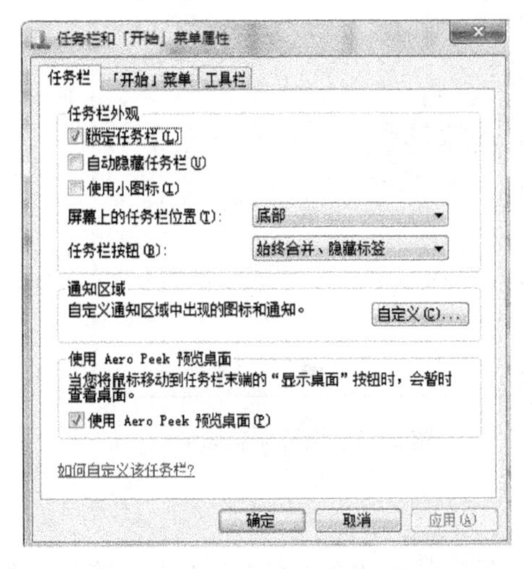

图 2-26 “任务栏和「开始」菜单属性”对话框

• 锁定任务栏：若选择此复选框，任务栏将固定放置在屏幕的最底部；若取消此复选框，则可以通过拖曳的方法来改变任务栏的大小、高度和形状。

• 自动隐藏任务栏：选择此复选框后，当鼠标指针移至任务栏所在位置时，系统立即显示任务栏；当鼠标指针离开任务栏时，任务栏自动隐藏。

• 使用小图标：若选择该复选框，任务栏的高度将会变小，同时任务栏按钮也将变小。

• 使用 Aero Peek 预览桌面：选择此复选框后，将鼠标指针移动到任务栏末端的显示桌面按钮时，会暂时查看桌面。

• 屏幕上任务栏的位置：单击下拉列表，选择任务栏的显示位置。

• 任务栏按钮：单击下拉列表，选择任务栏按钮的显示方式。

(1) 始终合并、隐藏标签。这是默认设置。每个程序都显示为一个无标签的按钮，即使当打开某个程序的多个窗口时也是如此。一个按钮既表示程序，也表示打开的窗口。

(2) 当任务栏被占满时合并。该设置将每个窗口显示为一个有标签的按钮。当任务栏变得非常拥挤时，具有多个打开窗口的程序会折叠成一个程序按钮。单击此按钮显示一个已打开的窗口列表。该设置和“从不合并”与以前版本 Windows 的外观和行为都非常相似。

(3) 从不合并。该设置与“当任务栏被占满时合并”相似，只是这些按钮从不会折叠成一个按钮，无论打开多少窗口都是如此。随着打开的窗口越来越多，按钮的尺寸会逐渐变小并最终在任务栏中滚动。

2) 设置通知区域

在如图 2-26 所示的窗口中，单击 自定义(C)... 按钮，打开如图 2-27 所示的窗口。在窗口中，可以通过选择下拉列表中的选项来控制是否显示图标和通知或仅显示通知。单击“打开或关闭系统图标”选项，查看当前系统图标的状态，如时钟、网络、音量及 Windows Update 等，单击下拉列表选择“打开”或者“关闭”选项即可。单击“还原默认图标行为”选项，还原系统默认的图标显示。选中“始终在任务栏显示所有图标和通知”复选框，使通知区域的图标和通知都显示在任务栏中。

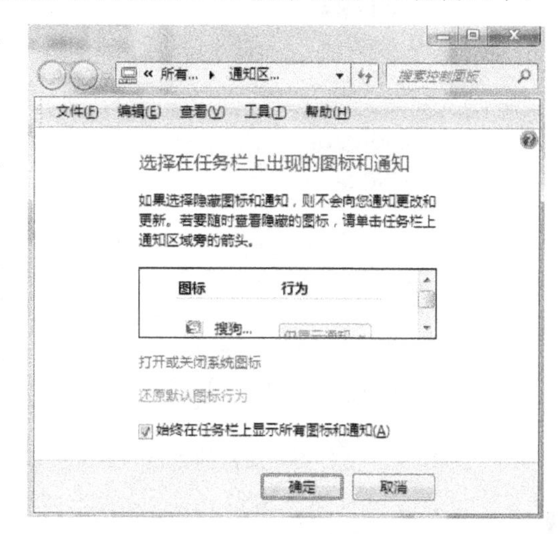

图 2-27　“通知区域图标”窗口

3) Jump List

Jump List 是 Windows 7 中的新增功能，便于用户快速访问常用的文档、图片、歌曲或网站。右击 Windows 7 任务栏上的程序图标即可打开 Jump List。Internet Explorer 8 的 Jump List 显示经常查看的网站，Windows Media Player 的 Jump List 列出经常播放的曲目。用户还可以锁定要收藏或经常打开的文件。

右击 Windows 7 任务栏上的文件夹图标即可打开 Jump List，如图 2-28 所示。

单击其中的选项即可打开项目。将鼠标指针指向要锁定的项目，单击图钉图标，选择“锁定到此列表”选项即可锁定项目。将鼠标指针指向要解锁的项目，单击图钉图标，选择“从此列表解锁定”即可从 Jump List 解锁。

8. “开始”菜单

和 Windows 以前的版本一样，Windows 7 的“开始”菜单也是最常使用的组件之一，它是启动程序的一条捷径。在“开始”菜单中，几乎可以找到计算机中的所有程序。

单击按钮打开“开始”菜单，利用鼠标或者键盘对菜单进行相应的选择。“开始”菜单中有些选项的右侧有一个小箭头，表示在这些选项下还包含一些级联选项，这些级联选项组成一个级联菜单。

Windows 7 的“开始”菜单主要由固定程序列表、常用程序列表、所有程序菜单、快捷搜索栏、右侧窗格、关机按钮以及功能键等部分组成，如图 2-29 所示。

1) 固定程序列表

在默认状态下，此列是空白的。用户可以根据自己的情况添加新的程序。右击相应程序，在弹出的菜单中，选择“附到「开始」菜单”选项就可以在固定程序列表中添加新的程序。

如果要删除固定程序列表中的程序，在“开始”菜单中右击要删除的程序，在弹出的菜单中，选择“从「开始」菜单解锁”选项，即可从固定程序列表中删除选中的程序。

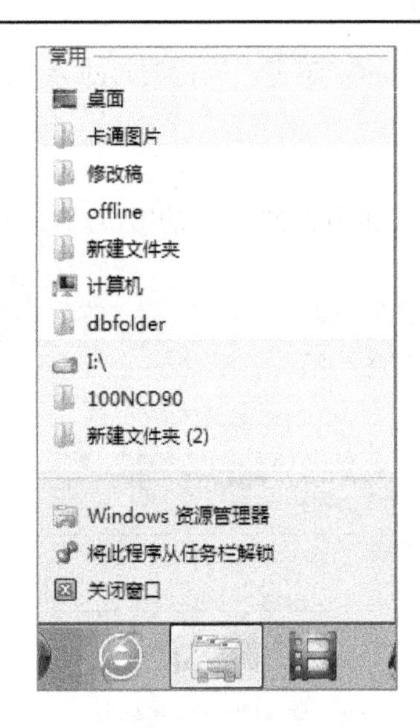

图 2-28 “文件夹”图标的 Jump List

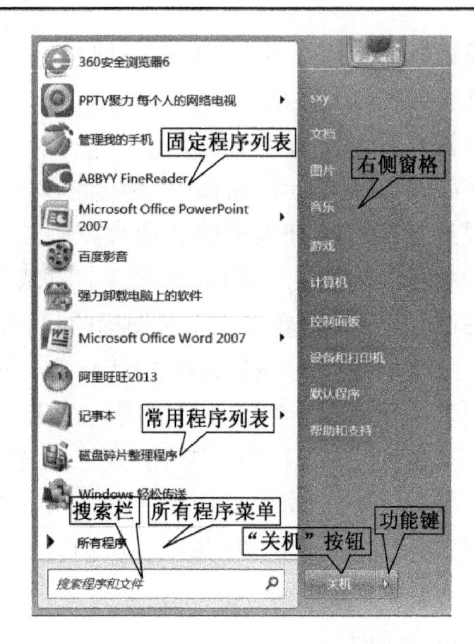

图 2-29 “开始”菜单

2) 常用程序列表

常用程序列表中存放的是用户最近用过的一些程序，并且按照程序打开的先后顺序依次排列，在系统默认情况下，最多可以显示 10 个图标。

3) 所有程序菜单

所有程序菜单中存放的是计算机用户安装的所有应用程序。当单击“所有程序”选项后，并不像 Windows XP 系统那样弹出一个新菜单，而是用类似“文件夹树”的形式将所有内容都显示在一个菜单中，“所有程序”选项变成了“返回”选项，如图 2-30 所示。这样的设计不仅节约屏幕空间，而且不用担心点错。

4) 右侧窗格

右侧窗格主要显示的是常用系统文件夹部分、常用系统功能部分以及控制面板和帮助部分等内容，这些内容和 Windows XP 操作系统基本差不多。用户可以对右侧窗格进行自定义设置。

5) 自定义开始菜单

在任务栏上空白处右击，从弹出的快捷菜单中选择“属性”选项，打开“任务栏和「开始」菜单属性”对话框，打开“「开始」菜单”选项卡，单击对话框中的 自定义(C)... 按钮，打开“自定义「开始」菜单”对话框。在对话框中可以根据需要，选择右侧窗格中项目的状态。

6) 快速搜索栏

这是 Windows 7 系统“开始”菜单的一大改进，这个搜索栏是动态进行的。当没有输入完关键字时，搜索就已经开始了。例如，在快速搜索栏中输入“Windows”，这时就会显示出所有包含“Windows”字样的程序，如图 2-31 所示。除了可以搜索应用程序之外，还可以搜索文件和网络。可以说，这个快捷搜索栏是从 Windows XP 中的“运行”对话框和搜索程序的结合体。

图 2-30 “所有程序”列表

图 2-31 “快速搜索”结果

7) 关机按钮和功能键

如图 2-29 所示，单击 关机 按钮可以将计算机关闭。单击功能键 ▸，可以打开如图 2-32 右边所示的一个级联菜单，里面列出了诸如切换用户、注销、锁定、重新启动、睡眠休眠等可执行的操作。用户可以根据情况进行选择操作。

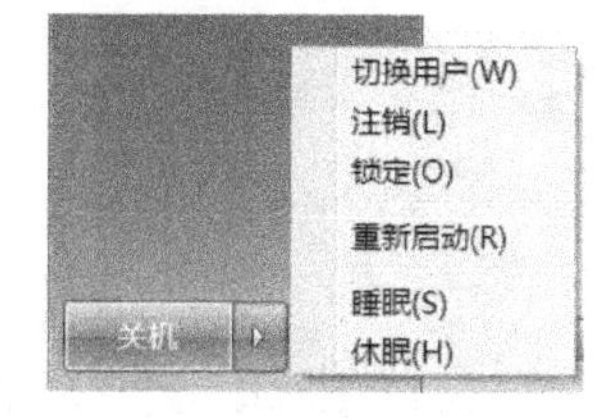

图 2-32 “关机”菜单

2.4.2　输入法的设置

输入法很多，有智能 ABC、五笔字型、紫光拼音、微软拼音输入法等，这些输入法都提供了软键盘，了解软键盘及其使用方法，对于输入特殊符号很有好处；掌握中英文输入法的切换方法和所有输入法之间的切换方法，使用户能快速选择输入法；用户要用好某种输入法，还需要设置其相应的输入法属性，如在 Windows 中把一些不常用的输入法删掉、设置输入法的快捷键等，这样可大大缩短切换输入法的时间。

1. 添加/删除输入法

添加输入法的操作步骤如下。

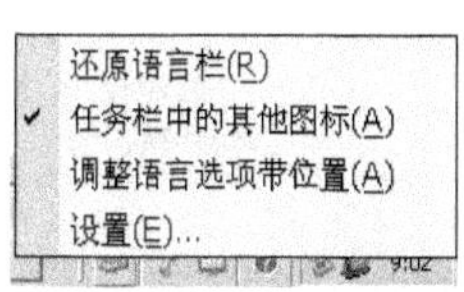

图 2-33　语言栏快捷菜单

(1) 右击“语言栏”图标，在弹出的快捷菜单中选择“设置”命令，如图 2-33 所示，打开“文本服务和输入语言”对话框，如图 2-34 所示。

(2) 在“文本服务和输入语言”对话框中的““默认输入语言”选项组中，可以选择输入法作为启动时默认的输入法。

(3) 在“文本服务和输入语言”对话框中，单击 添加(D)... 按钮，打开“添加输入语言”对话框，在“键盘布局/输入法”中选择“中文(简体)–双拼”，如图 2-35 所示。

(4) 单击“确定”按钮完成输入法的添加。

要删除某种输入法，可以在“文本服务和输入语言”对话框中的“已安装的服务”选项组中选中该项后单击 删除(R) 按钮，然后单击 确定 按钮即可。

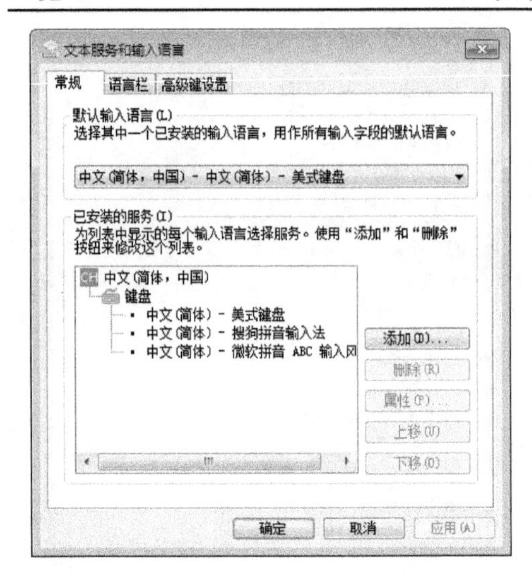

图 2-34 “文本服务和输入语言”对话框

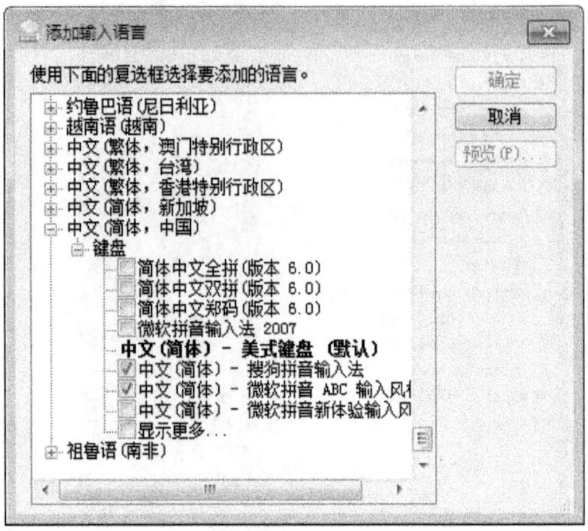

图 2-35 “添加输入语言”对话框

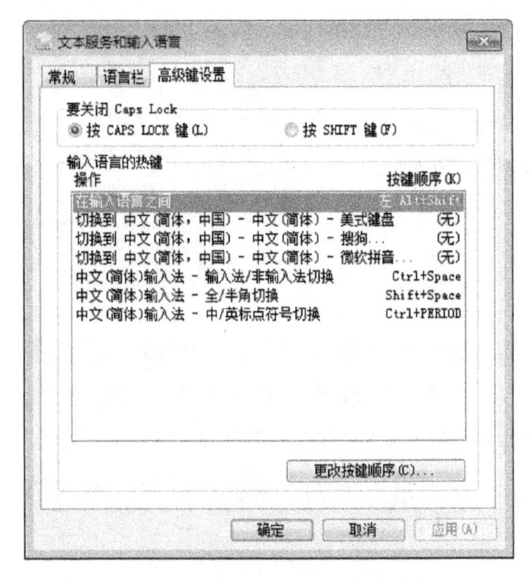

图 2-36 “高级键设置”选项卡

2. 自定义输入法快捷键

用户可以根据使用习惯自定义输入法的快捷键，具体操作步骤如下。

(1) 打开“文本服务和输入语言”对话框，单击“高级键设置”选项卡，如图 2-36 所示。

(2) 在“输入语言的热键”选项组中选择一种输入法，如选择“中文(简体)–智能 ABC”，然后单击 更改按键顺序(C)... 按钮，打开“更改按键顺序”对话框，如图 2-37 所示。

(3) 在“更改按键顺序”选项组中选择一种热键组合，单击 确定 按钮即可更改热键设置。

3. 认识中文输入法状态栏

激活中文输入法后，输入法状态栏表示当前的输入状态。下面以智能 ABC 输入法为例，介绍状态栏各部分的含义，如图 2-38 所示。

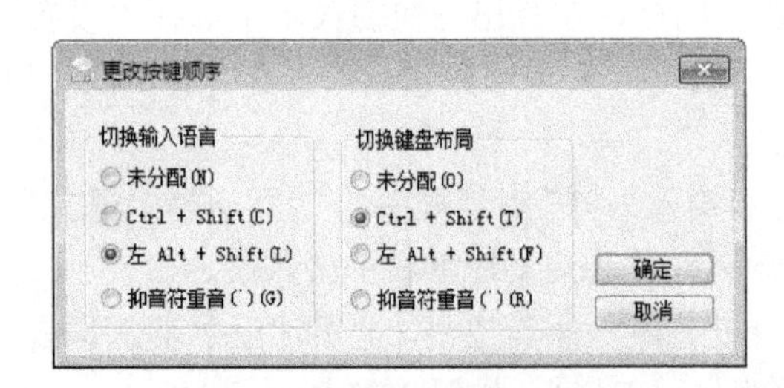

图 2-37 “更改按键顺序”对话框

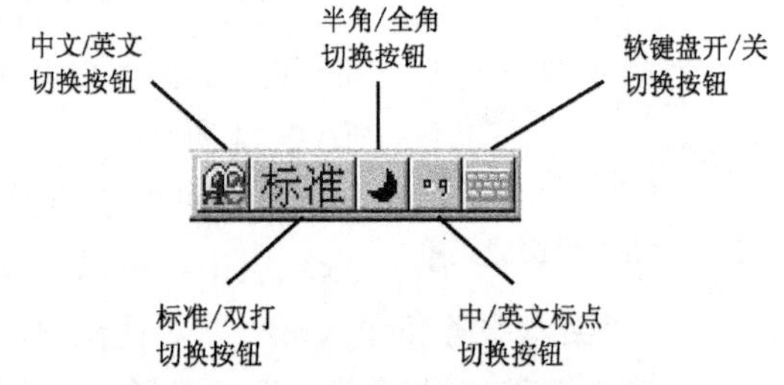

图 2-38 智能 ABC 输入法状态栏

(1) 中文/英文切换按钮：表示中文输入，A 表示英文输入。

(2) 标准/双打切换按钮：标准 表示标准输入，双打 表示双打输入。双打输入是一种为专业录入人员提供的快速的输入方法，一个汉字在双打方式下，只需要击键两次：奇次为声母，偶次为韵母。

(3) 半角/全角切换按钮：表示半角符号，表示全角符号。在全角模式下，输入的所有符号和数字均为双字节的汉字符号和数字，默认的切换快捷键是 Shift+Space。

(4) 软键盘开/关切换按钮：用于打开或关闭软键盘。

智能 ABC 输入法的中文标点符号与键位对照如表 2-4 所示。

表 2-4　中文标点符号与键位对照表

中文标点	键位	中文标点	键位	中文标点	键位
。句号	.	“　”双引号	"	……省略号	^
，逗号	,	‘’单引号	'	——破折号	-
；分号	;	(左括号	(	、顿号	\
：冒号	:	)右括号	)	·间隔号	@
？问号	?	《 双书名号	<	—连接号	&
！感叹号	!	》双书名号	>	￥人民币符号	$

4．软键盘的使用

软键盘又称动态键盘，为用户快捷地输入一些特殊的符号，如制表符、希腊字母和数学符号等提供了方便。打开软键盘的方法如下。

(1) 打开任意一种中文输入法。

(2) 在输入法状态栏上右击“软键盘”图标，弹出的菜单中会列出多种软键盘如图 2-39 所示。

(3) 从弹出的菜单中选择一种软键盘，如图 2-40 所示为“数学符号”软键盘。

(4) 单击对应符号，或在键盘上按下对应键即可完成输入；若要输入某键位的上挡字符，可按 Shift 键，再单击该键。

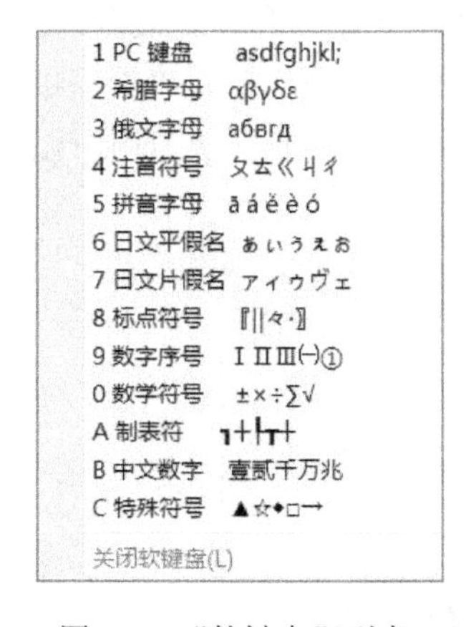

图 2-39 “软键盘”列表

图 2-40 “数学符号”软键盘

2.4.3　用户账户

当几个人共用一台计算机时，容易造成桌面设置、文件管理等方面的混乱。使用“用户账户”功能，几个人可以轻松共享一台计算机。每个人都可以拥有一个单独的用户账户，每个用户账户有自己的文件和设置，如单独设置桌面背景、颜色主题等。每个人都通过自己的用户名和密码访问其用户账户。

1. 新建账户

使用 Windows 7 系统，首先需要新建用户账户，在使用账户登录到计算机后，才能用账户拥有的权限来操作和使用计算机。

1)账户类型

用户账户是系统识别用户身份的标识，是实现访问控制的基础。只有为每个用户分配账户，让账户与用户一一对应，才能通过系统内的访问控制功能来限制用户存取访问数据以及修改系统设置。

用户账户有标准账户、管理员账户和来宾账户 3 种类型，每种账户类型为用户提供不同的计算机控制级别。标准账户是日常使用计算机时常用的账户，管理员账户对计算机拥有最高的控制权限，并且应该仅在必要时才使用此账户，来宾账户主要供需要临时访问计算机的用户使用。

- 标准账户：允许用户使用计算机的大多数功能，如果要进行更改会影响计算机的其他用户或安全，则需要管理员的许可。使用标准账户时，可以运行计算机上安装的大多数程序，但是无法安装或卸载软件和硬件，也无法删除计算机运行所必需的文件或者更改计算机上会影响其他用户的设置。
- 管理员账户：可以访问计算机上的所有文件，可以更改安全设置，如安装软件和硬件等，其操作可能影响到其他用户账户的设置。此外，管理员账户还可以对其他用户账户进行更改。
- 来宾账户：供在计算机或域中没有永久账户的用户使用。它允许人们使用计算机，但没有访问个人文件的权限。使用来宾账户无法安装软件或硬件，不能更改设置或者创建密码，并且必须在启用来宾账户后才可以用它登录。在默认情况下来宾账户是关闭的。

2)新建及管理账户

打开“控制面板”窗口，在控制面板主页模式下，选择“用户账户和家庭安全”选项，打开“用户账户和家庭安全”窗口，选择“添加或删除用户账户”选项，打开“管理账户”窗口，如图 2-41 所示，用户可以建立账户，管理用户账户，包括删除账户、更改用户账户类型、更改用户名称、更改用户图片、设置密码等。

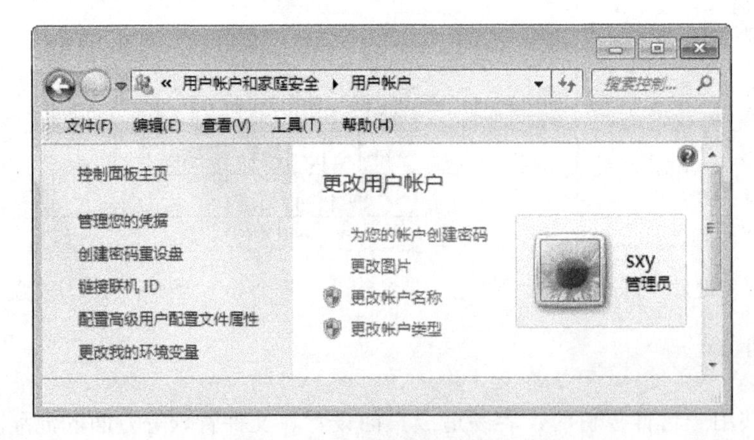

图 2-41 “用户账户”窗口

2. 家长控制

随着计算机与网络的应用步入千家万户，青少年逐渐成为使用计算机的主力军。如何保证孩子在使用计算机、网站时远离不良信息与内容，成为许多家长关注的问题。

在 Windows 7 中，引入了强大的家长控制功能，通过家长控制功能对孩子使用计算机的方式进行协助管理，能够有效地帮助父母监视和管理孩子对计算机的使用，保障孩子们的安全。通过它，父母不仅能够有效地限定孩子可访问哪些网站、可使用哪些程序、可以登录到计算机的时长等，也可让父母更详细地了解跟踪孩子使用计算机的情况。

1) 家长控制的账户要求

为了保证家长控制功能可以正常使用，需要满足下列条件。

• 家长和孩子必须使用不同的用户账户，并且家长账户必须是管理员账户，而孩子的账户必须是标准账户。

• 家长的账户以及系统中所有其他的管理员账户必须进行密码保护，以免孩子可以轻易用管理员账户登录而取消设置。

2) 启用家长控制

打开“控制面板”窗口，从中选择“用户账户和家庭安全 | 家长控制”选项，如图 2-42 所示。当前有一个管理员账户和两个标准账户，在这里要通过管理员账户对“Children”标准账户开启家长控制。单击“Children”账户，打开图 2-43 所示的窗口。

在“家长控制”窗口中，单击“应用当前设置”单选按钮，就可以启用家长控制。启用家长控制后，在图 2-43 所示的窗口中就可以设置登录时间限制，设置允许玩的游戏，设置允许或禁止运行的应用程序等。

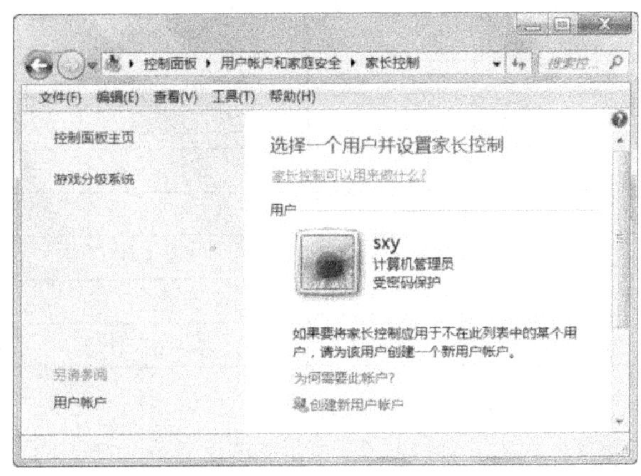

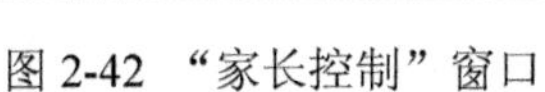
图 2-42 “家长控制”窗口

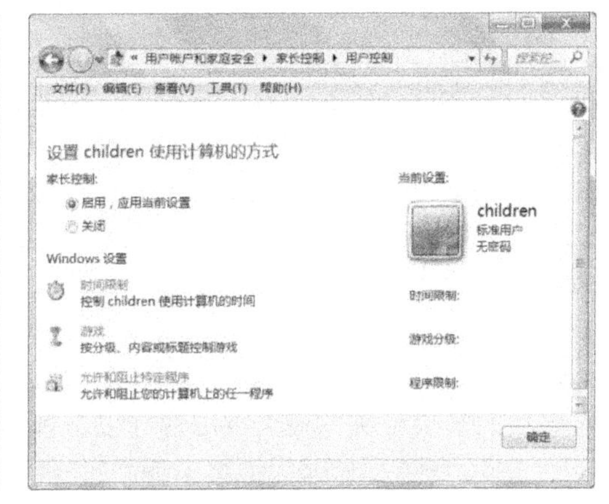

图 2-43 “用户控制”窗口

2.5　Windows 7 的资源管理

计算机可以为用户存储大量文本、图像和数据等信息，这些信息都以文件的形式存储于计算机的硬盘等大容量存储设备上。同时为了方便管理文件，Windows 将文件存储到文件夹下，而 Windows 通过一个层次结构和“库”来组织文件，从而有效地管理所有文件。本节将介绍文件和文件夹的概念、组织形式、命名规则，以及对文件和文件夹的建立、浏览、属性设置等相关内容。

2.5.1　文件、文件夹和路径的基本概念

文件和文件夹是 Windows 用于存储信息的基本手段，理解文件和文件夹的概念，熟练掌握其相关操作方法是灵活使用 Windows 的基础。

1. 文件和文件夹

文件是一组有名称的相关信息的集合，程序和数据都是以文件的形式存放在计算机的磁盘中。文件可以是用户创建的文档，也可以是可执行的应用程序或者一张图片、一段声音等。

文件夹是系统组织和管理文件的一种形式，是为方便用户查找、维护和存储而设置的磁盘上的一个位置。用户可以将文件分门别类地存放在不同的文件夹中，在文件夹中可存放所有类型的文件和下一级文件夹。

2. 命名规则

文件名由主文件名和扩展名两部分组成。它们之间以小数点分隔。其格式为：

主文件名.扩展名

主文件名是文件的主要标记，扩展名则表示文件的类型。文件类型不同时，其扩展名也不同，显示的图标和描述也不同。常用的文件类型及对应的扩展名如表 2-5 所示。

表 2-5　常用的文件扩展名与类型

扩展名	文件类型	扩展名	文件类型
.EXE	应用程序文件	.MP3	音乐文件
.COM	命令文件	.HLP	帮助文件
.TXT	文本文件	.HTM	超文本文件
.BMP	位图文件	.DLL	动态链接库文件
.DOCX(.DOC)	Word 文件	.SYS	系统文件
.XLSX(.XLS)	Excel 文件	.RAR	压缩文件
.PPTX(.PPT)	PowerPoint 文件	.DBF	数据表文件

文件、文件夹的命名要准遵守以下规则：

(1) 支持长文件名，最多不能超过 255 个字符。

(2) 可以使用汉字、字母、数字和下划线等字符，不能使用的字符有斜线(/)、竖线(|)、反斜线(\)、小于号(<)、大于号(>)、冒号(:)、双引号(“”)、问号(?)和星号(*)。

(3) 不区分英文字母大小写。

(4) 一个文件夹中不能有相同名字的文件、文件夹。

3. 文件的组织结构和路径

计算机的磁盘中有数以万计的文件，不同用途的文件分类放置在不同的文件夹中。文件夹中既可包含文件，也可包含下一级文件夹。可以在文件夹中创建子文件夹，在建立了多层

文件夹后，文件夹的排列就像一棵倒置的树，如图 2-44 所示，Windows 7 就是采用这样层次结构或称为树型结构来组织与管理系统资源。

要访问一个文件，需要知道文件的位置，即它处在哪个磁盘的哪个文件夹中。文件的位置又称为文件的路径。路径是操作系统描述文件位置的地址，一个完整的路径包括盘符(即驱动器号)，后面是要找到该文件所顺序经过的全部文件夹。文件夹间则用“\”隔开，如一个完整的路径描述为 C:\my documents\my music\memory.mp3。其中 C:\表示 C 盘的根目录，my documents 和 my music 都是文件夹的名字，“\”用于将各级文件夹和文件名隔开，memory.mp3 是文件名。

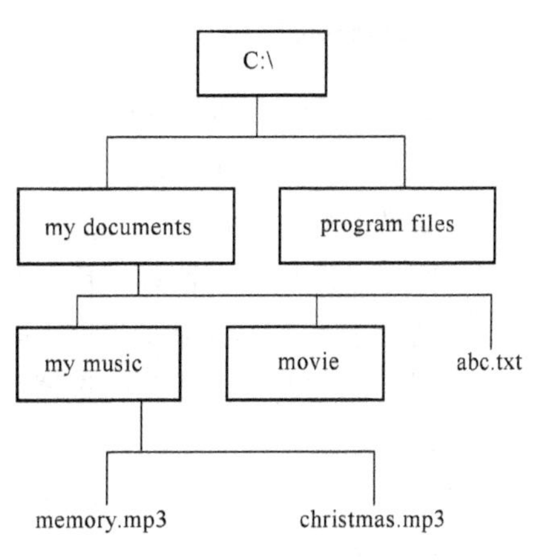

图 2-44　Windows 7 层次文件结构

2.5.2　Windows 7 资源管理器

Windows 7 和 Windows 以前的版本一样，“资源管理器”是一个重要的文件管理工具，它比以前的版本增加了很多新功能，同时一些老的组件也得到了加强。

1. 打开“资源管理器”

用户可以通过以下方式打开“资源管理器”窗口。

• 右击按钮，在弹出菜单中选择“资源管理器”选项。

• 单击按钮，选择“所有程序 | 附件 | Windows 资源管理器”选项。

桌面上的“计算机”图标就是以前 Windows 版本中的“我的电脑”图标，它是管理计算机中资源的另外一个途径，其实它与资源管理器是统一的。另外，双击任何一个文件夹的图标，系统都会通过“资源管理器”打开并显示该文件夹的内容，“资源管理器”窗口如图 2-45 所示。

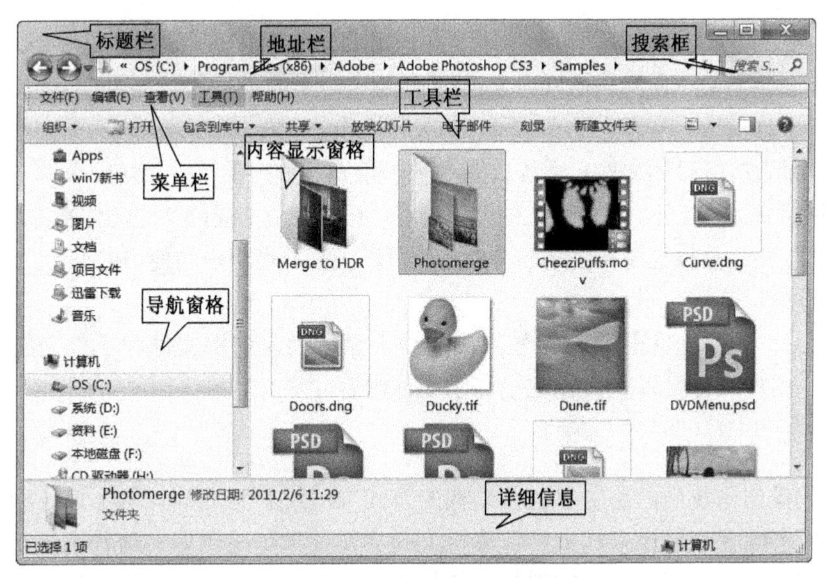

图 2-45　“资源管理器”窗口

2. Windows 7 资源管理器的特点

Windows 7 的资源管理器相比以前各版本主要有如下改进。

• 增加了“库”来组织文件。
• 文件图标可以更大，并且可以动态调整图标大小。
• 图标上新增了复选项，用一只手操作鼠标就可以完成连续选择或者间隔选择。
• 新增了一个可以显示当前文件内容的预览窗格，不用打开文件就可知道文件内容。
• 强大的文件过滤器和筛选器。

1) 地址栏

“地址栏”位于资源管理器顶部，显示当前文件或文件夹所在的位置。通过单击“地址栏”中的不同对象，可以直接导航到指定的位置。

若要直接转到“地址栏”中已经可见的文件夹，单击“地址栏”中的该文件夹即可。切换文件夹也变得更加方便，只需要单击相应文件夹按钮旁边的三角形，就可以选择这个文件夹下的子文件夹，而不需要先进入这个文件夹，再进入相应的子文件夹。这样，减少了很多操作步骤。而单击“地址栏”中最左边的三角形，则会出现常用的系统文件夹，如要进入控制面板、网上邻居等位置，就非常方便。

2) 搜索框

“搜索框”位于资源管理器的右上部，其实是一个即时搜索框，也是标准的 Windows 7 窗口组件，在很多场合都是存在的，搜索非常方便。

3) 工具栏

“工具栏”和 Windows XP 等版本有较大区别，在工具栏的左侧除了 组织▾ 按钮、 共享▾ 按钮外，还会根据不同情况显示其他图标，通过这些图标可以很好地进行资源管理器的布局设置或者修改浏览模式。在“工具栏”右侧有“更改视图”按钮 及“隐藏(显示)预览窗口”按钮 。

4) 导航窗格

“导航窗格”位于资源管理器窗口左侧，分为四部分，从上至下依次是收藏夹、库、计算机及网络。这与 Windows XP 及 Windows Vista 系统都有很大的不同，所有的改变都是为了让用户更好地组织、管理及应用资源，提高了用户的操作效率。例如，在收藏夹下“最近访问的位置”中可以查看到最近打开过的文件和系统功能，方便用户再次使用；在网络中，可以直接在此快速组织和访问网络资源。此外，更加强大的是库功能，它将各个不同位置的文件资源组织在一个个虚拟的“仓库”中，这样集中在一起的各类资源可以极大提高用户的使用效率。

5) 预览窗格

“预览窗格”位于资源管理器的最右侧，用于显示当前选中文件和文件夹的内容。常用的文本文件、图片文件可以直接在这里显示文件内容。

3. 库

在以往的操作系统中，总是以树状结构的方式来组织和管理计算机上的各种文件和文件夹。但是，随着硬盘容量越来越大，计算机上的文件数量越来越多，这种组织文件的方式开始变得无法满足日常需要。单一的树状结构的分类方式，无法满足文件之间复杂的联系。例如，在准备一份计划书的时候，将文档保存在文档相关的文件夹中，同时将文档中的各种插图保存在图片相关的文件夹中，在这种情况下，当要查看修改文档中的某张图片时，需要在文档文件夹和图片文件夹之间跳转切换，给工作带来很多不便。

为了便于用户更加有效地对硬盘上的文件进行管理，微软公司在 Windows 7 中提供了新的文件管理方式——库。作为访问用户数据的首要入口，库在 Windows 7 中是用户指定的特定内容集合，和文件夹管理方式是相互独立的，分散在硬盘上不同物理位置的数据可以逻辑地集合在一起，查看和使用都很方便。

库是管理文档、音乐、图片和其他类型文件的位置。可以使用与在文件夹中相同的操作方式浏览文件，也可以查看按属性(如日期、类型和作者)排列的文件。在某些方面，库类似于文件夹。例如，打开库时将看到一个或多个文件。但与文件夹不同的是，库可以收集存储在多个位置中的文件，这是一个细微但重要的差异。库实际上不存储项目。它们监视包含项目的文件夹，并允许以不同的方式访问和排列这些项目。

1)创建新库

Windows 7 有 4 个默认库，即文档库、音乐库、图片库和视频库，还可以为其他集合创建新库。

打开 Windows 资源管理器如图 2-46 所示，单击导航窗格中的“库”。在工具栏中单击“新建库”，键入库的名称，然后按 Enter 键。若要将文件复制、移动或保存到库，必须在库中先包括一个文件夹，以便让库知道存储文件的位置。此文件夹将自动成为该库的默认保存位置。在导航窗格中单击新建的库，这时窗口显示如图 2-47 所示。

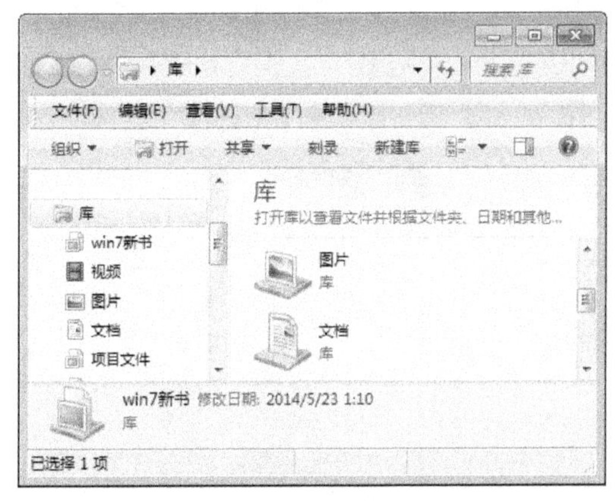
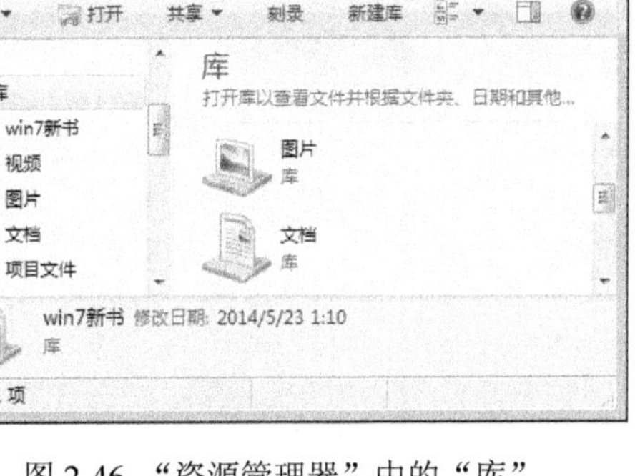

图 2-46 “资源管理器”中的“库”

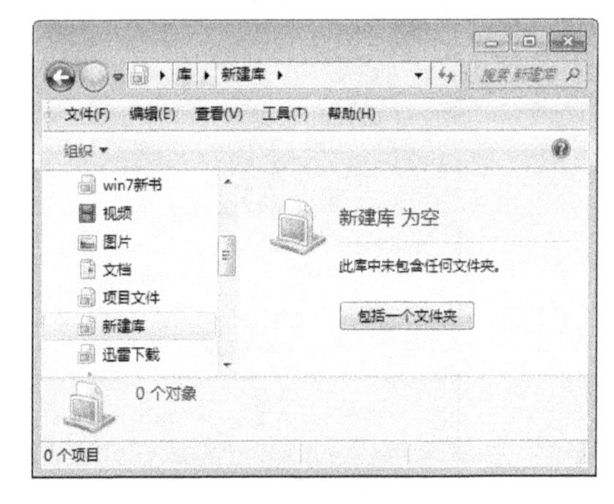

图 2-47 新建库

单击内容窗格中的 包括一个文件夹 按钮，在弹出的窗口中，浏览选择一个文件夹作为库的默认保存位置，单击 包括文件夹 按钮，完成操作。

2)设置库

库可以收集不同文件夹中的内容，也可以将不同位置的文件夹包含到同一个库中，然后以一个集合的形式查看和排列这些文件夹中的文件，也可以删除库中包含的文件夹。

(1)添加文件夹到库。

打开“资源管理器”窗口，在导航窗格中找到要包含的文件夹，单击该文件夹。在工具栏中，单击 包含到库中▾ 按钮，在下拉列表中单击要包含到的库。也可以在资源管理器中，选择要添加到库的文件夹并右击，在弹出的菜单中选择“包含到库中”级联菜单，选择要包含到的库。

(2) 从库中删除文件夹。

不再需要监视库中的文件夹时，可以将其删除。从库中删除文件夹时，不会删除原始位置的文件夹及文件。

打开“资源管理器”窗口，在导航窗格中单击要删除文件夹的库。在内容显示窗格中的上方，在“包括”旁边，单击“2 个位置”(数字 2 是库中文件夹的数量)。在显示的对话框中，单击要删除的文件夹，单击 删除(R) 按钮，然后单击 确定 按钮。用户也可以在资源管理器的导航窗格中，选择要删除文件夹的库并右击，在弹出的对话框中，选择“属性”选项，弹出如图 2-48 所示的对话框。

在弹出的库的属性对话框中，选择要删除的文件夹，单击 删除(R) 按钮，然后单击 确定 按钮即可。

4. 设置文件和文件夹显示模式

为了便于进行文件操作，在 Windows 7 的资源管理器中，单击工具栏中的 按钮，弹出如图 2-49 所示的滑块条，可以选择文件中的文件显示视图，用户可以根据自己的喜好来选择使用“详细信息”、“列表”、“小图标”、“大图标”和“超大图标”等视图。这和 Windows XP 中的“查看”菜单的作用差不多，但是采用滑块条方式使得操作更为简便，而且在滑块滑动的过程中就可以看到文件显示的变化。

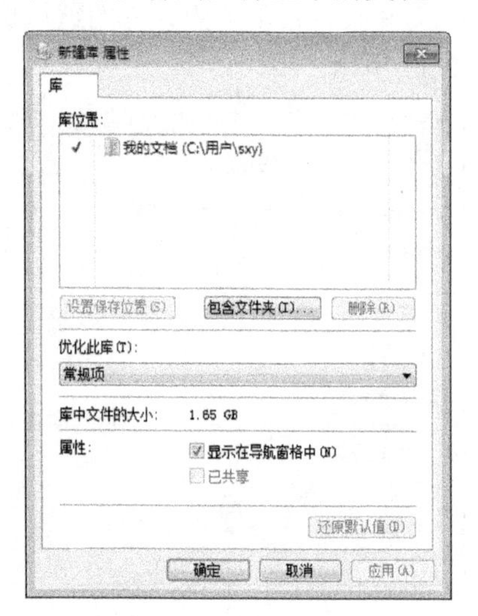

图 2-48　库的属性对话框

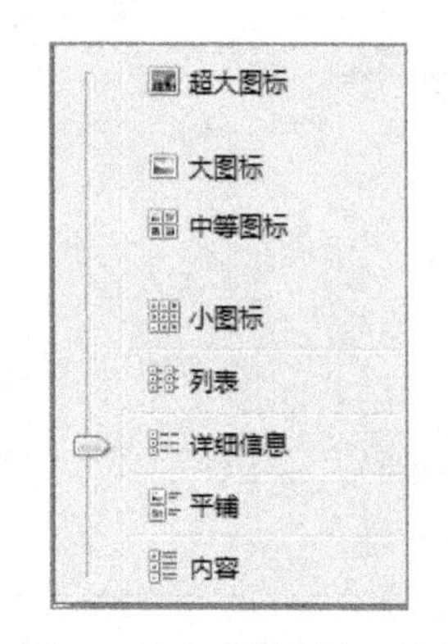

图 2-49　“更改视图”列表

2.5.3　创建、重命名文件和文件夹

用户可以在磁盘的特定位置建立各级文件夹来管理文件，也可以根据文件内容来命名或修改文件与文件夹的名字。

1. 创建文件夹

创建文件夹的操作步骤如下：

(1) 选择需要创建文件夹的目标位置。

(2) 选择“文件 | 新建 | 文件夹”命令，或在目标窗口空白处右击，在弹出的快捷菜单中选择“新建 | 文件夹”命令。

(3) 在新建的文件夹名称框中输入文件夹的名称，按 Enter 键或单击其他空白处即可。

2. 重命名文件或文件夹

重命名文件或文件夹就是给文件或文件夹重新命名一个新的名称，使其可以更符合用户的要求。重命名文件或文件夹的操作步骤如下：

(1) 选定要重命名的文件或文件夹。

(2) 选择“文件 | 重命名”命令，或者右击文件或文件夹，在弹出的快捷菜单中选择“重命名”命令。

(3) 这时文件或文件夹的名称将处于编辑状态，直接键入新的名称进行重命名。

3. 创建快捷方式

快捷方式也是一个文件，只不过存储的(文件、文件夹或磁盘驱动器)的一个链接。 快捷方式有以下特点。

- 快捷方式的图标与其所链接对象的图标相似，只是在左下角多了标志。
- 原对象的位置和名称发生变化后，快捷方式不能自动跟踪所发生的变化。
- 删除快捷方式后，所链接的对象不会被删除。
- 删除链接的对象后，快捷方式不会随之删除，但已经无实际意义了。

在“计算机”和“资源管理器”内容窗格中，创建快捷方式有两种常用方法：通过拖动对象创建或通过菜单命令创建。

(1) 拖动对象创建快捷方式。打开要创建快捷方式的项目所在的位置。右击该项目，在弹出的快捷菜单中选择“创建快捷方式”命令。新的快捷方式将出现在原始项目所在的位置上。将新的快捷方式拖动到所需位置。用此方法创建的快捷方式，快捷方式名称为原对象名后加上“快捷方式”字样。

(2) 通过菜单命令创建快捷方式。在“计算机”或“资源管理器”内容窗格的空白处右击，从弹出的快捷菜单中选择“新建 | 快捷方式”命令，弹出“创建快捷方式”向导，如图 2-50 所示。在“请键入对象的位置”文本框中，输入要链接对象的位置和文件或文件夹名，或者单击 浏览(B)... 按钮，在弹出的对话框中选择需要的对象保存位置。单击 下一步(N) > 按钮，“创建快捷方式”向导转到步骤 2，在“创建快捷方式”向导中，如果有必要，在“键入该快捷方式的名称”文本框内修改快捷方式的名称，单击 完成(F) 按钮，即可在当前位置创建所选对象的快捷方式。

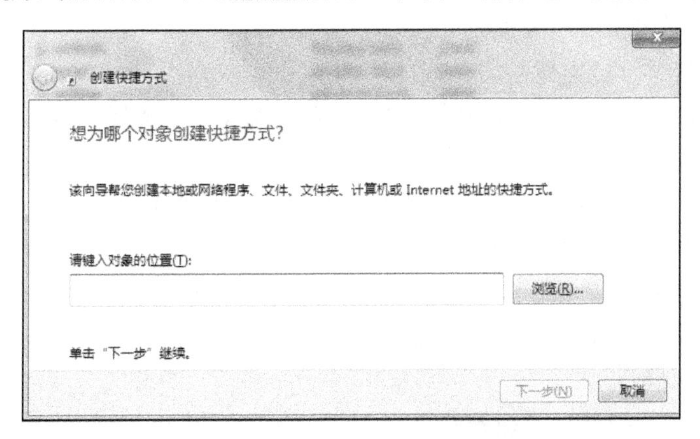

图 2-50 “创建快捷方式”向导

2.5.4　移动、复制、删除、还原文件和文件夹

在实际应用中，有时用户需要将某个文件或文件夹移动或复制到其他地方以方便使用，这时就需要用到移动或复制命令。移动文件或文件夹就是将文件或文件夹放到其他地方，执行移动命令后，原位置的文件或文件夹消失，出现在目标位置；复制文件或文件夹就是将文件或文件夹复制一份，放到其他地方，执行复制命令后，原位置和目标位置均有该文件或文件夹。“删除”命令则可将文件或文件夹放入回收站或从计算机中永久清除。

要对文件和文件夹进行以上操作，必须遵循“先选定，后操作”的原则，被选定的文件或文件夹呈高亮显示。

1. 选定文件和文件夹

选定文件和文件夹可使用鼠标、键盘、鼠标加键盘的方式，文件和文件夹的显示方式采用列表方式更便于选取操作。

(1) 选定单个文件或文件夹：单击文件或文件夹图标。

(2) 选定多个连续文件或文件夹：单击开始的文件或文件夹，按住 Shift 键不放，再单击末尾的文件或文件夹，则从开始文件到末尾文件间连续的文件或文件夹就被选定；或者在空白处按住鼠标左键拖动鼠标，使出现的虚线框住文件或文件夹即可。

(3) 选定多个不连续文件或文件夹：按住 Ctrl 键不放，单击文件或文件夹图标即可。

(4) 选定多个区域的文件或文件夹：按住 Ctrl 键不放，在空白处按住鼠标左键拖动鼠标选取多个区域的文件或文件夹。

(5) 选定全部文件或文件夹：选择“编辑 | 全部选定”命令，或者按 Ctrl+A 快捷键。

2. 移动或复制文件和文件夹

移动和复制文件与文件夹的方法相近，均有多种方法可以实现，以下介绍常用的几种。

1) 使用系统菜单完成移动或复制

(1) 选定要进行移动或复制的文件或文件夹；

(2) 单击“编辑 | 剪切”或“编辑 | 复制”命令；

(3) 选择目标位置；

(4) 选择“编辑 | 粘贴”命令。

2) 使用快捷菜单完成移动或复制

(1) 选定要进行移动或复制的文件或文件夹；

(2) 将鼠标指针置于选定对象上右击，在弹出的快捷菜单中选择“剪切”或“复制”命令；

(3) 选择目标位置；

(4) 右击鼠标，在弹出的快捷菜单中选择“粘贴”命令即可。

3) 使用快捷键完成移动或复制

(1) 选定要进行移动或复制的文件或文件夹；

(2) 在键盘上按下 Ctrl+X (剪切) 或 Ctrl+C (复制) 快捷键；

(3) 选择目标位置；

(4) 在键盘上按下 Ctrl+V 快捷键即可。

4) 使用鼠标左键拖动完成移动或复制

(1) 选定要进行移动或复制的文件或文件夹；

(2) 在键盘上按下 Ctrl 键，再将鼠标指针置于选定对象上，按下鼠标左键；

(3) 将文件或文件夹拖动到目标位置；

(4) 放开左键，即可实现复制。

如果没有按下 Ctrl 键，则在同一磁盘之内拖动完成的是移动操作，在不同磁盘间进行拖动完成的是复制操作。

5) 使用鼠标右键完成移动或复制

(1) 选定要进行移动或复制的文件或文件夹；

(2) 在键盘上按下鼠标右键拖动；

(3) 将文件或文件夹拖动到目标位置；

(4) 放开左键，选择“移动到当前位置”或“复制到当前位置”即可，如图 2-51 所示。

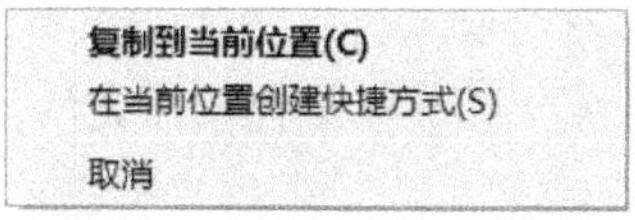

复制到当前位置(C)
在当前位置创建快捷方式(S)
取消

图 2-51　移动或复制快捷菜单

3. 剪贴板的使用

剪贴板是 Windows 7 中一个非常实用的工具，它是一个在 Windows 程序和文件之间用于传递信息的临时存储区。剪贴板不但可以存储正文，还可以存储图像、声音等其他信息。通过它可以把各文件的正文、图像、声音粘贴在一起形成一个图文并茂、有声有色的文档。剪贴板的使用步骤是先将信息复制或剪切到剪贴板这个临时存储区，然后在目标应用程序中将插入点定位在需要放置信息的位置，再使用应用程序“编辑”菜单中的“粘贴”命令将剪贴板中信息传到目标应用程序中。

把信息复制到剪贴板，根据复制对象不同，操作也略有不同。使用以下方法将信息复制到剪贴板。

1) 把选定信息复制到剪贴板

(1) 选定要复制的信息，使之突出显示。选定的信息既可以是文本，也可以是文件或文件夹等其他对象。选定文本的方法是：首先移动插入点到第一个字符处，然后用鼠标指针拖曳到最后一个字符，或者按住 Shift 键，用方向键移动光标到最后一个字符，选定的信息将突出显示。

(2) 选择应用程序“编辑”菜单中的“剪切”或“复制”命令。“剪切”命令是将选定的信息复制到剪贴板上，同时在源文件中删除被选定的内容；“复制”命令是将选定的信息复制到剪贴板上，并且源文件保持不变。

2) 复制整个屏幕或窗口到剪贴板

在 Windows 中，可以把整个屏幕或某个活动窗口复制到剪贴板。

(1) 复制整个屏幕：按下 PrintScreen 键，整个屏幕被复制到剪贴板上。

(2) 复制窗口：先将窗口选择为活动窗口，然后按 Alt+PrintScreen 键。按 Alt+PrintScreen 键也能复制对话框，因为可以把对话框看作是一种特殊的窗口。

将信息复制到剪贴板后，就可以将剪贴板中的信息粘贴到目标程序中。其操作步骤如下：

① 确认剪贴板上已有要粘贴的信息；

② 切换到要粘贴信息的应用程序；

③ 光标定位到要放置信息的位置上；

④ 选择该程序“编辑 | 粘贴”命令。

将信息粘贴到目标程序中后，剪贴板中内容依旧保持不变，因此可以进行多次粘贴。既可以在同一文件中多处粘贴，也可以在不同文件中粘贴(甚至可以是不同应用程序创建的文件)，所以剪贴板提供了在不同应用程序间传递信息的一种方法。“复制”、“剪切”和“粘贴”命令都有对应的快捷键，分别是 Ctrl+C、Ctrl+X 和 Ctrl+V。

剪贴板是 Windows 的重要功能，是实现对象的复制、移动等操作的基础。但是，用户不能直接感觉到剪贴板的存在，如果要观察剪贴板中的内容，就要用剪贴板查看程序。该程序在“系统工具”子菜单中，典型安装时不会安装该组件。

4. 删除文件和文件夹

删除文件与文件夹有如下常用方法：

(1) 选定要删除的文件或文件夹，选择“文件 | 删除”命令。

(2) 选定要删除的文件或文件夹，在选定对象上右击，在弹出的快捷菜单中选择“删除”命令。

(3) 选定要删除的文件或文件夹，在键盘上按 Delete 键。

这 3 种方法执行完命令后就会出现“确认文件删除”对话框，如图 2-52 所示，单击“是”按钮，即可将指定文件放入回收站。

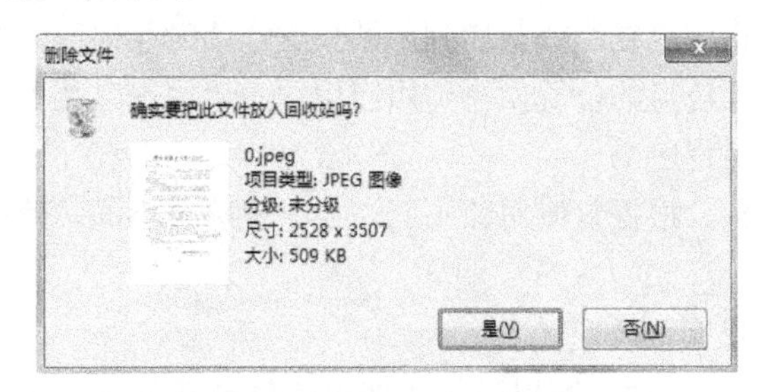

图 2-52 “确认文件删除”对话框

(4) 选定要删除文件，直接拖动到回收站。

其实文件并未从计算机中彻底删除。双击桌面上的“回收站”图标，可以看到刚才被删除的文件。如果此时发现文件删除错误，还可将指定的文件还原。

5. 还原文件和文件夹

还原的具体操作步骤如下：

(1) 选定要还原的文件或文件夹。

(2) 单击“回收站”窗口工具栏中的“还原此项目”命令，或者右击需还原的文件或文件夹并选择“还原”命令，或者选择“文件 | 还原”命令。

若要删除“回收站”中所有的文件和文件夹，可单击“回收站”窗口工具栏中的“清空回收站”命令或在“回收站”图标上右击，选择“清空回收站”命令即可。此时，文件和文件夹被彻底删除，不能再还原。

若想直接删除文件或文件夹，而不将其放入“回收站”中，可在选中该文件或文件夹后直接使用 Shift+Delete 快捷键。

6. 回收站的设置

在硬盘上删除的文件不会完全消失，至少不是马上消失，它们会留在回收站里，除非用户清空回收站，或者系统自动清空。可以说这是文件留在 Windows 7 里的最后一道防线。

其实，每个硬盘驱动器都有各自的回收站，被送进回收站的文件夹不是文件夹树的一部分，它们不会出现在文件夹浏览中，不能被打开、编辑以及其他的操作。如果还想编辑回收站里的某个文件，必须把它转移到其他位置再进行。

如果想改变回收站的设置，可通过以下操作：

(1) 右击“回收站”图标，在弹出的快捷菜单中选择“属性”命令，则弹出“回收站属性”对话框，如图 2-53 所示。

(2) 分别设置各个分区上回收站可用空间的大小，及删除方式，最后单击 确定 按钮，完成设置。

2.5.5 文件搜索

Windows 7 中最实用的特性之一就是它内置的搜索功能，用户可以在最短的时间内搜索到想要的应用程序、文件或文件夹。

1. 在资源管理器中搜索

Windows 7 提供了非常强大的搜索功能，打开计算机或者任何一个文件夹，都可以在资源管理器的右上角找到搜索框。在搜索框内输入想要搜索的内容后，系统立即开始搜索，并在下方显示搜索结果。例如，输入“花”，系统便会查找并且显示名字中包含“花”字的所有文件及文件夹如图 2-54 所示，这种搜索方式系统仅仅是在当前文件夹内搜索，而不是在整个计算机中搜索。如果要搜索整个计算机，需要在地址栏中改变当前文件夹后进行搜索如图 2-55 所示。在搜索中，有一些文件名字中没有“花”字，但也出现在了搜索结果中，这是因为 Windows 7 中文件的标记和标题等属性也在搜索范围内。

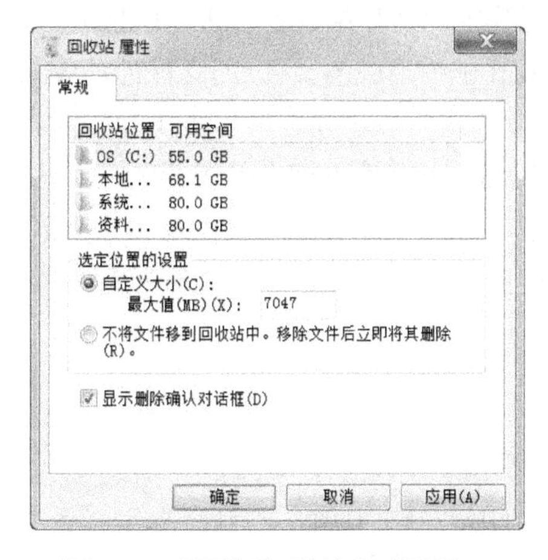

图 2-53 “回收站 属性”对话框

图 2-54 “搜索文件”窗口

2. 搜索筛选器

要让 Windows 7 的搜索到更为准确的结果，一方面可以缩小搜索的路径范围，如指定一个硬盘分区或者搜索某个可能范围的文件夹，另一方面可以使用搜索筛选器。如图 2-56 所示，每一次搜索完成，在搜索框下方都会有一个“添加搜索筛选器”选项，根据文件类型的不同可以添加不同的筛选器，如文件的修改日期、大小、名称、类型、标记和作者等，搜索的条件越多，文件定位越精确。

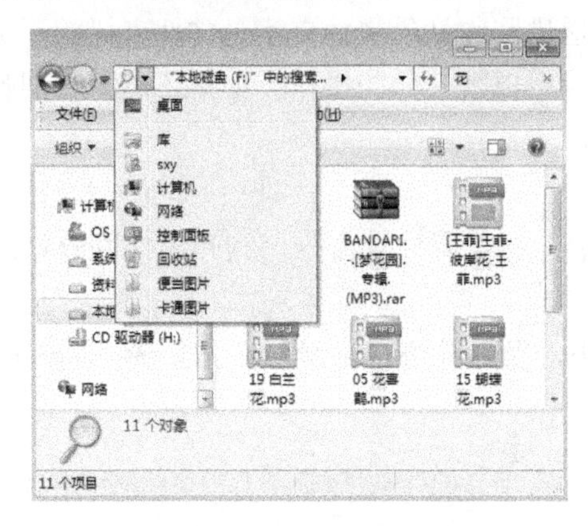

图 2-55　更改搜索范围

图 2-56　添加搜索筛选器

3. 一组有共同特征的文件搜索

如果需要搜索一组有共同特征的文件或文件夹，可以在搜索框中使用通配符“*”或“？”。“*”代表所在位置的任意多个任意字符，“?”代表所在位置的单个任意字符。

例如，A*.TXT 代表主文件名以 A 开头，扩展名为 TXT 的所有文件，ABC.TXT、AGG.TXT、AA.TXT 都符合要求，而符合 A?.TXT 的则只有 AA.TXT。

2.5.6　压缩与解压缩文件和文件夹

压缩软件是为了使文件的大小变得更小以节约存储空间和便于传送交流而产生的。以下以 WinRAR 软件为例介绍文件与文件夹的压缩方法。WinRAR 是在 Windows 的环境下对.rar 格式的文件(经 WinRAR 压缩形成的文件)进行管理和操作的一款压缩软件，WinRAR 的一大特点是支持很多压缩格式，除了.rar 和.zip 格式(经 Winzip 压缩形成的文件)的文件外，WinRAR 还可以为许多其他格式的文件解压缩，同时使用这个软件也可以创建自解压可执行文件。

WinRAR 压缩的基本原理为：当压缩文件时，WinRAR 把被压缩文件中相同的二进制串以更短的特殊字串替换，来达到压缩的目的，原字串与特殊字串的对应关系放在一个表中。对于文档、图片等有很多重复字串的文件，压缩后将变得更小；对于音频、视频等重复字串较少的文件，压缩基本没有什么效果。

1. 压缩文件

1) 普通压缩

在需要被压缩的文件或文件夹上右击，就会弹出如图 2-57(a)所示的快捷菜单，选择“添加到压缩文件”命令，就会出现如图 2-57(b)所示“压缩文件名和参数”对话框。根据对话框的提示进行相关设置。如果压缩后的文件需要存放到其他位置，则单击“浏览”按钮，在弹出的“查找压缩文件”对话框中选择压缩文件要存放的位置，最后单击“确定”按钮即可完成文件或文件夹的压缩。

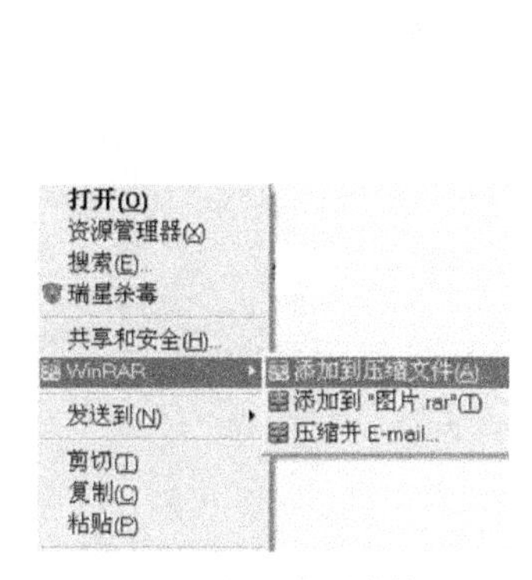

(a) 压缩文件快捷菜单

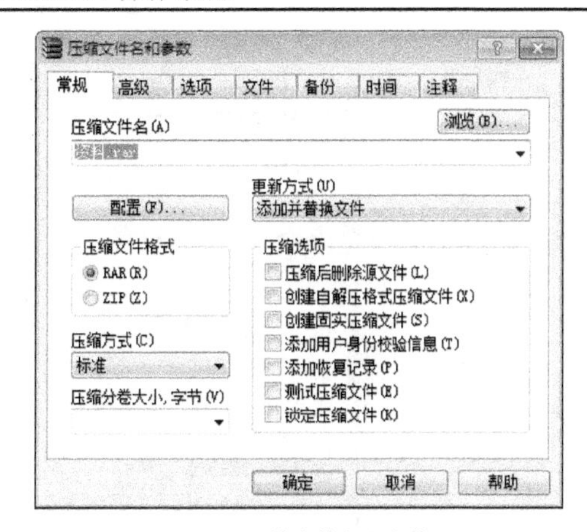

(b) 压缩文件名和参数

图 2-57　压缩文件

2) 加密压缩

文件在压缩的过程中可以设置密码，完成文件的加密压缩。这样的压缩文件一定要提供正确的密码才能够解压缩完成，对文件内容可以起到保护的作用。

加密压缩的步骤前面与普通压缩类似，在出现如图 2-58(b)所示“压缩文件名和参数”对话框时，选择“高级”选项卡，单击“设置密码”按钮，如图 2-58(a)所示，在弹出来的“带密码压缩”对话框中进行密码设置，如图 2-58(b)所示。

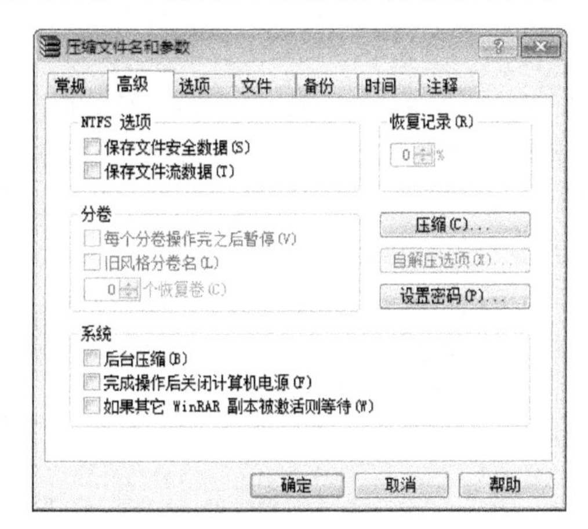

(a)“高级”选项卡

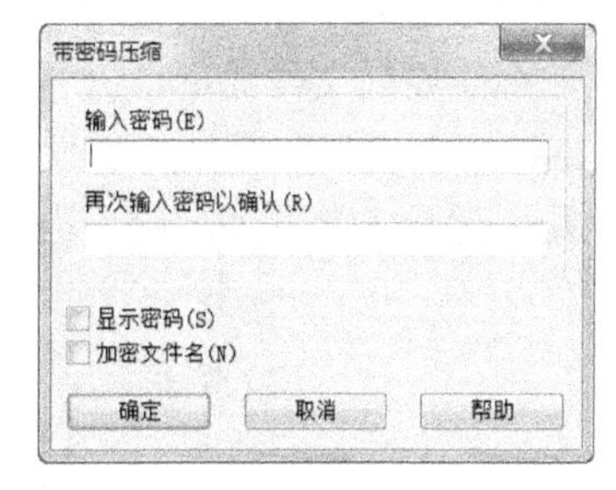

(b)“带密码压缩”对话框

图 2-58　加密压缩

2. 解压缩文件

对被压缩的文档、图片等，虽然可在压缩文件中双击文档或图片文件将其打开，但对其操作后，将不能保存修改结果；将其解压后再对其操作，才是正确的选择。

右击压缩文件，选择“解压到当前文件夹”命令，可直接将压缩文件解压到当前文件夹；右击压缩文件，选择“解压文件”命令，弹出“解压路径和选项”对话框，根据提示进行相关设置，选择文件解压缩后的存放位置，最后单击“确定”按钮即可，如图 2-59 所示。对于加密压缩文件，解压时会弹出“输入密码”对话框，输入的密码不对将不能解压该文件。

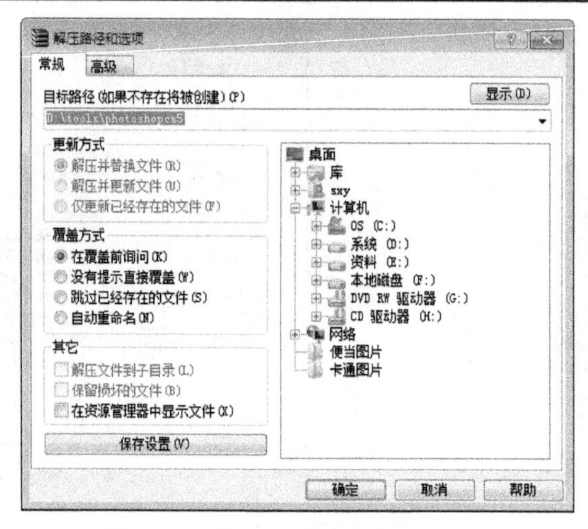

图 2-59 “解压路径和选项”对话框

2.6　系统的日常维护与备份

网络日新月异的发展变化，刺激了病毒以及黑客的成长，病毒破坏、黑客攻击以及用户本身的误操作都可能导致重要的系统文件损坏或者丢失，造成系统的异常。为了防止出现这些异常，维持计算机稳定的工作状态，用户应要对系统以及一些重要文件进行维护和备份，以备不时之需。

2.6.1　磁盘维护

通常情况下，对文件所做的更改，如删除、剪切等操作，会在硬盘中的某个位置上存储。随着时间的流逝，文件都会成为碎片，当计算机必须在多个不同位置查找以打开文件时，其速度会降低。磁盘碎片整理程序可以清理磁盘碎片，提高硬盘的访问速度。磁盘清理可以减少硬盘上不需要的文件数量，以释放磁盘空间并让计算机运行得更快。

Windows 7 自带图形化的磁盘碎片整理工具，单击按钮，依次选择“所有程序 | 附件 | 系统工具 | 磁盘碎片整理程序”命令，打开“磁盘碎片整理程序”窗口，如图 2-60 所示。

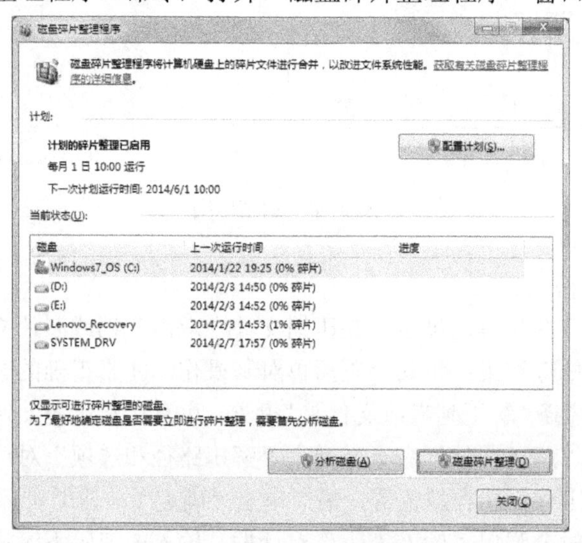

图 2-60　磁盘碎片整理程序

若要确定是否需要对磁盘进行碎片整理，则单击 分析磁盘(A) 按钮。在完成分析磁盘后，可以在“上一次运行时间”列中检查磁盘上碎片的百分比。如果数字高于 10%，则应该选择 分析磁盘(A) 对磁盘进行碎片整理。

2.6.2　文件备份和还原

所谓备份，是指把一组文件、文件夹或系统设置数据保存在一个备份文件中，通常这个备份文件和原文件保存在不同的磁盘上。所谓还原，就是指原文件丢失或损坏的情况下，把已经备份的文件释放出来代替原文件。

Windows 7 中的“备份和还原中心”是一个可以集中进行备份和还原操作的平台。在这里既可以备份和还原文件，也可以对计算进行整体备份和还原，操作更加方便。

1. 备份文件

单击按钮，选择“控制面板 | 系统和安全 | 备份和还原”命令，打开如图 2-61 所示的“备份和还原”窗口。

•“备份”区域：在该区域中，可以创建整个计算机，以及文件和文件夹的备份副本，用于在硬件故障时恢复。

•“还原”区域：在该区域中，可以使用备份副本还原因意外修改或删除文件以前的版本，也可以从备份的系统映像中还原整个计算机。

下面介绍备份的步骤，单击图 2-61 所示窗口中的“设置备份”选项，打开“设置备份”对话框如图 2-62 所示。

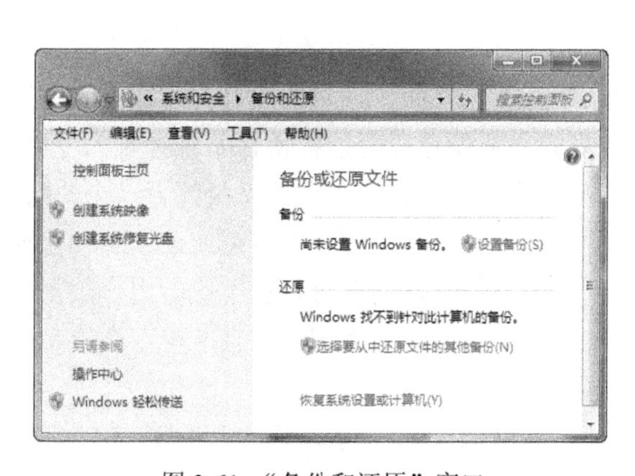

图 2-61　“备份和还原”窗口

图 2-62　“设置备份”对话框

在“设置备份”对话框中可以选择保存备份的位置，此处单击选择保存备份文件的位置，单击 下一步(N) > 按钮，进入“您希望备份哪些内容”对话框，如图 2-63 所示。选择备份哪些内容，也可以选择要备份的个别文件夹和驱动器，单击 保存设置并运行备份(S) 按钮，完成文件的备份。

2. 还原文件

需要将备份的文件进行还原时，单击按钮，依次选择“控制面板 | 系统和安全 | 备份和还原”命令，打开“备份和还原”窗口。在“备份”区域中，可以看到备份设置的情况、

备份存储的位置、下一次备份及上一次备份的时间等。而在“还原”区域中，可以还原在当前位置备份的文件。如果要还原所有用户的文件，单击“还原所有用户的文件”选项。这里单击 还原我的文件(R) 按钮，进入“还原文件”对话框，如图 2-64 所示。

选择用于还原的目标文件或文件夹，单击 下一步(N) > 按钮，进入下一个对话框，在该对话框中，需要选择还原文件保存的位置，系统将所选文件还原到指定位置。

图 2-63　选择备份内容

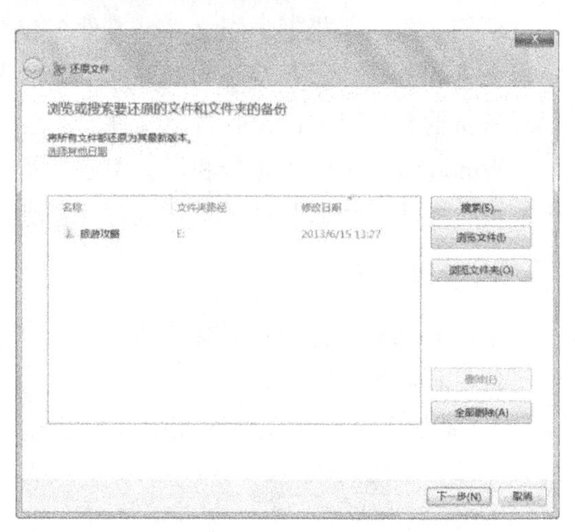

图 2-64 “还原文件”对话框

2.6.3　系统还原

系统还原是 Windows 7 的一个组件，利用它可以在计算机发生故障时恢复到以前的状态。

1. 系统还原点的概念

启用系统还原功能后，计算机会定期创建系统配置的快照，这些快照称为还原点。还原点中包含 Windows 7 设置、安装的程序列表等内容。系统还原会监控操作系统设置的变化，并以一定的周期在变化发生之前创建还原点。该功能在创建还原点时会给系统配置一个快照，然后将创建的内容写入到硬盘上，这样在需要的时候就可以使用还原点将系统还原到创建该还原点的状态。需要注意的是，系统还原并不影响用户数据，完全可以在不影响用户数据、缓存的文件或文档的情况下将系统还原到之前的某个状态，同时系统还原功能也不会给文档文件夹写入任何信息。

用户可以按照 3 种方式还原：按检查点、日期或者事件。系统还可以创建 3 种不同类型的还原点。①系统还原点，是由操作系统定期自动创建的；②安装还原点，是在安装应用程序时发生的一些事件触发操作系统自动创建的；③手动创建的还原点，是由用户手动创建的。

用户可以在正常模式或者安全模式下使用系统还原功能还原计算机。在正常模式下系统会在应用还原点之前为当前的系统状态创建还原操作还原点；在安全模式下无法创建还原操作还原点，因为在安全模式下对系统设置的更改无法被系统还原功能记录，所以无法撤销这种还原。然而，可以使用安全模式还原系统到任何一个还原点。

2. 创建系统还原点

单击按钮，选择“控制面板 | 系统和安全 | 系统”命令，打开的窗口如图 2-65 所示。

单击窗口左侧的“系统保护”选项，打开“系统属性”对话框如图 2-66 所示。

图 2-65 “系统”窗口

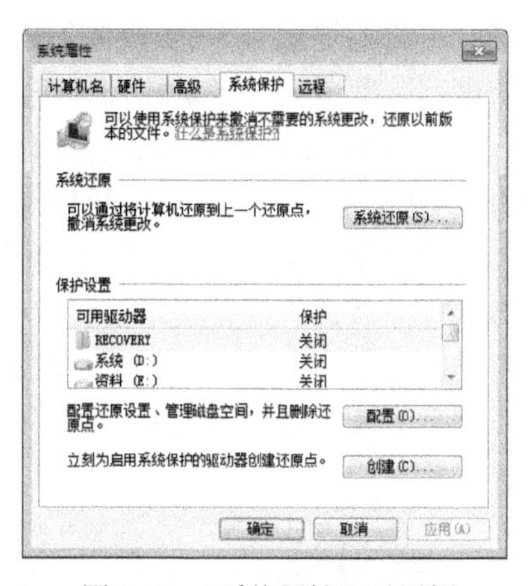

图 2-66 “系统属性”对话框

在保护设置列表中，显示当前驱动器的保护设置状态，选择要开启保护的磁盘，单击右下角 创建(C)... 按钮根据提示，输入要创建的还原点名字，创建还原点。

3. 还原系统文件和设置

当系统出现故障，造成系统数据丢失后，可以通过系统还原点来还原计算机。

在“系统属性”对话框的“系统保护”选项卡中，单击 系统还原(S)... 按钮，打开图 2-67 所示的“系统还原”对话框。

单击 下一步(N) > 按钮，打开图 2-68 所示的选择还原点对话框，在该对话框中选择希望使用的还原点。根据提示确认还原点后可对系统进行还原。

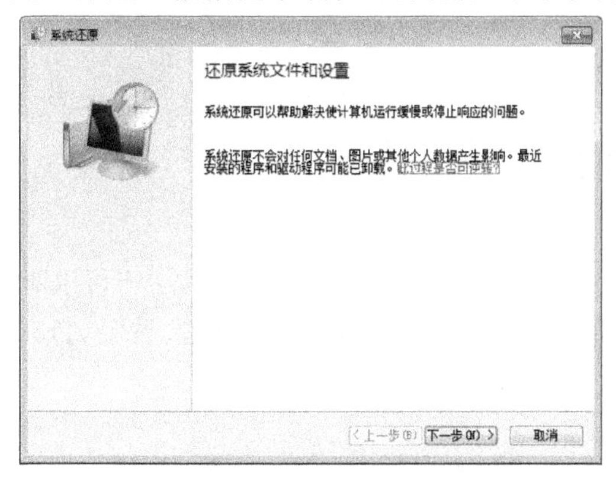

图 2-67 “系统还原”对话框

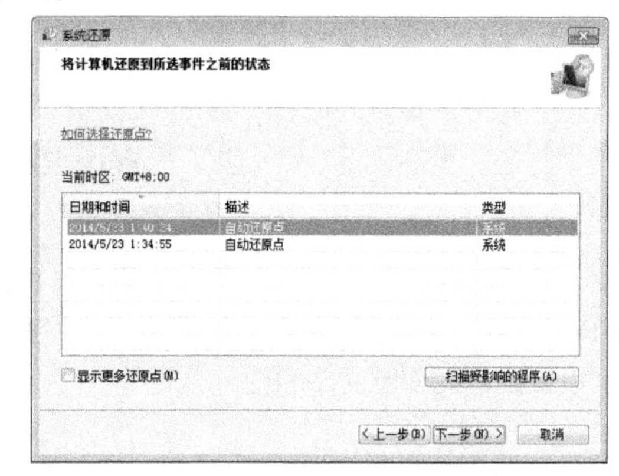

图 2-68 选择还原点

2.6.4 Windows 轻松传送

在 Windows 7 中系统附带了一个迁移功能，可以直接把当前计算机的配置和重要系统文件迁移到新的计算机中，省去了安装各种软件和设置的麻烦。Windows 7 提供了类似的传送

功能 ——Windows 轻松传送。利用 Windows 轻松传送功能可以实现文件和设置从一台 Windows 计算机传送给另一台 Windows 计算机，或从原来的系统传送到新安装的系统中，为用户配置相同的系统提供方便。

使用 Windows 轻松传送，可以将旧计算机上的数据复制到新计算机中，从而免去重新配置新计算机的烦恼。其中，复制的内容包括文件和文件夹、电子邮件、联系人和消息、程序、用户账户、收藏夹和多媒体文件等。

单击按钮，选择“所有程序 | 附件 | 系统工具 | Windows 轻松传送”命令，打开如图 2-69 所示的“Windows 轻松传送”对话框。

单击[下一步(N) >]按钮，在打开的图 2-70 所示的对话框中，选择将配置文件传送到新计算机的方法，系统提供了使用轻松传送电缆、网络和外部硬盘(或 USB 闪存驱动器)等 3 种方法。选择传送方法，这里选择“这是我的旧计算机”后系统会检查可传送的内容，在检查完成后根据提示设置传送文件的密码，即可保存传送文件。在传送文件保存完成后，根据提示方便地完成传送。

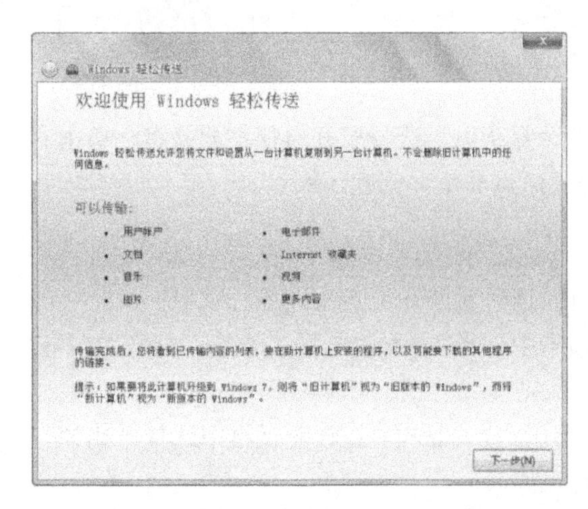

图 2-69 “Windows 轻松传送”对话框

图 2-70 选择传送方式

2.7 Windows 7 的附件程序

Windows 7 自带了多种文字、计算与视听娱乐应用程序，在工作忙碌之余，用户可以听 CD、看 DVD、播放多种类型的多媒体文件等。本节介绍如何利用 Windows 7 听 CD、看 DVD、播放多媒体文件及文字和图片处理等。

2.7.1 记事本

“记事本”是一个很小的文字处理程序，用它可以方便地输入和处理纯文本文件。单击“开始”按钮，选择“所有程序 | 附件 | 记事本”命令，打开“记事本”窗口，如图 2-71 所示，“记事本”的程序窗口非常简单，它的功能都集中在菜单栏。

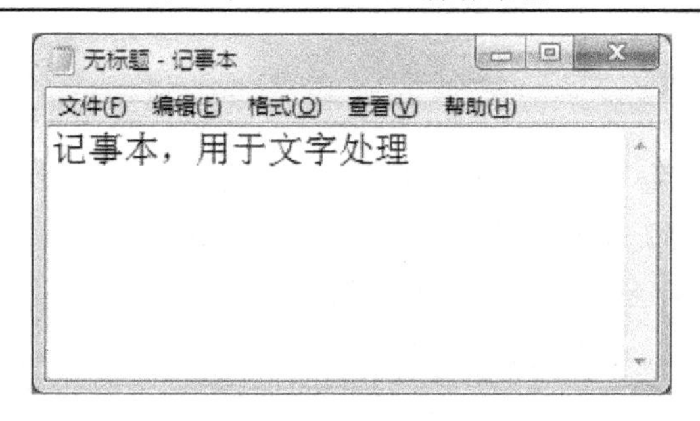

图 2-71　“记事本”窗口

2.7.2　计算器

“计算器”是 Windows 自带的小程序，除了可以完成加、减、乘、除等简单运算外，还提供了科学型计算器、程序员计算器和统计信息计算器的高级功能。

1. 标准型计算器

标准型计算器能实现计算器最基本的运算功能，进行简单的顺序计算。

单击“开始”按钮，选择“所有程序 | 附件 | 计算器”命令，打开“计算器”窗口，如图 2-72 所示。

2. 科学型计算器

菜单栏中单击“查看 | 科学型”命令，标准计算器变成了科学型计算器，如图 2-73 所示。科学型计算器的功能很强大，不仅可以进行三角函数、阶乘、平方、立方等运算，还具有逻辑运算和统计运算的功能。在科学型模式下，计算器会精确到 32 位数；以科学型模式进行计算时，计算器采用运算符优先级。

图 2-72　标准型计算器

图 2-73　科学型计算器

3. 程序员型计算器

在标准型计算器程序窗口中，选择“查看 | 程序员”命令，打开程序员型计算器窗口，如图 2-74 所示。在学习计算机知识的时候，经常会遇到进制转换的问题，手工计算起来比较烦琐，程序员型计算器提供了方便的转换方法。

在程序员型模式下，计算器最多会精确到 64 位数；以科学型模式进行计算时，计算器采用运算符优先；程序员模式只是整数模式，小数部分将被舍弃。

4. 统计信息型计算器

在标准型计算器程序窗口中，选择“查看 | 统计信息”命令，打开统计信息型计算器窗口，如图 2-75 所示。使用统计信息型计算器可以方便地对一个数组进行统计学运算。键入或单击首段数据后，单击 Add 按钮，将数据添加到数据集中。

图 2-74　程序员型计算器

图 2-75　统计信息型计算器

5. 单位转换型计算器

用户可以使用计算器进行各种度量单位的转换。在标准型计算器程序窗口中，选择“查看 | 单位转换”命令，打开单位转换计算器窗口，如图 2-76 所示。

图 2-76　单位转换型计算器

2.7.3　录音机

用户可以使用录音机来录制声音并将其作为音频文件保存在计算机上；可以从不同音频设备录制声音，如计算机上插入的麦克风。其录音的音频输入源的类型取决于所拥有的音频设备以及声卡上的输入源。

单击“开始”按钮，选择“所有程序 | 附件 | 录音机”命令，打开“录音机”窗口，如图 2-77 所示。

图 2-77 “录音机”窗口

2.7.4　画图

“画图”程序是一个图形编辑器，可以对各种位图格式的图画进行编辑，用户可以绘制图画，也可以对扫描的图片进行编辑修改，在编辑完成后，可以保存为 PNG、BMP、JPG、GIF 等格式的文件。

当用户要使用“画图”工具时，单击“开始”按钮，选择“所有程序 | 附件 | 画图”命令，打开“画图”窗口，如图 2-78 所示。

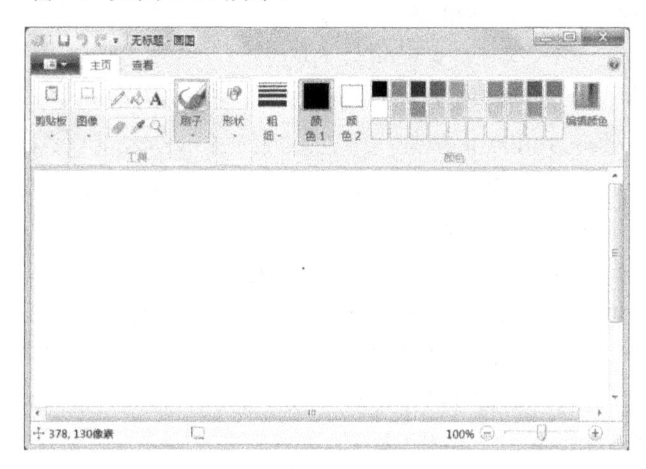

图 2-78　“画图”窗口

2.7.5　媒体播放器

用户可以使用 Windows Media Player 查找和播放计算机或网络上的数字媒体文件，播放 CD 和 DVD，以及来自 Internet 的数据流。还可以从音频 CD 翻录音乐，将用户喜爱的音乐刻录成 CD，与便携设备同步媒体文件，以及通过在线商店查找和购买 Internet 上的内容。

使用 Windows Media Player 播放多媒体文件、CD 唱片，单击“开始”按钮，选择“所有程序 | Windows Media Player”命令，打开“Windows Media Player”窗口，如图 2-79 所示。其播放效果如图 2-80 所示。

图 2-79　Windows Media Player 播放器界面

图 2-80　播放控制效果

习　题　二

一、判断题(正确填写“A”，错误填写“B”)

1．计算机需要先安装操作系统，才能运行其他应用软件。(　　)

2．在 Windows 7 桌面上，指向桌面上的图标，可以打开指向的程序或文档。(　　)

3．Windows 7 中的文件名长度不受限制。(　　)

4．开机完成后看到的整个屏幕就是 Windows 7 的桌面。(　　)

5．在 Windows 7 中，默认在各输入法之间进行切换可以使用 Ctrl+Alt 键。(　　)

6．Windows 7 有一个专门指出当前有哪些任务正在执行的指示区域，即任务栏。(　　)

7．在键盘上按 Ctrl+Shift 组合键，可以实现多个已打开窗口间的相互切换。(　　)

8．Windows 7 的任务栏只能放在桌面的底部。(　　)

9．Windows 7 的对话框和窗口一样，都可以移动和改变大小。(　　)

10．在 Windows 7 操作系统中，可以用键盘执行菜单命令。(　　)

11．在 Windows 7 中可以使用幻灯片作为桌面背景。(　　)

12．显示器的分辨率越低，屏幕上显示的对象越清楚，屏幕可容纳的对象更多。(　　)

13．使用“软键盘”可以快捷地输入数学符号。(　　)

14．用于设置家长控制的两个账户都必须是管理员账户。(　　)

15．不允许同一个文件夹中的两个文件同名，允许不同文件夹中的两个文件同名。(　　)

16．复制到剪贴板中的对象只能粘贴一次。(　　)

17．在 Windows 7 中删除文件时，必须先将其放入“回收站”。(　　)

18．在给文件进行重命名时，通常只更改主文件名而不更改扩展名。(　　)

19．Windows 7 的“库”用于管理存储在不同位置的多个相关文件夹。(　　)

20．删除程序的快捷方式，程序将不能再运行。(　　)

二、单项选择题

1．操作系统的主要功能是________。

A．实现硬、软件转换　　B．管理系统中所有硬、软件资源

C．把源程序转换成目标程序　　D．进行数据处理

2．操作系统是________的接口。

A．用户与软件　　B．系统软件与工具软件

C．系统软件与应用软件　　D．用户与计算机

3．Windows 7 是一个________操作系统。

A．字符界面　　B．图形界面

C．表格界面　　D．用户界面

4．为桌面项目图标选择不同的排序方式的方法是________。

A．右击桌面空白区　　B．右击任务栏空白区

C．单击桌面空白区　　D．单击任务栏空白区

5．在 Windows 7 中，若一个程序长时间不响应用户要求时，可使用快捷键________再选择启动任务管理器，结束该任务。

A．Ctrl＋Alt＋Shift　　B．Ctrl＋Alt＋Tab

C．Ctrl＋Alt＋Delete　　D．Ctrl＋Alt＋Esc

6．在 Windows 7 的“资源管理器”窗口中，若想看到文件的名称、修改日期、类型、大小等信息，应选择________视图。

A．图标　　B．详细信息　　C．超大图标　　D．内容

7．在 Windows 7 中，用户可以同时打开多个窗口，此时________。

A．只能有一个窗口处于激活状态，它的标题栏与众不同，称为当前窗口

B．只能有一个窗口的程序处于前台运行状态，而其余窗口的程序则处于停止运行状态

C．所有窗口都是当前窗口

D．所有窗口都不是当前窗口

8．在 Windows 7 中，________不属于窗口的组成部分。

A．标题栏　　B．状态栏

C．菜单栏　　D．对话框

9．在 Windows 7 中，安全地关闭计算机的正确操作是________。

A．直接按主机面板上的电源按钮

B．单击“开始”菜单，单击“关机”功能键▸，选择“注销”

C．单击“开始”菜单，选择“关机”

D．先关闭显示器，再关闭主机

10．在 Windows 7 中，回收站实际上是________。

A．内存区域　　B．硬盘上的空间　　C．一个文档　　D．文件的快捷方式

11．在 Windows 7 中，可确定一个文件的存放位置的是________。

A．文件名称　　B．文件属性　　C．文件大小　　D．文件路径

12．在 Windows 7 中，将某一个应用程序窗口最小化，正确的理解是________。

A．结束该应用程序的执行　　B．该应用程序将从桌面上消失

C．该应用程序仍在运行　　D．关闭了该应用程序

13．在基于 Windows 7 的应用程序中，经常有一些菜单选项呈暗灰色，这表明________。

A．这些项在当前无效　　B．系统运行发生故障

C．这些项的处理程序已经装入　　D．应用程序本身有缺陷

14．在 Windows 7 中，若想改变屏幕上多个窗口的排列方式，操作方法为________。

A．单击“开始”按钮，在“设置”命令的“任务栏”对话框中进行设置

B．单击菜单栏中的“窗口｜全部重排”命令

C．右击任务栏的空白处，在弹出菜单中进行选择操作

D．右击“标题栏”，在弹出的菜单中进行选择操作

15．“粘贴”命令的键盘快捷方式为________。

A．Ctrl+C　　B．Ctrl+V　　C．Ctrl+X　　D．Ctrl+A

16．为了让计算机发生故障时能恢复到以前的状态，需要使用 Windows 7 的________功能。

A．系统重启　　B．系统设置　　C．系统安全　　D．系统还原

17. Windows 7 有 4 个默认库，分别是视频、图片、________和音乐。

A. 文档　　B. 文件　　C. 下载　　D. 新建库

18. 文件的类型可以根据________来识别。

A. 文件的大小　　B. 文件的用途

C. 文件的扩展名　　D. 文件的存放位置

19. 在 Windows 7 中有关删除文件，以下说法不正确的是________。

A. 从网络位置删除的项目不能恢复　　B. 从移动磁盘上删除的项目不能恢复

C. 超过回收站存储容量的项目不能恢复　　D. 直接用鼠标拖入回收站的项目不能恢复

20. 在 Windows 7 中，浏览系统资源可以使用“计算机”或________来完成。

A. 公文包　　B. 文件管理器

C. Windows 资源管理器　　D. 程序管理器

三、多项选择题

1. 在 Windows 7 中，运行一个程序可以________。

A. 使用“开始”菜单“所有程序”　　B. 使用“Windows 资源管理器”

C. 使用桌面上已建立的快捷方式图标　　D. 使用“计算机”

2. 在 Windows 7 中，下列关于“任务栏”的叙述，正确的有________。

A. 可以将任务栏设置为自动隐藏

B. 任务栏可以移动

C. 通过任务栏上的按钮，可实现窗口之间的切换

D. 在任务栏上，只显示当前活动窗口名

3. 在同一驱动器的不同文件夹之间复制文件，正确的操作有________。

A. 拖动鼠标左键的同时按住 Alt 键　　B. 拖动鼠标左键的同时按住 Ctrl 键

C. 直接拖动鼠标右键　　D. 拖动鼠标右键的同时按住 Shift 键

4. 关于快捷方式，叙述正确的是________。

A. 快捷方式是指向一个程序或文档的指针　　B. 快捷方式包含了指向对象的信息

C. 快捷方式可以删除、复制和移动　　D. 快捷方式包含了对象本身

5. 有关任务窗口的切换，叙述正确的是________。

A. 单击激活窗口　　B. 按 Alt+Esc 键

C. 按 Alt+Tab 键　　D. 按 Shift+Enter 键

6. Windows 7 的账户类型有________。

A. 自定义账户　　B. 标准用户账户

C. 管理员账户　　D. 来宾账户

7. 在“资源管理器”窗口中，若误删除了某文件，则可以用________操作进行恢复。

A. 在“回收站”中对此文件执行“还原”命令

B. 在“回收站”中将此文件拖回原位置

C. 在“资源管理器”窗口中执行“撤销”命令

D. 以上均可以

8. 在 Windows 7 资源管理器中，不能选择多个连续文件的操作为________。

A．单击每一个要选定的文件名

B．按住 Alt 键，单击每一个要选定的文件名

C．按住 Ctrl 键，单击每一个要选定的文件名

D．先选中第一个文件，按住 Shift 键，再单击最后一个要选定的文件

9．在 Windows 7 中，能关闭一个程序窗口的操作是________。

A．按 Alt+F4 键　　B．双击菜单栏

C．选择“文件 | 关闭”命令　　D．单击菜单栏右端的“关闭”按钮

10．关于 Windows 7 文件夹的描述正确的有________。

A．文件夹是用来组织和管理文件的　　B．文件夹的属性可以更改

C．文件夹中可以存放设备文件　　D．同一文件夹中不能有同名文件

四、填空题

1．直接删除选中的文件而不把被删除文件送入“回收站”的键是________。

2．在 Windows 7 中进行复制，可使用快捷键________。

3．在 Windows 7 中，若要将当前窗口复制到剪贴板中，可以按________键。

4．Windows 7 中自带的媒体播放程序是________。

5．在 Windows 7 中，窗口中的内容不能完全显示时便会在窗口中出现________。

6． Windows 7 中，要选择多个不连续的文件，可以按住________键，再单击相应文件。

7．在 Windows 7 中，有些菜单的选项右端有“…”，表示该菜单项将弹出一个________。

8．Windows 7 支持长文件名，文件名最长可达________个字符。

9．在搜索文件或文件夹时，若用户输入“*.*”，则将搜索________。

10．在 Windows 7 窗口中，用鼠标左键按住________拖动，可以移动整个窗口。

第 3 章　文档处理软件 Word 2010

Word 2010 是 Microsoft 公司开发的 Office 2010 软件中的文档处理软件，它具有文字、图形、图像、表格、排版等处理功能。它提供了非常友好的用户界面，操作更加简便，功能更加强大。Word 2010 是企、事业办公应用中最广泛的应用软件之一，利用它既能制作各种简单的商务文档和个人文档，又能满足专业人员制作复杂的应用文档。使用 Word 2010 来处理文档，能大大提高办公效率。

3.1　Word 2010 概述

3.1.1　Word 2010 的功能与特点

Word 2010 全新的“功能区”界面取代了 Word 早期版本中的菜单、工具栏和任务窗格。功能区包含若干个围绕特定方案或对象进行组织的选项卡，每个选项卡的控件又细化为几个组。新的外观旨在帮助用户在 Word 中更高效、更容易地找到完成各种任务的按钮并提高工作效率。

Word 2010 提供一套完整的工具，方便用户在新的界面中创建文档并设置格式，从而帮助用户制作出图文并茂的精美文档。

1. 文字输入与编辑

Word 2010 最基本的功能是文字输入与编辑功能，在 Word 2010 的编辑区域中，可输入各种文本和符号，对文本进行复制、移动、插入、修改等。

2. 文本格式设置功能

Word 2010 具有强大的字符格式与段落格式设置功能，可对输入文本进行字体、字形、字号等设置，还可以进行缩进、段落间距、特殊效果的格式设置。利用 Word 2010 提供的工具能更轻松地创建精美的文档，减少格式设置的时间，把更多精力花在撰写内容上。

3. 制表功能

Word 2010 提供了多种表格创建方法，同时提供大量表格编辑、修饰和版式设计工具，为表格处理提供方便。

4. 绘图功能与艺术字制作

Word 2010 提供了丰富的形状用来制作精美的图形，也可以插入图片及剪辑库，它支持的图片类型达 20 多种，可以对形状或图片进行添加边框、设置阴影、三维效果等处理。同时可以制作艺术字，并对艺术字进行设置。

5. 插入和编辑 SmartArt 图形功能

SmartArt 图形是一种有效的视觉表示形式，Word 2010 提供了 8 类 175 种预置效果的 SmartArt 图形，可以创建所需的非常漂亮的 SmartArt 图形。

6. 数学公式与长文档排版

Word 2010 内置了一个公式编辑器，利用它可以很方便地创建各种数学公式。它还提供了大纲视图、样式、模板、索引和目录等功能，可以编排满足出版需要的文档格式。

7. 页面设置与打印功能

Word 2010 提供了强大的页面设置功能，可以设置纸张大小、纸张方向、页边距、页眉与页脚。它还提供了打印预览、快速打印以及完善的文档打印功能。

3.1.2 Word 2010 的启动与退出

1. 启动 Word 2010 的常用方法

(1) 从“开始”菜单启动：单击“开始 | 所有程序 | Microsoft Office | Microsoft Office Word 2010”命令，启动 Word 2010 软件。

(2) 从桌面上的快捷方式启动：在桌面上有 Word 快捷图标的情况下，双击图标启动 Word 2010 软件。

(3) 利用 Word 文档启动：双击 Word 文档启动 Word 2010 软件。

2. 退出 Word 2010 的常用方法

(1) 单击标题栏的“关闭”按钮。

(2) 单击“文件 | 退出”命令。

(3) 双击左上角的控制菜单退出。

(4) 按快捷键 Alt+F4 退出 Word 2010。

3.1.3 Word 2010 的工作界面

打开或建立新的 Word 文档后，其工作界面如图 3-1 所示。

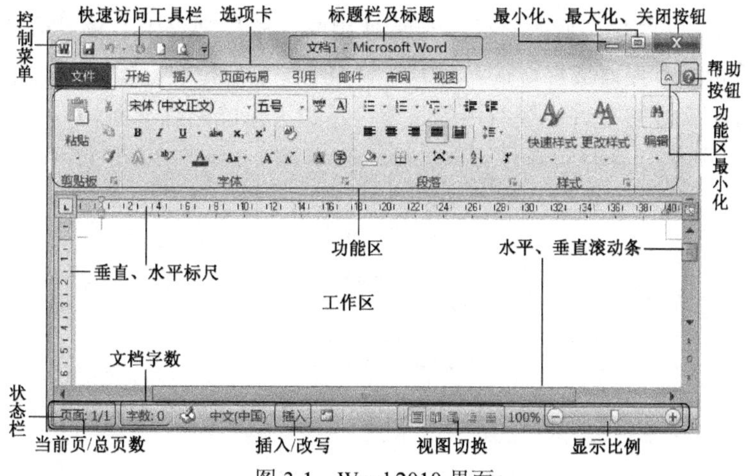

图 3-1　Word 2010 界面

1. “文件”选项卡

“文件”选项卡位于窗口左上方，单击“文件”则弹出下拉菜单，可进行“保存”、“另存为”、“打开”、“关闭”、“信息”、“最近所用文件”、“新建”、“打印”、“保存并发送”、“帮助”、“选项”、“退出”等操作，如图 3-2 所示。

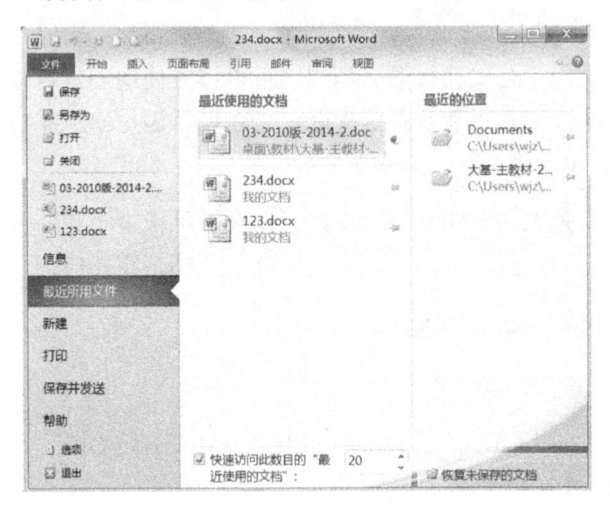

图 3-2 “文件”选项卡

将文件固定在“最近使用的文档”列表中的方法是：单击“文件”，然后单击“固定文档按钮”图标。将文档固定到“最近使用的文档”列表中后，固定按钮将显示为一个图钉俯视图。

注意　选中图 3-2 中的“快速访问此数目的“最近使用的文档”复选框，是在“文件”选项卡的“关闭”命令下方将显示的最近使用的文档。图 3-2 中显示有 3 个，若此复选框不选中，则“关闭”命令下方将无文件显示。

“最近所用文件”菜单项，在菜单右侧列出了最近使用的文档(可设置范围 0～50 个)以及最近位置，最近使用的文档数的设置方法：

(1) 单击“文件｜选项”命令。

(2) 单击“高级”按钮。

(3) 在“显示”下的显示此数目的“最近使用的文档”列表中，输入或选择要显示的文件数，如果不希望显示任何文件，输入“0”，单击“确定”按钮，如图 3-3 所示。“文件｜选项”中内容十分丰富，它有许多很有用的设置，希望大家能熟练掌握。

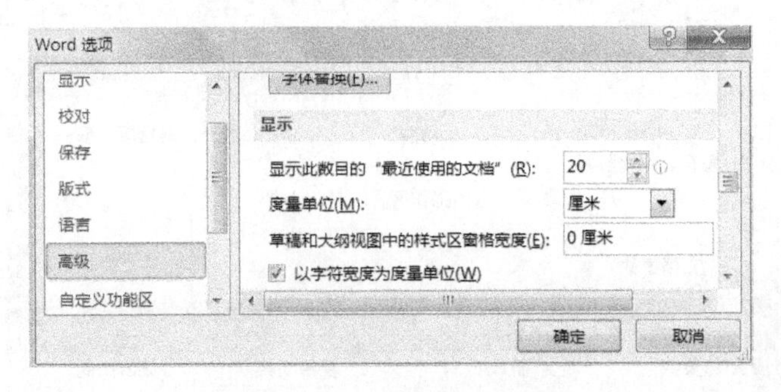

图 3-3 “Word 选项”对话框

2. 快速访问工具栏

快速访问工具栏位于左上角，如图 3-4(a)所示。通过单击自定义快速访问工具栏右侧的，选择“在功能区下方显示”功能将快速访问工具栏显示在功能区的下方，如图 3-4(b)所示。用相同的操作步骤，选择“在功能区上方显示”，快速访问工具栏将显示在功能区上方。

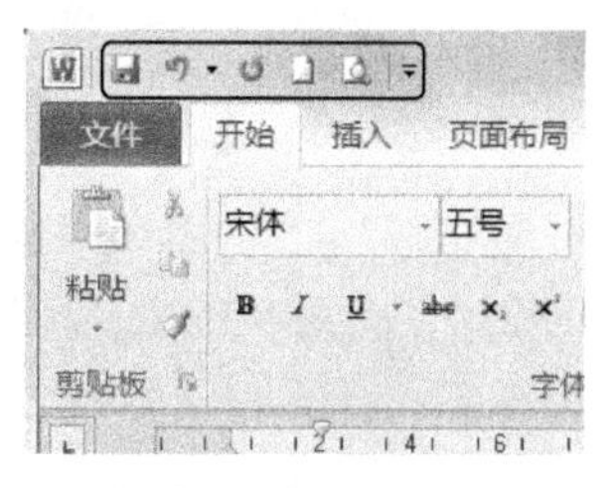

(a) 默认在功能区上方显示

(b) 在功能区下方显示

图 3-4　快速访问工具栏

向快速访问工具栏添加工具的两种方法如下。

方法 1：直接右击功能区中的命令按钮，选择“添加到快速访问工具栏”。

方法 2：单击“快速访问工具栏”右侧的，选择“其他命令”选项，出现“Word 选项”对话框，可添加任何命令到快速访问工具栏。

【例题 3-1】 用不同的方法分别将“公式”、“边框和底纹”工具添加到快速访问工具栏。

(1)将“公式”工具添加到快速访问工具栏：单击“插入”，右击符号组中的 π 公式，选择“添加到快速访问工具栏”，则“公式”工具出现在快速访问工具栏右侧。

(2)将“边框和底纹”工具添加到快速访问工具栏：单击快速访问工具栏右侧的，选择“其他命令”，“从下列位置选择命令”选择“开始”选项卡，选中“边框和底纹”，单击“添加”按钮，再单击“确定”按钮即可添加“边框和底纹”工具到快速访问工具栏，如图 3-5 所示。

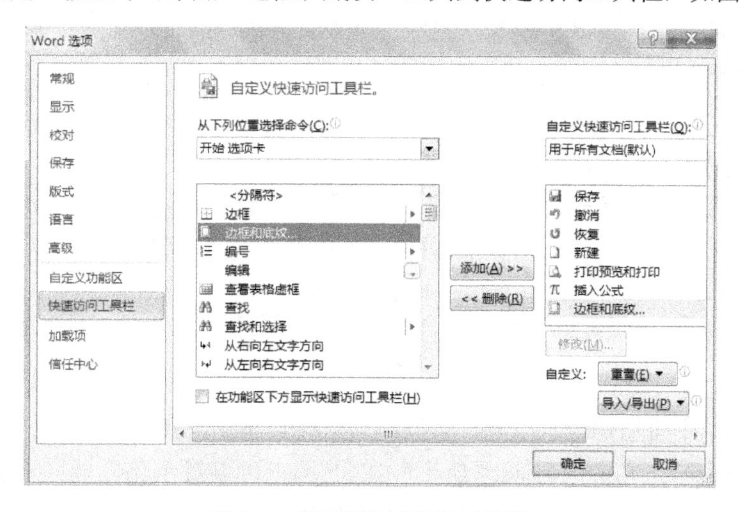

图 3-5　自定义快速访问工具栏

3. 标题栏

标题栏显示文件名与程序名称，如 会议通知.docx -Microsoft Word 。

4. 最小化、最大化、关闭按钮

标题栏的右侧分别是最小化 、最大化 /还原 、关闭按钮 。

5. 选项卡

选项卡分为标准选项卡、上下文选项卡两种。

1）“标准”选项卡

“标准”选项卡有“文件”、“开始”、“插入”、“页面布局”、“引用”、“邮件”、“审阅”、“视图”选项卡，另外可通过“文件 | 选项 | 自定义功能区”，选中“开发工具”来显示出“开发工具”选项卡，结果如图 3-6 所示。

图 3-6 “标准”选项卡

图 3-7 “上下文”选项卡

2）“上下文”选项卡

使用“上下文”选项卡能够在页面上对选择对象进行格式设置。单击对象时，相关的“上下文”选项卡会以强调文字颜色出现在标准选项卡的旁边，上下文工具的名称以突出颜色显示，上下文选项卡提供用于处理所选项目的功能按钮。如图 3-7 所示为“上下文”选项卡。

6. 功能区

在 Word 2010 中，功能区包含若干个围绕特定方案或对象进行组织的选项卡。每个选项卡分为几个组，包括按钮、库和对话框内容。每个选项卡都与一种类型的活动(如字体、段落)相关，如图 3-8 所示。为了减少混乱，某些选项卡只在需要时自动显示。例如，仅当选择图片后，才显示“图片工具”选项卡。

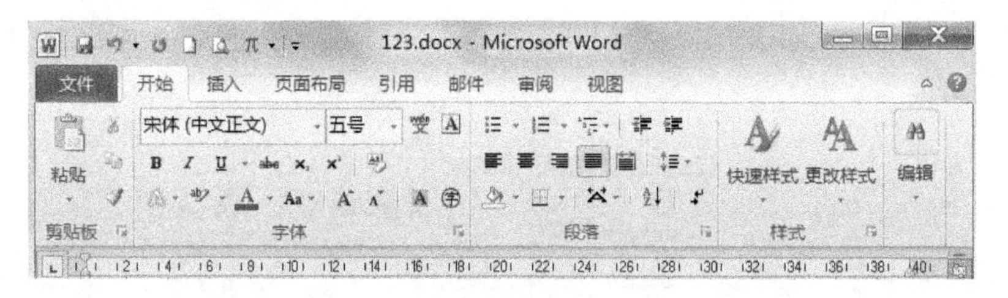

图 3-8 功能区

为了增大屏幕中可用的编辑空间，可以将功能区最小化，其方法如下。

方法 1：单击右上角的“功能区最小”按钮 ，可以最小化功能区，如图 3-9 所示。单击同一位置的“展开功能区” ，可以展开功能区，如图 3-10 所示。

方法 2：双击“活动”选项卡可以最小化功能区，再次双击任何选项卡可还原功能区。

方法 3：最小化功能区的快捷键是 Ctrl+F1，再次按 Ctrl+F1 键可还原功能区。

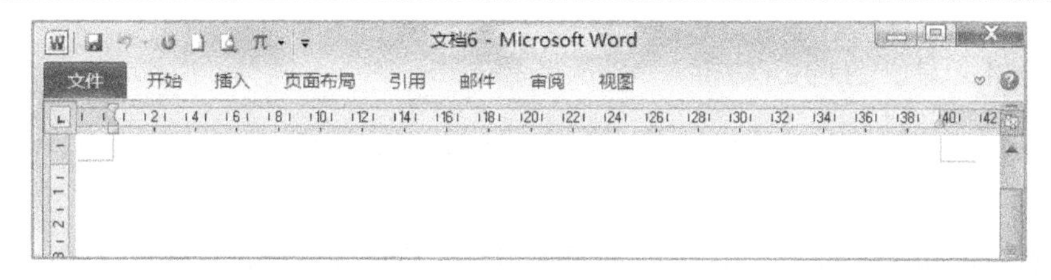

图 3-9　最小化功能区

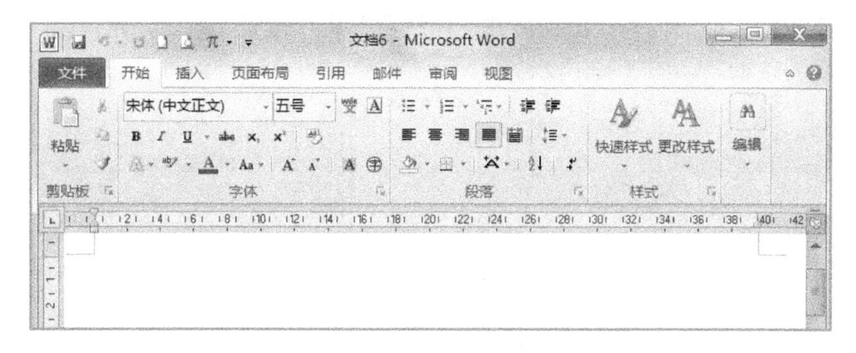

图 3-10　取消最小化功能区

在功能区最小化的情况下使用功能区的方法：单击要使用的选项卡，然后再单击要使用的选项或命令。例如，在功能区最小化的情况下，可以选择 Word 文档中的文本，单击“开始”选项卡，然后在“字体”组中，选择所需的字体。单击所需的字体后，功能区返回到最小化状态。

7. 水平与垂直标尺

Word 2010 中的水平和垂直标尺常常用于对齐文档中的文本、图形、表格和其他元素。若要查看位于 Word 文档顶部的水平标尺和位于文档左边缘的垂直标尺，必须使用页面视图功能。

显示或隐藏水平和垂直标尺的方法有两种：①单击垂直滚动条顶部的“标尺”可打开或关闭水平与垂直标尺。②通过“视图”选项卡中“标尺”的选中与取消来打开或关闭标尺。

8. 工作区

工作区是用于显示和编辑文档的区域，工作区中通常有一个不断闪烁的竖线“｜”，称为插入点，一般通过输入数据、空格键、Tab 键或双击空白处来移动插入点的位置。

9. 状态栏

状态栏用于显示系统当前的一些状态信息，包括插入点所在页面和当前文档的总页数、字数统计、拼写与语法检错、语言、插入/改写、视图切换、显示比例等，如图 3-11 所示。

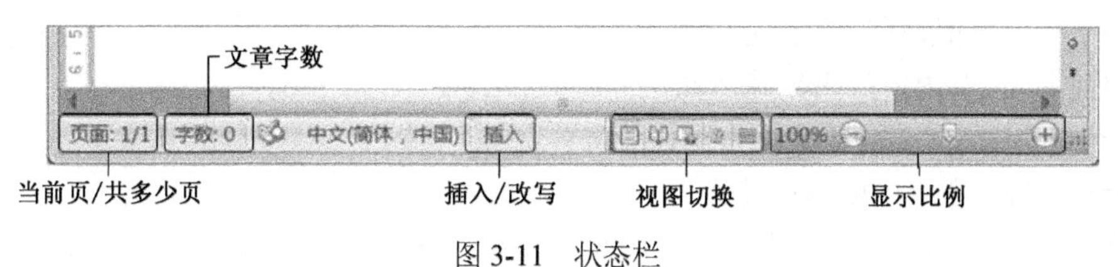

图 3-11　状态栏

3.1.4 Word 2010 的帮助功能

单击“帮助”按钮或按功能键 F1 可获得 Word 2010 帮助，可使用搜索帮助功能与浏览帮助功能。

(1) 浏览帮助功能：直接在浏览 Word 帮助中单击需要查询的超链接，如图 3-12 所示。

(2) 搜索帮助功能：在下拉列表框中输入关键字进行搜索。例如，要查看保存方面的帮助信息，在下拉列表框中输入“保存文件”，然后单击“搜索”按钮，再单击“保存文件”超链接即可获得帮助，如图 3-13 所示。

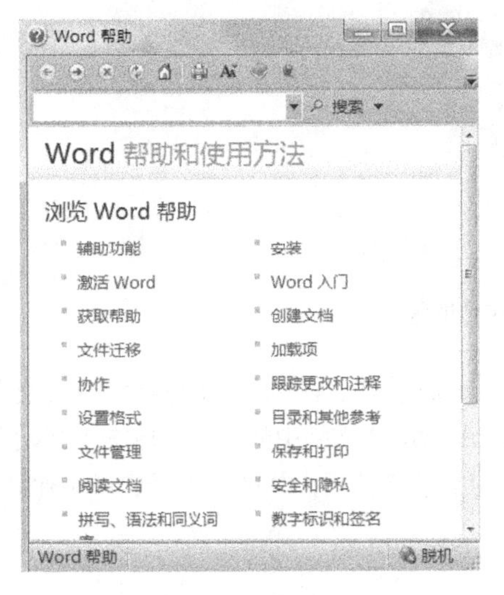

图 3-12　浏览帮助功能

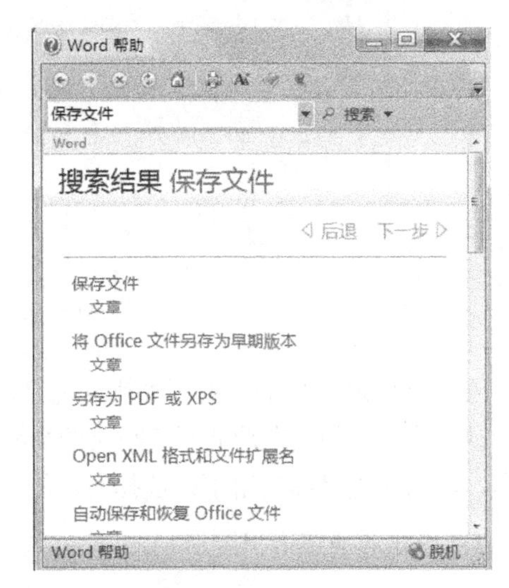

图 3-13　搜索帮助功能

3.2 文档的基本操作与编辑

3.2.1 创建、保存与打开文档

1. 创建文档

在 Word 2010 软件中，创建新文档通常的方法是单击“文件”，然后单击“新建”命令，就会出现“新建文档”相关按钮，如图 3-14 所示。在“模板”中，创建新文档的方法如下：

(1) 利用“空白文档”方法来创建新文档。

(2) 利用“最近打开的模板”来创建新文档。

(3) 利用“样本模板”来创建新文档。

(4) 利用“我的模板”来创建新文档等。

(5) 根据“现有内容”来创建新文档。

(6) 利用“Office.com 模板”来创建新文档。

【例题 3-2】 利用模板制作奖状。

操作步骤：①单击“文件 | 新建”命令；②在“Office.com 模板”中，选择“证书、奖

状”模板；③选择“其他”样式；④选择“全球杰出奖荣誉证书”，单击“下载”按钮，如图 3-15 所示；⑤输入相应内容即可，如图 3-16 所示。用户也可以不用模板而根据各自要求来制作有特色的奖状。

图 3-14　新建文档

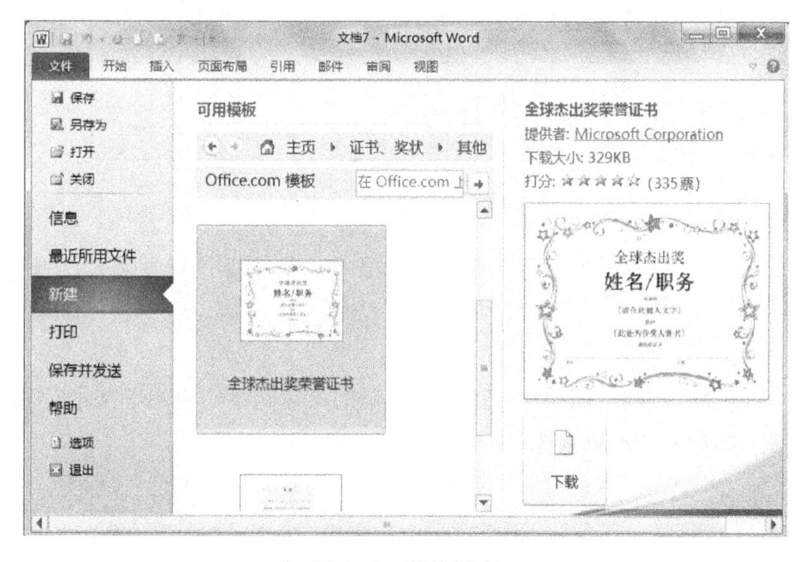

图 3-15　奖状样式

2. 创建书法字帖

1) 创建书法字帖

使用 Word 2010 提供的“书法字帖”功能，可以灵活地创建字帖文档，然后将它们打印出来，这样就可以获得书法字帖，通过练习从而提高书法技能。

(1) 单击“文件｜新建”命令。

(2) 在“可用模板”中选择“书法字帖”选项，如图 3-17 所示。

(3) 单击“创建”按钮，出现“增减字符”对话框。

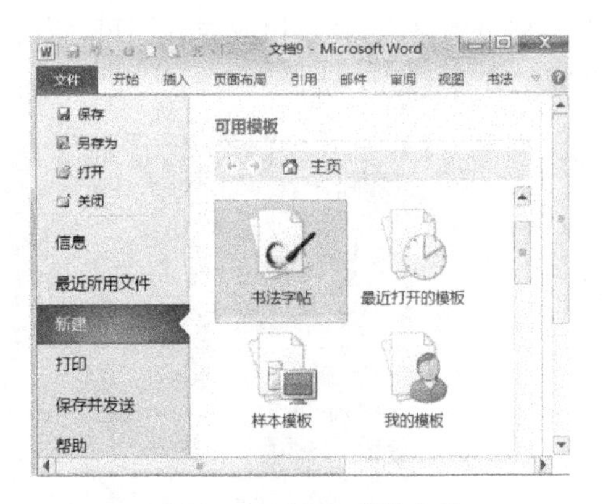

图 3-16　制作奖状效果　　　　图 3-17　新建-书法字帖

(4) 在“书法字体”列表或“系统字体”列表中，选择要使用的字体类型，如图 3-18 所示。

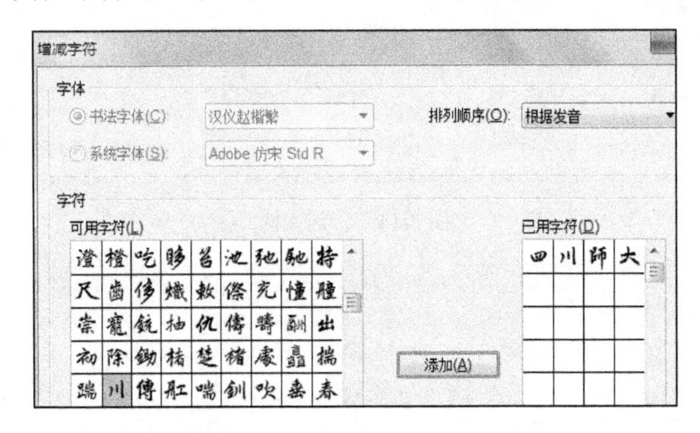

图 3-18　书法字体及文字选择

(5) 在“排列顺序”列表中选择字符排序的顺序。若选择“根据发音”排序，用户可以按照汉语拼音去查找字符；若选择“根据形状”排序，用户可以选择特定偏旁部首的字符，有规则和针对性地练习某些偏旁部首。

(6) 在“可用字符”列表中，选择要制作字帖的文字内容。单击“添加”按钮，添加到“已用字符”中，如添加“四川师大”。

(7) 单击“关闭”按钮，结果如图 3-19 所示，同时出现“书法”选项卡。

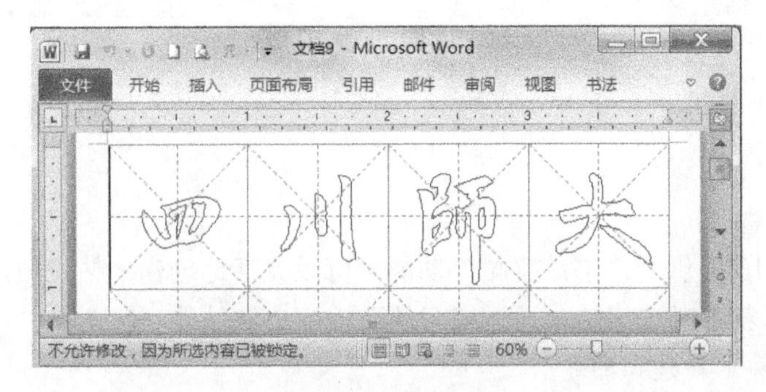

图 3-19　书法字帖

2) 更改书法字帖选项

(1) 单击“选项”按钮，在“字体”选项卡中可以设置网格的字体颜色和字体效果，如图 3-20 所示。

(2) 在“网格”选项卡中可以设置网格的线条颜色、边框类型和内线类型，如图 3-21 所示。

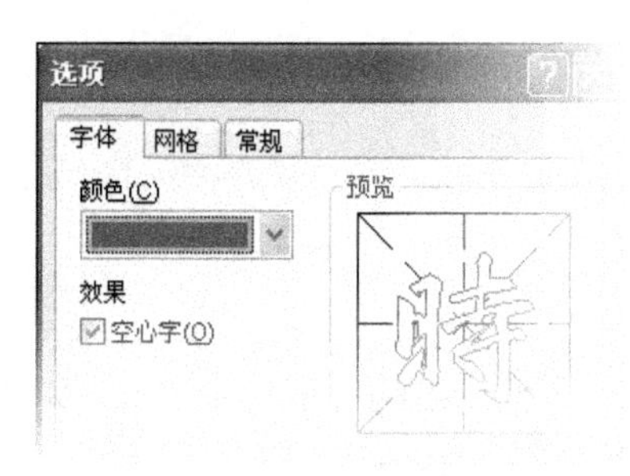

图 3-20　书法字帖选项-字体

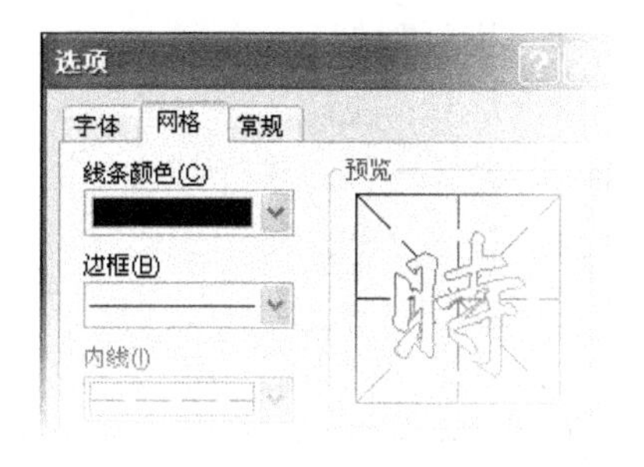

图 3-21　书法字帖选项-网格

(3) 打开“常规”选项卡，如图 3-22 所示，在“行数×列数”列表中选择要在一页中显示的行列数量(最大行列数为“10×8”)；在“单个字帖内最多字符数”列表中选择字符的数量(每一个字帖最多只能包含 200 个字符)；在“纸张方向”区域中选择“纵向”或“横向”显示。

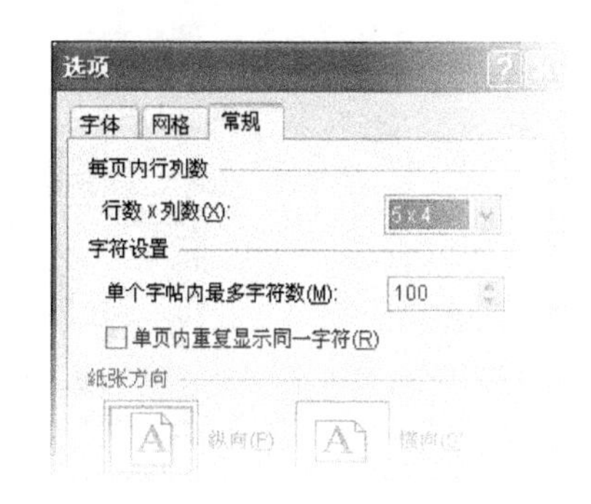

图 3-22　书法字帖选项-常规

3) 书法字帖的网格样式

利用 Word 2010 所提供的“网格样式”即田字格、米字格、九宫格、田回格、口字格等，就可以帮助用户将文字写得美观漂亮、结构均匀。书法字帖效果如图 3-23 所示。

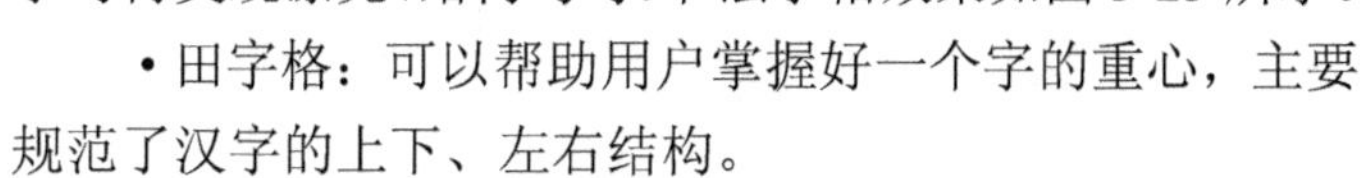

• 田字格：可以帮助用户掌握好一个字的重心，主要规范了汉字的上下、左右结构。

• 米字格：比田字格多两条斜线，利用它不仅可以处理好一个字的重心，而且为一个字的撇捺点画的安排提供了范线。

• 九宫格：是用上下横线和左右直线，分成九个小方格。中间一格称为“中宫”，使临写时便于掌握字的中心位置和重心。横竖线是为了安排字的分间。撇捺可用方格的对角线来对照比较。

• 田回格：与九宫格的作用异曲同工，其习字格式能帮助初学书法者增强临摹时对范字整体的准确印象，较快地领悟习字的基本方法和规律，起到事半功倍的效果。

• 口字格：可以帮助用户有效地控制汉字的大小。

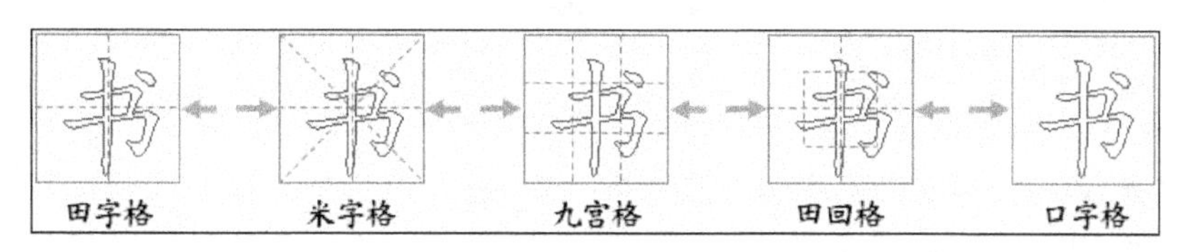

图 3-23　书法字帖效果

如果要使用“米字格”，单击“网格样式”按钮，然后选择“米字格”选项，如图 3-24 所示。如果要更改为其他网格样式，同样单击“网格样式”按钮，选择所需的样式即可。

4) 书法的空间艺术——文字排列

在 Word 2010 中，“书法字帖”功能提供了 6 种文字排列方式，它们分别如下：

- 横排，从上到下；
- 竖排，从左到右；
- 竖排，从右到左；
- 横排，最上一行；
- 竖排，最左一列；
- 竖排，最右一列。

将字符添加到文档中后，单击“文字排列”按钮，选择要使用的文字排列方式，如图 3-25 所示。如果要更换其排列方式，同样单击“文字排列”按钮，然后进行选择即可。

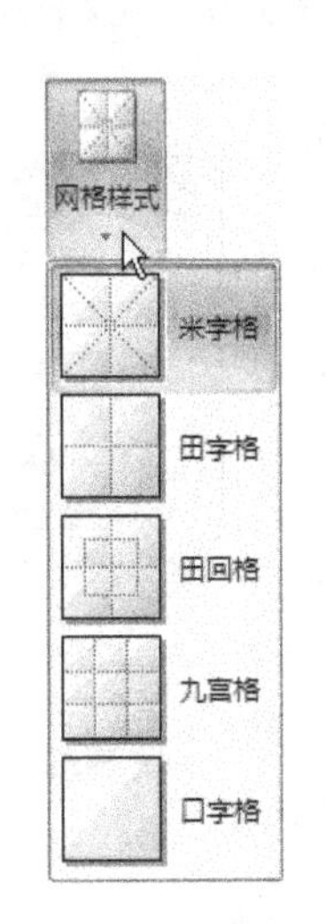

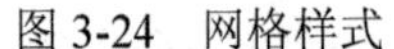

图 3-24　网格样式

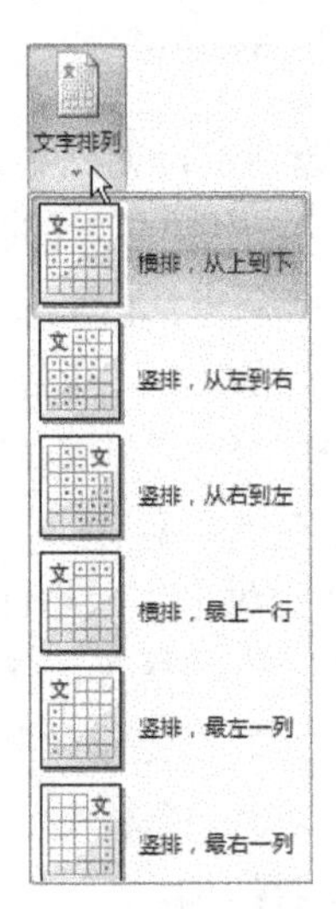

图 3-25　文字排列样式

3. 保存文档

保存文档时，可以将它保存到硬盘的文件夹中、桌面上、U 盘中等位置，需要在“保存位置”列表中进行选择。

1) 保存

在 Word 2010 中保存文件的方法：

(1) 单击“文件 | 保存”命令，仅在第一次保存时，出现“另存为”对话框。

(2) 单击快速访问工具栏中的 “保存”按钮。

(3) 按 Ctrl+S 快捷键保存文件。

2) 另存为

在 Word 2010 中保存文档副本的方法如下：

(1) 单击“文件 | 另存为”命令。

(2) 在“保存位置”列表中，选择保存文件的驱动器及文件夹。要将副本保存在新建文件夹中，单击 新建文件夹 。

(3) 在“文件名”框中输入文件名称。

(4) 单击“保存”按钮。

3) 以其他格式保存文件

在 Word 2010 中可以将文件保存为 Word 2003 格式的 DOC 文件、文本文件、RTF 格式文件、PDF 格式文件等。

(1) 单击“文件 | 另存为”命令。

(2) 在“文件名”框中输入文件的新名称。

(3) 单击“保存类型”列表，然后选择用来保存文件的文件格式，如图 3-26 所示。

(4) 单击“保存”按钮。

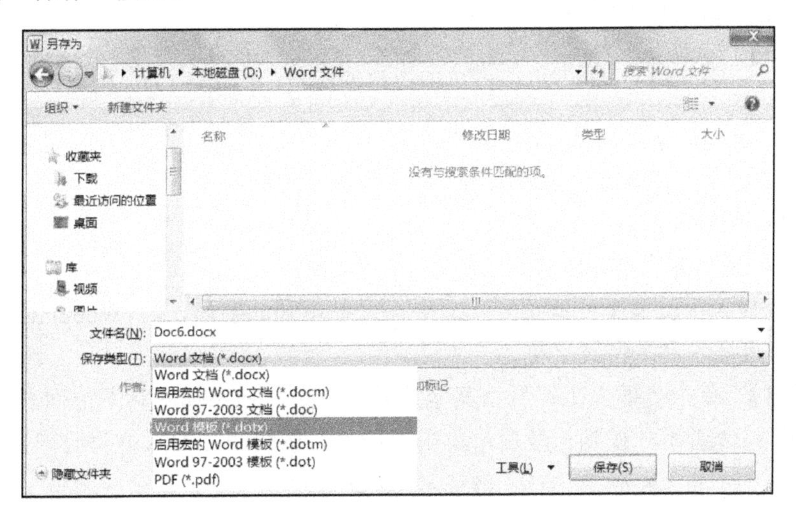

图 3-26　“另存为”对话框

4) 设置自动保存文档

Word 2010 中默认每 10 分钟自动保存文档，当遇到一些突发情况导致文档非正常退出而用户没有及时保存文档时，再次启动 Word，将恢复自动保存的文档。用户可以自定义自动保存文档的时间间隔，其方法如下：

(1) 单击“文件 | 选项”命令。

(2) 单击“保存”选项卡，选中“保存自动恢复信息时间间隔”复选框，如图 3-27 所示。

(3) 在“分钟”文本框中，输入或选择用于自动保存文档的时间间隔。

图 3-27　保存自动恢复信息的时间间隔设置

4. 打开文档

在 Word 2010 中打开文件时，文件的打开方式，有多个选项可供选择。可以为编辑而打开原始文件，还可以将文件以只读方式打开，打开文档的步骤如下：

(1) 单击“文件 | 打开”命令，或按快捷键 Ctrl+O，打开“打开”对话框。

(2) 在“查找范围”列表中，单击要打开的文件所在的文件夹、驱动器位置。

(3) 在“文件夹”列表中，找到并打开包含此文件的文件夹。

(4) 单击该文件，然后单击“打开”按钮。双击该文件也可以打开。

在默认情况下，在“打开”对话框中看见的文件只是由正在使用的程序所创建的文件。例如，如果正在使用 Word 2010，默认只能看见 Word 文档，要打开文本文件，则要选择“文件类型”框中的“文本文件”或“所有文件”，否则看不见此类文本文件。

3.2.2　文档内容的输入

文档中文字内容的输入比较简单，直接输入文字即可，这里不再详细介绍。注意，一段只按一次 Enter 键，每一段首行缩进两个汉字，合并段落只需要将段落标记删除即可。

1. 特殊字符的输入

(1) 通过输入法图标中的软键盘输入。

【例题 3-3】 输入以下符号，方法是右击输入法图标中的软键盘，分别选择以下类型即可输入。

希腊字母：α　β　γ……

数字序号：①　②　③　④　……

数学符号：≈　√　×　÷　±　……

特殊符号：※　★　☆　№　……

(2) 通过“插入 | 符号 | 其他符号”命令，选择不同的字体，如 Webdings、Wingdings、Wingdings 2 等可插入许多特殊字符。

【例题 3-4】 单击“插入 | 符号 | 其他符号”命令，在字体右侧下拉列表框中选择相应的字体，如图 3-28 所示，找到符号后，单击“插入”按钮即可插入不同的符号。

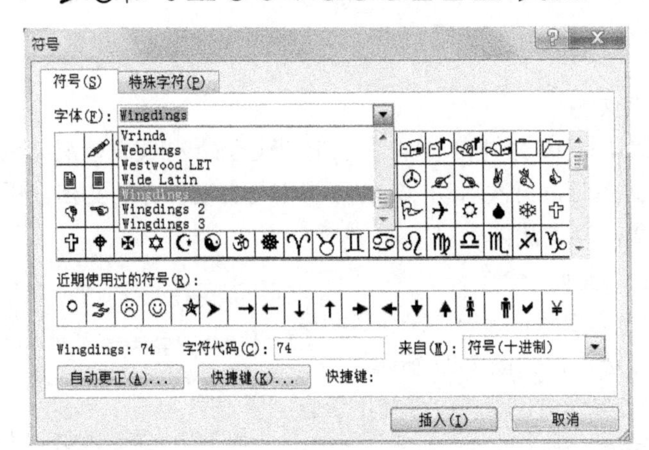

图 3-28　“符号”对话框

2. 日期的输入

日期的输入方法如下。

方法 1：直接输入日期，如 2014 年 3 月 6 日。

方法 2：通过“插入 | 文本 | 日期和时间”命令，在“日期和时间”对话框中，选择“可用格式”中需要的格式，单击“确定”按钮。注意：语言(国家/地区)有英语(美国)与中文(中国)两个选项，如图 3-29 所示。

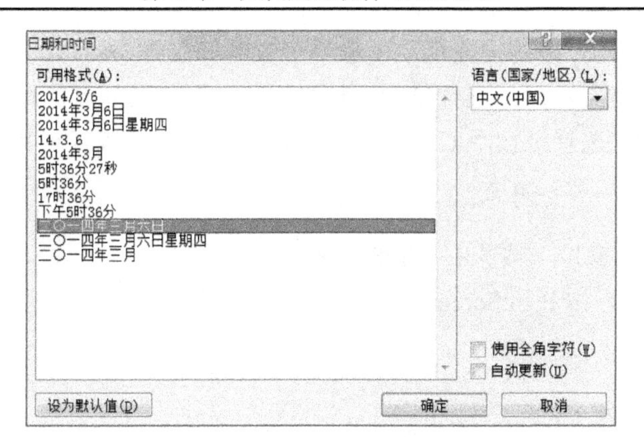

图 3-29 “日期和时间”对话框

3.2.3 文档内容的编辑

1. 选择文本

在 Word 中，对文本或图片操作之前都要进行选择或选定操作，最常用的是采用鼠标指针进行选择，也可以通过键盘来选择。使用鼠标指针选择文本的方法如表 3-1 所示。

表 3-1 选择文本的方法

选择	操作方法
任意文本	在要开始选择的位置单击，按住鼠标左键，然后在要选择的文本上拖动指针
一个词	在单词中的任何位置双击或拖动鼠标
一行文本	将指针移到行的左侧即文本选定区，在指针变为右向箭头后单击
一个句子	按下 Ctrl 键，然后在句中的任意位置单击
一个段落	将指针移到行的左侧即文本选定区双击或者在段落中的任意位置连击三次
多个段落	将指针移动到第一段的左侧，在指针变为右向箭头后，按住鼠标左键，同时向上或向下拖动鼠标
较大的文本块	单击要选择的内容的起始处，滚动到要选择的内容的结尾处，然后按住 Shift 键，同时在要结束选择的位置单击
整篇文档	将指针移动到任意文本的左侧，在指针变为右向箭头后连击三次。其快捷方式为 Ctrl+A 键
矩形文本块	按住 Alt 键，同时在文本上拖动指针
文本框或图文框	在图文框或文本框的边框上移动指针，在指针变为四向箭头后单击

2. 剪贴板

剪贴板是内存中的一块区域，它允许从 Office 文档或其他程序复制多个文本和图形项目，并将其粘贴到另一个 Office 文档中，它最多可接受 24 次复制的内容。打开剪贴板的方法是：单击“开始 | 剪贴板”右侧的启动按钮，如图 3-30 所示。

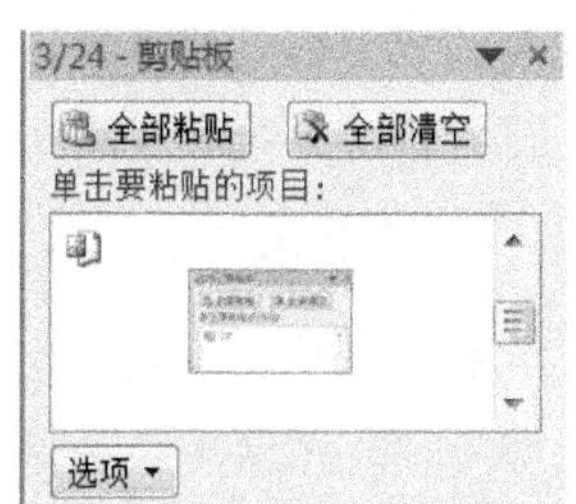

图 3-30 “剪贴板”对话框

3. 复制的方法

复制的方法常有以下 4 种。

(1) 单击剪贴板中的“复制”按钮。

(2) 使用快捷键 Ctrl+C。

(3) 右击选择区，在弹出的快捷菜单中选择“复制”命令。

复制文本时当选择文本后，进行复制，将光标移动到需要复制的地方，使用“粘贴”命令即可。也可以直接在选择区按下 Ctrl 键并拖动选择内容可直接复制文本到目标处。

4. 复制活动窗口、整个屏幕

(1) 复制活动/当前窗口，按 Alt+PrintScreen 键。

(2) 复制整个屏幕，按 PrintScreen 键。

5. 粘贴的方法

(1) 单击剪贴板中的“粘贴”按钮。

(2) 使用快捷键 Ctrl+V。

(3) 在目标区右击，在弹出的快捷菜单中选择“粘贴”命令。

6. 剪切的方法

(1) 单击剪贴板中的“剪切”按钮。

(2) 使用快捷键 Ctrl+X。

(3) 右击选择区，在弹出的快捷菜单中选择“剪切”命令。

移动文本时，当选择文本后，进行剪切操作，然后将光标移动到目标处，进行粘贴操作。也可以直接选定文本，拖动到目标处即可移动文本。

7. 删除文本

(1) 选择要删除的文本或图形，按 Delete 键或 Backspace 键。

(2) 选择要删除的文本或图形后，单击剪贴板中“剪切”按钮。

注意：两者的区别是，方法 (1) 中剪贴板没有数据，方法 (2) 中数据在剪贴板中。

8. 插入/改写状态之间的转换

在状态栏中，有 插入 或 改写 状态的显示。在 插入 状态，在文字之间输入文字时，后面的文字会随着插入的文字而向后移动；在 改写 状态时，在文字之间输入文字时，后面的文字将被输入的文字取代。两者切换的方法有两种：一种按 Insert 键；另一种是单击状态栏的 插入 或 改写，两者将互换。

3.2.4 文档内容的查找与替换

使用 Word 2010 可查找和替换文本、格式、段落标记及其他项目，还可以查找和替换英文名词或形容词的各种形式或动词的各种时态，也可以使用通配符和代码来扩展搜索，以找到包含特定字母和字母组合的单词或短语。

1. 查找文本

利用查找文本功能可以快速搜索特定单词或短语出现的所有位置，主要应用是长文档中快速定位到某文本，其操作步骤如下。

(1) 单击“开始 | 编辑 | 查找”命令。

(2) 在“查找内容”框中，输入要搜索的文本。

(3) 执行下列操作之一：

①要查找单词或短语的每个实例，单击“查找下一处”按钮。

②要一次性查找特定单词或短语的所有实例，单击“在以下项中查找”按钮，再单击“主文档”选项，如图 3-31 所示。

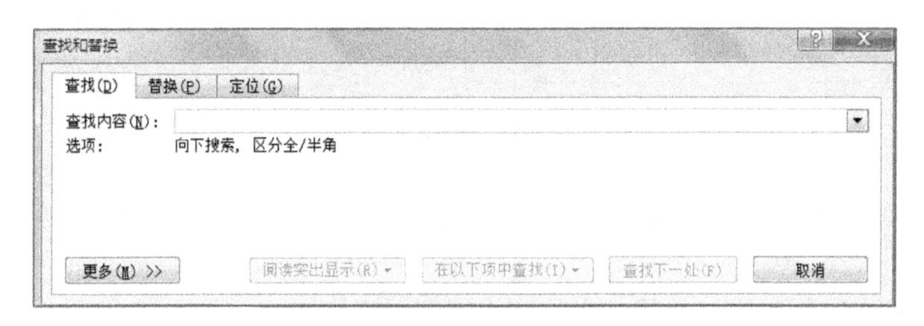

图 3-31 “查找和替换”对话框之一

(4) 单击 更多(M) >> 按钮，展开后如图 3-32 所示。

图 3-32 “查找和替换”对话框之二

2. 替换文本

在 Word 中，可以自动成批将某个单词或短语替换为其他单词或短语，如将 booy 替换为 boy。

注意：替换文本时，将使用与被替换文本相同的大小写。例如，对于 BOOY, BOOY, booy, booy，如果搜索 booy 并将其替换为 boy，结果将是 BOY,BOY,boy,boy。

操作方法如下：

(1) 选择“开始 | 编辑 | 替换”命令，再单击“替换”选项卡。

(2) 在“查找内容”文本框中，输入要搜索的文本“booy”。

(3) 在“替换为”文本框中，输入替换文本“boy”，如图 3-33 所示。

(4) 执行下列操作之一：

①要查找文本的下一次出现位置，单击“查找下一处”按钮。

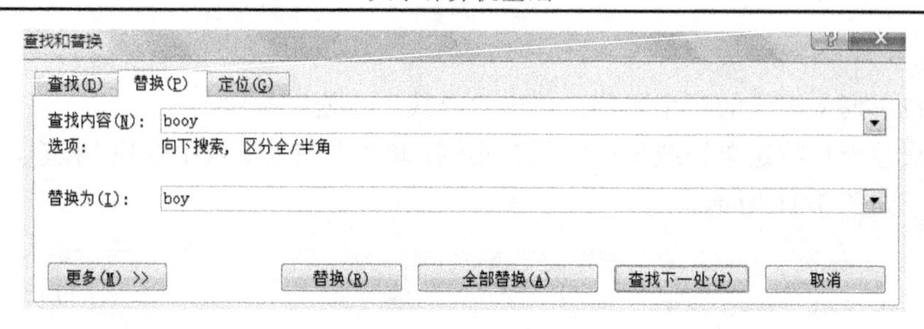

图 3-33　替换示例

②要替换文本的某一个出现位置，单击“替换”按钮，光标将移至该文本的下一个出现位置。

③要替换文本的所有出现位置，单击“全部替换”按钮。

3.2.5　文档的保护

在 Word 2010 中，为了保护用户的文件不被他人查看或修改，可以对文件设置密码，为文档设置密码的方法如下。

方法 1

(1) 单击“文件｜信息｜保护文档｜用密码进行加密”命令。

(2) 在“加密文档”对话框中输入密码，单击“确定”按钮。

(3) 输入“确认密码”，单击“确定”按钮，如图 3-34 所示。

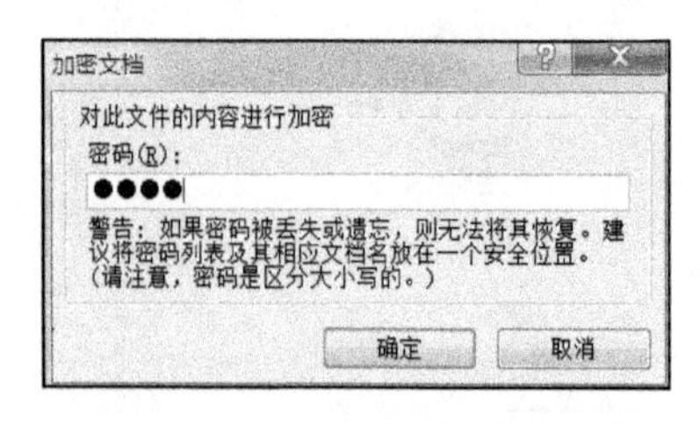

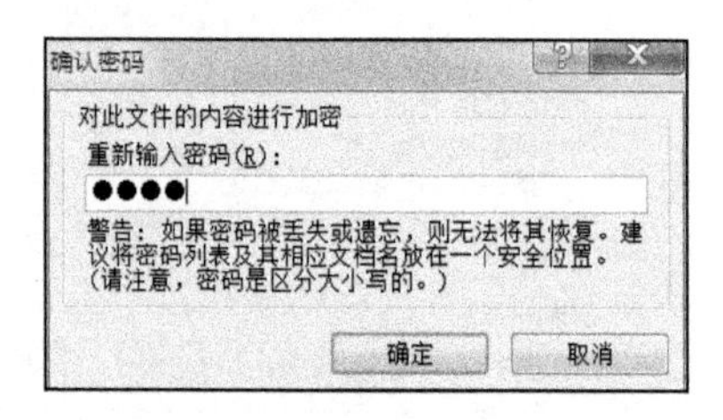

图 3-34　“加密文档”对话框及“确认密码”对话框

方法 2

(1) 单击“文件｜另存为”命令。

(2) 单击“工具”下拉按钮，如图 3-35 所示，然后单击“常规选项”命令，如图 3-36 所示。

图 3-35　“另存为”的“工具”下拉按钮

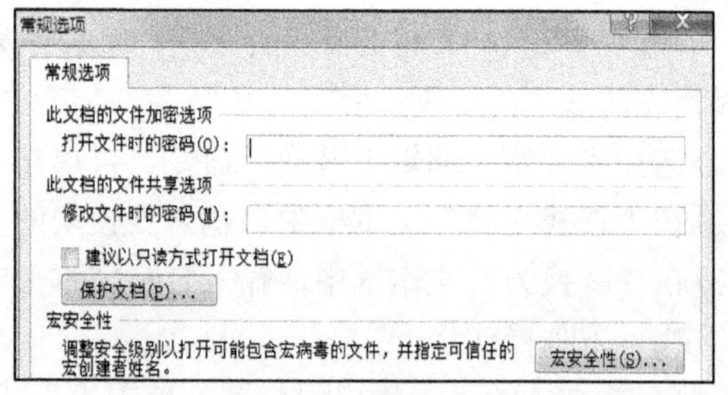

图 3-36　“常规选项”对话框

(3) 执行下列一项或两项操作：

如果要求必须输入密码方可查看文档，在“打开文件时的密码”框中输入密码。如果要求必须输入密码才能保存对文档的修改，在“修改文件时的密码”文本框中输入密码。

(4) 单击“确定”按钮。

(5) 出现提示时，重新输入密码进行确认，然后单击“确定”按钮。

(6) 单击“保存”按钮。

工作中对文档进行加密时，最好使用强密码，也就是使用由大写字母、小写字母、数字和符号组合而成的密码，如 S1c4-S6f8。一般不要使用完全数字的密码，如 123456，它的安全性不高，是弱密码。文件密码长度应大于或等于 8 个字符，最好使用包括 14 个或更多个字符的密码。

3.3　文 档 排 版

文档排版是文档处理的主要任务之一，漂亮美观的版式让人赏心悦目。Word 排版功能非常丰富，其最大特点是“所见即所得”，排版效果能即时看见。文档排版主要包括设置文字格式、段落格式、样式与模板等。

3.3.1　文字格式的设置

对文字进行格式设置，使用的工具有字体、字号、增大字体、缩小字体、更改大小写、清除格式、拼音指南、字符边框、加粗、倾斜、下划线、删除线、下标、上标、文本效果、以不同颜色突出显示文本、字体颜色、字符底纹、带圈字符、对话框启动器，如图 3-37 所示。

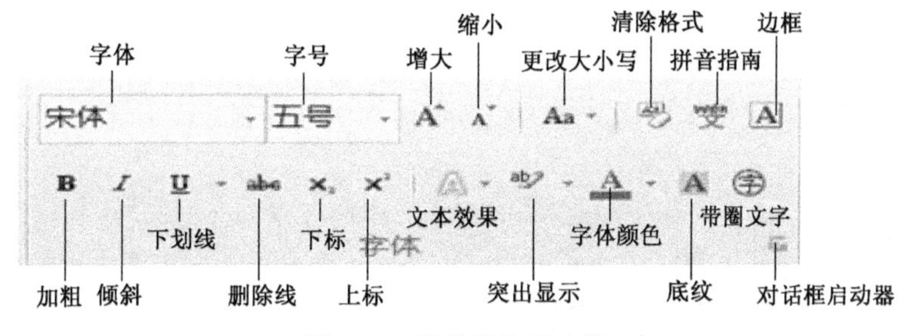

图 3-37　字体组按钮功能

1. 字体

通过字体列表框可选择中文字体和西文字体，中文字体能改变中文与西文效果，但西文字体只能使西文有效。例如：

四川师范大学　Sichuan Normal University　（直接输入时效果）

四川师范大学　Sichuan Normal University　（设置为黑体时效果，中文与西文都有变化）

四川师范大学　Sichuan Normal University　（先设置为黑体，再设置为 Times New Roman 字体时效果，这时中文字体未变，西文字体变化）

选定文本后，也可以通过“字体”组中的对话框启动器启动“字体”对话框，分别设置中文与西文字体。

2. 字号

字号代表文字的大小，通过字号下拉列表框进行选择。数字字号越大，字就越大。中文字号“初号”最大，“八号”最小。若选择的数值字号不够大，可直接输入数值(范围为 1～1638)。

3. 字体颜色

通过命令按钮 A · 或对话框来改变字体的颜色。在一般情况下，一个页面最好不要超过 3 种颜色。

4. 加粗

加粗文本时，选择要加粗的文本，单击“字体”组中的加粗按钮或将指针移动到所选内容上方的浮动工具栏，单击“加粗”按钮 B 。加粗文本的快捷键为 Ctrl+B。再次单击“加粗”按钮可取消对所选文本的加粗。示例：**加粗**。

5. 倾斜

设置文字倾斜后字体向右倾斜，再次单击“倾斜”按钮 I 后取消对所选文本的倾斜。示例：*倾斜*。

6. 下划线

可对选定文本或空格设置下划线，下划线按钮右边的下拉列表框中可选择下划线的线型与颜色。示例：单下划线、双下划线、装饰性下划线、点-短线下划线。试卷中填空题中设置下划线(_____)，选中空格，设置下划线即可。在西文状态下，还可通过按 Shift+ 连字符“-”键添加下划线，下划线的快捷键为 Ctrl+U，再次使用取消下划线。

7. 删除线

绘制一条单线或双线贯穿所选文字的线，可对文字进行删除线设置，示例：~~删除线~~、~~双删除线~~。

8. 下标与上标

简单的数学公式、化学分子式需要设置上标或下标，如输入公式 x2+y2=z2 后，先选中 2，单击“上标”按钮即可，最后效果为 $x^2+y^2=z^2$；同理，水分子式 H_2O 中的 2 属于下标。若输入复杂的数学公式，则需要采用插入“公式”来输入。

9. 更改大小写

在输入英文文章时可先不管大小写，输入完后，再利用工具转换大小写即可，非常方便。例如，对英文 sichuan normal university，选定后，通过工具“更改大小写”方便地实现全部大写或每个单词首字母大写等，如图 3-38 所示，如 SICHUAN NORMAL UNIVERSITY(全部大写)，Sichuan Normal University(每个单词首字母大写)。

10. 着重号

通过如图 3-39“字体”对话框可实现对文字加着重号，先选定需要加着重号的字，再通过“字体”对话框中的“着重号(·)”。示例：着重号。

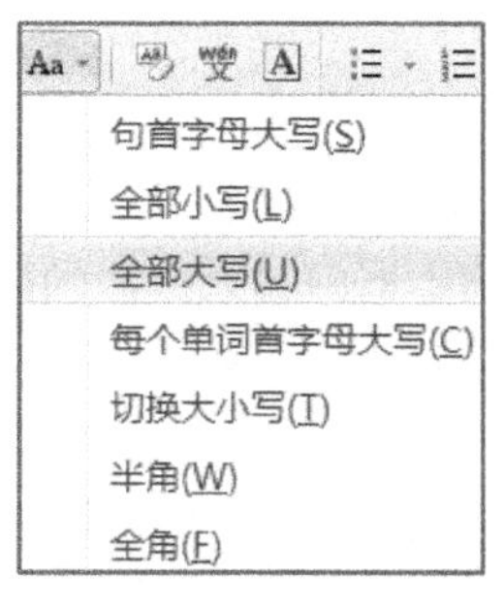

图 3-38　更改大小写

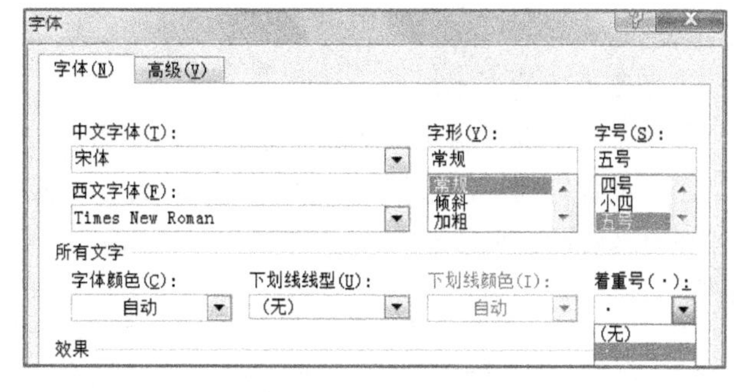

图 3-39　“字体”对话框

11. “字体”对话框-高级选项

“字体”对话框-高级选项有缩放、间距与位置三个选项。

1) 缩放

缩放是水平拉伸或水平压缩文本，缩放比例大于 100%将水平拉伸文本，小于 100%将水平压缩文本。按当前大小的百分比水平拉伸或压缩文本，输入或选择 1%～600%。

操作步骤：

(1) 选择要拉伸或压缩的文本。

(2) 在“开始”选项卡上，单击“字体”对话框启动器，如图 3-40 所示，然后在出现的“字体”对话框中单击“高级”选项卡，如图 3-41 所示。

(3) 在“缩放”框中，选择或输入所需的百分比。大于 100%的百分比将拉伸文本，小于 100%的百分比将压缩文本。

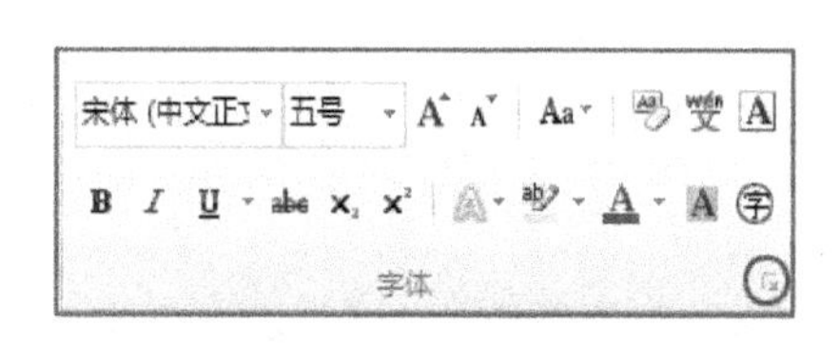

图 3-40　对话框启动器

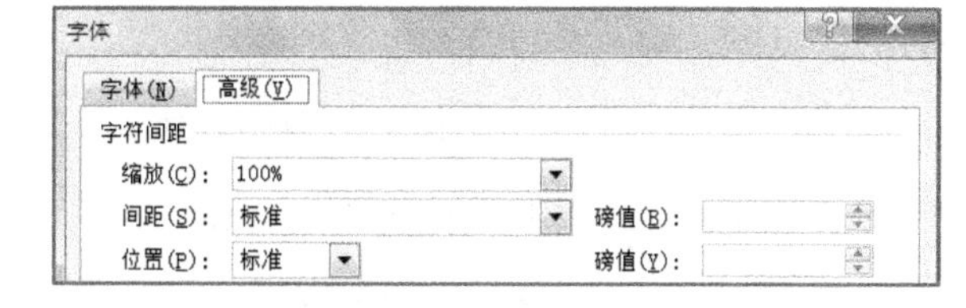

图 3-41　设置字符间距

示例：正常效果　缩放 200%效果缩放方文　缩小 60%缩放。

2) 间距

字符间距调整会更改两个特定文字的间距。选择“加宽”或“紧缩”会按照相同的量更改所选择文字的间距，看起来文字之间有空格，实际上中间不存在空格。

操作步骤：

(1) 选择要更改的文本。

(2) 在“开始”选项卡上，单击“字体”对话框启动器，然后单击“高级”选项卡。

(3) 在“间距”框中，选择“加宽”或“紧缩”，然后在“磅值”框中指定所需的间距，如图 3-41 所示。

示例：标准标准　加　宽　加　宽　紧缩紧缩

3) 位置

相对于基准线提升或降低所选文本的位置。有标准、升高、降低三种选项，利用位置的升高与降低，在一行中制作以下效果。

操作步骤：

(1) 选择要更改的文本。

(2) 在“开始”选项卡上，单击“字体”对话框启动器，然后单击“高级”选项卡。

(3) 在“位置”框中，选择“提升”或“降低”，然后在“磅值”框中输入所需的磅值，在一行中制作波浪文字。

示例：

四 川 师 范 大 学 基 础 教 学 学 院

12. 首字下沉

首字下沉用于加大首字符，可用于文档或章节的开头，也可用于新闻稿，其样式有“首字下沉” 和“悬挂下沉” 。

操作步骤：

(1) 单击要以首字下沉开头的段落。

(2) 在“插入”选项卡上的“文本”组中，单击“首字下沉”按钮 首字下沉，从下拉列表框中选择 或 ，其效果如图 3-42 所示，分别是下沉与悬挂下沉。

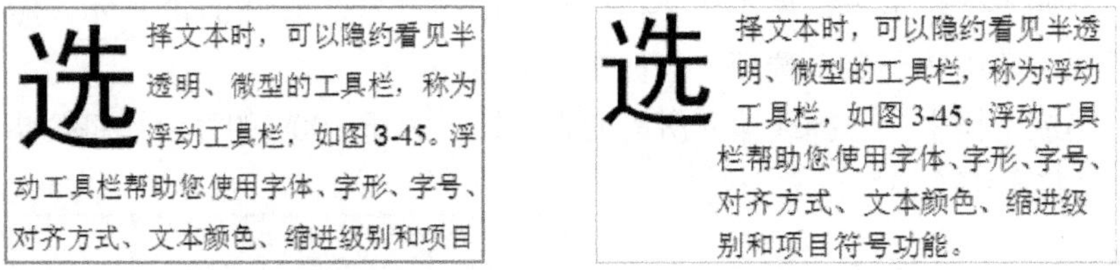

选择文本时，可以隐约看见半透明、微型的工具栏，称为浮动工具栏，如图 3-45。浮动工具栏帮助您使用字体、字形、字号、对齐方式、文本颜色、缩进级别和项目

选择文本时，可以隐约看见半透明、微型的工具栏，称为浮动工具栏，如图 3-45。浮动工具栏帮助您使用字体、字形、字号、对齐方式、文本颜色、缩进级别和项目符号功能。

图 3-42 首字下沉效果(下沉与悬挂下沉)

13. 使用浮动工具栏向文档添加格式

选择文本时，可以隐约看见半透明、微型的工具栏，称为浮动工具栏，如图 3-43 所示。通过浮动工具栏可以使用字体、字形、字号、对齐方式、文本颜色、缩进级别和项目符号功能。将指针悬停在浮动工具栏上时，它将显示清晰的外观，如图 3-44 所示。要使用该工具栏，单击任一可用的命令。

注意：不能自定义浮动工具栏。

黑体 五号 A A

B I U A 变

图 3-43 浮动工具(颜色淡)

黑体 五号 A A

B I U A 变

图 3-44 光标移动到浮动工具上

3.3.2 段落格式的设置

段落是指以段落标记 作为结束的一段文字，段落标记是在文字输入过程中按 Enter 键产生的。若要隐藏段落标记符号 ，首先要清除“Word 选项”中⇨“显示”⇨“始终在屏幕上显示这些格式标记”⇨“段落标记”左边的复选框，或者单击“段落”组中的工具 隐藏或显示段落标记。

“段落格式”功能的应用范围是段落，它包括对齐方式、行距、段间距、段落缩进、项目符号与编号等。

“段落”组有两处出现：一是“开始”选项卡中，二是“页面布局”选项卡中也有段落组，但其中的工具是不相同的，分别如图3-45和图3-46所示。

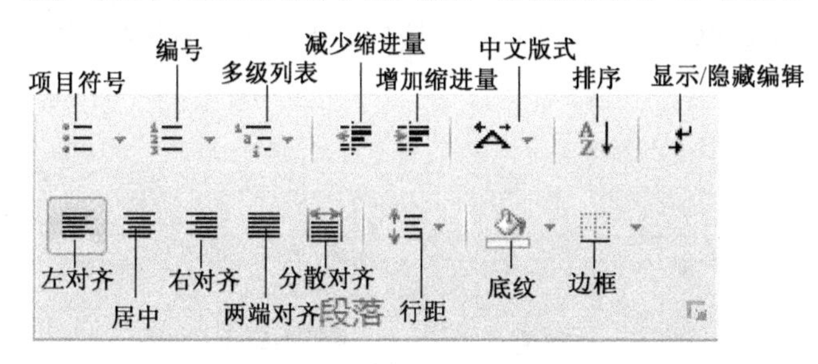

图3-45 “开始”选项卡中的“段落”组

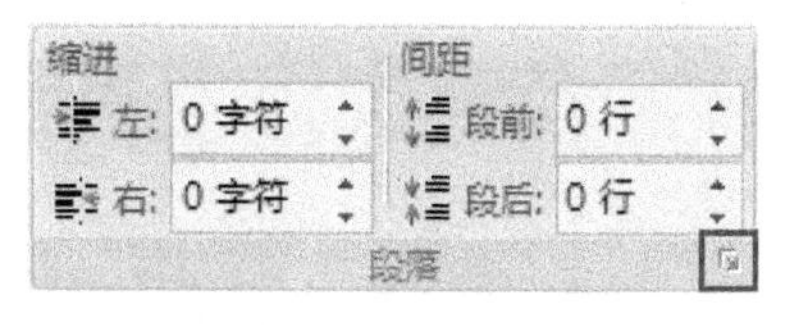

图3-46 “页面布局”选项卡中的“段落”组

1. 段落对齐方式

段落对齐是指相对于文档边缘的对齐方式，Word 2010中默认的对齐方式为两端对齐。对齐方式包括两端对齐、居中对齐、左对齐、右对齐、分散对齐，如图3-47所示。

- 两端对齐：将文本左右两端均对齐，并根据需要增加字符间距。
- 左对齐：使文本左边对齐，右边参差不齐。
- 居中对齐：使文本居中对齐。
- 右对齐：使文本右边对齐，左边参差不齐。
- 分散对齐：使文本两边都对齐，每个段落最后一行不满一行时，将增大字间距使该行均匀分布，实际使用中，每行一段。

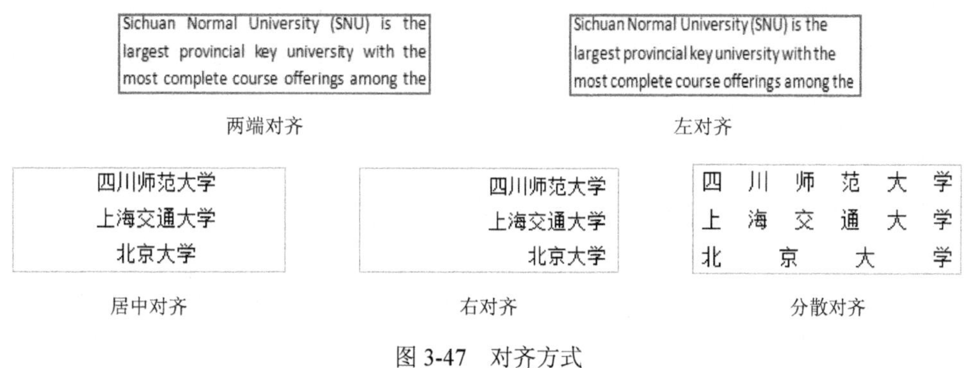

图3-47 对齐方式

注意：左对齐与两端对齐的区别，若一段只有一行文本，则两者效果无区别。若一段中有多行文字，中文文字可能区别不明显。为了说明区别，采用英文段落来比较，如图3-47所示的英文的“左对齐”与英文的“两端对齐”中，三行英文都在一段中，其左对齐右侧参差不齐，而两端对齐时中间调整间距使左、右两端都整齐。

2. 行距

行距决定段落中各行文字之间的垂直距离。段落间距决定段落上方和下方的空间。在默认情况下，段落中行距是单倍行距。

1) 更改行距

(1) 在“开始”选项卡上的“段落”组中，单击“行距”按钮，默认为单倍行距。

(2) 在“开始”选项卡上的“段落”组中，单击“行距”按钮右侧的下拉按钮，如图 3-48 所示，选择其中的数值或选项设置即可。例如，如果单击“1.5”，所选文本将采用 1.5 倍行距。要设置更精确的间距度量单位，单击“行距选项”，然后在“间距”下选择所需的选项。

(3) 在“段落”对话框中进行设置，如图 3-49 所示。

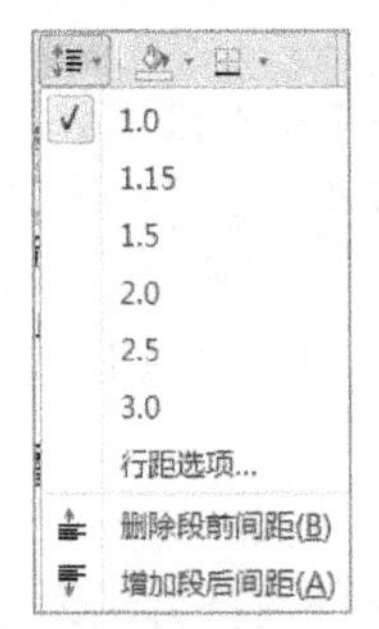

图 3-48　段落组中的“行距”

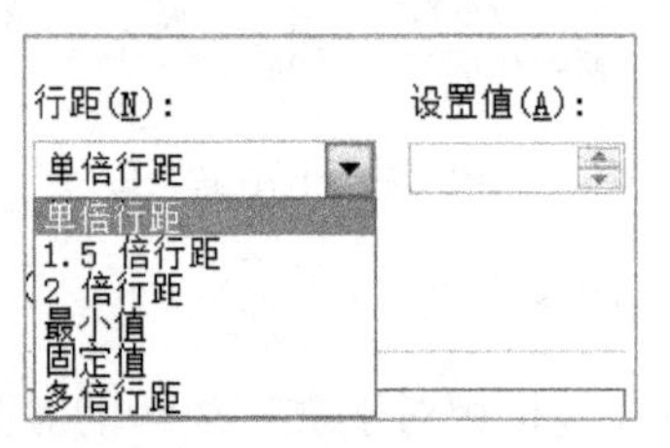

图 3-49　“段落”组中的行距

2) 行距选项

· 单倍行距：将行距设置为该行最大字体的高度加上一小段额外间距，额外间距的大小取决于所用的字体。为了美观，一般情况下行间距最好设置为 1.25 倍行距或根据相关文字的字体大小情况进行设置。

· 1.5 倍行距：为单倍行距的 1.5 倍。

· 双倍行距：为单倍行距的 2 倍。

· 最小值：设置适应行上最大字体或图形所需的最小行距。

· 多倍行距：设置按指定的百分比增大或减小行距。例如，将行距设置为 1.2 就会在单倍行距的基础上增加 20%。

3. 段间距

段间距是指前后相邻段落之间的间距，设置段前或段后间距，操作方法如下：

(1) 将光标定位到要更改段前或段后间距的段落。

(2) 在“开始”选项卡中单击“段落”对话框启动器，在“段落”对话框中进行设置。

另外，也可以在“页面布局”选项卡上的“段落”组中，单击“段前”或“段后”旁边的箭头，选择所需的间距。

4. 段落缩进

段落缩进是段落中的文本与页边距之间的距离，Word 2010 中共有 4 种段落缩进方式：左缩进、右缩进、悬挂缩进与首行缩进。

5. 项目符号和编号

在文档中适当使用项目符号和编号，可以使文档的层次更加分明，突出重点。它的重要应用有制作考试试卷的试题数、文档的章节编号等，当其中的数据进行删除或增加时，其中的项目编号自动重新编号，减少用户的输入以及避免发生编号错误。

1) 项目符号和编号

为文本设置项目符号或编号，其方法是选择需要设置的段落，然后单击“段落”组中的“项目符号库”或“项目编号库”的样式即可。

2) 用户自定义项目符号

用户可以自定义项目符号与编号，单击“项目符号”右侧的下拉按钮，选择“定义新项目符号”，在对话框中可选择符号、图片作为新的项目符号，如图 3-50 所示。例如，定义符号 🕮 为项目符号，选择“符号”，再选中 🕮，单击“确定”按钮即可，如图 3-51 所示，以后项目符号库中就有🕮符号，可以直接选择使用。另外，图片的定义方式也相似。

图 3-50 “定义新项目符号”对话框

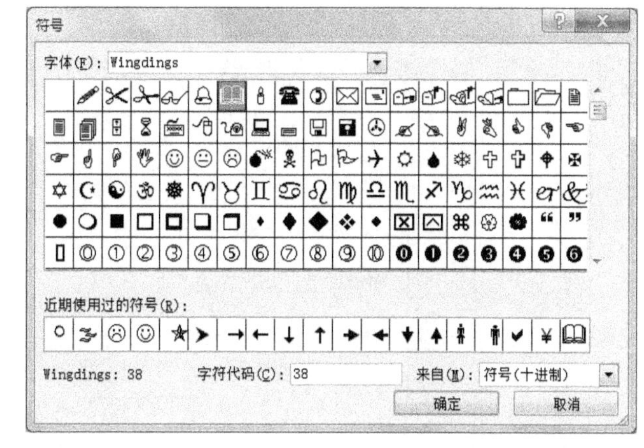

图 3-51 “符号”对话框

【例题 3-5】 分别制作如图 3-52 所示 3 种效果的项目符号或编号。

图 3-52(a) 的制作方法：选中需要添加符号的内容(图 3-53)，单击项目符号右侧的按钮，选择➢即可。

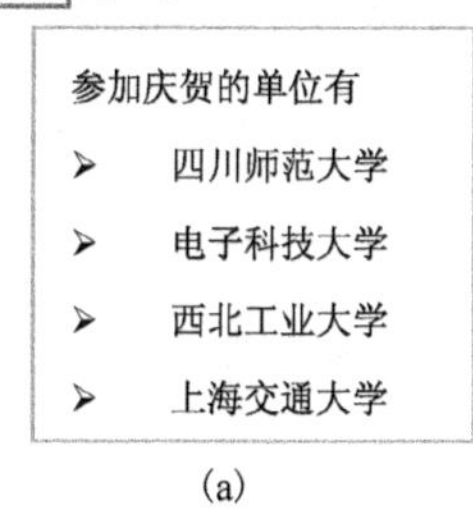

(a)

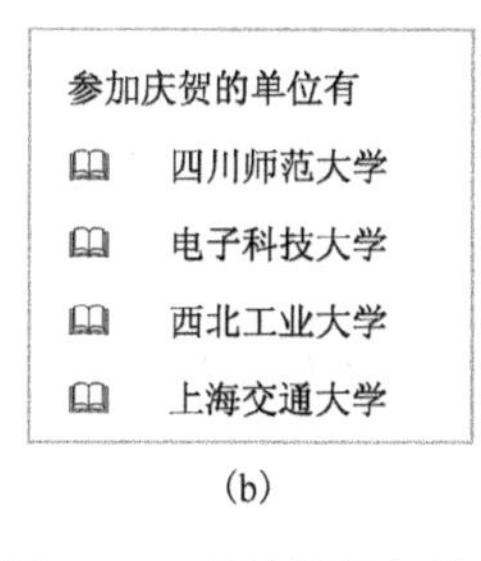

(b)

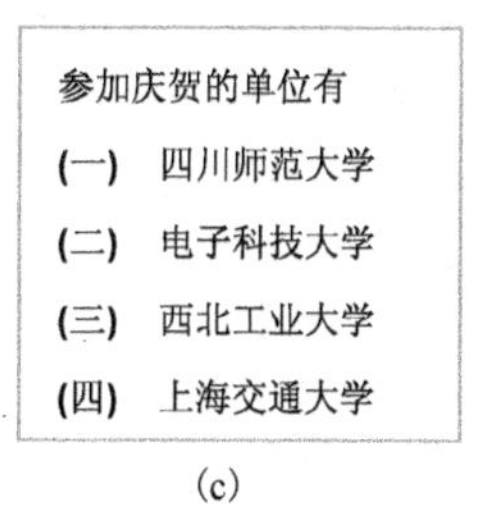

(c)

图 3-52 项目符号与编号

图 3-52(b) 的制作方法：选中需要添加符号的内容(图 3-53)，单击项目符号右侧的按钮，选择🕮即可。

图 3-52(c) 的制作方法：选中需要添加编号的内容(图 3-53)，单击编号右侧按钮，选择即可。

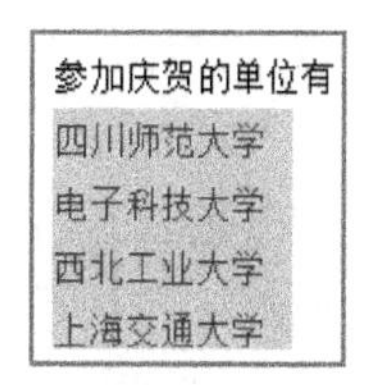

图 3-53 选择对象

6. 边框与底纹

在 Word 2010 中，使用边框可以加强文档各部分的效果，使其更有吸引力。可以向页面、文本、表格和表格单元格、图形对象和图片添加边框。

根据需要可对文字、段落、页面加上边框，并设置边框样式。可通过工具或“边框和底纹”对话框来添加边框。下面通过实例来说明使用边框的方法。

1) 边框

(1) 给字符加边框：选中要添加边框的文本，单击“字体”组中的“字符边框A”工具即可加字符边框。例如：

四川师范大学

(2) 给段落加边框：选中要添加边框的段落，单击“段落”组中的“边框和底纹”工具，出现“边框和底纹”对话框(图 3-54)，选择“方框”，应用于选择“段落”，单击“确定”按钮。例如：

四川师范大学

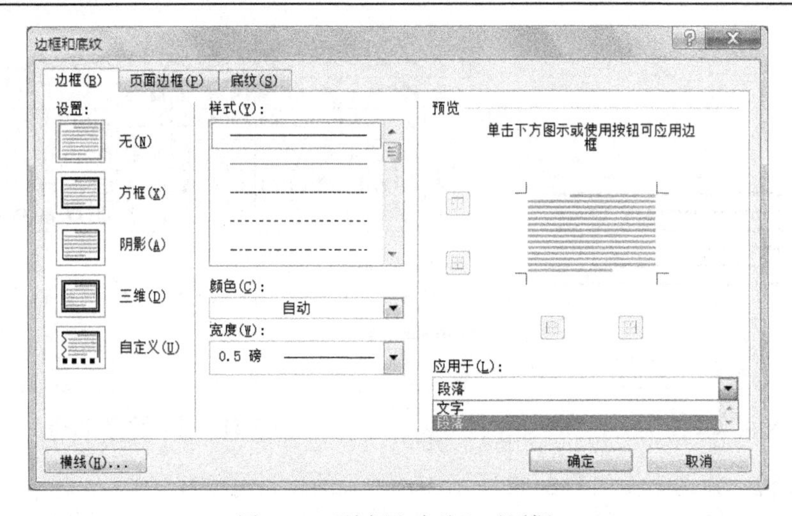

图 3-54 “边框和底纹”对话框

用户也可以单击“页面布局”选项卡，选择“页面背景”组中的“页面边框”，再切换到“边框”选项卡进行设置。注意，在“应用于”下拉列表框中，有“文字”与“段落”两项，效果不同。

2) 底纹

用户可以通过“底纹”工具或“边框和底纹”对话框对文字或段落进行设置。

3.3.3 格式的复制与清除

格式刷主要用来复制文本或图形的格式，在文档编辑过程中非常有用，利用它可以减少重复工作。例如，要制作效果 $x^2+y^2=z^2$，当输入时，正常情况下输入为 x2+y2=z2，若逐个设置“2”格式，则效率很低。最好的方法是设置好第一个“2”后，后面的两个“2”采用“格式刷”工具进行格式的复制。对一些基本图形也可以采用“格式刷”来复制格式，如边框和填充等，其使用方法如下：

(1) 选择被复制格式的文本或图形。如果要复制文本格式，则选择文本部分。如果要复制文本和段落格式，则选择包括段落标记的整个段落或将光标定位于段落中。

(2) 在“开始”选项卡上的“剪贴板”组中，单击“格式刷”工具，指针变为画笔图标。如果想多次使用“格式刷”工具更改文档中的多个内容的格式，则双击“格式刷”工具，刷新要设置格式的文本或图形。

(3) 要停止设置格式，再次单击“格式刷”工具或按 Esc 键。

对于图形来说，“格式刷”最适合处理图形对象(如自选图形)，可以从图片中复制格式(如图片的边框)应用到其他图片中。

若要清除文本的格式，选中文本后，单击字体组中的“清除格式”。

3.3.4　样式的使用

设置标题的格式时，要对字体、字号、颜色、行距、间距等进行相关的设置，若对所有标题都按相同要求逐一设置，工作量非常大，为减少工作量可建立样式来实现。样式是格式的集合，利用样式一次设置许多格式，而且样式还可反复使用。

在 Word 2010 中，“快速样式”是一些样式的集合，这些样式设计为相互搭配以创建吸引人、具有专业外观的文档。

Word 2010 中的所选文本应用样式非常简单，在“开始”选项卡上的“样式”组中，单击所需的样式，如图 3-55 所示。如果未看见所需的样式，单击“更多”按钮，再单击快速样式库中的一个按钮即可。

图 3-55　样式库

例如，需要利用“标题 1”样式来设置标题的所有格式，选中需要设置的文本或单击此行中的任何位置，再单击“样式”中的样式。在制作论文的目录时，此方法很有用。

3.3.5　模板的使用

模板是一种文档类型，在打开模板时会创建模板本身的副本。在 Word 2010 中，模板可以是.dotx 文件，或者是.dotm 文件(.dotm 文件类型允许在文件中启用宏)。

通常是使用别人制作好的模板来创建各自的文档，如空白文档实际上就是一种模板、奖状模板等，用户也可以创建各自的特色模板。

1. 创建模板

利用空白文档创建并将其保存为新模板，或者基于现有的文档或现有模板来创建新模板。利用空白文档来创建新模板的操作步骤如下：

(1) 单击“文件 | 新建”命令。

(2) 单击“空白文档”，然后单击“创建”按钮。

(3) 对文字格式、段落格式、页眉页脚、边距设置、页面大小和方向等更行更改。

(4) 根据情况添加文字控件和图形。

(5) 单击“文件 | 另存为”命令。

(6) 输入新模板的文件名，在“保存类型”列表中选择“Word 模板”。

(7) 单击“保存”按钮。另外，还可以将模板保存为“启用宏的 Word 模板”(.dotm 文件)或者“Word 97-2003 模板”(.dot 文件)。

(8) 关闭该模板。

2. 向模板添加内容控件

通过添加和配置内容控件(如 RTF 控件、图片、下拉列表或日期选取器)，用户可灵活地使用模板。

3. 添加内容控件

添加内容控件的操作步骤如下。

(1)在设计模板文件中，单击要插入控件的位置。

(2)在“开发工具”选项卡上的“控件”组中，单击要添加到文档或模板的内容控件。

(3)选择内容控件并单击“控件”组中的“属性”。

(4)在“属性”对话框中，选择在有人使用模板时是否可以删除或编辑内容控件。

(5)若将若干个内容控件甚至几段文本保存在一起，则选择这些控件或文本，然后单击“控件”组中的“组合”。

注意：若选项卡中没有“开发工具”选项卡，则通过以下方法打开“开发工具”选项卡。

①单击“文件 | 选项”命令。

②单击“自定义功能区”选项卡，选中“开发工具”复选框，然后单击“确定”按钮。如图 3-56 所示。

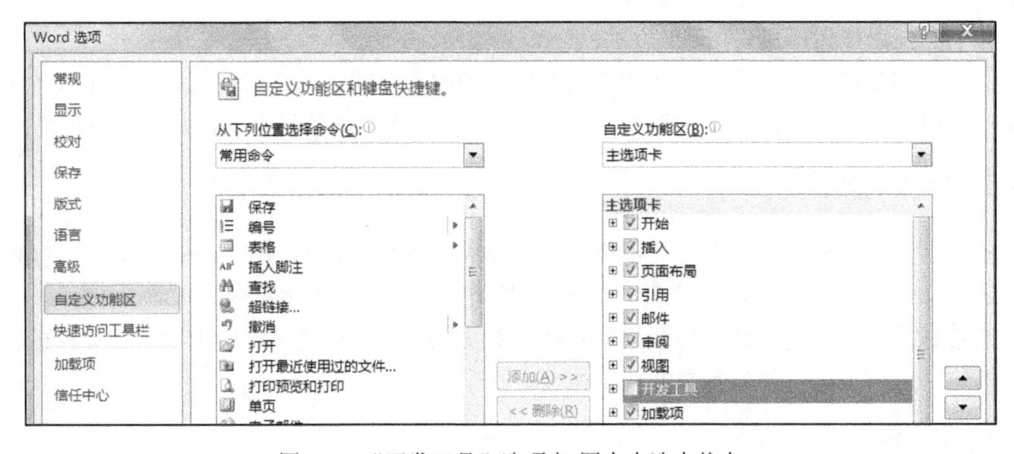

图 3-56 “开发工具”选项卡-图中未选中状态

【例题 3-6】 制作一个通知模板，具体要求为：取名为“通知模板.dotx”，利用插入控件“格式文本”来插入标题控件“请输入通知标题”，中文字体为黑体、西文字体为 Times New Roman、二号、居中、段前段后各 0.5 行。正文为楷体小四号，行间距为 1.25 倍，末尾部分有单位与日期，页边距都为 2。

操作步骤如下。

(1)单击“文件 | 新建 | 空白文档 | 创建”命令，按 Enter 键几次产生多行空行。

(2)将光标定位于第一行，单击“开发工具”选项卡，在控件组中单击“格式文本”Aa，出现[单击此处输入文字。]，单击“设计模式”使之处于有效状态，然后将文字“单击此处输入文字。”修改为[请输入通知标题]，选中后，设置字体为黑体，西文字体为 Times New Roman，二号，居中、段前段后各 0.5 行，再次单击“设计模式”，使其状态为无效状态。

(3) 选中中间需要输入正文的部分，设置字体为楷体，字号为小四号，行间距为 1.25 倍。

(4) 将“四川师范大学 基础教学学院”字样输入并右对齐。

(5) 通过“插入 | 文本 | 日期与时间”命令，选择中文小写格式，选中“自动更新”。

(6) 设置页边距为 2：单击“页面布局 | 页边距 | 自定义边距”命令，设置如图 3-57(a) 所示、效果如图 3-57(b) 所示。

(a) 页边距设置

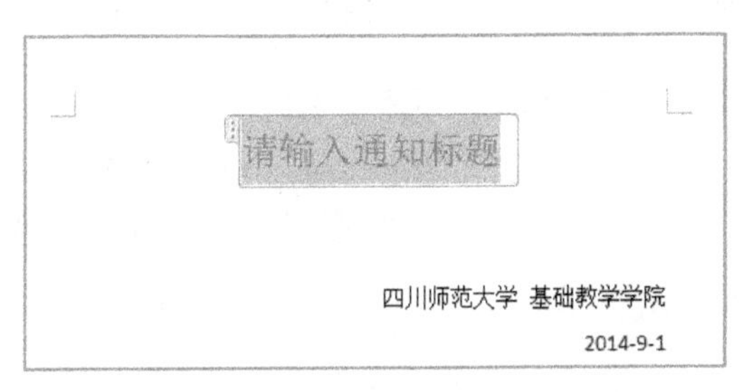

(b) 模板的效果

图 3-57　页边距设置参数及其效果

(7) 单击“文件 | 另存为”命令，选择保存类型为 Word 模板，输入模板文件名“通知模板”，单击“保存”按钮。

4. 模板文件的使用

双击模板文件并打开后，就可以使用此模板来创建文档了。用户也可以将模板文件复制到模板文件夹中，使用“文件 | 新建 | 我的模板”命令，根据内容选择需要模板文件来创建文档。

3.4　图形图像处理

3.4.1　剪贴画与图片

在编辑的文档中，既可以将图片和剪贴画插入或复制到文档中，也可以从网络中搜索及下载图片并插入到文档中，还可以设置文档中图片或剪贴画的格式。

1. 插入剪贴画

插入剪贴画的步骤如下：

(1) 在文档中单击要插入剪贴画的位置。

(2) 选择“插入 | 插图 | 剪贴画”命令，如图 3-58 所示。

(3) 在“剪贴画”任务窗格的“搜索文字”文本框中，输入描述所需剪贴画的单词或词组，或输入剪贴画名称或者不输入任何内容，如图 3-59 所示。

(4) 单击“搜索”按钮，在结果列表中，单击剪贴画并将其插入，如图 3-60 所示。

图 3-58　插图组

图 3-59　搜索关键字

图 3-60　效果

改变搜索范围的方法：①若要将搜索范围限于本机上特定集合，如图 3-61 所示。②若要将搜索范围扩大到 Office.com，则选中“包括 Office.com 内容”复选框即可，单击“结果类型”列表框中的箭头，并选中“插图”、“照片”、“视频”、“音频”复选框，如图 3-62 所示。

图 3-61　搜索范围的选择

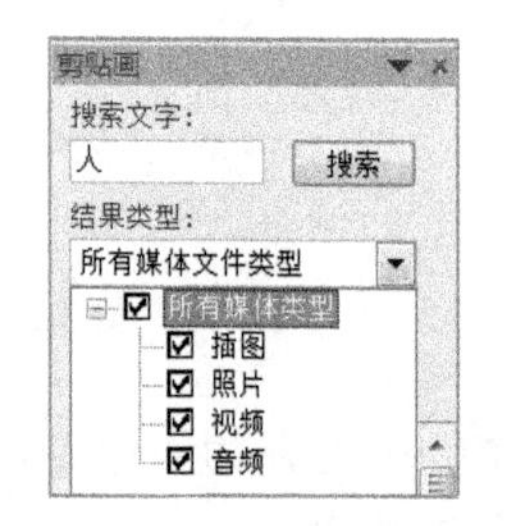

图 3-62　搜索类型的选择

2. 插入图片

插入图片的步骤如下：

(1) 在文档中单击要插入图片的位置。

(2) 单击“插入｜插图｜图片”命令。

(3) 从查找范围中选择存放图片文件的位置。

(4) 选择要插入的图片，单击“插入”按钮或者双击要插入的图片。

在默认情况下，Word 将图片嵌入到文档中，该图片成为文档的一部分。也可以将图片链接到文档中，在“插入图片”对话框中，单击“插入”按钮旁边的箭头，然后单击“链接到文件”。

图 3-63 “排列”组中的工具

3. 图片环绕方式

如果图片不在绘图画布上，则选中图片；如果图片在绘图画布上，则选中画布。如图 3-63 所示，在“格式”选项卡上的“排列”组中，单击“自动换行”下拉列表，选择四周型、紧密型、穿越型、上下型、衬于文字下方、浮于文字上方等环绕方式的一种，其默认方式嵌入型。

3.4.2　图片工具

Word 2010 处理图片的功能非常强大，当选中图片后，将自动出现图片工具，调整组中有删除背景、更正、颜色(包括设置透明色等)、艺术效果、压缩图片、更改图片、重设图片。

图片样式组中包括图片外观样式、图片边框、图片效果(包括阴影、映像、发光等)。下面通过具体的实例来说明如何使用图片工具。

【例题 3-7】 设置透明色。

插入到文本框中的图片有白色的背景，为了使白色的部分透明，选中图片，单击“图片工具”的“格式”选项卡中，在“调整”组中选择“颜色 | 设置透明色”，出现工具，移动工具在白色部分单击，就可以设置透明色，效果如图 3-64 所示。

图 3-64　设置图片透明色的过程

【例题 3-8】 设置冲蚀效果。

图 3-65(a)为原始图，其颜色太浓，作为背景图片效果不好，为了达到淡化冲蚀效果，选中图片后，单击“格式 | 调整 | 颜色 | 重新着色 | 冲蚀”命令，效果如图 3-65(b)所示。

(a)

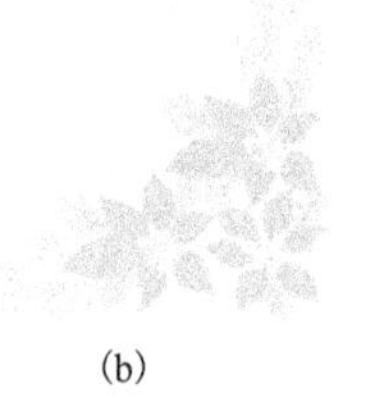

(b)

图 3-65　效果对比

【例题 3-9】 设置图片的倒影效果。

选中图片(图 3-66)后，单击“格式 | 图片样式 | 图片效果 | 映像(R) | 全映像 | 接触”命令，效果如图 3-67 所示。

图 3-66　初始图

图 3-67　倒影-映像图效果

3.4.3　插入与编辑图形

在 Word 2010 文档中，可添加一个图形或者合并多个图形，包括线条、基本几何形状、箭头、流程图、星、旗帜和标注等形状。

1. 在画布中绘图

在画布中绘图的步骤如下：

(1) 单击“插入 | 插图 | 形状 | 新建绘图画布”命令。

(2) 在“绘图工具”的“格式”选项卡中，单击“插入形状”组中的“其他”按钮后选择形状。也可以在“插入 | 形状”中选择形状。

(3) 将光标移动到画布中，鼠标指针变为“十”字形状，拖动鼠标绘制图形。在画布中依次制作禁止符、同心圆、笑脸、右箭头、五角星，如图 3-68 所示。

 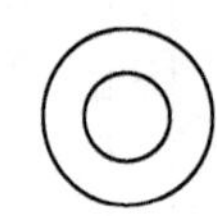  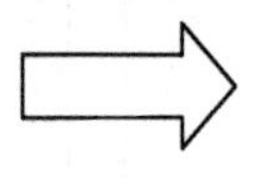 

图 3-68　在画布中绘制不同图形

要创建正的图形，如正方形或圆形，在拖动的同时按住 Shift 键。

2. 设置图形的格式

对图形设置格式，比较重要的有外观样式、形状填充、形状轮廓、形状效果(包括预设、阴影、三维旋转等)、文字环绕等。

【例题 3-10】 制作渐变颜色的五角星。

操作步骤如下：

(1) 单击“插入 | 形状 | 星与旗帜 | 五角星”命令，拖动鼠标画一个五角星。

(2) 在“绘画工具”的“格式”选项卡中，选择“形状填充”为红色。

(3) 在“形状填充”中，设置“渐变 | 其他渐变 | 渐变填充”，类型为路径，设置渐变光圈 1 为红色，其参数如图 3-69(a) 所示，其余两个渐变光圈如图 3-69(b) 所示。

(4) 单击“形状轮廓 | 无轮廓”命令，效果如图 3-69(c) 所示。

(a)

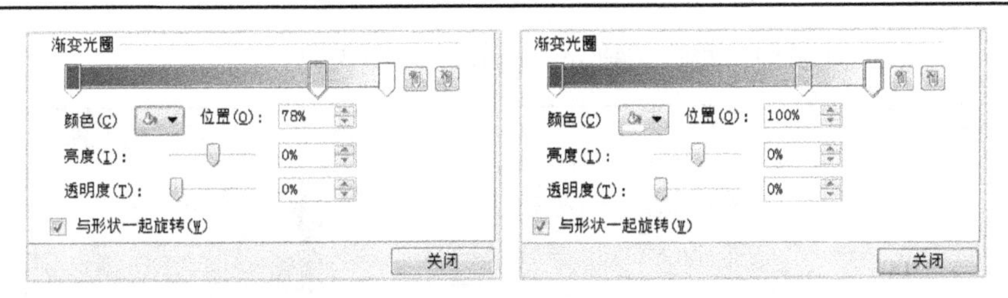

(b) 光圈 2 为浅红色，光圈 3 为白色

(c) 效果

图 3-69　制作五角星步骤过程和效果

【例题 3-11】 制作光盘，并设置图片填充与阴影效果。

操作步骤如下：

(1) 单击“插入 | 形状 | 基本形状 | 同心圆”命令，按住 Shift 键拖动鼠标画一个正同心圆。

(2) 拖动内圆的小黄色方形◇，将内圆变小。

(3) 在“绘画工具”的“格式”选项卡中，选择“形状填充” 右侧按钮；选择图片，找到要插入的图片文件，单击“插入”按钮。

(4) 单击“格式 | 形状效果 | 阴影 | 外部-右下斜偏移”命令，过程及效果如图 3-70 所示。

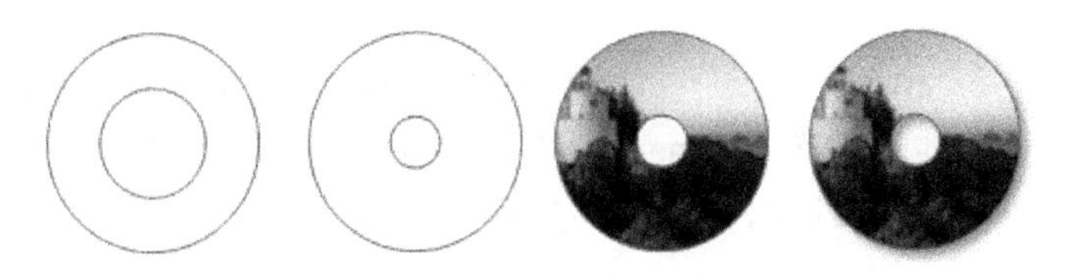

图 3-70　光盘制作步骤

3. 向形状添加文字

向形状添加文字，右击要向其添加文字的形状，单击“添加文字”命令，然后输入文字。

3.4.4　插入与编辑 SmartArt 图形

1. SmartArt 图形

SmartArt 图形是信息的视觉表示形式，可以从多种不同布局中来创建 SmartArt 图形，从而快速、轻松、有效地传达信息。

使用 SmartArt 图形，可以在 Word 2010 中快速而轻松地创建具有设计师水准的漂亮精美的图形。

插入 SmartArt 图形操作步骤如下：

(1) 在“插入”选项卡的“插图”组中单击“SmartArt”按钮。

(2) 出现“选择 SmartArt 图形”对话框，选择一种 SmartArt 图形类型，如“流程”、“循环”、“层次结构”或“关系”。

(3) 选择其中的一种布局，单击“确定”按钮，如图 3-71 所示。

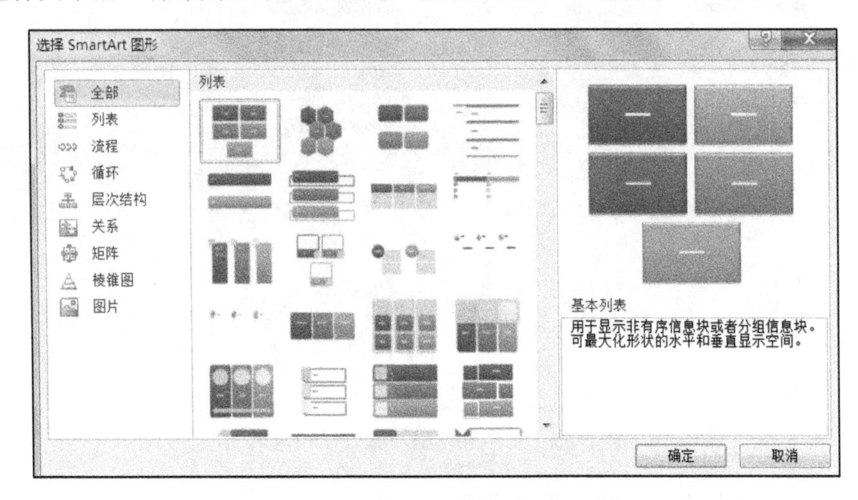

图 3-71 “选择 SmartArt 图形”对话框

2. “文本”窗格

通过“文本”窗格可以很方便地输入和修改 SmartArt 图形中显示的文字。“文本”窗格显示在 SmartArt 图形的左侧。在“文本”窗格中添加和编辑内容时，SmartArt 图形会自动更新，即根据需要添加或删除形状。

【例题 3-12】 制作如图 3-72 所示的 SmartArt 庆贺单位图。

操作步骤如下：

(1) 单击“插入 | SmartArt”，选择“循环 | 分离射线”命令，单击“确定”按钮。单击“文本”输入内容即可。也可以选定 SmartArt 图，左侧会出现，单击它会出现“在此输入文字”窗格，在其中输入文字即可，如图 3-73 所示。

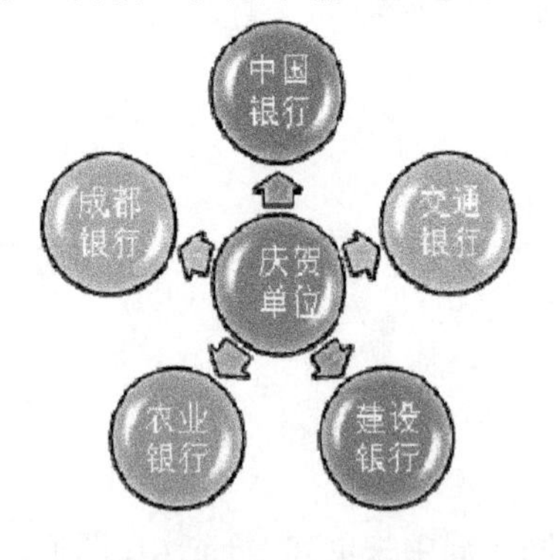

图 3-72　SmartArt 图

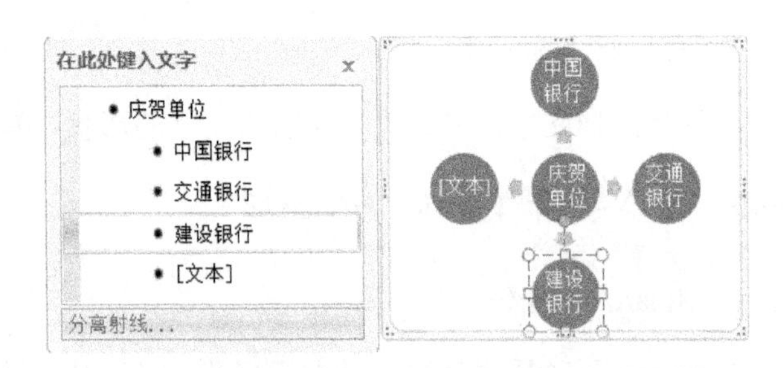

图 3-73　制作步骤 1

(2) 添加形状，可在“文本”窗格中按 Enter 键后，自动添加形状，然后输入文字。也可以先选定一个单位，然后在“SmartArt 工具”中的“设计 | 添加形状”在前或后添加形状。如图 3-74。

(3) 设置 SmartArt 图的颜色，单击“设计 | 更改颜色 | 彩色 | 强调文字颜色”命令，如图 3-75 所示。

(4) 设置 SmartArt 样式，单击“设计 | SmartArt 样式 | 三维 | 卡通”命令，如图 3-76 所示。

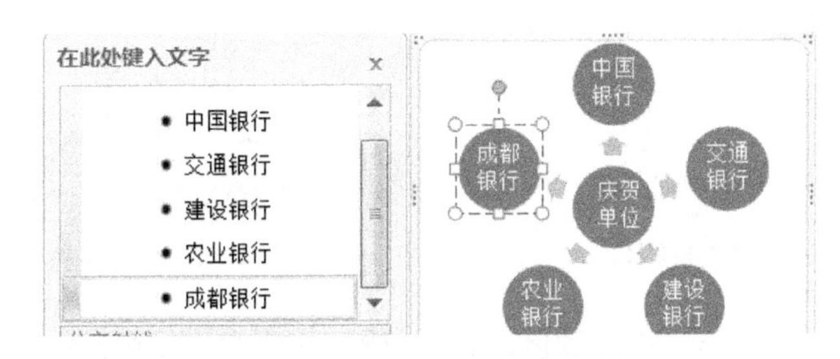

图 3-74　制作步骤 2

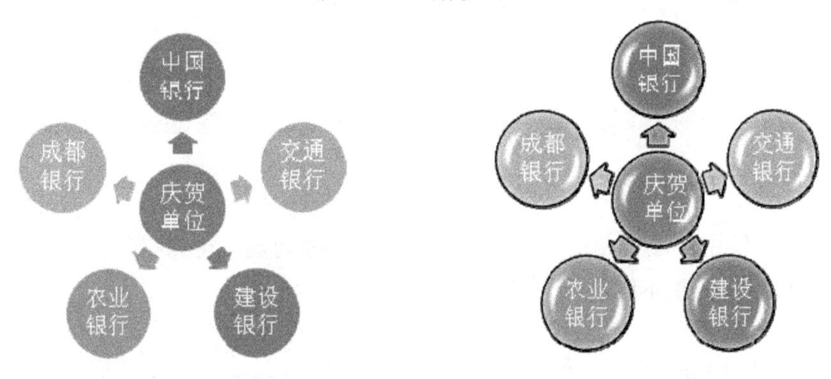

图 3-75　制作步骤 3　　　图 3-76　制作步骤 4

用户可以将字符格式(如字体、字号、粗体、斜体和下划线)应用于“文本”窗格中的文字，但该窗格中不显示字符格式。所有格式更改都会反映在 SmartArt 图形中。

如果由于向某个形状添加了更多文字导致该形状中的字号缩小，则 SmartArt 图形的其余形状中的所有其他文字也将缩小到相同字号，使 SmartArt 图形的外观保持一致且具专业性。

3. SmartArt 图形的样式、颜色和效果

在“SmartArt 工具”的“设计”选项卡中，有两个用于快速更改 SmartArt 图形外观的库，即“SmartArt 样式”和“更改颜色”。将鼠标指针停留在其中任意一个库中的缩略图上时，无需实际应用便可以看到相应 SmartArt 样式或颜色变体对 SmartArt 图形产生的影响。

向 SmartArt 图形添加专业设计的组合效果的一种快速简便的方式是应用 SmartArt 样式。SmartArt 样式包括形状填充、边距、阴影、线条样式、渐变和三维透视，并且应用于整个 SmartArt 图形。还可以对 SmartArt 图形中的一个或多个形状应用单独的形状样式。

为 SmartArt 图形提供了各种不同的颜色选项，每个选项可以以不同方式将一种或多种主题颜色。主题颜色是文件中使用的颜色的集合，主题颜色、主题字体和主题效果三者构成一个主题，应用于 SmartArt 图形中的形状。

SmartArt 样式和颜色组合适合用于强调内容。

如果使用含透视图的三维 SmartArt 样式，则可以看到同一级别的所有内容。

【例题 3-13】 制作学校各级学院层次结构的 SmartArt 图。

操作步骤如下：

(1) 单击“插入 | SmartArt | 层次结构 | 组织结构”命令，单击“确定”按钮，结果如图 3-77 所示。选定第二行文本框，将之删除。

(2) 输入文本“四川师大，文学院，数学学院……”，如图 3-78 所示。

图 3-77　操作步骤(1)　　　　图 3-78　操作步骤(2)

(3) 设置颜色，选中图形，更改颜色，彩色范围-强调文字颜色 2 至 3，如图 3-79 所示。

(4) 设置样式，SmartArt 样式，三维-优雅，如图 3-80 所示。

图 3-79　操作步骤(3)　　　　图 3-80　操作步骤(4)

另外，还可以使用含透视图的三维 SmartArt 样式强调延伸至未来的时间线。

【例题 3-14】 制作基本时间线图。

操作步骤如下：

(1) 单击“插入 | SmartArt | 流程 | 基本日程表”命令，单击“确定”按钮，效果如图 3-81 (a) 所示。

(2) 拖动图形的四个角之一调整大小，选定文本后输入第 1 天，第 2 天……通过选定文本，单击“设计 | 添加形状”按钮，在后面添加形状，可输入第 4 天，第 5 天。

(3) 设置颜色。选中后，单击“设计 | 更改颜色 | 彩色-强调文字颜色”命令，效果如图 3-81 (b) 所示。

(4) 设置样式。选中后，单击“设计 | SmartArt 样式 | 三维 | 优雅”命令，效果如图 3-81 (c) 所示。

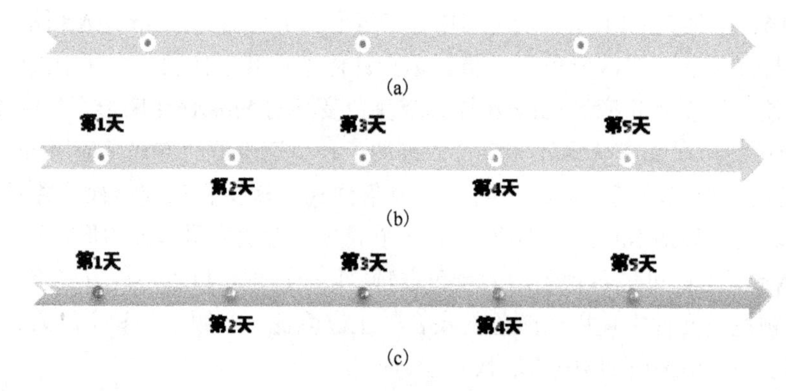

图 3-81　基本日程表图

“循环”类型的 SmartArt 图形可以使用任何“渐变范围-辅色 n”选项来强调循环运动。这些颜色沿某个梯度移至中间的形状，然后退回第一个形状。

【例题 3-15】 制作入学报到流程图。

报到流程是报到处领取表格⇨学院办理入校⇨医院体检⇨后勤办理住房饭卡⇨教务处报到⇨报到处交表。其制作步骤如下：

(1) 单击“插入丨SmartArt丨循环丨基本循环”命令，单击“确定”按钮，如图 3-82(a)所示。

(2) 输入文字，如图 3-82(b)所示。

(3) 设置颜色。单击“设计丨更改颜色丨彩色丨彩色范围-强调文字颜色 2 至 3”命令，如图 3-83(a)所示。

(4) 设置样式。单击“设计丨SmartArt 样式丨三维丨卡通”命令，如图 3-83(b)所示。

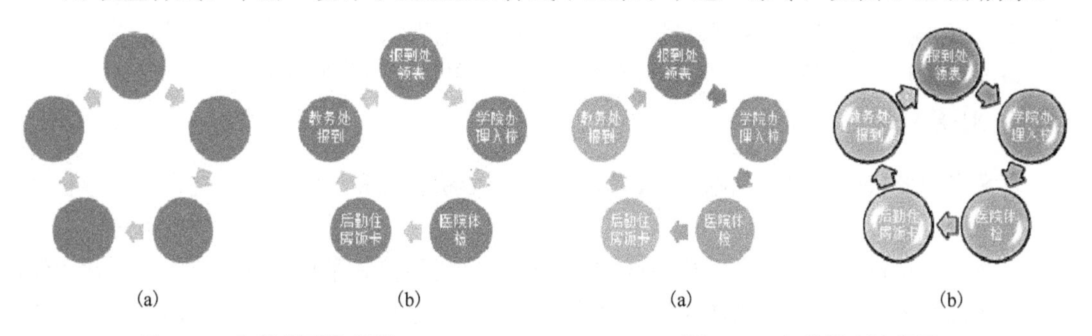

(a)　(b)　(a)　(b)

图 3-82　入学报到流程图 1　　图 3-83　入学报到流程图 2

3.4.5　插入与编辑艺术字

艺术字为文档添加特殊艺术效果，使用艺术字可以拉伸标题、对文本进行变形、使文本适应预设形状或应用渐变填充，相应的艺术字将成为用户在文档中移动或放置在文档中的对象，以此添加文字效果或进行强调。用户可以随时修改艺术字或将其添加到现有艺术字对象的文本中。Word 2010 中，艺术字被当作文本框来处理，但可以将文档另存为兼容的 Word 2003 版的 doc 文档，能使用以前 Word 2003 或 2007 中的艺术字的样式及功能。总的说来，Word 2010 中艺术字功能不如以前版本功能好用，但也新增了一些特殊的功能，如映像、发光等。

1. 添加艺术字

(1) 在“插入”选项卡的“文本”组中单击“艺术字”，然后选择艺术字“样式”。

(2) 在“文本”框中输入文字，选择字体字号等，单击“确定”按钮即可。

2. 修改艺术字样式

(1) 选定要修改其艺术字样式的艺术字。

(2) 在“格式”选项卡的“艺术字样式”组中，单击“快速样式”下拉按钮，然后选择需要的样式即可。

3. 颜色样式

艺术字样式包括主题样式、文本填充、文本轮廓、文字效果，通过艺术字样式来改变艺术字的文字效果。文本填充是艺术字的颜色，在更改文字的填充颜色时，可以向该填充添加渐变色，是从一种颜色过渡到另一种颜色。文本轮廓是艺术字中文字周围的外部边框，在更改文字的边框时，还可以调整线条的颜色、宽度与线型。文本效果包括阴影、映像、发光、棱台、三维旋转和转换。

(1) 单击要向其添加填充的艺术字。

(2) 在“格式”选项卡的“艺术字样式”组中，单击“文本填充”(图 3-84)，然后执行下列操作之一：

①要添加或更改填充颜色，单击所需的颜色。

②要选择无颜色，单击“无填充颜色”。 如果单击“无填充颜色”，文字将不可见，因为背景是无色，除非已向该文字添加了轮廓。

③要添加或更改填充渐变，单击“渐变”，然后单击所需的渐变效果。

④自定义渐变，单击“其他渐变”，然后选择所需的选项。

(3) 同样的方法可实现文本轮廓与文本效果，后面通过例题来说明。

4. 形状样式

艺术字的形状样式包括主题填充、形状填充、形状轮廓和形状效果，艺术字的形状样式将改变艺术字背景效果。

下面以形状轮廓为例来说明形状样式的应用。单击要向其添加边框的艺术字。在“绘图工具 | 格式”选项卡的“形状样式”组中单击“形状轮廓”，如图 3-85 所示。然后执行下列操作之一：

① 要添加或更改边框颜色，单击所需的颜色。

② 要使文字无边框，单击“无轮廓”。

③ 要添加或更改边框的粗细，单击“粗细”，然后单击所需的粗细。

④ 要自定义粗细，单击“其他线条”，然后选择所需的选项。

⑤ 要添加边框或者将边框更改为点或虚线，单击“虚线”，然后单击所需的样式。

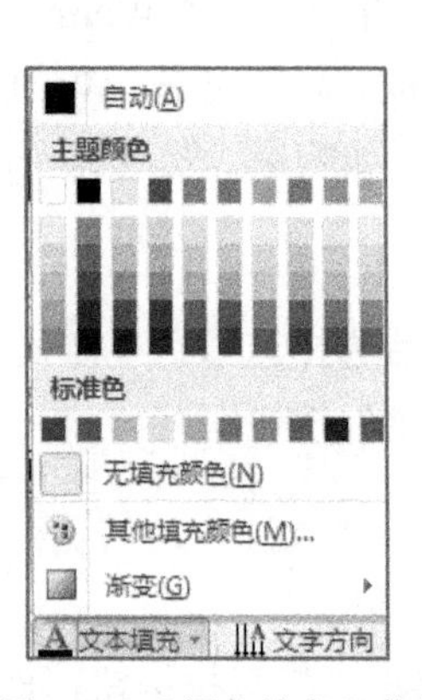

图 3-84 “颜色填充”菜单

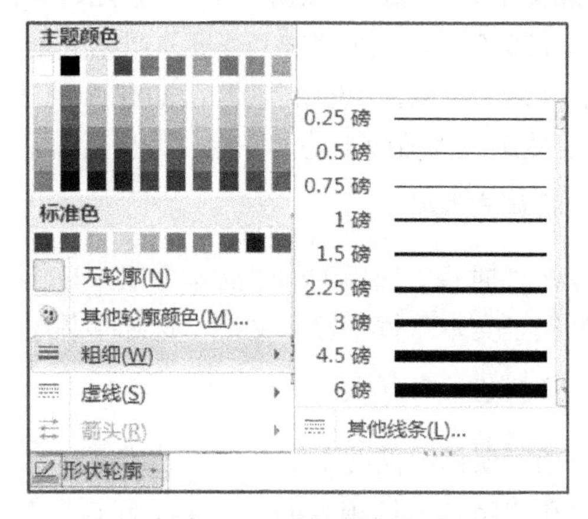

图 3-85 形状轮廓选项

【例题 3-16】 制作如图 3-85 所示的艺术字，要求字体为华文琥珀，填充颜色为渐变双色(红黄色)，边框颜色为红色。

操作步骤：

(1) 单击“插入 | 文本 | 艺术字”命令，选择“填充-无，轮廓-强调文字颜色 2”。

(2) 输入“四川师范大学”，设置字体为“华文琥珀”，如图 3-86 所示的第一行。

(3) 选中“四川师范大学”，单击“格式 | 文本填充 | 渐变 | 其他渐变”命令，在对话框中进行设置，选择渐变填充，类型为线性，方向为线性向下，渐变光圈 1 选择“红色”，渐变光圈 2 选择“黄色”，单击“确定”按钮，如图 3-87 所示。

(4) 设置边框颜色：选中艺术字“四川师范大学”，单击“格式 | 艺术字样式 | 文本轮廓 | 标准色 | 红”命令，如图 3-86 所示最后一行效果。

图 3-86　制作效果

图 3-87　“填充效果”对话框

【例题 3-17】 制作如图 3-88 所示效果的带外部边框艺术字。

(1) 单击“插入 | 艺术字 | 艺术字样式 1”命令，输入“大学计算机基础”；选择字体“华文琥珀”，单击“确定”按钮，效果如图 3-89 所示。

图 3-88　艺术字效果 1 　　图 3-89　艺术字效果 2

(2) 选中艺术字，单击“格式 | 文本填充 | 黄色”命令。

(3) 选中艺术字，单击“格式 | 文本轮廓 ”命令，设置颜色为“红色”，粗细为 1。

5. 艺术字的兼容性

由于 Word 2010 版中的艺术字功能与以前版本有很大的区别，下面通过几个例题来说明与以前版本的兼容性问题。

【例题 3-18】 利用兼容模式制作如图 3-88 所示的艺术字 IBM。

操作步骤：

(1) 新建文档，另存为 Word97-2003 文档(*.doc)。注意此题利用 Word 的兼容模式才能实现，若打开由 Word 2007 制作的 docx 文档，也为兼容模式。

(2) 单击“插入 | 文本 | 艺术字”命令，选择“艺术字样式 1”。

(3) 输入“IBM”，设置字体为 Arial Black。

(4) 选中艺术字“IBM”，单击“格式 | 艺术字样式 | 形状填充 形状填充 | 图案”，选择深色横线(第六行，第四列图案)，前景中选择“其他颜色”，选择蓝色，如图 3-90 所示，连续单击“确定”按钮两次。

(5) 选中艺术字 IBM，单击“格式 | 形状轮廓 | 无轮廓(N)”命令，效果如图 3-91(c) 所示。

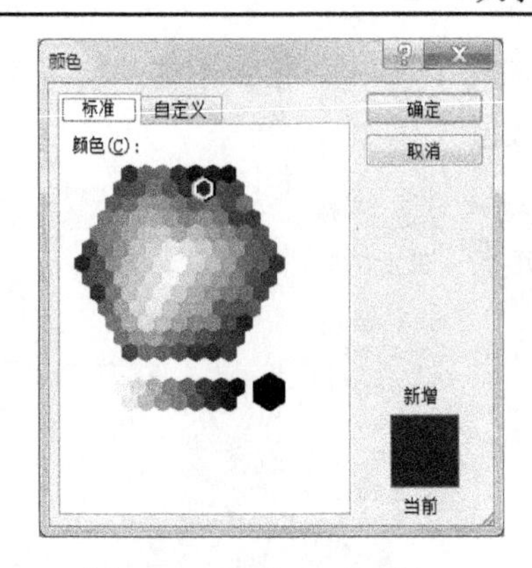

图 3-90 “颜色”对话框

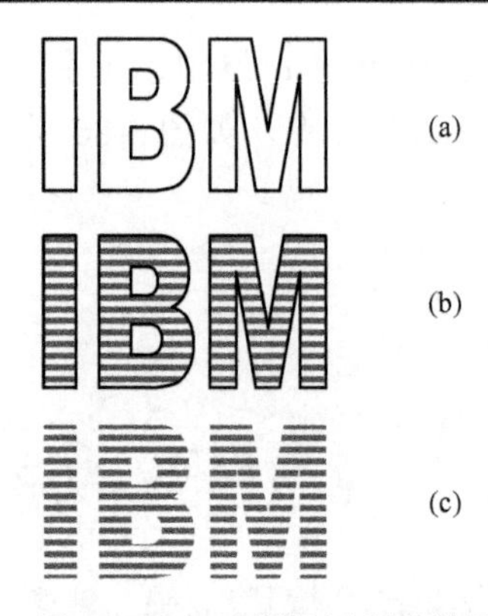

图 3-91 IBM 制作过程及效果

【例题 3-19】 利用兼容模式制作三维效果艺术字“大学计算机基础”。

操作步骤如下：

(1)将文档保存为 doc 文档，单击“插入 | 文本 | 艺术字”命令，选择“艺术字样式 1”。

(2)选择字体为“华文琥珀”，输入文字“大学计算机基础”，单击“确定”按钮。

(3)选择“形状填充”，颜色设置为“红色”，渐变为“浅色变体”中的“线性向下”。

(4)选择如图 3-92 所示的阴影效果中的“样式 19”。

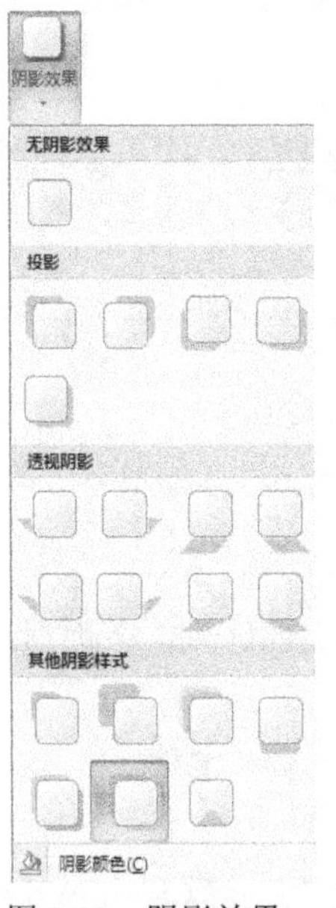

图 3-92 阴影效果

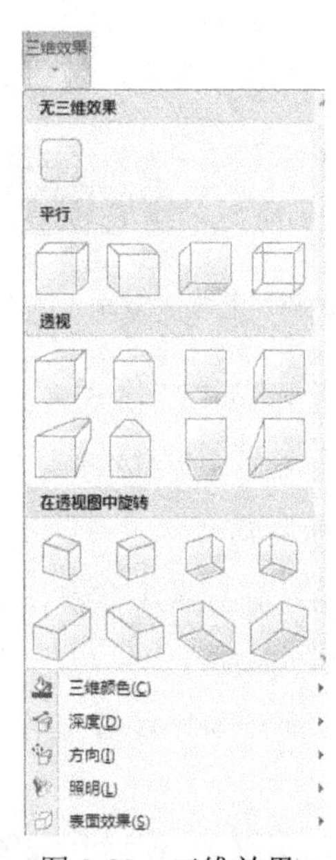

图 3-93 三维效果

(5)添加三维效果，单击“三维效果”，如图 3-93 所示，选择“三维样式 1”，其步骤图及结果如图 3-94 所示。

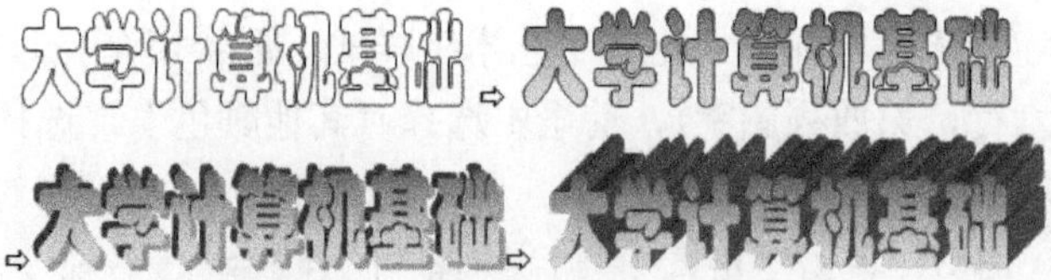

图 3-94 设置艺术字阴影及三维效果

3.4.6　使用文本框

在 Word 2010 中，文本框分为水平文本框与垂直文本框，在文本框内既可以插入文字，也可以插入图片。其最大特点是可以随意在页面中移动和修改，用它可以非常方便地制作小报和封面。

利用“绘图画布”功能可以在文档中排列绘图，还能将绘图的各个部分进行组合，这在绘图由若干个形状组成的情况下尤其有用。如果计划在插图中包含多个形状，最佳做法是插入一个绘图画布。在默认情况下，绘图画布没有背景或边框，但是如同处理图形对象一样，可以对绘图画布应用格式。

用户可以单击“插入 | 插图 | 形状 | 新建绘图画布”命令创建画布，还可以通过“文件 | Word 选项 | 高级”命令，选中“插入‘自选图形’自动创建绘图画布”，创建图形时会自动创建画布。

1. 创建文本框

创建文本框具体操作步骤如下：

(1) 单击“插入 | 文本 | 文本框”命令，选择内置文本框类型或绘制文本框命令。或利用“插入 | 插图 | 形状 | 基本形状 | 文本框”命令。

(2) 鼠标指针变为“十”字形状，同时可能出现画布，在画布上或文档中拖动鼠标或单击，创建一个文本框。是否出现画布与软件设置相关，向 Word 文档插入图形对象时，可以将图形对象放置在绘图画布中，方便整体操作。

(3) 在文本框中输入文字或插入图片，完成后在文本框外任一位置单击即可。

【例题 3-20】 在文本框中插入剪贴画。

操作步骤如下：

(1) 插入文本框。

(2) 在文本框中插入剪贴画，搜索文字“人”，选择“商务女性”插入即可，如图 3-95 所示。

图 3-95　剪贴画

2. 设置文本框格式

文本框格式主要有文本方向、阴影效果、三维效果、文本框样式、形状填充、形状轮廓等。下面通过实例来学习工具的使用，工具如图 3-96 所示。

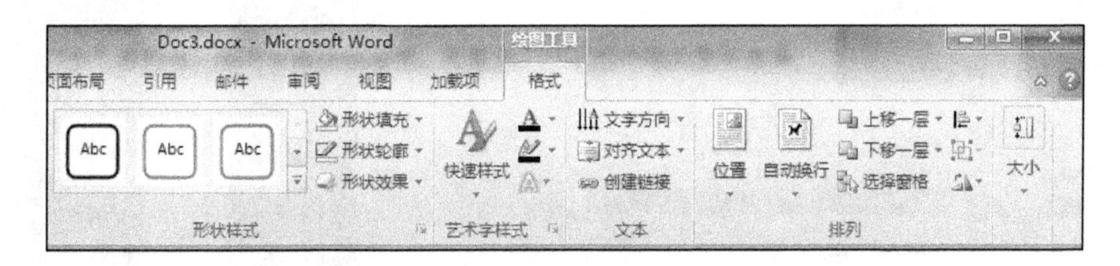

图 3-96　文本框工具

【例题 3-21】 利用文本框制作试卷中密封线内的姓名、学号、学院等信息。

操作步骤如下：

(1) 制作一个文本框，如图 3-97 所示。

(2) 调整文字方向，选择“格式丨文本丨文字方向丨将所有文字旋转 270°”命令。

(3) 输入姓名+空格若干、学院+空格若干、学号+空格若干。

(4) 选定空格后，加下划线。

(5) 设置文本框的形状轮廓⇨无轮廓。

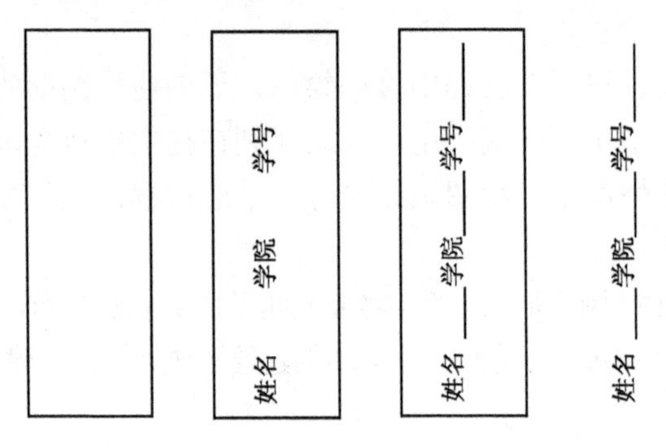

图 3-97　试卷密封线内姓名、学院、学号制作过程

【例题 3-22】 利用文本框制作对联。

操作步骤如下：

(1) 制作一个垂直文本框。

(2) 输入“上海自来水来自海上”(回文，从上向下或从下向上读相同)。

(3) 选定文本框，设置字体颜色为“黄色”、“华文行楷”、“居中”、“三号”。

(4) 单击“形状填充丨渐变丨其他渐变”命令，如图 3-98 所示，选择“渐变填充”，选择类型为“线性”，方向为“线性向右”，设置渐变光圈“停止点 1”为深红色，“停止点 2”为红色，“停止点 3”为深红色，单击“关闭”按钮。

(5) 设置文本框的形状轮廓为“无轮廓”。

(6) 将文本框复制一份出来，修改文字为“山东落花生花落东山”，最后效果如图 3-98 右侧所示。

图 3-98　“填充效果”对话框及制作效果

3.4.7　使用公式编辑器

单击“插入 | 符号 | 公式 π”下拉按钮，可制作复杂的数学公式。

1. 插入常用的内置公式

其方法是：在“插入”选项卡的“符号”组中，单击“公式”旁边的箭头，然后单击所需的公式。内置公式包括二次公式、二项式定理、傅里叶级数和勾股定理。

例如，输入公式：$x=\dfrac{-b\pm\sqrt{b^2-4ac}}{2a}$，只需要单击“插入 | 符号 | 公式”下拉按钮，选择二次公式即可。

同样的方法可插入傅里叶级数公式：

$$f(x)=a_0+\sum_{n=1}^{\infty}\left(a_n\cos\frac{n\pi x}{L}+b_n\sin\frac{n\pi x}{L}\right)$$

若插入的不是这样标准的公式，则单击“插入 | 符号 | 公式 | 插入新公式”命令。

2. 插入数学公式

在“插入”选项卡的“符号”组中，单击“公式”旁边的箭头，然后单击“插入新公式”。在“公式工具 | 设计”选项卡的“结构”组中，单击所需的结构。结构类型有分数、根式或积分等。结构包含占位符，公式占位符是公式中的小虚框，例如，$\sqrt{\square}$，在占位符内单击，然后输入所需的符号或数值。

例如，输入式子 $\sqrt{9}+\sqrt{16}=?$。

操作步骤如下：

(1) 单击“插入 | 符号 | 公式 | 插入新公式”命令，出现公式编辑状态 在此处键入公式。，同时出现公式工具、设计、工具栏(图 3-99)。

(2) 选择“根式 | 平方根 $\sqrt{\ }$”，单击根号中的虚框，再输入“9”，变为 $\sqrt{9}$，向右移动一次光标，输入加号；再次选择“根式 | 平方根”，单击根号中的虚框输入“16”，以及等号与问号即可。

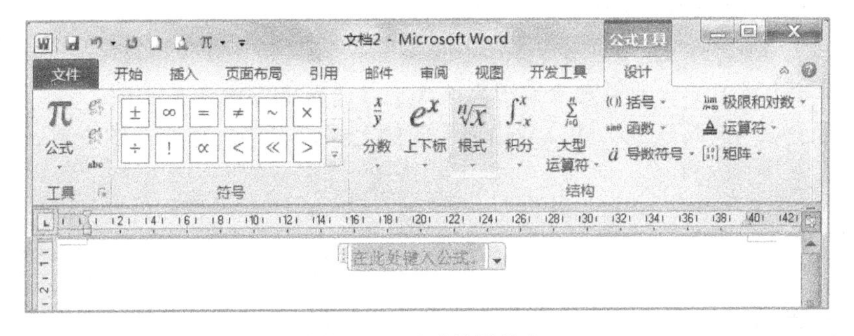

图 3-99　公式编辑状态

【例题 3-23】 输入定积分公式 $\displaystyle\int_2^4\frac{\sqrt{\ln(9-x)}}{\sqrt{\ln(9-x)}-\sqrt{\ln(x+3)}}\mathrm{d}x$。

操作步骤如下：

(1) 在需要输入公式的位置单击。

(2) 单击“插入 | 符号 | 公式 | 插入新公式”命令，出现公式编辑状态，在此处键入公式。，同时出现公式工具、设计、工具栏。

(3) 在“结构”组中单击“积分”，选择积分的第二种样式。

(4) 在公式中单击积分符号中的下标方框，输入“2”，选中上标方框，输入“4”。

(5) 选择右边方框，单击“分数”，选择分数(竖式)。分数的分子方框，单击“根式，平方根”。单击平方根中的方框，单击极限和对数，选择自然对数，选择自然对数右边的方框，单击括号⇨方括号，单击括号中的方框，直接输入“9–x”。同理输入分数的下面部分。

(6) 最后的 dx 可以直接输入，也可以选择积分工具中的积分号 dx 输入。其操作次序为：

$$\int_{\square}^{\square}\square \Rightarrow \int_{2}^{\square}\square \Rightarrow \int_{2}^{4}\square \Rightarrow \int_{2}^{4}\frac{\square}{\square} \Rightarrow \int_{2}^{4}\frac{\sqrt{\square}}{\square} \Rightarrow \int_{2}^{4}\frac{\sqrt{\ln\square}}{\square}$$

$$\Rightarrow \int_{2}^{4}\frac{\sqrt{\ln(\square)}}{\square} \Rightarrow \int_{2}^{4}\frac{\sqrt{\ln(9-x)}}{\square}\mathrm{d}x \Rightarrow \int_{2}^{4}\frac{\sqrt{\ln(9-x)}}{\sqrt{\ln(9-x)}-\sqrt{\ln(x+3)}}\mathrm{d}x$$

【例题 3-24】 输入方程 $ax^2+bx+c=0$ 的根 $x=\dfrac{-b\pm\sqrt{b^2-4ac}}{2a}$。

操作步骤如下：

(1) 单击“插入 | 符号 | 公式 | 插入新公式”命令，出现在此处键入公式。。

(2) 输入 $x=\dfrac{\square}{\square} \Rightarrow x=\dfrac{\square}{2a} \Rightarrow x=\dfrac{-b\pm\sqrt{\square}}{2a} \Rightarrow x=\dfrac{-b\pm\sqrt{b^2-4ac}}{2a}$。

【例题 3-25】 输入不定积分 $\int\dfrac{2x^2+1}{(x-1)^{100}}\mathrm{d}x$。

操作步骤：$\int\square \Rightarrow \int\dfrac{\square}{\square} \Rightarrow \int\dfrac{\square}{\square^{\square}} \Rightarrow \int\dfrac{\square}{(\square)^{\square}} \Rightarrow \int\dfrac{2\square^{\square}}{(x-1)^{100}} \Rightarrow \int\dfrac{2x^2+1}{(x-1)^{100}} \Rightarrow \int\dfrac{2x^2+1}{(x-1)^{100}}\mathrm{d}x$。

3. 更改公式

(1) 更改在 Office Word 2010 中写入的公式，单击要编辑的公式，直接进行所需的更改。

(2) 更改在早期版本中写入的公式。

如果打开一个文档，该文档包含了在 Word 的早期版本中写入的公式，则除非将文档转换为 Office Word 2010，否则将无法使用写入和更改公式的内置支持功能。

更改使用公式 3.0 写入的公式，双击要编辑的公式，直接进行所需的更改。

3.5 表 格 制 作

3.5.1 插入表格

在 Word 2010 中，利用“表格”功能可以使数据清晰、版面整洁。通过从一组预先设好格式的表格(包括示例数据)中选择，或通过选择需要的行数和列数来插入表格。将表格插入到文档中或将一个表格插入到其他表格中以创建更复杂的表格。

1)使用表格模板

使用表格模板插入基于一组预先设好格式的表格。表格模板包含示例数据，可以帮助用户想象添加数据时表格的外观。

(1)在要插入表格的位置单击。

(2)在“插入”选项卡的“表格”组中，单击“表格”，指向“快速表格”，再单击需要的模板。

(3)使用所需的数据替换模板中的数据，效果如图 3-100 所示。

项目	所需数目
图书	1
杂志	3
笔记本	1

图 3-100　表格

2)使用“表格”菜单

(1)在要插入表格的位置单击。

(2)在“插入”选项卡的“表格”组中，单击“表格”，然后在“插入表格”下，拖动鼠标以选择需要的行数和列数。

3)使用“插入表格”命令

“插入表格”命令可以在将表格插入文档之前，选择表格尺寸和格式。

(1)在插入表格的位置单击。

(2)在“插入”选项卡的“表格”组中，单击“表格”，然后单击“插入表格”。

(3)在“插入表格”对话框中，调整列数、行数和宽度，如图 3-101 所示，单击“确定”按钮即可。

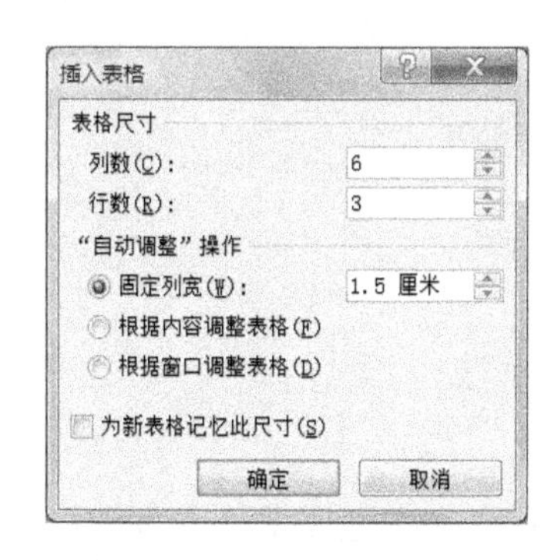

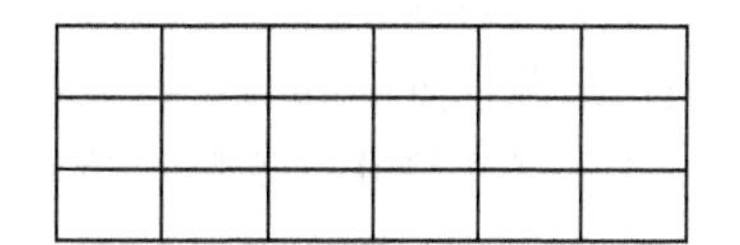

图 3-101　“插入表格”对话框及插入结果

3.5.2　绘制表格

通过插入的方法不能制作复杂的表格，如不同高度的表格或每行列数不同的表格，需要通过“绘制表格”命令来实现。

(1)在要绘制表格的位置单击。

(2)在“插入”选项卡的“表格”组中，单击“表格”。

(3)单击“绘制表格”，指针会变为“铅笔”。

(4)先拖动“铅笔”绘制表格的外边框。

(5)在外边框内绘制横线，然后绘制竖线。

(6)要擦除一条线或多条线，在“表格工具 | 设计”选项卡的“绘制边框”组中，单击“擦除”，再单击要擦除的线条可删除线。删除线条后，若要继续绘制表格，单击“绘制表格”可继续绘制表格。

(7) 绘制完表格以后，在单元格内单击，输入文字或插入图形。

【例题 3-26】 制作高级专家延长退休年龄审批表。

高级专家延长退休年龄审批表

<table>
<tr><td>姓名</td><td></td><td>性别</td><td></td><td>出生年月</td><td></td><td rowspan="3">贴照片
(1 寸)</td></tr>
<tr><td>专业及职称</td><td></td><td>职务</td><td></td><td>学位</td><td></td></tr>
<tr><td>参加工作时间</td><td></td><td>参加何种党派</td><td></td><td>健康状况</td><td></td></tr>
<tr><td>近几年主要工作及完成情况</td><td colspan="6"></td></tr>
<tr><td>申报单位意见</td><td colspan="6">签章：　　年　月　日</td></tr>
<tr><td>审批机关意见</td><td colspan="6">签章：　　年　月　日</td></tr>
</table>

制作方法如下：

(1) 利用“表格工具”绘制外边框；

(2) 绘制表格横线；

(3) 绘制表格竖线；

(4) 删除贴照片处的横线；

(5) 拖动横线与竖线，调整高度与宽度；

(6) 填写文字。

3.5.3 文本与表格的转换

在编辑排版过程中，有时需要将表格转换为文本，有时也要求将文本转换成表格。

1. 将文本转换成表格

在文本中插入分隔符(分隔符：将表格转换为文本时，用分隔符标识文字分隔的位置，或在将文本转换为表格时，用其标识新行或新列的起始位置)。例如，逗号、制表符或空格，以指示将文本分成列的位置。

【例题 3-27】 将下面的数据转换为表格。

姓名　性别　外语　数学
张三　男　98　89
李四　女　88　86

操作步骤如下：

(1) 选定全部数据“姓名……86”，选择“插入 | 表格 | 文本转换成表格”命令。

(2) 在“将文字转换为表格”对话框中，选择列数、列宽、文字分隔位置，如图 3-102 所示。一般情况下，计算机会自动识别，单击“确定”按钮即可。

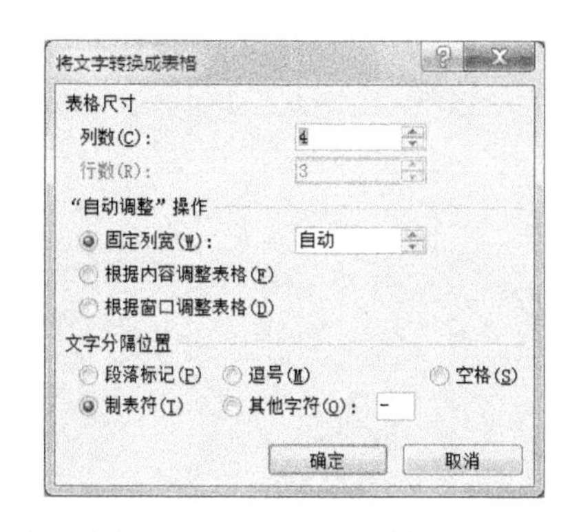

姓名	性别	外语	数学
张三	男	98	89
李四	女	88	86

图 3-102　"将文字转换为表格"对话框及转换结果

(3) 调整表格大小。

注意： 在表格中，左上角出现 ，单击它为选中表格，右下角出现 为缩放表格，将光标移动到表格中会出现左上角与右下角的图标。

2. 将表格转换成文本

(1) 选择要转换成文本的表格。

(2) 在"表格工具 | 布局"选项卡的"数据"组中，单击 转换为文本按钮。

(3) 在"文字分隔符"中选择"制表符"，如图 3-103 所示，就可把表格转换为文字。

姓名	性别	外语	数学
张三	男	98	89
李四	女	88	86

姓名　性别　外语　数学
张三　男　98　89
李四　女　88　86

图 3-103　将表格转换为文字

3.5.4　编辑表格

1. 在表格前插入空行

在文档中第一页第一行的表格前插入空行，在表格第一行的左上角单元格中单击，如果左上角单元格中有文本，将插入点置于该文本之前，按 Enter 键。若前面有空行或不是第一页，则此操作只能增加表格的行高。

2. 删除表格及其内容

单击表格，再单击"表格工具 | 布局"选项卡的"行和列"组中单击"删除"按钮，然

后单击“删除表格”按钮。也可以选中表格后，用“剪切”命令或按 Backspace 键删除表格及内容。

3. 清除表格内容

选择需要清除表格内容的部分，按 Delete 键。

4. 选择表格的方法

选择表格的方法如表 3-2 所示。

表 3-2　选择表格的方法

选　择	执　行
一个单元格	单击该单元格的左边缘
一行	单击该行的左侧
一列	单击该列顶端的网格线或边框
连续的单元格、行或列	拖动鼠标指针划过所需的单元格、行或列
不连续的单元格、行或列	单击所需的第一个单元格、行或列，按住 Ctrl 键，然后单击所需的下一个单元格、行或列
整张表格	在页面视图中，将鼠标指针停留在表格上，直至显示表格移动控点，然后单击表格移动控点

5. 在上方或下方添加一行

(1) 在要添加行的上方或下方的单元格内单击。
(2) 在“表格工具”的“布局”选项卡中，执行下列操作之一：
① 要在单元格上方添加一行，单击“行和列”组中的“在上方插入”。
② 要在单元格下方添加一行，单击“行和列”组中的“在下方插入”。
另外，也可以在表格某行的最右侧(表格之外)，按 Enter 键在此行下方增加一行。

6. 在左侧或右侧添加一列

(1) 在要添加列的左侧或右侧的单元格内单击。
(2) 在“表格工具”的“布局”选项卡中，执行下列操作之一：
① 要在单元格左侧添加一列，单击“行和列”组中的“在左侧插入”。
② 要在单元格右侧添加一列，单击“行和列”组中的“在右侧插入”。

7. 删除行

(1) 通过单击要删除行的左边缘来选择该行。
(2) 在“表格工具”中，单击“布局”选项卡。
(3) 在“行和列”组中，单击“删除”按钮，再单击“删除行”按钮。

8. 删除列

(1) 通过单击要删除列的上网格线或上边框来选择该列。
(2) 在“表格工具”中，单击“布局”选项卡。
(3) 在“行和列”组中，单击“删除”按钮，再单击““删除列”按钮。

9. 合并单元格

将同一行或同一列中的两个或多个表格单元格合并为一个单元格。例如，在水平方向上合并多个单元格，以创建横跨多列的表格标题。

(1)选择要合并的单元格。

(2)在“表格工具 | 布局”选项卡的“合并”组中，单击“合并单元格”按钮。

10. 拆分单元格

(1)在单个单元格内单击，或选择多个要拆分的单元格。

(2)在“表格工具 | 布局”选项卡的“合并”组中，单击“拆分单元格”按钮。

(3)输入要将选定的单元格拆分成的列数或行数。

11. 将表格拖动到新的位置

(1)在页面视图中，将指针停放在表格上，直至出现表格移动控点⊞。

(2)将指针停放在表格移动控点上方，直至指针变为四向箭头，然后单击该表格移动控点。

(3)将表格拖动到新的位置。

12. 复制表格并将其粘贴到新的位置

在将表格粘贴到新的位置时，可以复制或剪切该表格。复制表格时，将在原地保留原表格。剪切表格时，将删除原表格。

(1)在页面视图中，将指针停放在表格上，直至出现表格移动控点⊞。

(2)单击表格移动控点来选择表格。执行下列操作之一：要复制表格，单击“复制”按钮或按 Ctrl+C 键；要剪切表格，单击“剪切”按钮或按 Ctrl+X 键。

(3)将插入点置于要放置新表格的位置。

(4)单击“粘贴”按钮或按 Ctrl+V 键将表格粘贴到新的位置。

13. 绘制斜线表头

通过 Word 2010 中，只能绘制简单的斜线，可通过画笔添加斜线。

3.5.5 设置表格格式

表格建立后，Word 2010 提供了多种设置表格格式的方法。如果决定使用“表格样式”，则一次完成对表格格式的设置，甚至可以在实际应用样式之前，预览设置特定样式之后的表格外观。可以通过拆分或合并单元格、添加或删除列或行，或添加边框来为表格创建自定义外观。如果正在处理一个冗长的表格，可以在该表格所显示的每个页面上重复该表格的标题。

1. 使用“表格样式”设置整个表格的格式

创建表格后，使用“表格样式”来设置整个表格的格式。将指针停留在每个预先设置好格式的表格样式上，可以预览表格的外观。

(1)在要设置格式的表格内单击。

(2)在“表格工具”中，单击“设计”选项卡。

(3)在“表格样式”组中，将指针停留在每个表格样式上，直至找到要使用的样式为止。要查看更多样式，单击“其他”箭头▼。

(4)单击“样式”即可将其应用到表格。

在“表格样式选项”组中，选中或清除每个表格元素旁边的复选框，以应用或删除选中的样式。

2. 添加表格边框

(1) 在“表格工具”中，单击“布局”选项卡。
(2) 在“表”组中，单击“选择”按钮，再单击“选择表格”按钮。也可直接选择表格。
(3) 在“表格工具”中，单击“设计”选项卡。
(4) 在“表格样式”组中，单击“边框”按钮，然后，执行下列操作之一：
① 单击预定义边框集之一。
② 单击“边框和底纹”，单击“边框”选项卡，然后选择需要的选项。

3. 只给指定的单元格添加表格边框

(1) 选择需要的单元格，包括结束单元格标记。
(2) 在“表格工具”中，单击“设计”选项卡。
(3) 在“表格样式”组中，单击“边框”按钮，再单击要添加的边框。

4. 显示或隐藏网格线

在表格没有应用边框时，网格线在屏幕上显示表格的单元格边界。如果表格有边框时，隐藏表格的网格线，则无任何变化，因为网格线在边框的后面。与边框不同的是，网格线只在屏幕上显示，它们不会被打印出来。如果关闭网格线，则表格的显示与其打印结果相同。

在“表格工具 | 布局”选项卡的“表”组中单击“查看网格线”。

5. 在表格后面的页面中重复表格标题

在处理多页表格时，第 2 页以后的表格不会出现表格标题，为了方便阅读，可以对表格进行设置，以便表格的标题在每个页面显示。

重复的表格标题只在页面视图中和打印文档时可见，其操作方法如下：
(1) 选择标题行，该选择必须包含表格的第一行。
(2) 在“表格工具 | 布局”选项卡的“数据”组中，单击“重复标题行”按钮。

3.5.6 表格数据的排序和计算

1. 对表格内容排序

(1) 在页面视图中，单击表格中的任何单元格。
(2) 在“表格工具 | 布局”选项卡的“数据”组中，单击“排序”按钮。
(3) 在“排序”对话框中，设置有无标题行、关键字及其类型、升序或降序等。例如，选择“有标题行”、“主要关键字”为“数学”、“降序”，如图 3-104 所示。
(4) 单击“确定”按钮，结果如图 3-105 (b) 所示。原始表如图 3-105 (a) 所示。

2. 表格中的计算

在 Word 2010 中，简单的计算方法：单击表格中需要存放计算结果的单元格，然后单击“表格工具 | 布局 | 数据 | fx 公式”，选择“粘贴函数”中的具体函数，单击“确定”按钮。

注意： 公式中的 LEFT 是对左边的数据进行计算，ABOVE 是对上面的数据进行计算。

学号为 9901 同学的总分公式：=SUM(LEFT)，如图 3-106 所示。平均公式：=AVERAGE(C2,

D2)。单科平均中的外语公式：= AVERAGE(ABOVE)，其余的类似，结果如图 3-107 所示。在 Word 中，仅可对表中的数据进行简单的计算，若对大量的数据进行计算则最好用 Excel 软件。

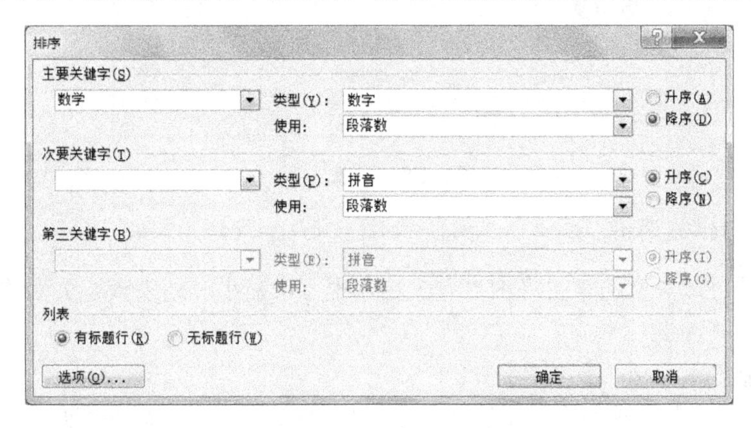

图 3-104 “排序”对话框

姓名	性别	外语	数学
张三	男	98	89
李四	女	89	87
王五	男	76	98

(a) 原表

姓名	性别	外语	数学
王五	男	76	98
张三	男	98	89
李四	女	89	87

(b) 排序后的表

图 3-105　数据排序

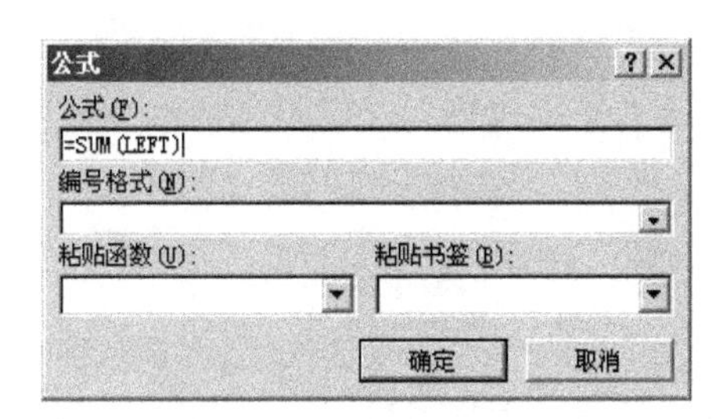

图 3-106 “公式”对话框

学号	性别	外语	数学	总分	平均
9901	男	89	95	184	92
9902	女	90	92		
9903	男	94	94		
单科平均		91			

图 3-107　表格计算效果

3.6 文 档 视 图

所谓视图，就是 Word 文档在屏幕上的显示方式，Word 2010 提供页面视图、阅读版式视图、Web 版式视图、大纲视图、草稿视图 5 种方式。根据不同情况，采用不同的视图方式。

1. 不同视图之间切换

(1) 单击状态栏上的“视图快捷方式”图标，如图 3-108 所示。

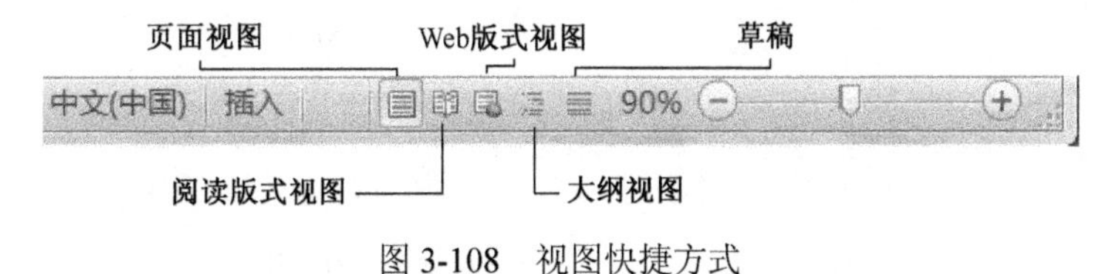

图 3-108　视图快捷方式

(2) 单击“视图”选项卡的“文档视图”组中的“视图”图标，如图 3-109 所示。

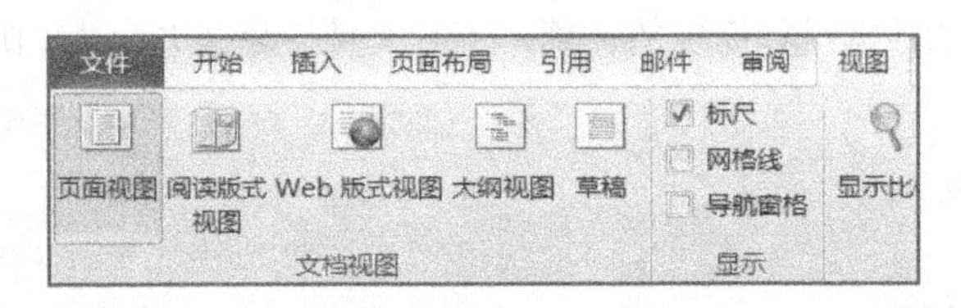

图 3-109　视图方式

2. 文档显示比例调整

用户可以通过放大文档来更仔细查看文档，也可以缩小文档来查看页面的整体效果或更多内容。

1) 快速调整显示比例

(1) 单击状态栏上右侧的“显示比例”工具中 100% 的 缩小显示比例、增大显示比例、中间的任意位置单击都可改变显示比例，还可以拖动滑块改变显示比例。

(2) 拖动滑块滑动到所需的百分比位置。

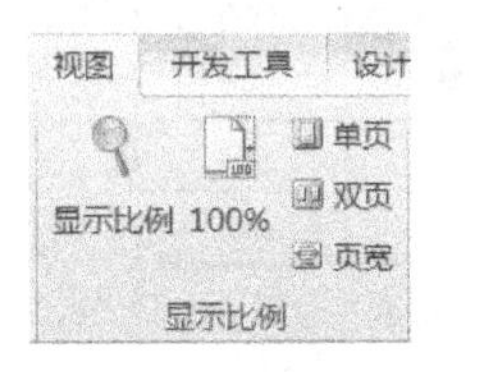

图 3-110　“显示比例”工具

2) 特定的显示比例

选择在屏幕上查看文档的多少内容，可以执行下列操作之一：

(1) 在“视图”选项卡的“显示比例”组中，单击“100%”。

(2) 在“视图”选项卡的“显示比例”组中，单击“单页”、“双页”或“页宽”，如图 3-110 所示，其中非常有用的是“单页”，计算机会自动调整大小以适合页面的大小。

(3) 在“视图”选项卡的“显示比例”组中，单击“显示比例”，然后输入一个百分比或选择所需的任何其他设置。

3. 标尺、网格线、导航窗格

“显示”组中有标尺、网络线、导航窗格3个复选框。标尺选中与否决定是否显示窗口的标尺。网络线选中与否决定页面是否有网格线。导航窗格选中与否决定是否出现左边的导航窗格。选中标尺、网格线、导航窗格，效果如图 3-111 所示，其中导航窗格在长文档的编辑排版中非常有用。没有选中标尺、网格线、导航窗格，效果如图 3-112 所示。

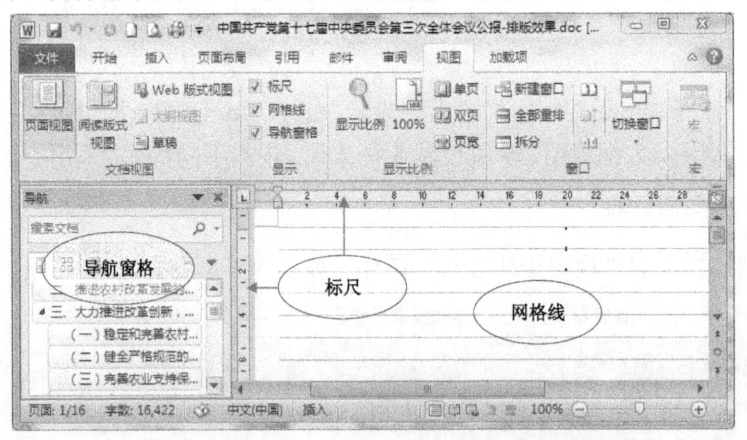

图 3-111　选中标尺、网格线及导航窗格的效果

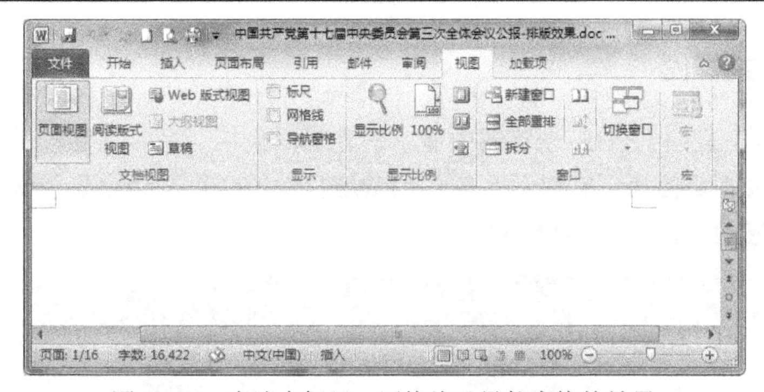

图 3-112　未选中标尺、网格线及导航窗格的效果

3.6.1　页面视图

页面视图是 Word 2010 的默认视图方式，在编辑区中所看见的文档内容和最后打印出来的效果一致，这就是“所见即所得”，它能显示页边距、页眉、页脚及页码等信息，如图 3-113 所示，它是编辑过程中通常采用的视图方式。

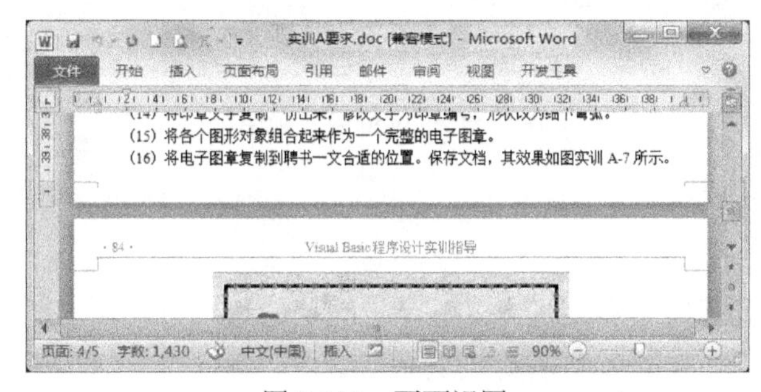

图 3-113　页面视图

3.6.2　阅读版式视图

阅读版式视图供用户在计算机屏幕上阅读，它以全屏方式显示，利用最大的空间来阅读或批注文档，也可以突出显示内容、修订、添加批注及审阅修订，也可以对字体进行放大与缩小，如图 3-114 所示。要退出阅读版式，单击窗口右上角的“关闭”按钮或按 Esc 键。

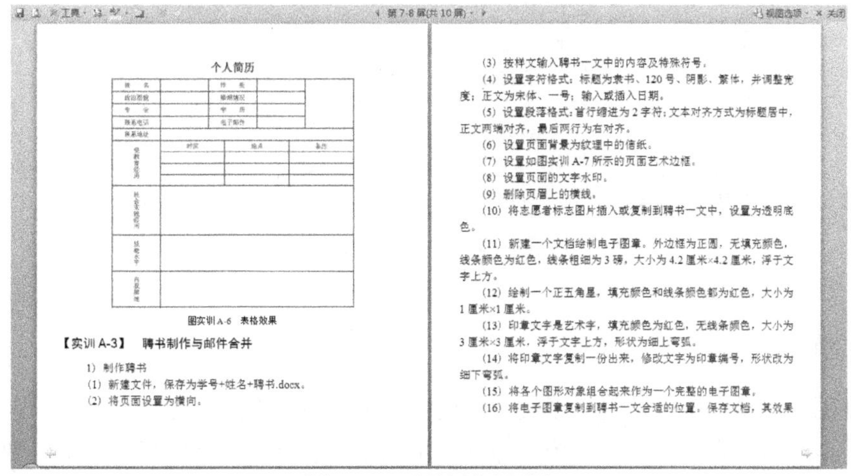

图 3-114　阅读版式视图

3.6.3 Web 版式视图

Web 版式视图是文档在 IE 浏览器中显示的外观，包括背景、文字、图形。该视图中没有分页线、页眉页脚等信息，它以适合窗口的宽度自动改变页边距来显示文本，只有垂直滚动条，没有水平滚动条，如图 3-115 所示。

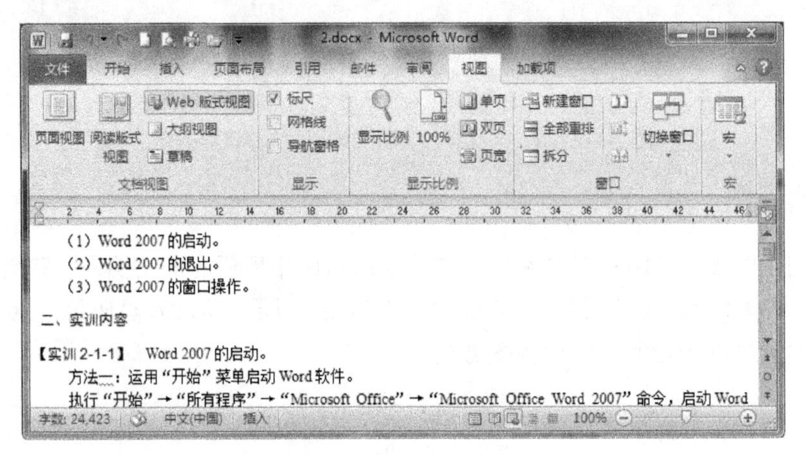

图 3-115　Web 版式视图

3.6.4 大纲视图

大纲视图以分级显示符号和缩进方式显示了文档的组织方式，出现“大纲”选项卡，显示大纲工具。方便用户快速查看和重新组织文档结构，可以在大纲视图中上下移动标题和文本，也可以通过使用“大纲”工具栏上的按钮来提升或降低标题和文本，还可以通过上下左右拖动分级显示符来重新组织文档，大纲视图主要用于长文档的编辑排版，如图 3-116 所示。

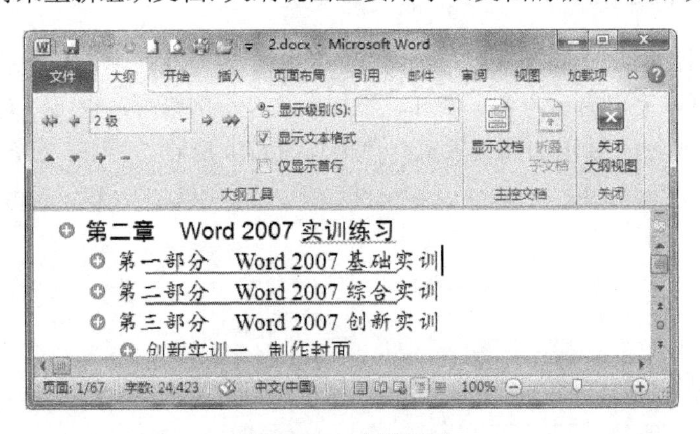

图 3-116　大纲视图

3.6.5 草稿

草稿视图中，最大限度地显示了文本的内容，整个内容都连续地显示在编辑区中，用户可以很方便地编辑文本，分页符变为一虚线，不显示页眉页脚，其图形处理也受到限制，如图 3-117 所示。

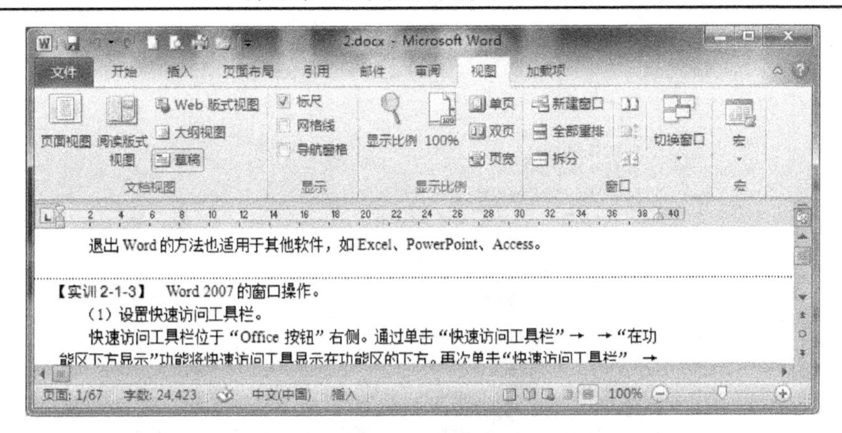

图 3-117　草稿视图

3.6.6　打印预览

为了避免打印耗材的浪费，打印前一定要进行打印预览操作。通过预览可以查看到文档打印到页面上的实际效果，如果对打印预览效果不满意，返回编辑状态进行修改。

打印预览的操作方法：

(1) 单击“文件 | 打印”命令，直接预览页面内容。

(2) 单击快速访问工具栏上的“打印预览”按钮可以在打印前预览页面。

3.7　Word 高级应用

3.7.1　自动更正

利用“自动更正”功能可以更正输入拼写错误的单词，还可以插入符号及其他文本。在默认情况下，“自动更正”使用一个典型错误拼写和符号的列表进行设置，可以修改“自动更正”所用的列表。

1. 自动检测并更正输入的错误单词

例如，如果输入 teh 和一个空格，则“自动更正”将其替换为 the。如果输入 This is teh house 和一个空格，则将其自动更正为 This is the house。

2. 快速插入符号

例如，输入“(c)”即 可插入©符号。如果内置自动更正项的列表中没有包含所需的符号，可以向列表中添加项。

3. 创建自动更正词条

向“自动更正”列表中添加文本的步骤如下：

(1) 单击“文件”，然后单击“选项”。

(2) 单击“校对”选项卡，单击右边窗格中的“自动更正选项”按钮。

(3) 单击“自动更正”选项卡，如图 3-118 所示。

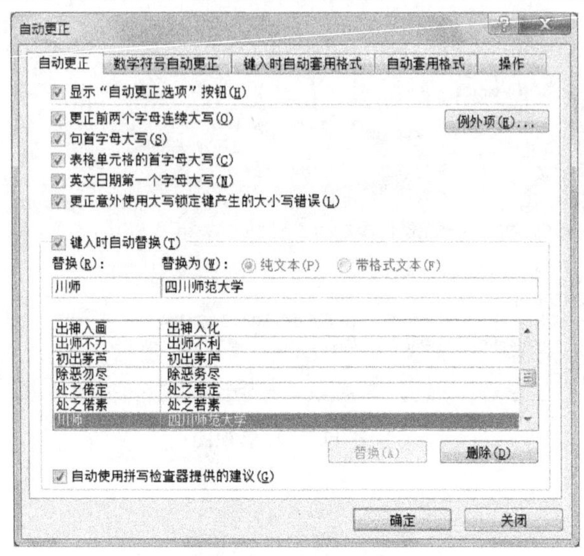

图 3-118 “自动更正”对话框

(4) 在“替换”中输入要被替换的内容，在“替换为”中输入将要替换的内容，如将“川师”替换为“四川师范大学”。

(5) 单击“添加”按钮，再单击“确定”按钮，以后输入“川师”后，计算机会自动替换为“四川师范大学”。

同时可设置 scnu 替换为 Sichuan Normal University，以后工作中采用此方法可用简写方式输入长的固定短语。

3.7.2 脚注、尾注与批注

1. 脚注

脚注是对文档内容进行注释说明，如古文的注释。其方法是在需要插入脚注，对文字进行解释说明的文字之后单击“引用 | 脚注 | 插入脚注”命令，输入内容即可。

例如，在“省”的后面插入脚注的步骤如下：

(1) 将光标移动到“省”的后面，如图 3-119 所示。

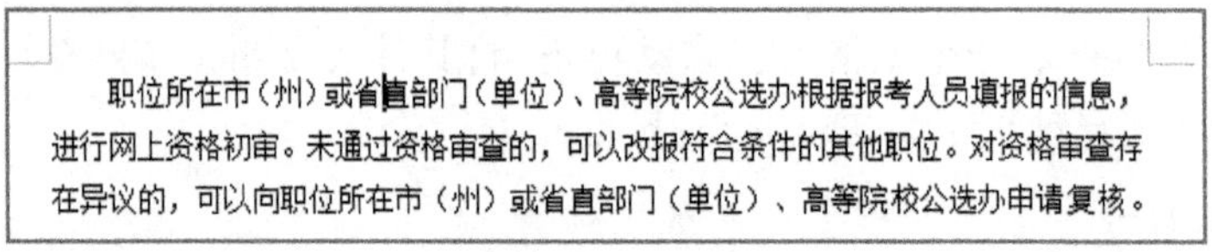

职位所在市（州）或省直部门（单位）、高等院校公选办根据报考人员填报的信息，进行网上资格初审。未通过资格审查的，可以改报符合条件的其他职位。对资格审查存在异议的，可以向职位所在市（州）或省直部门（单位）、高等院校公选办申请复核。

图 3-119 插入脚注

(2) 单击“引用 | 脚注 | 插入脚注”命令。

(3) 输入“指的是四川省”，效果如图 3-120 所示。

图 3-120 插入脚注效果

(4) 文档内容部分“省”右上角出现上标 1，如 职位所在市（州）或省[1]直部门（单位）。

2. 尾注

尾注是说明引用的文献，在论文写作中最为常用，在文章尾部的参考文献一般采用尾注。它的操作方法与脚注基本相同，唯一不同的地方是选择“插入尾注”命令。这里不再讲解。

3. 批注

批注是文章的作者或审阅者在文档中添加的注释。

例如，对高等院校添加批注的方法如下：

(1) 选中“高等院校”。

(2) 单击“审阅 | 批注 | 新建批注”命令。

(3) 在批注中输入内容“是指四川师范大学、成都理工大学……”。其结果如图 3-121 所示。

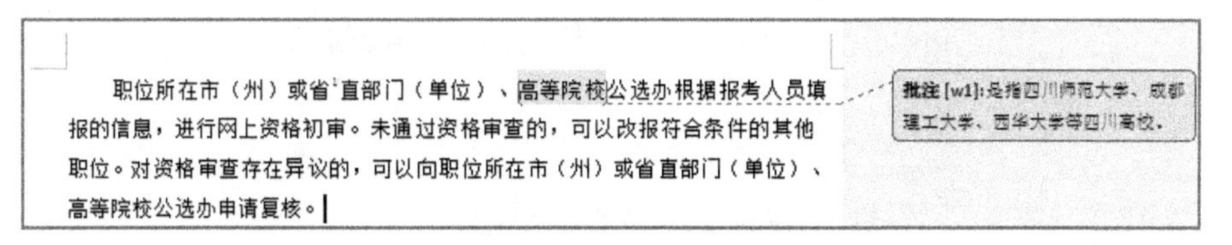

图 3-121　插入批注

3.7.3 文档目录

1. 大纲工具

大纲视图会自动显示大纲工具，如图 3-122 所示，通过工具设置大纲级别，一般设置为 1～3 级。若想改变大纲的级别，可以重新设置级别，或通过升级工具或降级工具来实现。

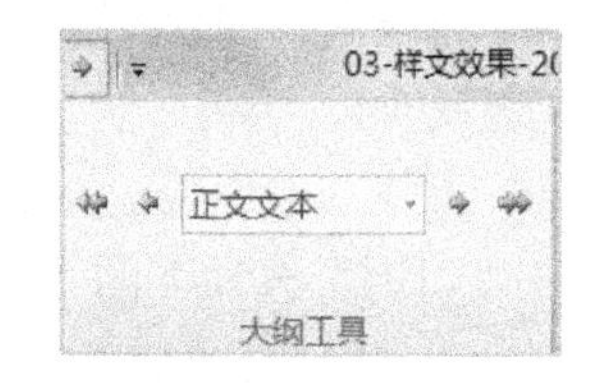

图 3-122　大纲工具

在快速访问工具栏中添加大纲工具的方法，单击快速访问工具栏右侧向下的箭头，选择“其他命令”，在“从下列位置选择命令”选择“大纲”选项卡，从列表中选择“大纲工具”，单击“添加”按钮，再单击“确定”按钮，如图 3-121 所示。此时，大纲工具会显示在快速访问工具栏的右侧。

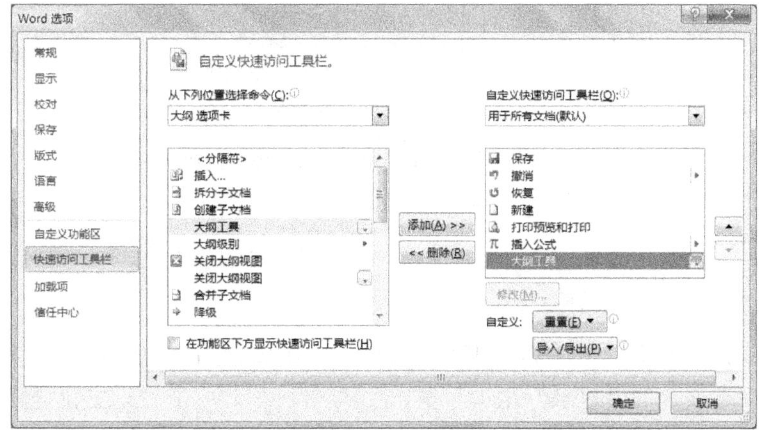

图 3-123　Word 选项-添加大纲工具

2. 创建目录

在写毕业论文或以后的工作中处理较长的文档，要求创建目录，最简单的方法是通过设置标题样式(如标题 1、标题 2 和标题 3)来创建目录项，还可以通过工具标记目录项，然后在“引用”选项卡中使用“目录工具”来创建。

1)标记目录项

创建目录最简单的方法是使用内置的标题样式，标题样式是用于标题的格式设置。Word 2010 中有 9 个不同的内置样式，分别是标题 1～9，也可以通过设置大纲级别来标记目录项。

(1)采用标题样式标记目录项。选中需要标记目录项的行或将光标定位在该行，在“开始”选项卡的“样式”组中，单击所需的样式，根据实际需要设置“标题 1”或“标题 2”或“标题 3”样式等，如图 3-124 所示。

图 3-124　样式组中的样式

如果样式组中没看到所需的样式，单击箭头展开“快速样式”库。

如果所需的样式没有出现在“快速样式”库中，则单击“应用样式”或按 Ctrl+Shift+S 键打开“应用样式”任务窗格。在“样式名”下，单击所需的样式。

(2)通过大纲工具定义目录项。在需要定义目录项的行单击或选定该行，使用“大纲工具”来设置目录级别。也可单击“引用 | 目录 | 添加文字”命令，根据实际需要选择“1 级、2 级或 3 级”。

标记了目录项之后，就可以生成目录了。单击要插入目录的位置，通常在文档的开始处。在“引用”选项卡的“目录”组中，单击“目录”，如图 3-125 所示。然后单击所需的目录样式-自动目录或插入目录，效果如图 3-126 所示。

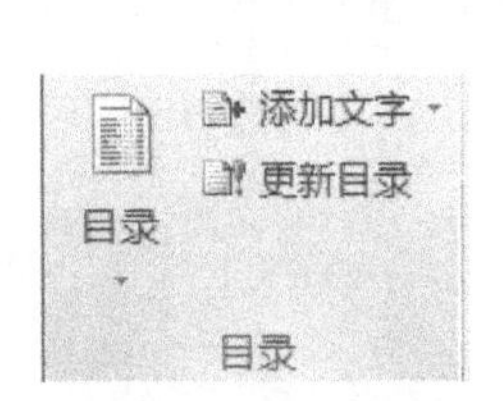

图 3-125　目录工具

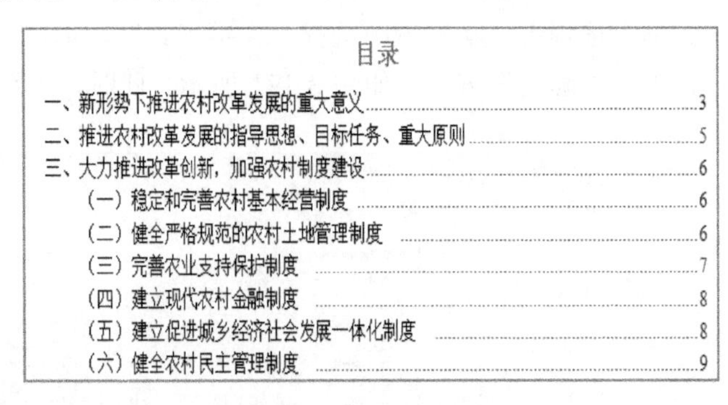

图 3-126　目录效果

2)更新目录

如果添加或删除了文档中的标题或其他目录项，则要使用“更新目录”功能。

在“引用”选项卡的“目录”组中，单击 更新目录 ，单击“只更新页码”或“更新整个目录”。

3) 删除目录

在“引用”选项卡的“目录”组中，单击“目录 | 删除目录”。

3.7.4　邮件合并

在工作中，经常遇到将相同的信函内容发送给不同的人的情况，如录取通知书、学术研讨会的通知，其很少一部分内容如姓名、地址等是不相同的。如何快速制作出这样的信函与信封呢？这就需要使用“邮件合并”功能来完成这种任务，它将大大提高工作效率。

邮件合并的方法是，首先制作主文档(信函中相同的部分)与数据源文档(不同的部分)，然后使用“邮件”选项卡中的命令将主文档与数据源文档合并。

(1) 打开或制作主文档——“录取通知书”，如图 3-127 所示。

四川师范大学

录取通知书

____同学：

你已被我校____学院，____专业录取为 2013 级新生，请你在 2013/9/10 到我校报到。

四川师范大学

2013/8/6

图 3-127　主文档

(2) 单击“邮件 | 开始邮件合并 | 开始邮件合并 | 信函”命令。

(3) 选择“选择收件人 | 使用现有列表”，找到数据源“录取数据”文档，“打开”，单击“确定”按钮。

(4) 在主控文档中，将光标移动到“同学”前，单击“插入合并域”下的“姓名”；再将光标移动“学院”前，单击“插入合并域”下的“学院”；用相同的方法插入专业。

«姓名» 同学：

你已被我校 «学院» 学院，«专业» 专业录取为 2013 级新生，请你在 2013/9/10 到我校报到。

(5) 单击“预览结果”。

李小勇 同学：

你已被我校 音乐 学院，声乐 专业录取为 2013 级新生，请你在 2013/9/10 到我校报到。

(6) 单击“完成并合并 | 编辑单个文档”，选择“全部”，单击“确定”按钮，缩小比例后，效果如图 3-128 所示。

除上述方法外，还可以利用邮件合并分步向导来进行邮件合并。

图 3-128　邮件合并步骤

3.8　页面设置与文档打印

3.8.1　分栏、分页、分节

1. 分栏

在默认情况下，文档只有一栏，通常许多杂志将文档分为两栏或多栏，其分栏的方法很简单。

文档分栏的实际步骤如下：

(1)选定需要分栏的内容，如图 3-129 所示。

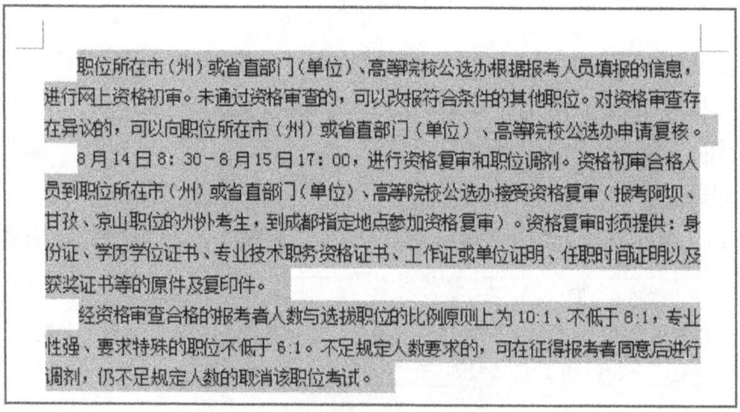

职位所在市（州）或省直部门（单位）、高等院校公选办根据报考人员填报的信息，进行网上资格初审。未通过资格审查的，可以改报符合条件的其他职位。对资格审查存在异议的，可以向职位所在市（州）或省直部门（单位）、高等院校公选办申请复核。

8 月 14 日 8：30－8 月 15 日 17：00，进行资格复审和职位调剂。资格初审合格人员到职位所在市（州）或省直部门（单位）、高等院校公选办接受资格复审（报考阿坝、甘孜、凉山职位的州外考生，到成都指定地点参加资格复审）。资格复审时须提供：身份证、学历学位证书、专业技术职务资格证书、工作证或单位证明、任职时间证明以及获奖证书等的原件及复印件。

经资格审查合格的报考者人数与选拔职位的比例原则上为 10:1、不低于 8:1，专业性强、要求特殊的职位不低于 6:1。不足规定人数要求的，可在征得报考者同意后进行调剂，仍不足规定人数的取消该职位考试。

图 3-129　分栏前的效果

(2)单击“页面布局 | 页面设置 | 分栏 | 两栏”命令(图 3-130)，效果如图 3-131 所示。

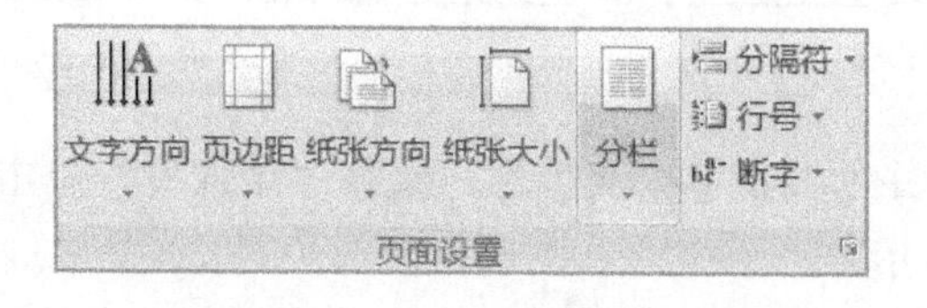

图 3-130　分栏工具

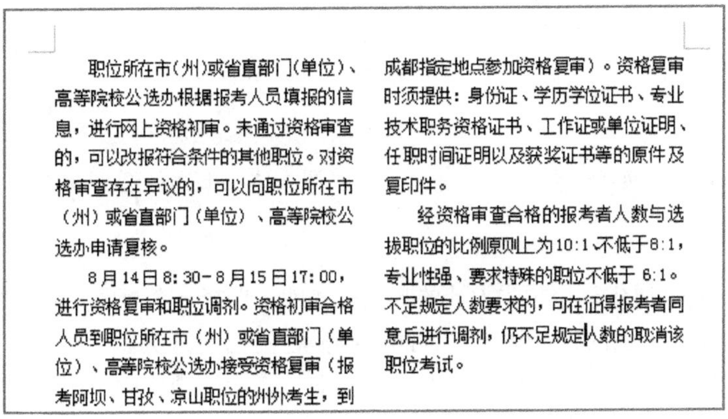

职位所在市(州)或省直部门(单位)、高等院校公选办根据报考人员填报的信息，进行网上资格初审。未通过资格审查的，可以改报符合条件的其他职位。对资格审查存在异议的，可以向职位所在市（州）或省直部门（单位）、高等院校公选办申请复核。

8月14日8:30-8月15日17:00，进行资格复审和职位调剂。资格初审合格人员到职位所在市（州）或省直部门（单位）、高等院校公选办接受资格复审（报考阿坝、甘孜、凉山职位的州外考生，到成都指定地点参加资格复审）。资格复审时须提供：身份证、学历学位证书、专业技术职务资格证书、工作证或单位证明、任职时间证明以及获奖证书等的原件及复印件。

经资格审查合格的报考者人数与选拔职位的比例原则上为10:1，不低于8:1，专业性强、要求特殊的职位不低于6:1。不足规定人数要求的，可在征得报考者同意后进行调剂，仍不足规定人数的取消该职位考试。

图 3-131　分栏后的效果

还可对“分栏”对话框进行设置，“分栏”按钮下拉列表中有一栏、两栏、三栏、左、右、更多分栏。“分栏”对话框如图 3-132 所示，最多可分 11 栏，还可调整每栏的宽度，以及中间增加分隔线等。

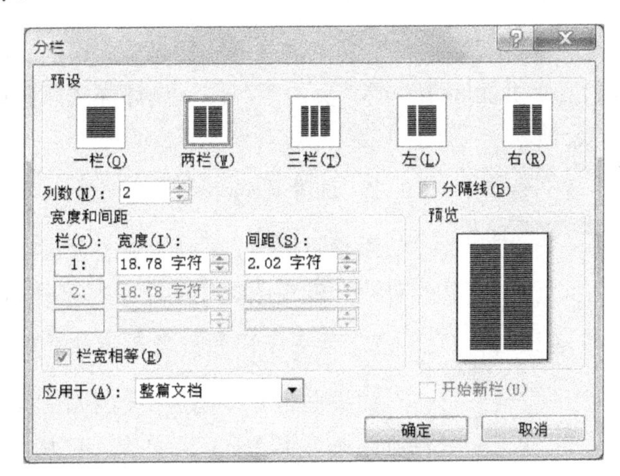

图 3-132　“分栏”对话框

2. 插入分页符

在文档中的任何位置都可以插入分页符，单击要开始新页的位置。在“插入”选项卡的“页”组中，单击“分页”按钮，如图 3-133 所示。还可以使用“页面布局 | 页面设置 | 分隔符 | 分页符”命令进行分页。

3. 插入分节符

使用分节符可以改变文档中一个或多个页面的版式或格式。例如，在文档中，大部内容都是纵向排版，但其中几页需要横向排版，这时需要插入分节符来实现此目标。还有文档中不同的章节要求创建不同的页眉或页脚，也需要通过插入分节符来实现。其方法是：单击“页面布局 | 页面设置 | 分隔符 | 分节符”中的命令，如图 3-134 所示。

分节符用于在部分文档中实现版式或格式更改，它可以更改每节的页眉和页脚、页边距、纸张大小或方向、页面边框、页码编号、脚注和尾注等。

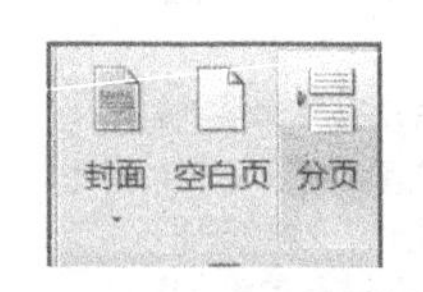

图 3-133 页-分页

图 3-134 页面设置-分隔符

4. 添加封面

Office Word 2010 提供一个预先设计的封面样式库，选择一个封面并用内容替换示例文本。无论光标出现在文档的什么地方，封面始终插在文档的开头。

在“插入”选项卡的“页”组中，单击“封面”，在选项库中单击“封面布局”，插入封面后，可用内容替换示例文本。

3.8.2 插入页码

页码一般添加到文档的底部、顶部或页两侧。

1. 插入页码

在“插入”选项卡的“页眉和页脚”组中，单击“页码”。根据页码在文档中显示的位置，单击“页面顶端”、“页面底端”或“页边距”。从设计样式库中选择页码编号设计。样式库中包含“X/Y”选项。

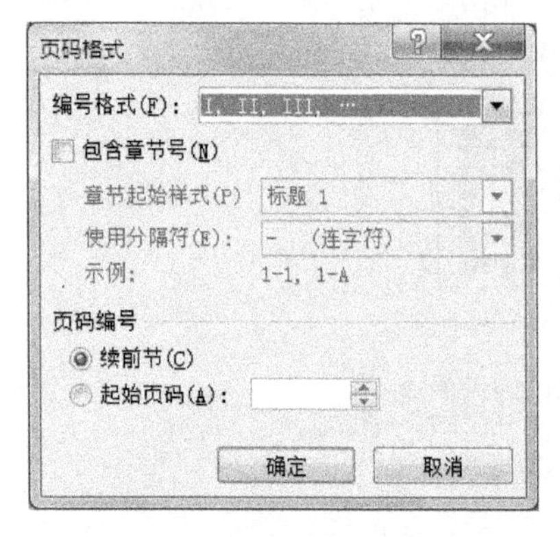

图 3-135 “页码格式”对话框

2. 设置页码格式

添加页码后，可以像更改页眉或页脚中的文本一样更改页码，或更改页码的格式、字体和大小。

3. 使用不同的数字开始对页码进行编号

如果向带有页码的文档中添加封面，则原来的第 1 页将自动编为第 2 页；若希望文档从第 1 页开始编码，单击文档中的任何位置，在“插入”选项卡上的“页眉和页脚”组中，单击“页码”，单击“设置页码格式”，在“起始页码”框中输入页码“1”即可，如图 3-135 所示。

3.8.3 设置页眉和页脚

1. 插入页眉和页脚

页眉和页脚是文档中每个页面的顶部、底部和两侧页边距(页边距：页面上打印区域之外的空白空间)中的区域，如图 3-136 所示。在不分节的简单文档中，可以插入、更改和删除页眉和页脚。

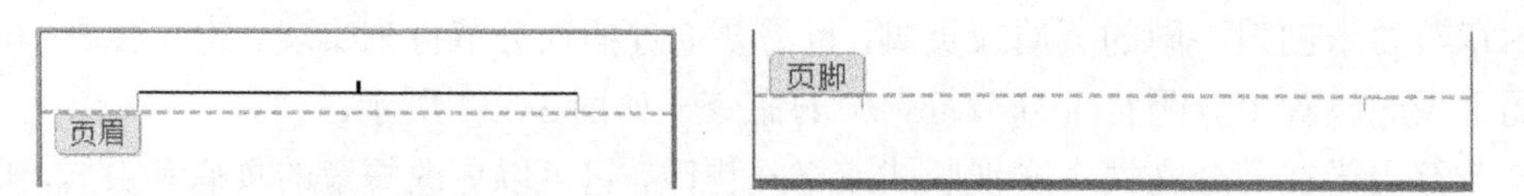

图 3-136 页眉和页脚效果

在页眉和页脚中可以插入或更改文本或图形。例如，添加页码、时间和日期、公司徽标、文档标题、文件名或作者姓名。

2. 在整个文档中插入相同的页眉和页脚

(1) 在“插入”选项卡的“页眉和页脚”组中，单击“页眉”或“页脚”按钮，如图 3-137 所示。

(2) 单击所需的页眉或页脚设计。

(3) 插入页码或输入其他文本，或插入图形。

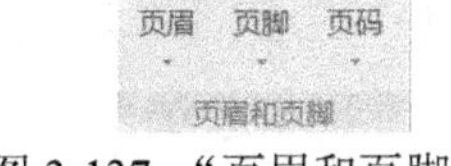

图 3-137 “页眉和页脚”组

3. 删除首页中的页眉或页脚

在“页面布局”选项卡中单击“页面设置”对话框启动器，然后单击“版式”选项卡。选中“页眉和页脚”中的☑首页不同(P)复选框，页眉和页脚就从文档的首页中删除。

4. 插入奇偶页不同的页眉或页脚

在课本中，经常会出现在奇数页上使用书名，而在偶数页上使用章节内容。

在“页面布局”选项卡中单击“页面设置”对话框启动器，然后单击“版式”选项卡。选中☑奇偶页不同(O)复选框，确定后，即可在偶数页上插入用于偶数页的页眉或页脚，在奇数页上插入用于奇数页的页眉或页脚。

5. 删除页眉或页脚

单击文档中的任何位置，在“插入”选项卡的“页眉和页脚”组中单击“页眉”或“页脚”。单击“删除页眉”或“删除页脚”，页眉或页脚就从整个文档中删除。但页眉中的下划线没有删除，此线本质上是段落下框线，这时选中线上方的段落标记，单击“开始 | 段落 | 下框线 | 无框线(N)”命令，即可将线删除，效果如图 3-138 所示。

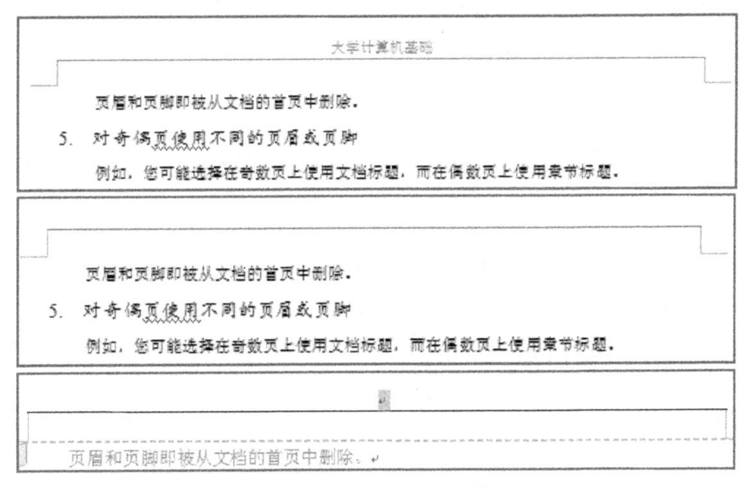

图 3-138 删除页眉或页脚的步骤

6. 创建不同的页眉或页脚

要创建不同的页眉或页脚，首先要插入分节符，其方法是单击“页面布局 | 分隔符 | 分节符 | 下一页 | 连续”命令。其次，在创建不同页眉或页脚的节内单击。在“插入”选项卡的“页眉和

页脚”组中，单击“页眉”或“页脚”，再单击“编辑页眉”或“编辑页脚”。在“页眉和页脚工具 | 设计”选项卡的“导航”组中，单击链接到前一条页眉，以便断开新节中的页眉和页脚与前一节中的页眉和页脚之间的链接，更改本节现有的页眉或页脚或创建新的页眉或页脚。

3.8.4　设置页面格式

页边距是页面四周的空白区域。通常可以在页边距中插入文字和图形，也可以将页眉、页脚和页码等放在页边距中。

1. 页边距选项

既可以使用默认的页边距，也可以自己指定页边距。更改或设置页边距的方法是：在“页面布局”选项卡的“页面设置”组中，单击“页边距”按钮，如图 3-139 所示。单击所需的页边距类型。对于常见的页边距宽度，单击“普通”按钮，也可以选择“自定义边距”命令。

用户自定义页边距设置。单击“页边距”，然后在“上”、“下”、“左”和“右”框中，输入新的页边距值，如图 3-140 所示。

图 3-139　“页面设置”组

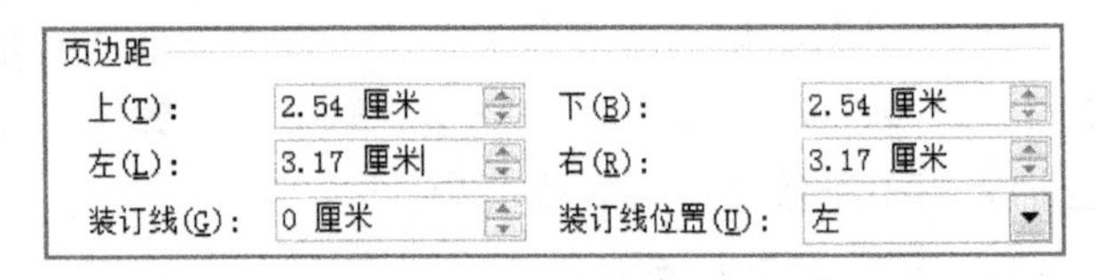

图 3-140　“页边距”对话框

若更改文档中某一部分的边距，则选择相应文本，然后在“页面设置”对话框中输入新的边距，从而设置所需边距。在“应用于”框中，单击“所选文本”。 Word 2010 自动在应用新页边距设置的文本前后插入分节符(分节符：为表示节的结尾插入的标记。分节符包含节的格式设置元素，如页边距、页面的方向、页眉和页脚，以及页码的顺序)。如果文档已划分为若干节，可以单击某个节或选择多个节，然后更改页边距。

2. 文字方向

在“页面布局”选项卡的“页面设置”组中，单击“文字方向”。单击“垂直”或“水平”。

3. 更改纸张方向

选择要更改为纵向或横向的页或段落，在“页面布局”选项卡的“页面设置”组中，单击“纸张方向”，选“横向”或“纵向”。也可在“页边距”选项卡中，单击“纵向”或“横向”，在“应用于”列表中，单击“所选文字”。

3.8.5　页面背景

1. 添加水印

水印是出现在文档文本后面的文字或图片。使用文字水印，可以从内置短语中选择，也可以自行输入。使用图片水印时，选择“淡化”或“冲蚀”以免影响文档文本效果。

在文档中添加文字水印，水印只能在页面视图和全屏阅读视图下或在打印的页面中显示。可以从水印文本库中插入预先设计好的水印，或插入一个带自定义文本的水印。

(1) 在“页面布局”选项卡的“页面背景”组中，单击“水印”按钮，如图 3-141 所示。

(2) 单击水印库中的一个预先设计好的水印，如“严禁复制”。

(3) 单击“自定义水印”。

①设置文字水印。单击“文字水印”，然后输入文字，如“四川师范大学”，设置字体、颜色、半透明、版式等，如图 3-142 所示。

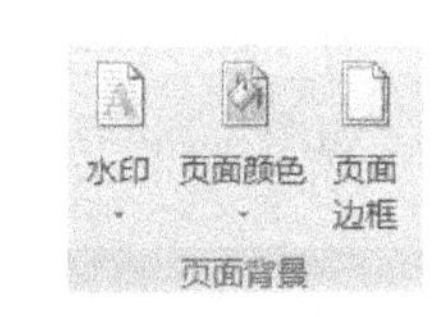

图 3-141 “页面背景”组

②设置图片水印。单击“图片水印”，然后单击“选择图片”，选择所需图片，再单击“插入”按钮。选择“冲蚀”复选框，淡化图片以免影响文本。

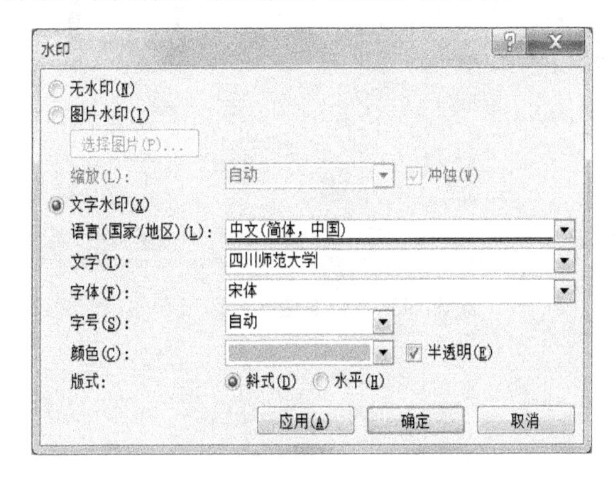

图 3-142 “水印”对话框

2. 删除水印

(1) 在“页面布局”选项卡的“页面背景”组中，单击“水印”按钮。

(2) 单击“删除水印”按钮。或在自定义水印中，选择“无水印”。

3. 设置页面背景色或背景图案

背景或页面颜色主要用在 Web 浏览器中，为联机查看创建更有趣味的背景。也可以在 Web 版式视图和大多数其他视图中显示背景，大纲视图除外。

用户可以为背景应用渐变、图案、图片、纯色或纹理。渐变、图案、图片和纹理将进行平铺或重复以填充页面。

(1) 在“页面布局”选项卡的“页面背景”组中，单击“页面颜色”。

(2) 执行下列任一操作：

①在“主题颜色”或“标准颜色”下方单击所需颜色。

②单击“填充效果”更改或添加特殊效果，如渐变、纹理或图案。

4. 删除背景

(1) 在“页面布局”选项卡的“页面背景”组中，单击“页面颜色”。

(2) 单击“无颜色”。

5. 设置页面边框

在 Word 2010 中，边框可以加强文档各部分的效果，使其具有吸引力。页面边框可以是

线或艺术型边框。其方法是：单击“页面布局 | 页面背景 | 页面边框”命令，打开“边框和底纹”对话框，选择“页面边框”选项卡下的“线型边框”或“艺术边框”，单击“确定”按钮，如图 3-143 所示。

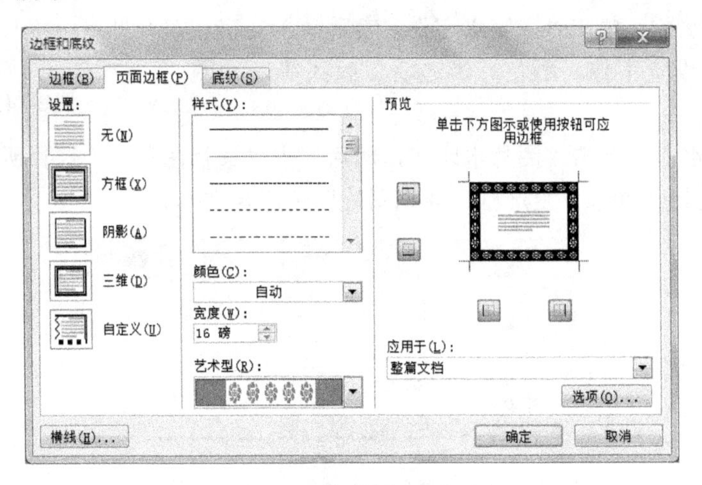

图 3-143　“页面边框”选项卡

3.8.6　打印输出

1. 打印文件

打印预览满意后，可将文档打印到纸上了，单击“文件”，再单击“打印”，出现“打印”设置页面，如图 3-144 所示。打开“打印”设置页面的快捷键为 Ctrl+P。

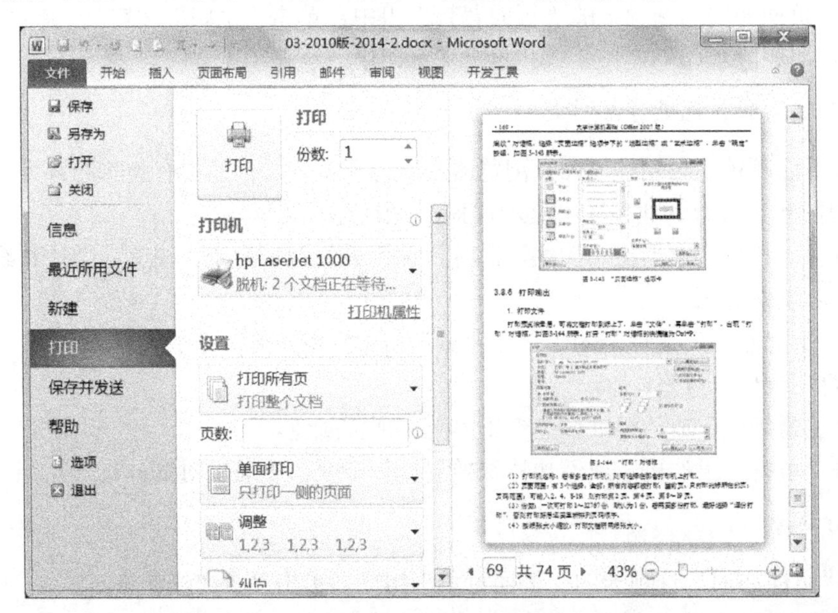

图 3-144　“打印”设置页面

(1) 打印机：若有多台打印机，则可选择在哪台打印机上打印。

(2) 设置：可选择打印所有页，打印当前页等。

(3) 份数：一次可打印 1～32767 份，默认为 1 份。若需要多份打印，最好选择“逐份打印”，否则打印好后还要重新排列页码顺序。

(4) 按纸张大小缩放：打印文档所需纸张大小。方法是“文件｜打印｜每版打印 1 页｜缩放至纸张大小”选择相应纸张大小。

若不使用“打印”对话框打印，单击“文件｜打印”旁的箭头，然后单击“快速打印”。

2. 手动双面打印

目前，大部分打印机不能进行自动双面打印，默认为单面打印，对不能进行自动双面打印的可以进行手动双面打印。在“打印”对话框中选中“手动双面打印”复选框，将打印奇数页面，然后提示将纸叠翻过来，再重新装入打印机中打印偶数页面。

3. 取消打印

若打印过程中发现出错或发错了打印命令，要取消打印操作，需要在任务栏中，右击打印机图标 ，选择打开所有活动打印机(A)，出现“打印机”对话框，如图 3-145 所示，右击文件，在弹出的快捷菜单中选择“取消”命令则可取消打印文件。

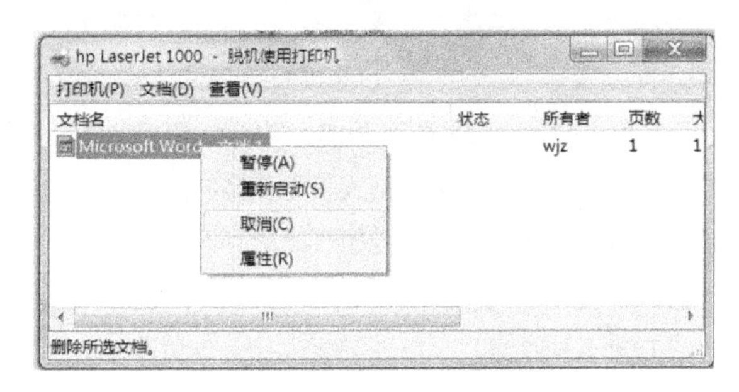

图 3-145　取消打印任务

习　题　三

一、判断题(正确填写“A”，错误填写“B”)

1. Word 2010 只能编辑文字，不能编辑图片。(　　)

2. 用户可以将 Word 2010 文件另存为文本文件。(　　)

3. 在 Word 2010 中，页面视图下用户看到效果与文档的打印效果不一样。(　　)

4. 在 Word 2010 中，最近使用的文档数可以是 89 个。(　　)

5. 在 Word 2010 中，可以对文件加密。(　　)

6. 在 Word 2010 中，同一行文字不能使用不同的字体和字号。(　　)

7. 在 Word 2010 中，按 Ctrl+Home 键可把插入点移到文档的开头。(　　)

8. 在文本选定区单击可选定一行文字。(　　)

9. 利用“格式刷”工具 可以删除文字或图片，让屏幕干干净净。(　　)

10. 利用水平标尺上的缩进标志可以快速设置段落的缩进。(　　)

11. 在 Word 2010 的编辑状态中，文档窗口显示出水平标尺，拖动水平标尺上沿的“首行缩进”滑块，则文档中被选择的各段落首行起始位置都重新确定。(　　)

12. 在 Word 2010 中，设置项目编号后，增加、移动或删除其中部分，会自动调整编号。（　　）

13. 在 Word 2010 中，插入的图片，其文字环绕方式有四周型、嵌入型、衬于文字下方等。（　　）

14. 在 Word 2010 中“空白文档”模板是适用于任何类型文档的通用模板。（　　）

15. 在 Word 2010 中，要给文档添加页脚，选择“插入”选项卡中的“页脚”命令。（　　）

16. 在 Word 2010 中，需要输入特殊的符号，可以使用“插入”选项卡中的“符号”命令。（　　）

17. 在 Word 2010 中，可插入横排或竖排文本框。（　　）

18. 在 Word 2010 中，既可以插入文中日期格式的“2012 年 6 月 30 日星期六”日期，也可以插入西文格式的日期格式“Saturday, June 30, 2012”日期。（　　）

19. 在 Word 2010 中编辑文档时，插入的图片默认为嵌入式。（　　）

20. 在 Word 2010 中，插入的文本框的边框线是可以去掉的。（　　）

21. Word 2010“插入”选项卡可以插入页码、图片、文本框、表格等。（　　）

22. 在 Word 2010 文档中绘制的自选图形，其版式默认为“浮于文字上方”。（　　）

23. 在 Word 2010 中使用分栏功能，各栏之间的距离可以调整宽度。（　　）

24. 在 Word 2010 中创建表格后，按住 Alt 键拖动边框线，可以在标尺上显示行高或列宽的值。（　　）

25. 在 Word 2010 中，选择“文件 | 关闭”命令，将关闭当前打开的文档，同时退出 Word 程序窗口。（　　）

26. Word 2010 文档中，艺术字是作为文本框处理的，并且可以更改其艺术字样式。（　　）

27. 在 Word 2010 文档中，不能将某一文字的格式采用替换的方式将其变为红色并加粗。（　　）

28. 在“段落”对话框中设置段间距时，若本段的“段后”设为 1 行，下一段的“段前”设为 1 行，这两段的段间距为 2 行。（　　）

29. 在 Word 2010 中，在自动生成文章目录前一般要进行分节和设置页眉页脚。（　　）

30. Word 2010 具有自动生成目录的功能，利用这一功能可以实现目录的制作。（　　）

31. Word 2010 的 SmartArt 图形有列表、流程、循环、层次结构、关系等样式。（　　）

32. 利用 Word 2010 对图片的处理功能，可以制作倒影效果。（　　）

33. 利用 Word 2010 的“邮件合并”功能，快速实现按相同格式填写学生成绩通知单。（　　）

34. 利用“页面布局”选择卡，可以调整文字方向、页边距、纸张方向大小等。（　　）

35. Word 2010 具有“水印”功能，水印只能是文字。（　　）

二、单项选择题

1．Office 2010 是 Microsoft 公司推出的划时代的________软件。

A．多媒体信息处理　　B．图像处理　　C．图表处理软件　　D．智能办公

2．为了使用户能更容易找到并使用程序提供的功能，Office 2010 使用_____提供面向结果的方法。

A．库　　B．选项卡　　C．功能区　　D．浮动工具

3．Office 2010 将“文档”保存、打开、加密等处理功能都整合在________中。

A．“文件”选项卡　　B．“开始”选项卡　　C．状态栏　　D．功能区

4．在 Word 2010 中，在文档的左侧________单击，就能选定一行。

A．编辑栏　　B．状态栏　　C．选定区　　D．工具栏

5．选定文档中需要进行设置字体的内容后，将出现一个________工具栏，从其中的字体下拉列表中选择所需要的字体。

A．样式　　B．设置　　C．浮动　　D．格式

6．在 Word 编辑状态下，若要调整光标所在段落的行距，首先进行的操作是________。

A．打开“开始”选项卡　　B．打开“插入”选项卡

C．打开“审阅”选项卡　　D．打开“视图”选项卡

7．在 Word 主窗口的右上角，可以同时显示的按钮是________。

A．最小化、还原和最大化　　B．还原、最大化和关闭

C．最小化、还原和关闭　　D．还原和最大化

8．在 Word 文档编辑中，可以删除插入点前字符的按键是________。

A．Delete　　B．Ctrl+Delete　　C．Backspace　　D．Ctrl+Shift

9．在 Word 文档编辑中，复制文本使用的快捷键是________。

A．Ctrl+C　　B．Ctrl+A　　C．Ctrl+Z　　D．Ctrl+V

10．在 Word 编辑状态下，要统计文档的字数，需要使用的选项卡是________。

A．开始　　B．插入　　C．页面布局　　D．审阅

11．在 Word 文档编辑中，使用________选项卡中的“分隔符”命令，可以在文档中指定位置强行分页。

A．开始　　B．插入　　C．页面布局　　D．视图

12．在 Word 编辑状态下，移动鼠标至文档某段文本区连击左键三下，结果会选择文档的________。

A．一句话　　B．一行　　C．一段　　D．全文

13．在 Word 文档编辑中，如果想在某一个页面没有写满的情况下强行分页，可以插入________。

A．边框　　B．项目符号　　C．分页符　　D．换行符

14．在 Word 的“页面设置”选项中，系统默认的纸张大小是________。

A．A4　　B．B5　　C．A3　　D．16 开

15．在 Word 的表格操作中，改变表格的行高与列宽可用鼠标操作，方法是________。

A．当鼠标指针在表格线上变为双箭头形状时拖动鼠标

B．双击表格线

C．单击表格线

D．单击“拆分单元格”按钮

16．在 Word 编辑状态下，选择整个表格，执行“表格工具 | 布局 | 删除行”命令，则________。

A．删除整个表格　　B．删除表格中一行

C．删除表格中一列　　D．表格中没有被删除的内容

17．在 Word 编辑状态下，连续进行两次“插入”操作，当单击一次“撤销”按钮后________。

A．将两次插入的内容全部取消　　B．将第一次插入的内容取消

C．将第二次插入的内容取消　　D．两次插入的内容都不被取消

18．Word 文档中选中一句，则应按住________键单击句中任意位置。

A．左 Shift　　B．右 Shift　　C．Ctrl　　D．Alt

19．在 Word 编辑状态下，执行“开始”选项卡中的“粘贴”命令后________。

A．被选择的内容移到插入点　　B．被选择的内容移到剪贴板

C．剪贴板中的内容移到插入点　　D．剪贴板中的内容复制到插入点

20．在 Word 编辑状态下，进行字体设置操作后，按新设置的字体显示的文字是________。

A．插入点所在段落中的文字　　B．文档中被选择的文字

C．插入点所在行中的文字　　D．文档的全部文字

21．Word 中，当前已打开一个文件，若想打开另一个文件________。

A．关闭原来的文件，才能打开新文件　　B．打开新文件时，系统会自动关闭原文件

C．两个文件同时打开　　D．新文件的内容将会加入原来打开的文件

22．若要在首页不显示页码或奇偶页设置不同的页眉，应在“页面设置”对话框的________选项卡设置。

A．“版式”　　B．“文档网络”　　C．“纸张”　　D．“页边距”

23．要高效完成长文档的排版，设置各级标题的格式，使用 Word 提供的________是最好的解决方案。

A．样式　　B．模板　　C．主题　　D．编号和项目符号

24．要在长文档中快速移动光标到某章节，一般采用________来实现。

A．拖动垂直滚动条　　B．导航窗格　　C．End 键　　D．Home 键

25．页边距将随着窗口边界变化也就是没有水平滚动条，但有垂直滚动条，以查看网页形式的文档外观的视图是________。

A．页面视图　　B．大纲视图　　C．Web 版式视图　　D．草稿

三、多项选择题

1．在 Word 2010 中，执行“页面布局 | 分栏”命令，属于分栏操作预设的方式有________。

A．一栏　　B．两栏　　C．居中　　D．偏左

2．在 Word 2010 中，“段落”组可以设置的段落对齐方式有________。

A．居中　　B．左对齐　　C．两端对齐　　D．分散对齐

3．在 Word 2010 中，执行“开始 | 段落启动器”命令弹出“段落”对话框，属于“行距”下拉列表框中选项的有________。

A．单倍行距　　B．1.5 倍行距　　C．2 倍行距　　D．固定值

4．下列选项中属于 Word 2010 基本视图的方式有________。

A．Web 版式视图　　B．页面视图　　C．阅读版式视图　　D．大纲视图

5．在 Word 2010 中，将文本内容转化为表格时，可以作为分隔符的是________。

A．段落标记　　B．制表符　　C．空格　　D．&

6．Word 2010 有“插入”和“改写”两种编辑状态，下面能够切换这两种编辑状态的操作是________。

A．按 Insert 键　　B．按 Shift+Ins 键

C．单击状态栏中的“改写”　　D．双击状态栏中的“改写”

7．在 Word 2010 中，可以利用“组合”功能将多个对象组合成一个整体图形，参与组合的对象可以是________。

A．文本框　　B．表格　　C．图片　　D．图形

8．对 Word 文档中插入的图片可进行________操作。

A．裁剪　　B．阴影

C．设置倒影　　D．设置图片的环绕方式

9．下列关于页眉、页脚描述正确的有________。

A．页眉、页脚不可同时出现

B．页眉、页脚的字体、字号为固定值，不能够修改

C．页眉默认居中，页脚默认左对齐，也可改变它们的对齐方式

D．双击页眉、页脚后可对其进行修改

10．在 Word 中建立表格的方法有________。

A．利用“插入｜表格｜插入表格”命令　　B．利用工具手动绘制表格

C．利用“插入｜表格｜快速表格”命令　　D．将文字转换成表格

11．在 Word 2010 中，可以采用下列________的方式来排列图形对象。

A．使用绘图画布布置图形　　B．使对象互相对齐

C．将图形对象横向或纵向等距分布　　D．以上都正确

12．关于 Word 2010“替换”操作，叙述正确的是________。

A．使用“替换”操作可以删除空格和回车符

B．使用“替换”操作可以将文档中某些文字删除

C．使用“替换”操作可以把文档中某些字的字体、字号进行替换

D．使用“替换”操作可以删除具有某种字体的字

13．在 Word 2010 中，可以插入________。

A．脚注　　B．尾注　　C．批注　　D．数学公式

14．Word 2010 打开文档的方式有________。

A．执行“文件｜打开”命令

B．按 Ctrl+O 键打开文档

C．使用快速启动工具栏的“打开”命令

D．选定 Word 2010 文档名称，右击，选择“打开”命令

15．在 Word 2010 中给文档加入页码，可以采用________进行设置。

A．在每页的最后一行上输入该页页码　　B．“插入”选项卡中“页码”

C．“插入”选项卡中“页眉”　　D．“插入”选项卡中“页脚”

16．在 Word 2010 中，下列关于视图的叙述正确的是________。

A．页面视图可以查看文档的打印外观

B．阅读版式提供最大的空间来方便用户阅读或批注文档

C．大纲视图提供了一个处理提纲的视图界面，能分级显示文档的各级标题，层次分明

D．Web 版式视图，是以查看网页形式的文档外观，没有水平滚动条

17．Word 2010 中效果 dàxué jì suàn jī jī chǔ 大学计算机基础 中，使用了哪些格式________。

A．倾斜　　B．下划线　　C．字符边框　　D．拼音指南

18．打印 Word 2010 文件时，可以实现________。

A．单面打印　　B．双面打印　　C．打印当前页　　D．打印多份

19．在 Word 2010 中，利用邮件合并，可实现________。

A．填写录取通知书　B．填写成绩通知单　　C．会议邀请函　　D．信封打印

20．在 Word 2010 中，可实现________。

A．字数统计　　B．拼写和语法检查　　C．简体转换为繁体　　D．中英翻译

四、填空题

1．Word 2010 是 Microsoft 公司开发的 Office 2010 软件中的文档处理软件，它具有文字、图形、图像、表格、________等处理功能。

2．在四川师范大学中，其中师范下面有点，它是加的________。

3．在 Word 2010 编辑状态下，设置了标尺，可以同时显示水平标尺和垂直标尺的视图方式是________。

4．在 Word 2010 中，图形的大小可以调整，只要先________图形，用鼠标拖动控制柄即可。

5．在 Word 2010 中，要实现效果四川师范大学，其中师范是使用________的字符缩放 200%。

6．在 Word 2010 中，选定一个“矩形区域”的操作是将光标移动到待选定文本的左上角，然后按住________键，拖动鼠标到文本块的右下角。

7．在 Word 2010 编辑状态下，若要设置打印页面格式，应当使用________选项卡中的“页面设置”组。

8．在 Word 2010 中，发现英语文档中许多的句首字母没有大写，采用________下的句首字母大写命令，可以一次性全部错的字母进行更正。

9．如图 3-146 所示，它是利用插入________来制作的。

10．在 Word 2010 中，可以利用插入________，经过简单修改文字来制作漂亮封面。

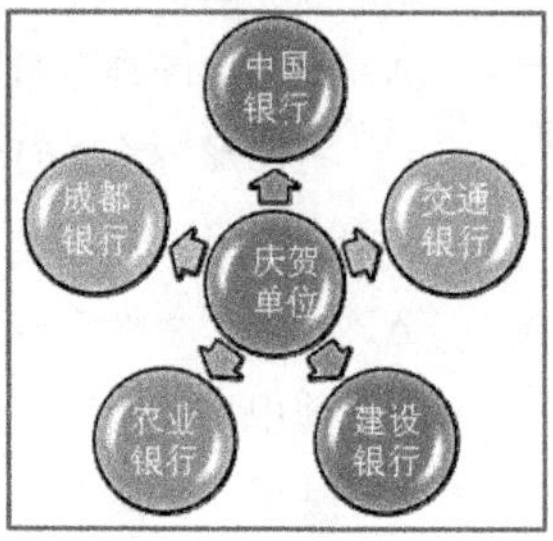

图 3-146

11．很明显，**四川师范大学**这几个字属于________（填写一种字体）。

12．Word 2010 中设置的水印分为文字水印与________水印。

13．在 Word 2010 中一次可以打开多个文档，多份文档同时打开在屏幕上，当前插入点所在的窗口称为________窗口，处理中的文档称为活动文档。

14．要写一批邀请函，邀请许多专家学者来我校开会，应使用 Word 的________功能来实现。

15．在打印 Word 2010 文档之前，为了避免打印耗材的浪费，打印前一定要进行________操作。

16．输入 teh 后，计算机会自动变为 the，这是 Word 2010 中的________功能。

17．将表格转换为文本，其方法是，选中表格，单击“表格工具”下的________选项卡，然后选择“数据”组中的________。

18．将文本转换为表格，其方法是，选中“文本”，单击“插入”选项卡，选择“表格”下的________。

19．从下面的图 3-147 中可以看出，A 是________对齐方式，B 是________对齐方式。

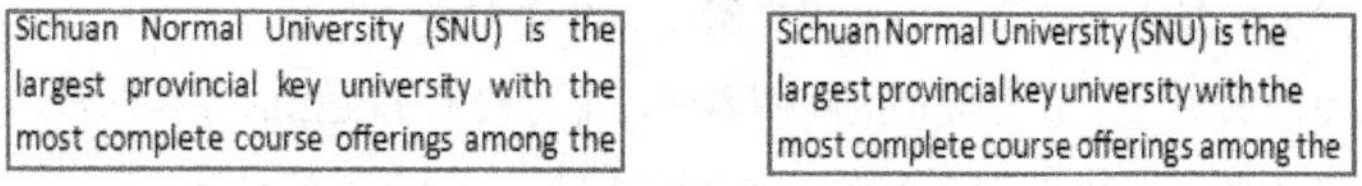

A　　B

图 3-147

20．在 Word 2010 中，要想自动生成目录，在文档中应包含________样式。

第 4 章　电子表格制作软件 Excel 2010

Excel 2010 是 Microsoft 公司最近推出的数据处理软件，其重新设计的文件选项卡，微型迷你图、具有高效筛选功能的切片器、新版本的规划求解、图片编辑功能和艺术效果，以及选项区的自定义功能，全方位的粘贴功能，表格、图表与数据透视表的增强功能，不仅可使用户轻松、可视化地分析与共享数据，而且还极大地提高了用户的工作效率。

4.1　Excel 2010 概述

Excel 2010 作为 Microsoft Office 产品中的一个重要组件，Excel 2010 较前一版有很多的改进，但总体来说改变不大，几乎不影响所有目前基于 Office 2007 产品平台上的应用，Office 2010 是向下兼容的，即它支持大部分早期版本中提供的功能，但新版本并不一定支持早期版本中的所有功能。本节将简要介绍中文 Excel 2010 的一些入门知识，为系统学习这个软件做一些铺垫。

4.1.1　Excel 2010 的主要功能

1. 建立电子表格

利用 Excel 能够方便地制作出各种电子表格，使用公式和函数对数据进行复杂的运算；用各种图表来表示数据直观明了；利用超链接功能，用户可以快速打开局域网或 Internet 上的文件，与世界上任何位置的互联网用户共享工作簿文件。

Excel 提供了许多张非常大的空白工作表，每张工作表由列和行组成，行和列交叉处组成单元格。这样大的工作表可以满足大多数数据处理的业务需要；将数据从纸上存入 Excel 工作表中，这对数据的处理和管理已发生了质的变化，使数据从静态变成动态，能充分利用计算机自动、快速进行处理。在 Excel 中不必进行编程就能对工作表中的数据进行检索、分类、排序、筛选等操作，利用系统提供的函数可完成各种数据的分析。

2. 数据管理

启动启动 Excel 之后，屏幕上显示由横竖线组成的空白表格，直接填入数据，就可以形成现实生活中的各种表格，如学生登记表、考试成绩表、工资表、物价表等；而表中的不同栏目的数据有各种类型，对于用户建表不用特别指定，Excel 会自动区分数字型、文本型、日期型、时间型、逻辑型等。对于表格的编辑也非常方便，可以任意插入和删除表格的行、列或单元格；对数据进行字体、大小、颜色、底纹等修饰。

3. 制作图表

Excel 提供了多种基本的图表，包括柱形图、饼图、条形图、面积图、折线图、气泡图以及三维图。图表能直观的表示数据间的复杂关系，同一组数据用不同类型图表表示也很容易改变，图表中的各种对象(如标题、坐标轴、网络线、图例、数据标志、背景等)能任意的进行编辑，图表中可添加文字、图形、图像，精心设计的图表更具说服力，利用图表向导可方便、灵活地完成图表的制作。

4. 数据共享

Excel 提供了强大的网络功能，用户可以创建超链接获取互联网上的共享数据，也可以将自己的工作簿设置成共享文件，保存在互联网的共享网站中，让世界上任何一个互联网用户分享。

5. Excel 2010 新增功能

(1)迷你图是 Excel 2010 新增加的功能，使用它可以在一个单元格中创建小型图表来快速发现数据变化趋势。

(2)Excel 2010 提供全新筛选增强功能。切片器功能在数据透视表视图和数据透视图视图中提供了丰富的可视化功能，方便用户动态分割和筛选数据以显示用户需要的确切内容。

(3)可以对几乎所有数据进行高效建模和分析。

(4)随时随地访问电子表格，将电子表格在线发布，然后即可通过任何计算机或 Windows 电话随时随地访问、查看和编辑它们。

(5)通过连接、共享和合作完成更多工作。

(6)为数据演示添加更多高级细节。

(7)利用交互性更强和更动态的数据透视图。

(8)通过 Excel Services 发布和共享。

4.1.2 Excel 2010 的启动和退出

要使用 Excel 进行工作，必须先启动该软件，然后才能制作各种电子表格。

1. 启动 Excel 2010 的常用方法

启动 Excel 2010 一般常用以下三种方法。

(1)利用菜单。单击任务栏中的“开始”按钮，在“开始”菜单中选择“所有程序 | Microsoft Office | Microsoft Office Excel 2010” 命令。

(2)利用快捷方式。若在桌面上已建立了 Excel 2010 的快捷方式，只要双击该图标。若没有建立快捷方式，只要在上述菜单中选择 “Microsoft Office Excel 2010” 程序项，按住鼠标左键将其拖曳到桌面。

(3)利用 Excel 文档。在“资源管理器”中双击任意一个 Excel 2010 文档，可启动 Excel 2010 软件。

2. 退出 Excel 2010 的常用方法

退出 Excel 2010 的常用方法有以下四种。

(1)选择“文件 | 退出”命令。

(2)单击 Excel 2010 窗口右上角的“关闭”按钮。

(3)双击 Excel 2010 窗口左上角的系统控制菜单图标。

(4) 按 Alt+F4 快捷键。

如果在退出 Excel 2010 之前，当前文档还未存盘，系统将询问是否保存，此时可保存该文档。

4.1.3　Excel 2010 的窗口组成

启动 Excel 2010 后，屏幕上会出现如图 4-1 所示的应用程序窗口，窗口的组成与 Word 大多相似。下面将介绍 Excel 与 Word 不同的窗口。

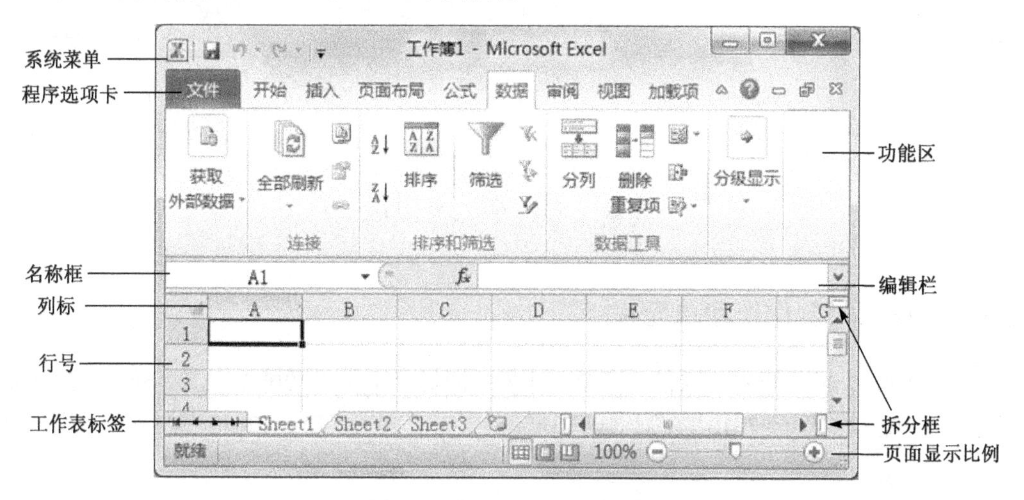

图 4-1　Excel 2010 窗口组成

(1) 名称框：位于选项区的下方，用于定义或显示当前单元格或单元格区域的名称与地址。

(2) 编辑栏：位于名称框的右侧，用来显示和编辑活动单元格中的数据或公式。

(3) 工作表标签：显示了当前工作簿中包含的工作表。当前工作表以白底显示，其他工作表以灰底显示。

(4) 工作表区：用于显示当前工作簿中工作表的名称与数量，单击工作表标签将激活相应工作表，被激活的工作表以白底显示，其他工作表以灰底显示。单击工作表标签可以切换工作表。

(5) 拆分框：位于水平滚动条右侧的小竖块。双击或拖动该按钮，可以将工作表拆分为两部分，便于查看同一工作表中的不同部分的数据。

(6) 页面显示比例：用于调整工作表的显示比例。

4.1.4　Excel 2010 的帮助功能

选择“文件 | 帮助”命令或按功能键 F1 可获得 Excel 2010 帮助，可使用搜索功能与浏览帮助功能。

(1) 搜索帮助功能：在下拉列表中输入关键字进行搜索。例如，要查看图表方面的帮助信息，在下拉列表框中输入条件格式，然后单击“搜索”按钮，再单击已搜索到相关帮助的超链接即可，如图 4-2 所示。

(2) 浏览帮助功能：直接在浏览 Excel 帮助中单击需要查询的超链接，如图 4-3 所示。

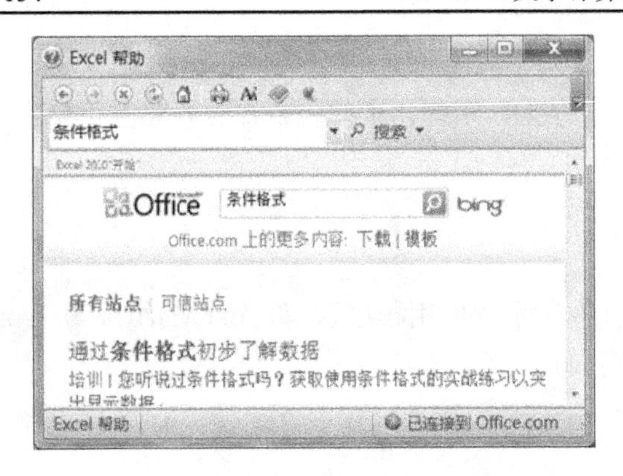

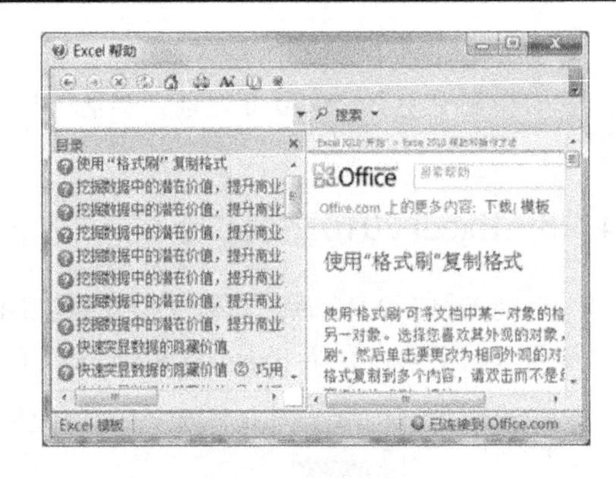

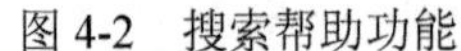

图 4-2　搜索帮助功能　　　　图 4-3　浏览帮助功能

4.2　基 本 操 作

4.2.1　工作簿、工作表和单元格

由于在同一个工作簿中可以包含多个工作表，而每个工作表又可以管理多种类型的信息，所以，为了方便了解Excel 2010的基本操作，还需要事先了解一下Excel 2010中的一些常用术语。

1. 工作簿

工作簿是 Excel 的整个的文件，它是由工作表组成。用户在启动 Excel 时，系统会自动创建一个名称为工作簿 1 的工作簿，其扩展名为.xlsx。

在 Excel 中，数据和图表都是以工作表的形式存储在工作簿文件中，工作簿文件是 Excel 存储在磁盘上的最小独立单位。一般来说，一张工作表保存一类相关信息，这样，在一个工作簿中可以管理多个类型的相关信息，操作时不必打开多个文件，而直接在同一个文件的不同工作表中方便切换。

新建一个工作簿时，Excel 默认提供 3 个工作表，分别是 Sheet1、Sheet2 和 Sheet3，显示在工作标签中。在实际工作中，用户可以根据实际情况增加或删除工作表。

2. 工作表

工作表又被称为电子表格，主要用来存储与处理数据。工作表是由单元格组成的，每个单元格中可以存储文字、数字、公式等数据，所以工作表是工作簿的重要组成部分，是单元格的集合。工作表是 Excel 进行组织和数据管理的地方，用户可以在工作表上输入数据、编辑数据、设置数据格式、排序数据和筛选数据等。

工作表是通过工作表标签来标识的(默认的工作表均为 Sheet 加数字)，工作表标签显示于工作表区的底部，用户可以通过单击不同的工作表标签来切换工作表。在使用工作簿文件时，只有一个工作表是当前活动的工作表。

3. 单元格

行、列交叉处即为一个单元格。每一列的列标用字母 A、B、C、…，行号用数字 1、2、…表示，每个单元格的位置是通过它所在的行号和列标来确定的。例如，在 10 行 C 列处的单元格可表示为 C10，不能表示为 10C。Excel 2010 的每一张工作表是由 1048576 行与 16384 列组成。

单元格是工作表的基本元素，也是 Excel 2010 独立操作的最小单位。用户可以向单元格中输入文字、数据、公式，也可以对单元格进行各种格式的设置，如字体、颜色、长度、宽度、对齐方式等。

要输入单元格数据，首先要激活单元格。每个工作表中有且仅有一个单元格为当前工作的单元格，被称为活动单元格，屏幕上带粗线黑框的单元格就是活动单元格，此时可以在该单元格输入和编辑数据。当同时选择两个或多个单元格时，这组单元格被称为单元格区域。单元格区域中的单元格可以是相邻的，也可以是彼此分离的。

4.2.2　数据录入

Excel 2010 是以工作表的方式进行数据运算和数据分析的，而工作表的基本单元是单元格，所以对工作表的各种操作，必须以选定单元格或单元格区域为前提。要在单元格输入数据，首先要选定单元格。

1. 选定单元格

单元格的选定是单元格操作中的常用操作之一，它包括单个单元格的选定、多个连续单元格的选定和多个不连续单元格的选定。

(1) 选定单个单元格。单元格的选定可以用鼠标、键盘上的方向键(表 4-1 列出了在工作表中进行移动的常用键)；还可使用名称框，在名称框输入单元格地址(如 B5)，选定单个单元格。

表 4-1　用于在工作表中进行移动的常用键

按　键	按　键　功　能	按　键	按　键　功　能
PageUp	向上移动一屏	Ctrl+↑	向上跳过空白单元格到达下一个数据格
PageDown	向下移动一屏	Ctrl+↓	向下跳过空白单元格到达下一个数据格
Home	移动到当前行最左边的单元格	Ctrl+Home	移动到 A1 单元格
Ctrl+←	向左跳过空白单元格到达下一个数据格	Ctrl+End	移动到当前工作表的最后一个单元格
Ctrl+→	向右跳过空白单元格到达下一个数据格		

(2) 选定多个连续单元格。鼠标拖曳可以选定多个连续的单元格，或者单击要选区域的左上角，按住 Shift 键再单击右下角单元格。选定多个连续单元格的特殊情况如表 4-2 所示。

(3) 选定多个不连续的单元格。在工作表中，用户可以选择第一个单元格区域，按 Ctrl 键，再选择其他单元格区域。

在工作表中，任意单击一个单元格即可清除单元格区域。

表 4-2　选定多个连续单元格特殊情况列表

选择区域	方法
整行(列)	单击工作表相应的行(列)号
整个工作表	单击工作表左上角行列交叉的按钮
相邻的行或列	用鼠标拖曳行号或列号

2. 数据输入

用户可以在工作表中输入两种数据即常量和公式，两者的区别在于单元格内容是否以等号(=)或加号(+)开头。本小节将介绍常量的输入方法，它既可以用键盘直接输入，也可以自动输入，通过设置，还可以在输入时检查其正确性。

1)几种数据类型的输入

常量数据类型分为文本型、数值型和逻辑型。通常，用户可以用以下三种方法来对单元格输入数据：

①选定单元格，直接在其中输入数据，按 Enter 键确认；

②选定单元格，然后在“编辑栏”中单击，并在其中输入数据，然后单击“输入”按钮或按 Enter 键；

③双击单元格，单元格内显示了插入点光标，移动插入点光标，在特定的位置输入数据，此方法主要用于修改工作。

特别，若要在单元格中另起一行开始数据，则按 Alt+Enter 键输入一个换行符。

(1)文本输入。文本数据包括汉字、字母、数字、空格和其他特殊字符的组合。输入到单元格内的任何字符集，只要不被系统解释成数字、公式、日期、时间或逻辑，则都被视为文本。

对于电话号码、邮政编码等数字常作为字符处理，此时只需要在数字之前加上一个单引号(如 '610066)，Excel 将把它作为文本型数据处理。

文本输入时在单元格中向左对齐。当输入的文本宽度超过单元格宽度时，若右边单元格没有内容，则扩展到右列显示；否则，截断显示。

(2)数值输入。在 Excel 工作表中，数字数据是最常见、最重要的数据类型。而且，Excel 强大的数据处理功能、数据库功能、数学运算等方面的应用几乎都离不开数据。在 Excel 中，数字数据包括货币、日期与时间等类型，具体如表 4-3 所示。

表 4-3　常用数字数据类型

数字数据类型	说　明
数值	默认情况下的数据都为该类型，用户可以设置小数点格式和百分号格式等
货币	根据用户的选择自动的添加货币符号
长日期	将单元格中的数字变为“年月日”的日期格式
时间	将单元格的数字变为“00:00:00”格式
百分比	将单元格的数字变为“00.00%”格式
分数	将单元格的数字变为分数格式
科学计数	将单元格的数字变为“1.00E+04”格式
自定义	除了以上常用的数字类型外，用户还可以自己定义数字数据的类型

Excel 中的数值是指可用于计算的数据，常见的有整数、小数、分数等。数值中还包括+、–、E、e、¥、%、$及小数点(.)和千分位(，)等特殊符号。

在单元格中输入数值后，数值将自动靠右对齐。如果输入的数字超过 11 位，将自动变成类似于“1.23E+11”的科学计数法形式；如果输入的数字小于或等于 11 位但单元格的宽度不够容纳其中的数字时，将以“#####”的形式表示。

①输入负数。在数字前加一个负号，或者将数字括在括号内：输入“–10”和“(10)”都可以在单元格中得到-10。

②输入分数。如 23 4/5，在整数和分数之间应有一个空格，当分数小于 1 或为假分数时，要写成 0 4/5 或 0 3/2，不写 0 会被 Excel 自动识别为日期 4 月 5 日或 3 月 2 日。

③输入货币。字符“¥”和“$”放在数字前会被解释为货币单位，如¥14.8。

④输入日期。用连字符“-”或斜杠“/”分隔日期的年、月、日。例如，输入 2014-5-1 或 2014/5/1。输入当天的日期可按 Ctrl + ;键来完成。

⑤输入时间。时间用“:”分隔，Excel 默认以 24 小时制计时，若采用 12 小时制，时间后要带上 AM 或 PM，如 18:20:15，6:20:15 PM，可按 Ctrl + Shift + ;键来输入当天当时的时间。

注意：*表示时间时，在 AM/PM 与分钟之间应有空格，如 6:20 PM，缺少空格将被当作字符处理。如果要使用默认的日期或时间格式，则单击包含日期或时间的单元格，然后按 Ctrl+Shift+#键或 Ctrl+Shift+@键。*

当然，更多的数据类型输入可以通过“开始”选项卡的“数字”选项区域中完成，在“数字”选项区域中可以设置要输入的数据类型、样式以及小数点的格式等，如图 4-4 所示。单击“数字”选项卡右下角按钮 ，打开“设置单元格格式”对话框的“数字”选项卡，如图 4-5 所示，在该选项卡中同样可以对数字进行设置。

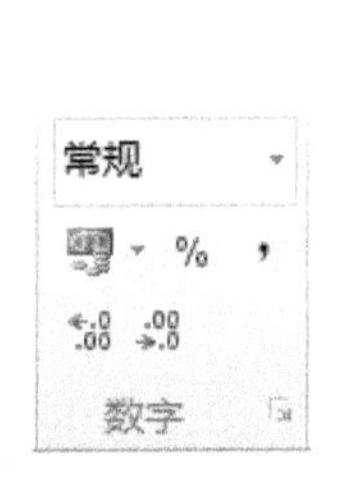

图 4-4 “数字”选项卡区域

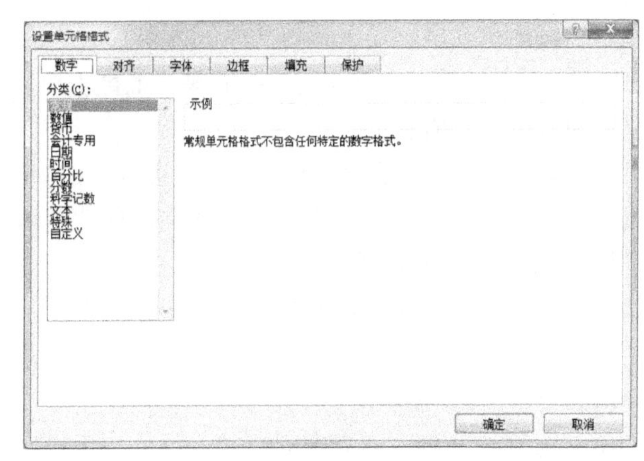

图 4-5 “数字”选项卡

(3) 逻辑型输入。逻辑型数据包括表示“真”(TRUE)和“假”(FALSE)，字母不区分大小写。

图 4-6 所示为 4 种数据类型的输入示意图。

	A	B	C	D	E
1	**字符串**			**数字**	
2	student			123	
3	**数字前加引号**			**科学计数法显示长数字**	
4	610066			1.21343E+15	
5	**长字符串扩展到右边列**			**货币显示**	
6	my english name is xiaohong			￥123	
7	**长字符串截断显示**			**分数**	
8	my english name i计算机科学			12 3/4	
9	**日期**			**用0 3/4表示的分数**	
10	2008-2-16			3/4	
11	**时间**			**3/4被识别为日期**	
12	22:30			3月4日	
13	**缺少空格被当作字符串**			**超出15位，部分变为0**	
14	10：30PM			1.11E+26	
15	**逻辑型（真）**			**逻辑型（假）**	
16	TRUE			FALSE	

图 4-6　4 种数据类型的输入示意图

(4) 指定输入数据类型。在 Excel 2010 中，可以控制单元格中可接受的数据类型，以便有效地减少和避免输入数据的错误。比如，指定某个时间单元格中设置“有效条件”为“时间”，那么该单元格只接受时间格式的输入；如果输入其他字符，则会显示错误信息，如图 4-7 所示。

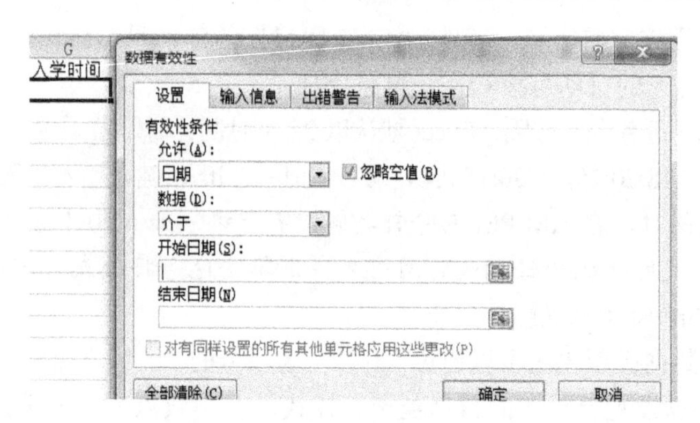

图 4-7 “数据有效性”对话框

2) 数据自动输入

区域是连续的单元格，用单元格的左上角和右下角表示，如 A3:B6 表示左上起于 A3 右下止于 B6 的 8 个单元格。Excel 对一些有规律的数据可以在指定的区域进行自动填充。“填充”可以分为以下几种情况：

(1) 自动填充。自动填充是根据初始值决定以后的填充项。单击初始值所在单元格的右下角，鼠标指针变为实心“十”字形，按住左键拖动至填充的最后一个单元格，即可完成。“填充”可以实现以下几种功能：

①初始值为纯文本或数值，填充相当于数据的复制。

②初始值为文本和数字的混合体，填充时文本不变，数值部分递增。例如，初始值为 B3，则填充递增为 B4，B5，B6 等。

③初始值为预设的自动填充序列中的一员，按预设序列填充。例如，初始值为星期一，则填充为星期二、星期三、星期四等。

除了使用 Excel 中预设的序列外，用户还可以使用“文件 | 选项”命令，在“Excel 选项”对话框中选择“高级”选项卡，单击“编辑自定义列表”按钮，如图 4-8 所示，在“自定义序列”列表框中定义“新序列”，添加自定义的序列供以后使用，如图 4-9 所示。

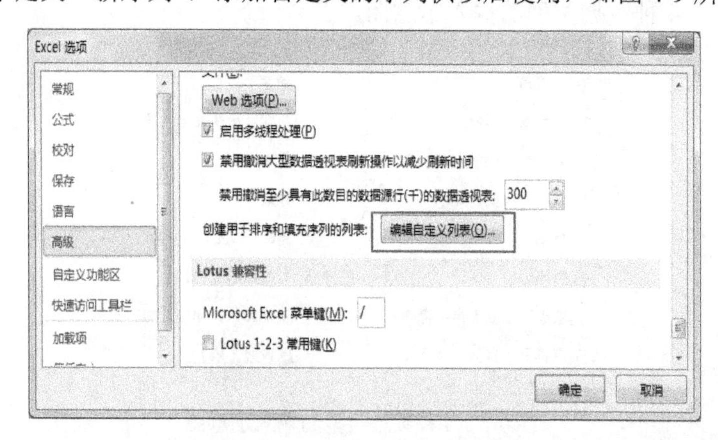

图 4-8 “Excel 选项”对话框

④如果连续的单元格存在等差关系，如 1，3，5，…或 A1，A3，A5，…，则选中该区域，填充时按照数字序列的步长值填充。图 4-10 所示为数据自动填充的示意图。

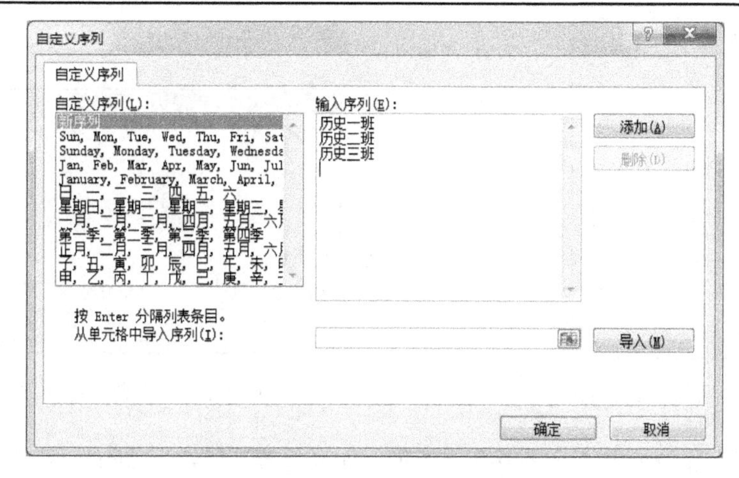

图 4-9 “自定义序列”选项卡

(2)特殊的自动填充。如果只进行数据的简单复制，选定需要复制的单元格或区域，按下 Ctrl 键，按住鼠标左键拖动填充柄，都将进行数据的复制，不论相邻的单元格是否存在特殊关系。

如果自动填充时还考虑是否带格式或区域中是否带等差(或等比)序列，在自动填充时按住鼠标右键，拖曳到填充的最后一个单元格释放，出现如图 4-11 所示的菜单。

数据的录入

	A	B	C	D	E
1	纯字符相当于复制				
2	abc	abc	abc	abc	abc
3	纯数字相当于复制				
4	123	123	123	123	123
5	纯数字按 Ctrl 变为递增填充				
6	123	124	125	126	127
7	文本数字的混合数字递增				
8	a1	a2	a3	a4	a5
9	1a	2a	3a	4a	5a
10	按预设序列填充				
11	一月	二月	三月	四月	五月
12	原始数据A1, A3自动填充等差值				
13	A1	A3	A5	A7	A9
14	原始数据1和5按Ctrl 填充变为复制				
15	1	5	1	5	1

图 4-10　数据自动填充示意图

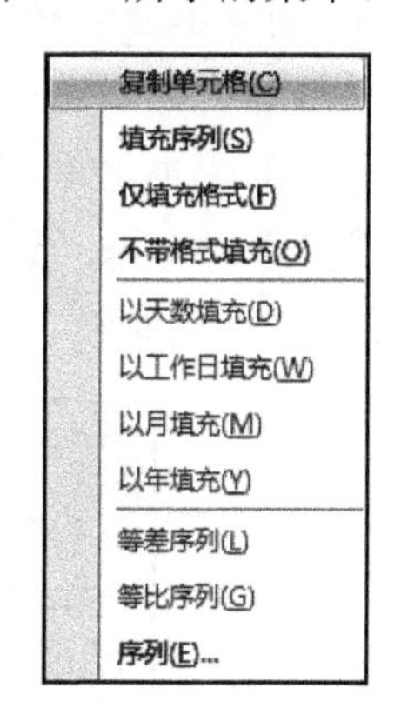

图 4-11 “自动填充”菜单

①复制单元格：实施数据的复制，相当于按下 Ctrl 键。

②填充序列：相当于前面的自动填充。

③仅格式填充：只填充格式而不填数据。

④不带格式填充：只填充内容而忽略格式。

⑤序列：选择“序列”命令将出现如图 4-13 所示的“序列”对话框。

(3)产生一个自动序列。创建一个序列的操作步骤如下：

①选择一个单元格，输入序列中的初始值。

②选择含有初始值的单元格区域，作为要填充的区域。

③选择“开始｜编辑”选项区域中的“填充”命令，打开如图 4-12 所示的“填充”下拉菜单，选择“系列”命令，同样打开如图 4-13 所示的“序列”对话框，在“序列”选项组中，选择“行”或“列”，告诉 Excel 是按行方向进行填充，还是按列方向进行填充。

图 4-12 “填充”下拉菜单

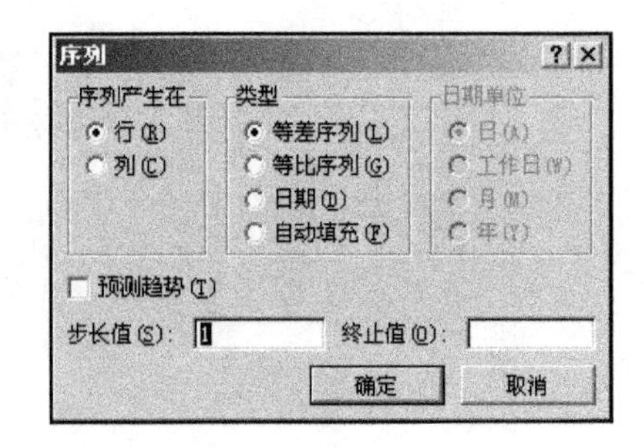

图 4-13 “序列”对话框

④在“类型”选项组中，选择序列的类型，如果选择“日期”，还必须在“日期单位” 选项组中选择所需的单位(日、月、年)。

⑤如果要确定序列增加或减少的数量，在“步长值”文本框中输入一个正数或负数。另外，在“终止值”文本框中可以选定序列的最后一个值。

⑥单击“确定”按钮就创建一个序列。

3) 输入有效数据

在 Excel 中，可以使用“数据有效性”来控制单元格中输入数据的类型及范围。这样可以限制其他用户不能给参与运算的单元格输入错误的数据，以避免运算时发生混乱。操作步骤如下：

(1) 选定需要限制其有效数据范围的单元格。

(2) 单击“数据”选项卡“数据工具”选项区域中的“数据有效性”命令，打开如图 4-14 所示的“数据有效性”对话框，并选择“设置”选项卡。

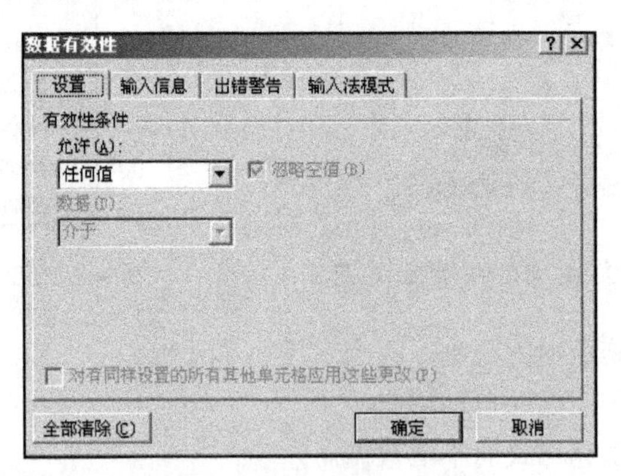

图 4-14 “数据有效性”对话框

(3) 在“允许”下拉列表框中选择允许输入的数据类型，如“整数”、“日期”等，如图 4-15 所示。

(4) 在“数据”下拉列表框中单击所需的操作，如图 4-16 所示，根据选定的操作符指定数据的上限或下限。

如果希望有效数据单元格中允许出现空值，或者在设置上下限时使用的单元格引用或公式引用了基于初始值为空值的单元格，则选中“忽略空值”复选框。

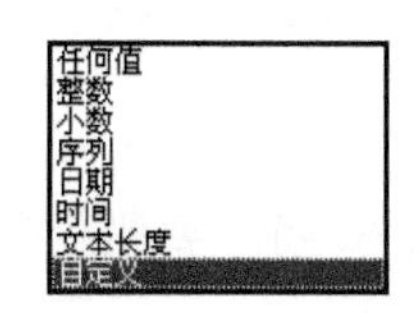

图 4-15　数据类型列表

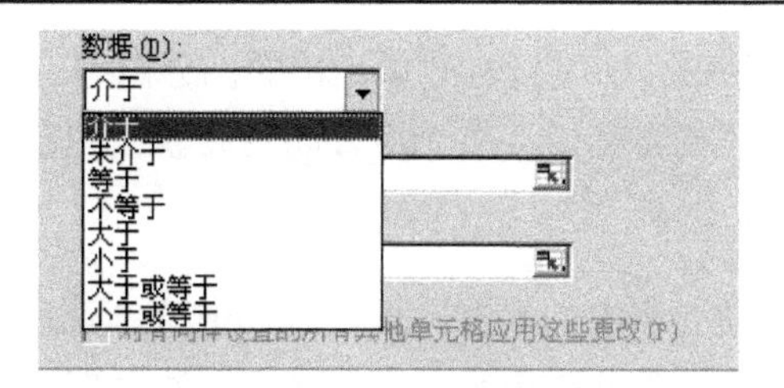

图 4-16　指定数据的范围

在输入数据之后，查看工作表中输入的值是否有效。当审核工作表有错误输入时，Excel 将按照“数据”选项卡“数据工具”选项区域中的“数据有效性”命令设置的限制范围对工作表中的数值进行判断，并标记所有无效数据的单元格。

例如，在图 4-17 中，设置费用的有效范围为(300～1200)，标注无效数据的方法如下：在“数据”选项卡的“数据工具”选项区域中，单击“数据有效性”按钮，在快捷菜单中选择“圈释无效数据”命令，即可在含有无效输入值的单元格周围显示一个圆圈，当更正无效输入值之后，圆圈随即消失。

4) 在单元格中插入批注

批注是附加在单元格中，与单元格的其他内容分开的注释。批注是十分有用的提醒方式，如注释复杂的公式如何工作，或对某些数据进行说明。给单元格添加批注的步骤如下：

(1) 选中需要插入批注的单元格。

(2) 选择“审阅”选项卡中的“批注|新建批注”命令，在出现的批注框中输入注释内容。

(3) 输入完毕，单击其他单元格即可。

在一个单元格中插入批注后，该单元格的右上角会出现一个红色的三角形。如果将光标移到该单元格，批注的内容将被显示出来，如图 4-18 所示。

姓名	销售额	费用
张远	5700	1210
李文	3211	230
王强	8100	380
合计	17011	1820

图 4-17　圈释无效数据

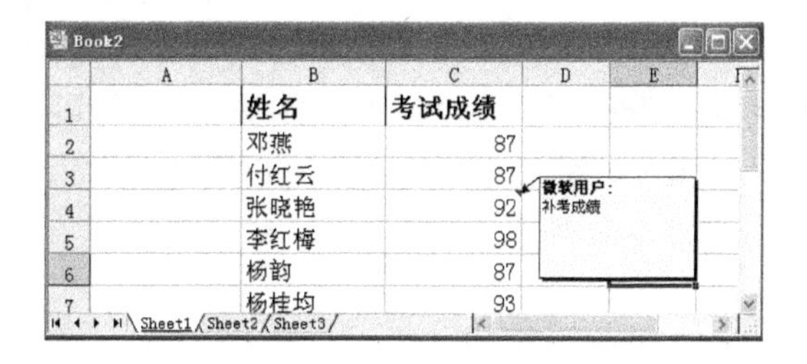

图 4-18　在单元格中输入批注

4.2.3　数据编辑

单元格数据输入以后可以修改、删除、复制和移动。

1. 数据修改

当用户在单元格中输入数据后发现有误，可以对单元格内容进行全部或部分修改。

1) 在编辑栏中进行修改

选定要修改的单元格，单击编辑栏，出现闪烁的光标，即可在编辑栏中进行修改。

2) 在单元格中进行修改

• 全部修改：单击要修改的单元格，直接输入新的内容，则原有的内容被新内容覆盖。

· 部分修改：如果只修改单元格的部分内容，应双击该单元格，或者单击单元格后按 F2 键，出现闪烁的光标后，将光标移动到要修改的数据前，此刻可以对部分数据插入或删除。

2. 数据删除

要删除单元格中的数据，可以先选中该单元格，然后按 Del 键即可；要删除多个单元格中的数据，则可以同时选定多个单元格，然后按 Del 键即可。

当使用 Del 键删除单元格(或一组单元格)的内容时，只有输入的数据从单元格中被删除，单元格的其他属性，如格式、注释等仍然保留。

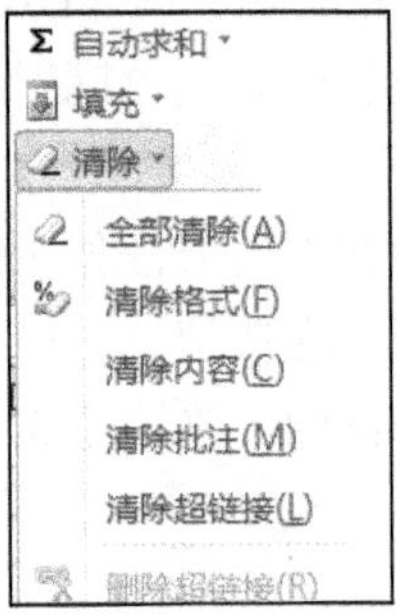

如果要完全地控制对单元格的删除操作，只使用 Del 键是不够的。在"开始"选项卡的"编辑"选项区域，单击"清除"按钮，在弹出的快捷菜单中选择相应的命令，即可删除单元格中的相应内容，如图 4-19 所示。

图 4-19 "清除"子菜单

· 全部清除：清除单元格中的格式、内容和批注。
· 清除格式：仅清除单元格格式，内容和批注保留。
· 清除内容：仅清除单元格内容，批注和格式保留。
· 清除批注：仅清除单元格批注，格式和内容保留。
· 清除超链接：仅清除单元格超链接，格式和内容保留。

3. 数据复制和移动

1) 使用菜单命令复制数据

移动和复制单元格或区域数据的方法基本相同，选中单元格数据后，在"开始"选项卡的"剪贴板"选项区域单击"复制"按钮或"剪切"按钮，然后单击要粘贴数据的位置，并在"剪贴板"选项区域中单击"粘贴"按钮，即可将单元格的数据移动或复制到新位置。

Excel 2010 中，数据的复制分为"复制"和"复制为图片……"如图 4-20 所示，而且 Excel 2010 为用户提供了多功能的粘贴功能，不仅可以进行普通的粘贴，而且还可以快速粘贴数值、公式、图片、链接等。另外，用户还可以运用选择性粘贴功能，进行粘贴数据、格式、边框等，如图 4-21 所示。

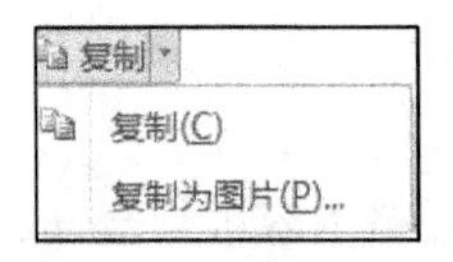

图 4-20 "复制"按钮

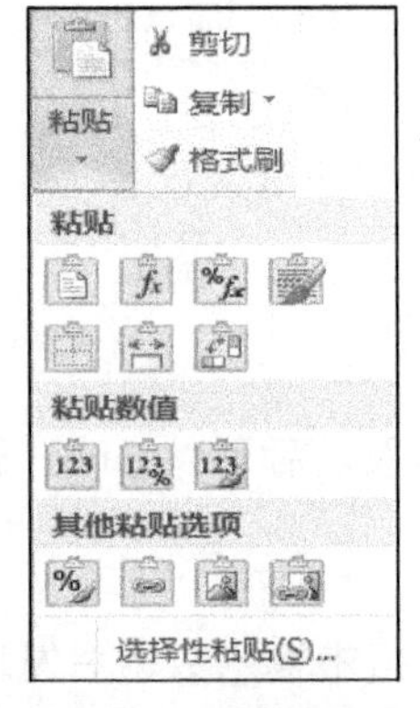

图 4-21 "粘贴"按钮

具体操作同 Word 一样，粘贴分为两种：一是普通粘贴，其操作也与 Word 中的粘贴操作相同；二是选择性粘贴，其操作步骤如下。

(1) 复制源单元格，选定目标单元格。

(2) 在“开始”选项卡的“剪贴板”选项区域中，单击“粘贴”按钮，在如图 4-21 的所示的下拉菜单中单击“选择性粘贴”命令，出现如图 4-22 所示的对话框。

(3) 选择需要的选项，单击“确定”按钮。

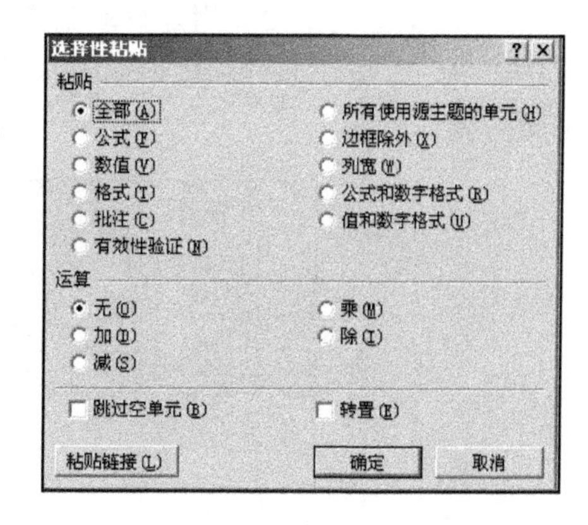

图 4-22　“选择性粘贴”对话框

“选择性粘贴”对话框中的各选项含义如下：

• 全部：将复制的区域内容的全部属性都粘贴到目标区域中(这是默认设置)，其作用与“粘贴”按钮和按 Ctrl+V 键一样。

• 公式：只粘贴公式栏中显示的公式，而不粘贴单元格的格式以及任何相关注释。

• 数值：只粘贴单元格中的数值，如果单元格中包含公式，则只粘贴计算后显示的数字结果，而不是粘贴公式。

• 格式：只粘贴单元格(如字体、字号、颜色等)，而不粘贴单元格的实际内容。

• 批注：只粘贴单元格的批注内容。

• 有效性验证：可以粘贴单元格的值和格式，但不要边框。如果要指定对复制数据进行各种操作，可以选择“运算”选项组中的选项。

2) 使用拖动法复制数据

在 Excel 2010 中，还可以使用鼠标拖动或复制单元格内容。要移动单元格内容，首先要单击要移动的单元格或单元格区域，然后将光标移至单元格区域边缘，当光标变为箭头形状后，拖动光标到指定的位置并释放鼠标即可。如图 4-23 所示，将 A1:C5 与 B1:D5 单元格向右平移一个单元格位置。

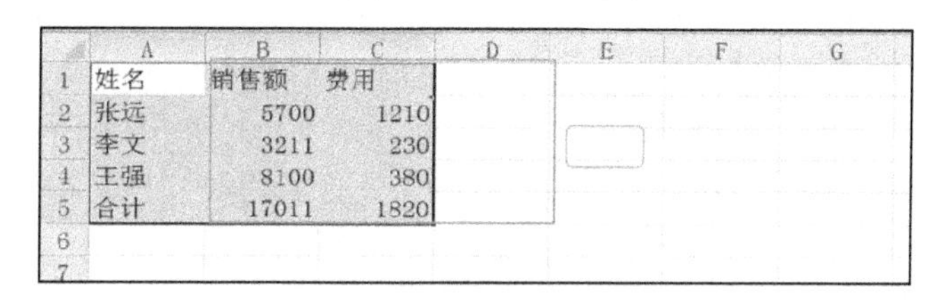

	A	B	C	D	E	F	G
1	姓名	销售额	费用				
2	张远	5700	1210				
3	李文	3211	230				
4	王强	8100	380				
5	合计	17011	1820				
6							
7							

图 4-23　左键拖动单元格以复制数据

同样，要移动单元格内容，右击要移动的单元格或单元格区域，然后将光标移至单元格区域边缘，将弹出如图 4-24 的快捷菜单，更好实现数据的复制或移动。

4. 数据的查找和替换

与 Word 中的查找和替换功能一样，Excel 的查找功能可以找到特定的数据，替换功能可以成批地用新数据替换原数据，减少了数据校对时的工作量。

5. 定位数据

如果需要在工作表中快速移动到任意一个单元格或快速查看工作表设计，可以使用 Excel 提供的定位功能。利用快捷键 Ctrl+G 或者 F5 键可以打开如图 4-25 所示的“定位”对话框。

“定位”对话框的主要作用是移动到指定单元格。在“引用位置”文本框输入单元格的地址，单击“确定”按钮即可到达指定的位置。在大的工作表中，它比使用滚动条来寻找某一单元格更方便。

	A	B	C	D	E	F
1	姓名	销售额	费用			
2	张远	5700	1210			
3	李文	3211	230			
4	王强	8100	380			
5	合计	17011	1820			
6						
7						
8						
9						
10						
11						

图 4-24　右键拖动单元格以复制数据

同时，也可以在“开始”选项卡的“编辑”选项区域中，单击“查找和选择”命令，在下拉菜单中选择“定位条件”命令或者在“定位”对话框中单击“定位条件”按钮，利用“定位条件”来自动选定某一单元格，“定位条件”对话框如图 4-26 所示。

图 4-25　“定位”对话框

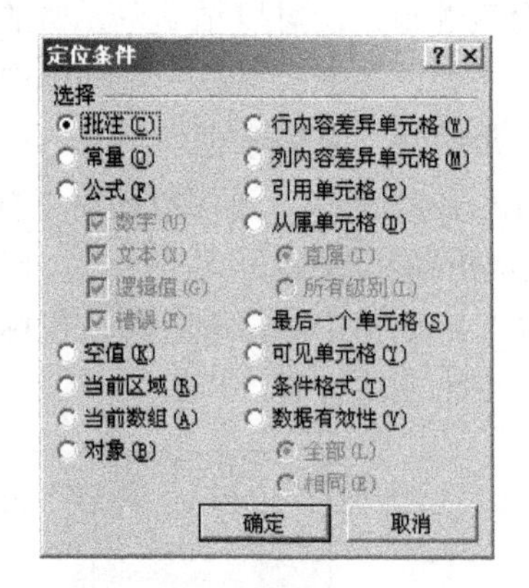

图 4-26　“定位条件”对话框

4.2.4　数据格式化

一张好的工作表既要有充实的内容，还要有拥有漂亮的外观。因此，在数据录入和编辑后，即可对工作表中各单元格的数据格式化，使工作表的外观更漂亮，排列更整齐，重点更突出。Excel 为修饰数据提供了丰富的格式设置命令，利用这些命令可以自定义数据的格式。同样，用户也可以通过 Excel 提供的自动化功能实现数据的格式化。

1. 自定义格式

自定义格式化工作表时，对于需要定义的单元格或单元格区域，选中后右击，在出现的浮动“格式工具栏”中，可以快捷、方便地设置单元格格式；也可以直接单击“开始”选项卡，在“字体”、“对齐方式”、“数字”选项组中对选中的单元格或单元格区域自定义格式，如图 4-27 所示。当然，对于更多丰富的格式设置，可以单击“字体”、“对齐方式”、“数字”

选项区右下角的小箭头，打开“设置单元格格式”对话框(图 4-28)，在这里可以更丰富地设置需要的格式信息。

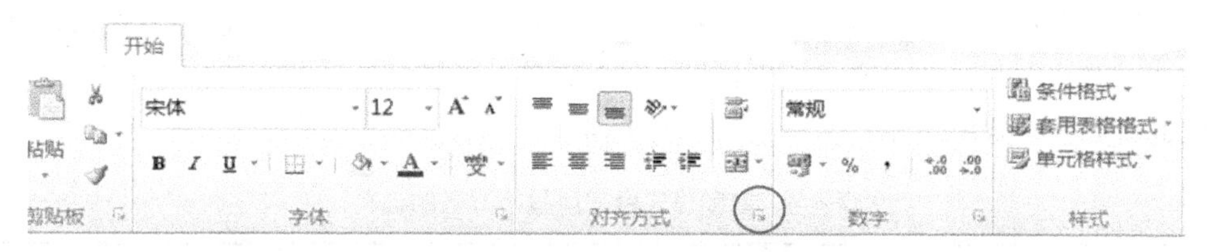

图 4-27　“开始”选项卡自定义格式

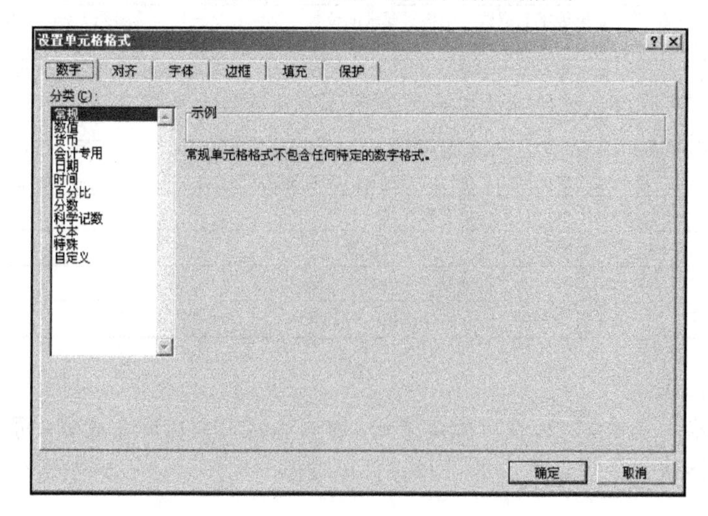

图 4-28 “设置单元格格式”对话框

1) 设置数字格式

“设置单元格格式”对话框中的“数字”选项卡用于对单元格中的数字格式化。

对话框左边的“分类”列表框中列出了数字格式的类型，右边显示该类型的格式。用户可以直接选择系统已经定义好的格式，也可以自行修改格式，如图 4-29 所示，对单元格中的数据除了以数值格式显示外，还增加货币符号￥。

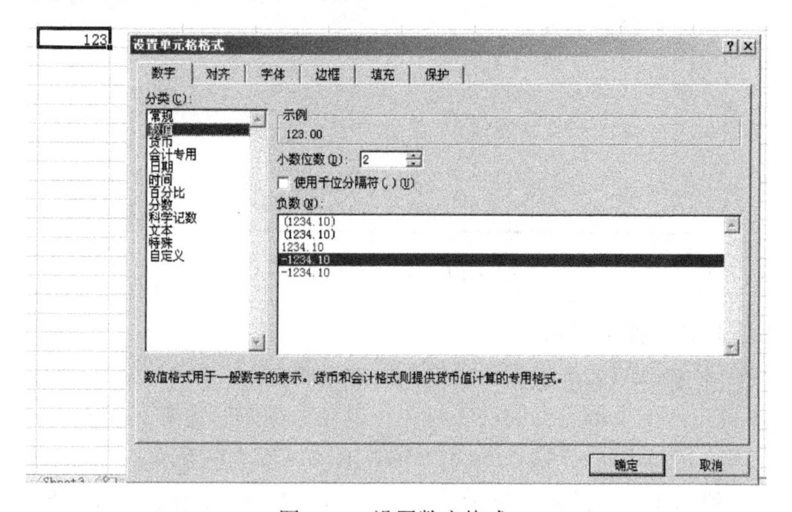

图 4-29　设置数字格式

“自定义”格式类型提供了自定义所需要的格式，实际上它直接以格式字符形式提供给用户使用和编辑。数值格式包括用整数、定点小数和逗号等显示格式。“0”表示以整数方式显示；“0.00”表示以两位小数方式显示；“#, ##0.00”表示小数部分保留两位有效数，整数部分每千位用逗号隔开；“[红色] ”表示当数据为负时，用红色显示。

自定义数字格式中常用符号的含义，如表 4-4 所示。

表 4-4　数字格式中常用数字符号的含义

符号	含　义
0	预留数字位置。如果数字的位数少于格式要求的位数，则此数字占位符会显示无效零。例如，如果键入 8.9，但希望将其显示为 8.90，使用格式#.00
#	预留数字位置。此数字占位符所遵循的规则与 0(零)相同，但如果所键入数字的小数点任一侧的位数小于格式中 # 符号的个数，则 Excel 不会显示多余的零。例如，如果自定义格式为#.##，而在单元格中键入了 8.9，则会显示数字 8.9
?	预留数字位置。此数字占位符所遵循的规则与 0(零)相同，但 Excel 会为小数点任一侧的无效零添加空格，以便使列中的小数点对齐。例如，自定义格式 0.0?会使列中的数字 8.9 与数字 88.99 的小数点对齐
,	千位分隔符，标记千位、百万等数字的位置
@	格式化代码，表示将标识出输入文本显示的位置
*	填充标记，表示用星号后的字符填满单元格剩余部分
-(下划线)	留出等于下一个字符的宽度，对齐封闭在括号内的负数，并使小数点保持对齐

2) 设置对齐格式

输入到单元格中的数据，如没有指定格式，数值和日期会自动右对齐，而字符为左对齐。利用“设置单元格格式”对话框中的“对齐”选项卡，用户可以根据需要设置单元格的对齐方式，如图 4-30 所示。

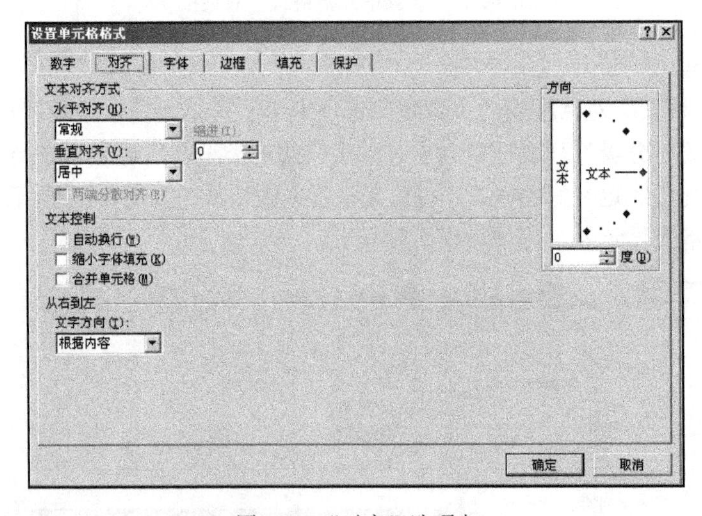

图 4-30　“对齐”选项卡

“对齐”选项卡的设置说明如下：

• 自动换行：对输入的文本根据单元格列宽自动换行。

• 缩小字体填充：减少单元格中的字符大小，使数据的宽度和列宽相同。

• 合并单元格：将多个单元格合并为一个单元格，和“垂直对齐”列表中的“居中”按钮选项区域合，一般用于标题的对齐显示。在“‘开始’选项卡 | 对齐方式”选项区域中的“合并后居中”按钮直接提供了该功能，“对齐”示例如图 4-31 所示。

• 方向：用于改变单元格中文字旋转的度数，角度范围为–90°～90°。在“开始”选项卡的“对齐方式”选项区域中，在“方向”命令中同样提供了 5 种文字方向，如图 4-32 所示。

自动换行	方向45度
计算机文 化基础	计算机文化基础
缩小字体	合并及居中
计算机文化基础	计算机文化基础

图 4-31　“对齐”示例

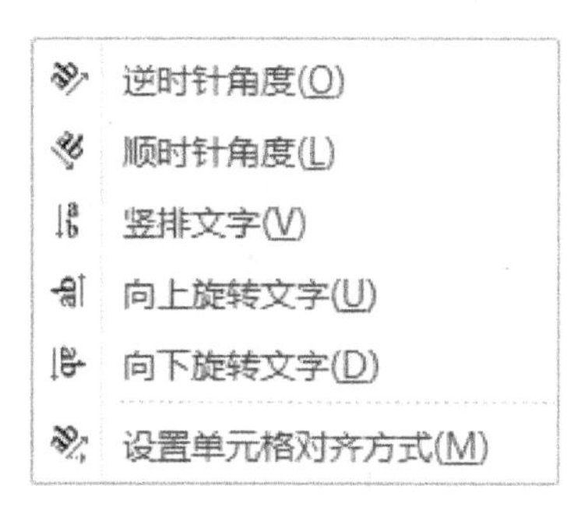

图 4-32　文字方向

3) 设置字体

在表格中，通过字体、颜色、大小的变化，可以使表格条理清晰，界面美观。Excel 中提供了多种字体和字型，还允许在单元格或单元区域内设置颜色。其设置方法与 Word 中字体的格式设置基本相同。

用户可以使用“开始”选项卡“格式”选项区域中的工具命令，或在“设置单元格格式”对话框中的“字体”选项卡中根据需要对所选定区域的字符格式进行设置。

特别，Excel 2010 种提供了 30 种艺术字样式，用户可以将艺术字插入到工作表中，以达到装饰的效果，如图 4-33 所示。

职工基本信息

工作证号	姓名	性别	进入日期	基本	部门
A0001	张磊	男	1999/7/1	890	物理系
A0002	王英	女	1998/7/1	###	管理系
A0003	孙小南	女	1998/5/1	780	后勤
A0004	李青	女	1997/7/1	###	后勤

图 4-33　艺术字的使用

4) 设置边框线

(1) 设计边框样式。

在 Excel 2010 默认的边框为网格线，只能在工作表中显示，无法在打印的效果中显示。为了增加表格的输出功能，用户需要利用 Excel 2010 自带的边框格式来美化工作表的输出。

Excel 2010 在“开始”选项卡的“字体”选项区域中提供了 13 种边框样式，用户只需选择要添加的单元格或单元格区域，执行“下框线”命令中的相应格式即可，如图 4-34 (a) 所示。

另外，用户也可以通过“下框线”的“绘制边框”组中的选项，来绘制边框的颜色及线条，如图 4-34 (b) 所示。当然，用户也可以根据“设置单元格格式”对话框中的“边框”选项卡，如图 4-35 所示，给它加上其他类型的边框线。

边框线可以为所选区域的上、下、左、右、斜线和外框。“样式”列表框为边框线的提供有虚线、实线、粗实线、双线等多种样式。“颜色”下拉列表框可为不同的边框添加颜色。

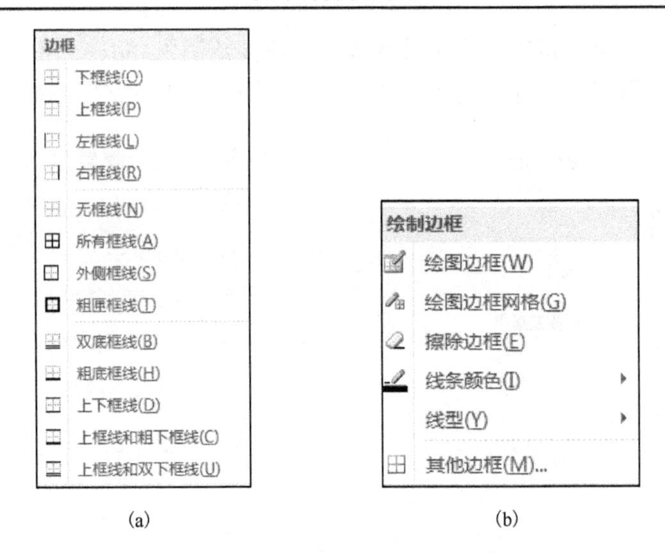

图 4-34 “下框线”菜单

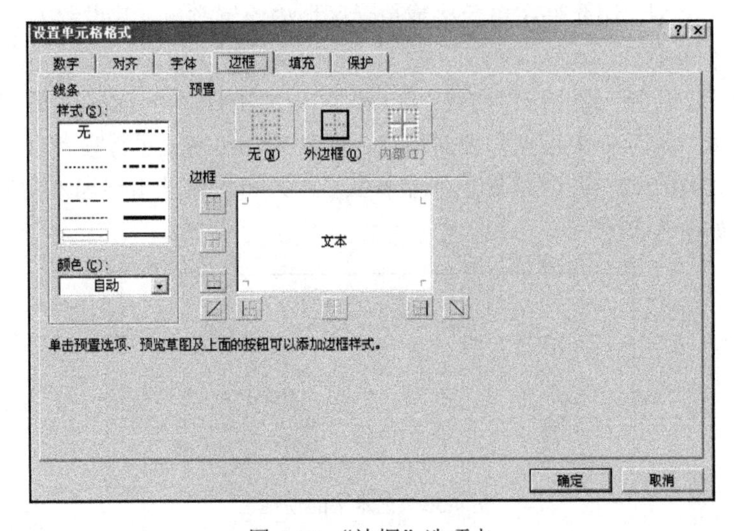

图 4-35 “边框”选项卡

边线框也可以通过“格式”工具栏的“边框”按钮直接设置，这个列表中含有 12 种不同的边框线设置。

(2) 绘制斜线表头。

对于绘制单斜线表头，用户可以直接使用图 4-35 中的“绘制斜线表头”按钮完成；对于多斜线表头，在 Excel 2010 中，可通过添加自选图形的方法，设置多斜线表头。

① 设置单元格的宽度和高度，然后在“插入”选项卡中执行“形状 | 直线”命令，拖动鼠标在单元格中绘制直线，如图 4-36 所示。

② 在“文本”选项区域中，执行“文本框 | 横排文本框”命令，在工作表中插入 4 个文本框，输入文字即可，如图 4-37 所示。

5) 设置图案

图案是指区域的颜色或阴影。用户可以利用“设置单元格格式”对话框中的“填充”选项卡，如图 4-38 所示，让工作表更加醒目、美观。

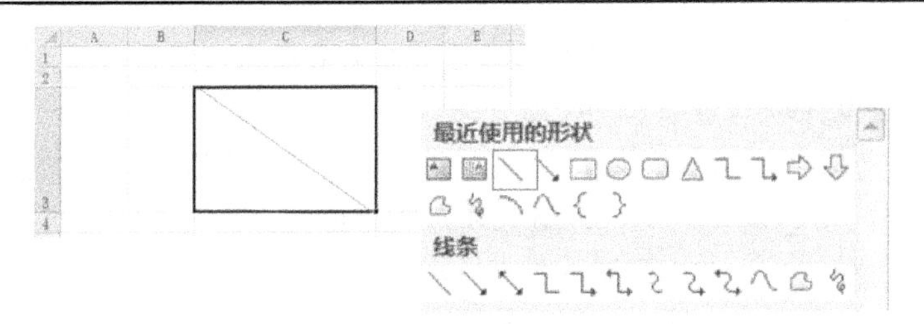

图 4-36　绘制直线

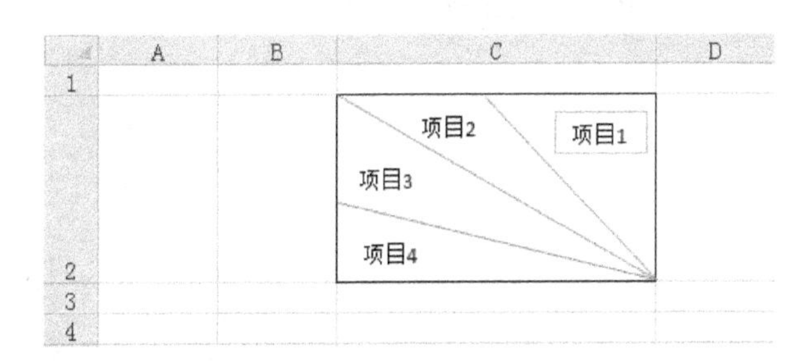

图 4-37　绘制文本框

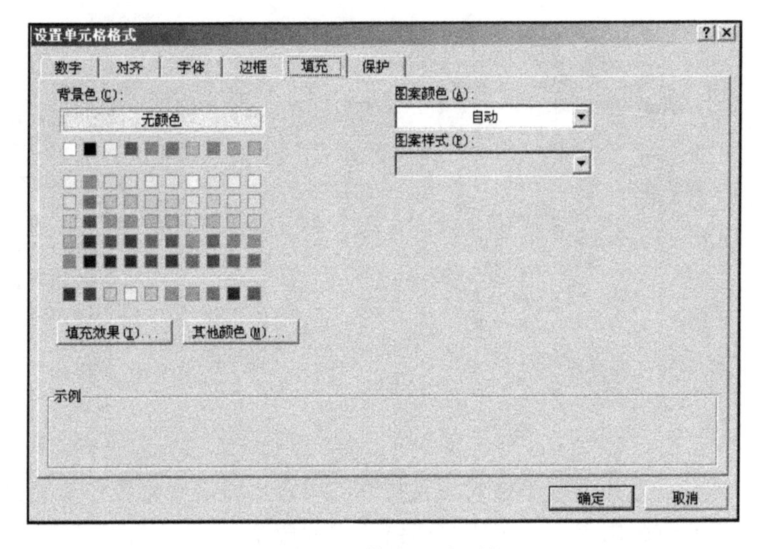

图 4-38 “填充”选项卡

· 背景色：用于设置单元格的背景颜色。

· 图案颜色：用于绘制图案的颜色。

· 图案样式：共列出了 18 种图案，用于设置单元格的图案和图案的颜色。

利用“设置单元格格式”对话框的“字体”选项卡，可以设置前景颜色；利用“填充”选项卡设置背景颜色。

6) 设置列宽、行高

当用户建立工作表时，所有的单元格具有相同的宽度和高度。在默认情况下，单元格中字符串的长度超过列宽，文字被截断显示，数字则用“#######”表示。当然，完整的数据仍保存在单元格中，只是没显示而已。因此，调整行高和列宽，可以完整显示数据。

列宽、行高的粗略调整可以通过鼠标来实现。鼠标指向列宽(或行高)列标(或行标)的分割线上，当鼠标指针变为双向箭头的形状，这时屏幕上会弹出一个提示框，显示当前的宽度，如图 4-39 所示，拖曳分割线至适当的位置。

对于列宽、行高的精确调整，可用“格式”选项区域中的命令(图 4-40)进行所需的设置。

· 列宽或行高：将显示其对话框，输入所需的宽度或高度。
· 自动调整列宽：选定列中最宽的数据为宽度自动调整。
· 自动调整行高：选定行中最高的数据为高度自动调整。
· 隐藏和取消隐藏：将选定的列式或行隐藏或重新显示。

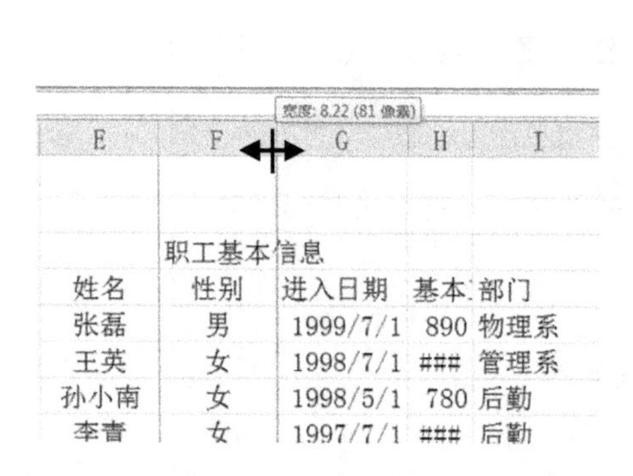

图 4-39　列宽显示

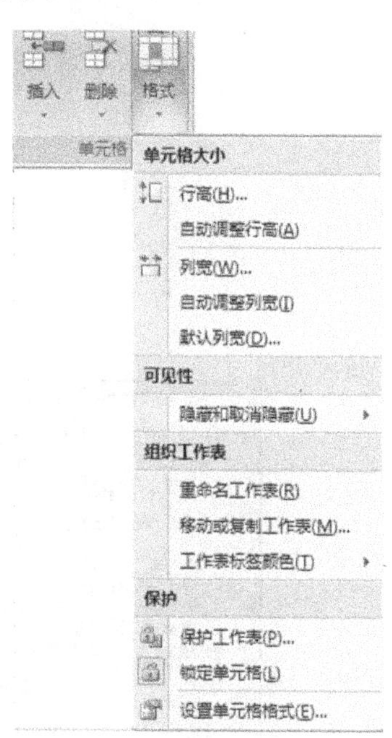

图 4-40　“格式”菜单

2. 自动格式化

样式就是字体、字号和缩进等格式设置特性的组合，将这一组合作为集合加以命名和存储。应用样式，将同时应用该样式中所有的格式设置命令。

Excel 2010 为用户提供了快速设置表格格式的自动套用格式功能，该功能可以根据预设格式，快速设置工作表的单元格格式。

1) 使用自动套用表格格式

Excel 2010 为用户提供浅色、中等深浅与深色 3 种类型 60 种表格格式。在“开始”选项卡“样式”选项区域中选择“套用表格格式”命令，在“套用表格格式”组命令中选择相应的选项(图 4-41)。

通过选择预定义表样式，快速设置一组单元格格式，并将其转化为表。

2) 新建自动套用表格格式

执行“套用表格样式”组命令中的“新建表样式”选项(图 4-41)，在弹出的“新建表快速样式”对话框中设置各选项，如图 4-42 所示。

通过该对话框，用户可以重新定义样式，单击“确定”按钮。再次执行“套用表格格式”命令时，表中将显示新创建的表格样式，如图 4-43 所示。

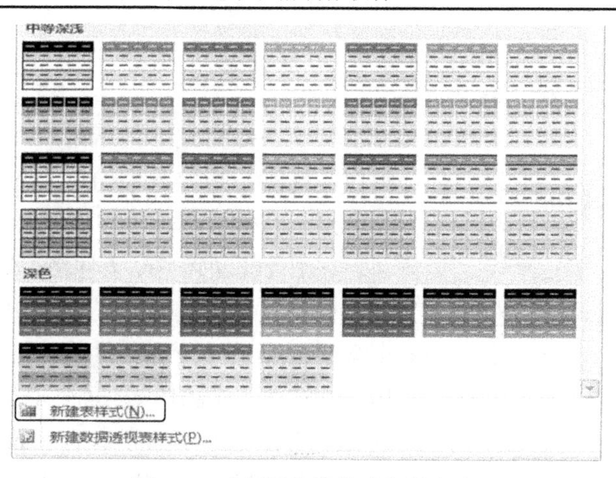

图 4-41　“套用表格格式”组命令

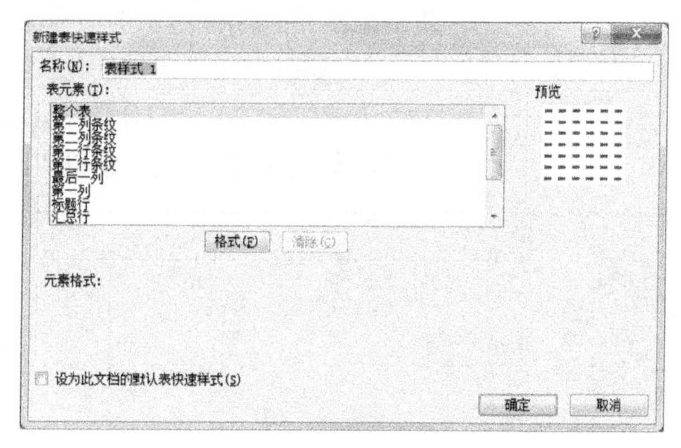

图 4-42　“新建表快速样式”对话框

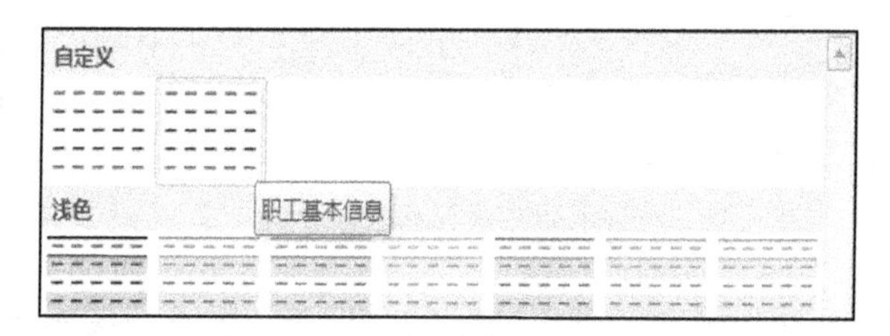

图 4-43　显示重新定义的样式

同样，用户可以套用或者自定义单元格的格式，如图 4-44、图 4-45 所示。

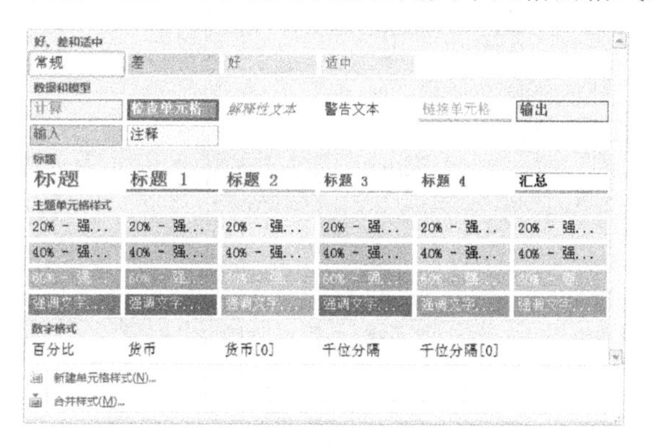

图 4-44　套用单元格样式

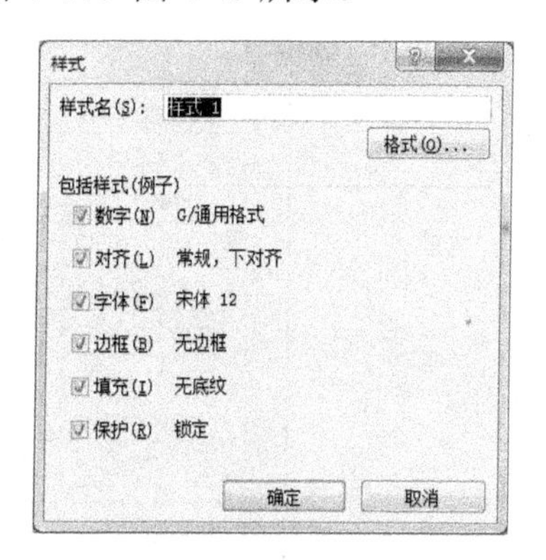

图 4-45　自定义单元格样式

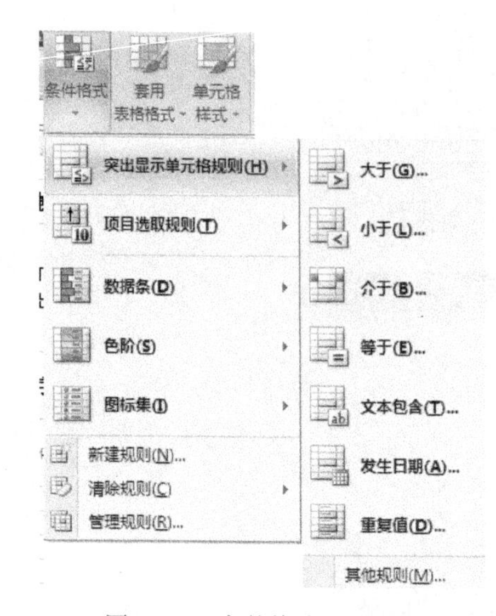

图 4-46 “条件格式”组命令

3. 条件格式

所谓条件格式，是指用户可以在指定的单元格范围内，为满足指定条件的单元格设置特定的格式，使其区别于其他的单元格。

在 Excel 2010 中，条件格式最多可以包含 64 个条件，但是在早期版本的 Excel 中，用户只能看到前 3 个条件。不过，所有条件格式规则在工作簿中保持可用，并在 Excel 2010 中再次打开工作簿时应用，除非这些规则是使用早期版本的 Excel 编辑的。

选择“开始”选项卡的“样式｜条件格式”命令，弹出如图(图 4-46)所示的命令菜单。

(1)利用条件格式中的“突出显示单元格规则”，为大于或等于 90 分的分数单元格设置(字体红色、加粗加、灰色图案)格式，结果如图 4-47 所示。

	A	B	C	D	E	F
1	姓名	高等数学	大学物理	英语	计算机基础	
2	邓燕	87	**98**	82	**90**	
3	付红云	87	**99**	**93**	**92**	
4	张晓艳	**92**	81	76	77	
5	李红梅	**98**	73	79	74	
6	杨韵	87	80	**96**	67	
7	杨桂均	**93**	**92**	**96**	89	
8	王芳	67	87	**91**	**94**	
9	张礼华	73	75	64	69	
10	王素清	45	34	60	51	
11	余彬	87	54	76	80	
12	张清逸	65	71	55	**98**	
13	白如冰	69	87	**92**	81	

图 4-47　条件格式示例 1

(2) Excel 2010 中，还可以通过条件格式中的数据条、色阶与图标集，形象地显示出数据信息，如图 4-48 所示。

1	一班成绩表					
2	学号	姓名	学院	计算机	英语	总分
3	2009010101	张晓莉	文学院	76	57	133
4	2009010102	李兵兵	文学院	86	97	183
5	2009010103	王勇强	文学院	56	95	151
6	2009010104	刘兵	文学院	89	67	156
7	2009020101	李小双	文学院	87	58	145
8	2009020102	张小玲	法学院	98	96	194
9	2009020103	王晓燕	法学院	65	78	143
10	2009020104	李小华	法学院	56	45	101
11	2009020105	张林林	法学院	87	76	163

图 4-48　条件格式示例 2

另外，通过 Excel 2010 中的条件格式，可以设置完全动态的单元格格式，无论用户是在数据区域增加或者删除行、列，该动态的单元格都可以进行自动调整；也可以利用条件格式功能，制作深浅间隔的底纹背景等多种应用。

同样，使用“条件格式 | 新建规则”命令，可以打开“新建格式规则”对话框，进一步设置满足需求的条件格式，如图 4-49 所示。

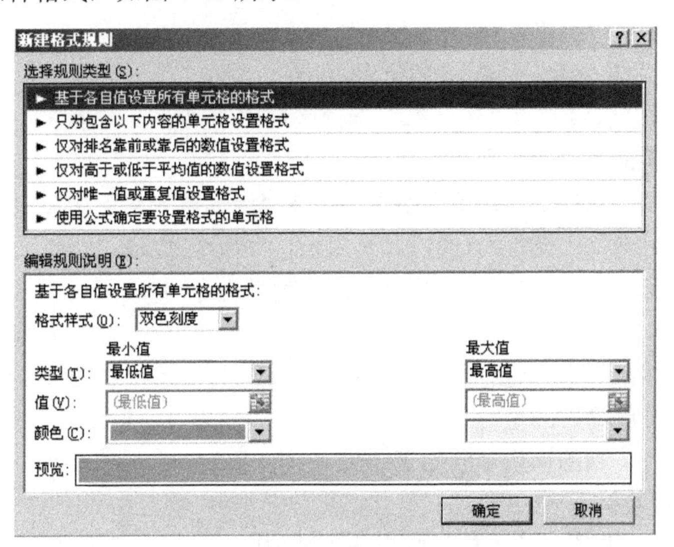

图 4-49　“新建格式规则”对话框

对于已设置条件格式的单元格，可以在“条件格式”下拉菜单中选择“清除规则”和或“管理规则”命令，对自行设置的规则进一步管理。

4. 格式的复制和删除

对于工作表中格式化的数据区域，如果其他区域也要使用该格式，可以通过格式的复制快速完成，同样，也可以删除不满意的格式。

1) 复制格式

与数据复制类似，复制格式前先选定区域。单击“开始”选项卡中“剪贴板”选项区域中的“格式刷”按钮，进行单元格式的复制操作。其操作要领与 Word 的操作类似。

如果希望一次向多个区域复制格式，可选择 “开始”选项卡的“剪贴板”选项区域中的“复制”命令，然后使用“开始”选项卡的“剪贴板”选项区域中的“粘贴”命令，在“选择性粘贴”对话框中选择“格式”命令，可完成对目标区域的格式复制。

2) 删除格式

如果对设置的格式不满意，可以使用“开始”选项卡的“编辑”选项区域中的“清除”命令，在下拉菜单中选择“清除格式”命令，清除格式后单元格中的数据以通用格式表示。

4.2.5　管理工作表

工作表是由多个单元格构成的。在利用 Excel 进行数据处理的过程中，对于单元格的操作是最常使用的，但是很多情况下也需要对工作表进行操作，如工作表的插入、删除、重命名、隐藏和显示等。

1. 单元格、行、列的插入和删除

数据输入时难免会出现遗漏，有时遗漏的数据可能是一个单元格、一行或一列，这时可以通过 Excel 的“插入”操作来弥补。

1) 插入单元格、行、列

在当前单元格插入单元格、行、列的操作步骤如下：

(1) 选定要插入的单元格、行、列的位置。

(2) 选择“开始”选项卡的“单元格”选项区域中的“插入”命令，展开“插入”命令的下拉列表，如图 4-50 所示。

要插入单元格，可选择“活动单元格右移”或“活动单元格下移”；

要插入整行，可选择“整行”(通过“插入｜行”命令)完成；

要插入整列，可选择“整列”(选择“插入｜列”命令)完成。

2) 删除单元格、行、列

对指定的单元格、行、列进行删除操作后，Excel 将从工作表中移去这些单元格，并调整周围的单元格填补删除后的空缺。

删除单元格、行、列的操作步骤如下：

(1) 选定要删除的单元格、行、列的位置。

(2) 选择“开始”选项卡的“单元格”选项区域中的“删除”命令，展开“删除”命令的下拉列表，如图 4-51 所示。

要删除单元格，可选择“右侧单元格左移”或“下方单元格上移”；

要删除整行，可选择“整行”；

要删除整列，可选择“整列”。

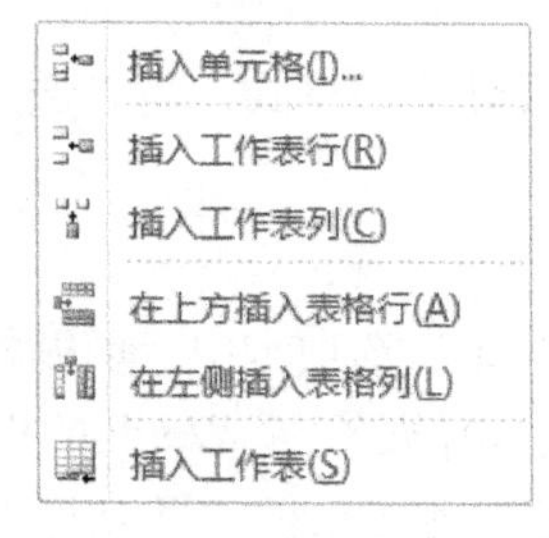

图 4-50 “插入”命令

图 4-51 “删除”命令

2. 工作表的插入、删除和重命名

空白工作簿创建以后，默认情况下由 3 个工作表 Sheet1、Sheet2、Sheet3 组成。用户根据需要对工作表进行选定、删除、插入和重命名操作。

1) 选定工作表

工作簿由多个工作表组成，想要对单个或多个工作表操作，则必须进行选定操作。单击工作表标签栏即可选定工作表。

(1) 选定一张工作表。单击窗口下部的“工作表”选项卡，如图 4-52 所示(在默认的情况下，工作表的名称为 Sheet1、Sheet2、…)。

Sheet1 / Sheet2 / Sheet3 / Sheet4 /

图 4-52　“工作表”选项卡

(2) 选定多张连续的工作表。首先单击要选定工作表的第一张表的标签，然后按住 Shift 键，再单击最后一张工作表的标签。

(3) 选定多张不连续的工作表。首先单击要选定工作表的第一张表，然后按住 Ctrl 键，再依次单击要选定的其他工作表的标签。

多个选定的工作表组成一个工作组，选定工作组的好处是：在其中任意一个工作表中输入数据或设置格式，工作组中其他工作表在相同的单元格将出现相同的数据或相同的格式。

单击工作组外任意一个工作表标签即可取消工作组的选定。

2) 插入工作表

如果用户想在某个工作表之前插入一个空白的工作表，只需右击该工作表(如 Sheet1)，在快捷菜单中选择“插入 | 工作表”命令，就可以在 Sheet1 之前插入一个空白的新工作表，且成为活动工作表。

若要在现有工作表的末尾快速插入新工作表，则单击屏幕底部的“插入工作表”。若要在现有工作表之前插入新工作表，则选择该工作表，在“开始”选项卡的“单元格”选项区域中单击“插入”命令，然后单击“插入工作表”命令即可；也可以在底部“工作表”选项卡中，选中工作表并右击，在如图 4-53 所示的菜单中单击“插入”命令。

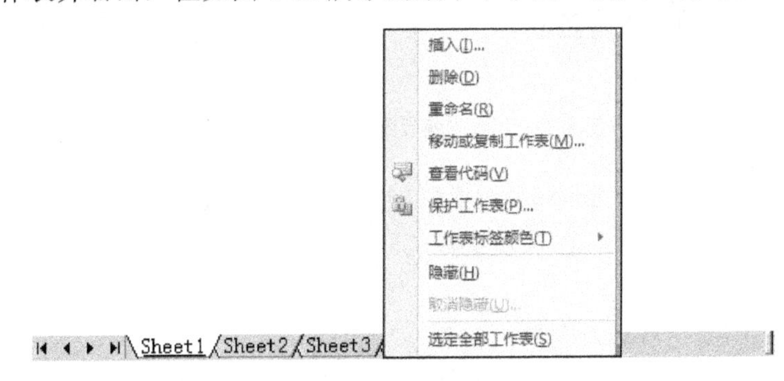

图 4-53　插入工作表

3) 删除工作表

要删除某个工作表，在“开始”选项卡的“单元格”选项区域中，单击“删除”旁边的箭头，然后单击“删除工作表”命令。

右击工作表的标签，在快捷菜单中选择“删除”命令即可。

整个工作表被删除且相应标签也从标签栏中删除，剩下标签名中的序号并不重排。工作表被删除后，不能恢复，所以删除前，Excel 会让用户予以确认。

删除多个工作表的方法与上类似，需要在选定工作表时按住 Ctrl 键以选择多个工作表。

4) 重命名工作表

如果使用多个工作表，那么给工作表一个新名字是管理工作表所必要的，工作表的名字最好能反映工作表的内容。

重命名的方法：

(1)双击“工作表”选项卡中所要命名的工作表标签，工作表名突出显示，输入新名字，按 Enter 键或是单击其他任意位置确定。

(2)在“开始”选项卡的“单元格”选项区域中，单击“格式”命令，在下拉菜单中选择“重命名工作表”命令。

3. 工作表的移动、复制

在实际应用中，为了更好地共享和组织数据，常常需要复制或移动工作表。对于复制移动，既可以在当前工作簿，也可以在不同的工作簿内进行。

1)在同一个工作簿中移动或复制工作表

要在同一个工作簿中移动或复制工作表，右击要移动或复制的工作表名称，从快捷菜单中选择“移动或复制工作表”命令，打开如图 4-54(a)所示的对话框。

(a)

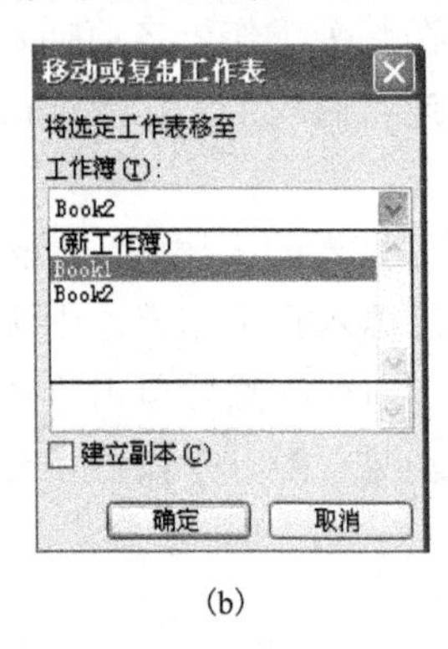

(b)

图 4-54　“移动或复制工作表”对话框

这时只要选择要移到的位置即可(如果复制工作表，则应选中“建立副本”复选框)。

将光标置于工作表标签上，按住左键拖曳即可移动工作表；按住 Ctrl 键，左键拖曳即可复制工作表。

2)在不同的工作簿中移动或复制工作表

要移动或复制工作表到另外一个工作簿，则应把原工作簿和目标工作簿都同时打开，在选中要进行移动或复制的工作表后右击，打开如图 4-54(b)所示的对话框，单击“工作簿”下拉列表框，选中要移动的位置。

4. 工作表的拆分和冻结

工作表的拆分和冻结通过视“视图”选项卡完成，如图 4-55 所示。

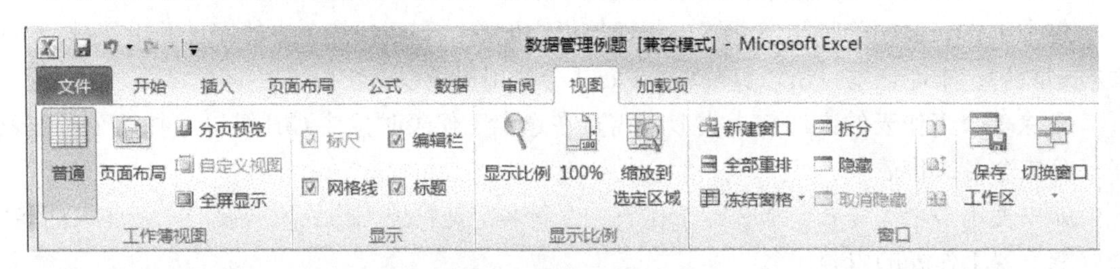

图 4-55　“视图”选项卡

1) 拆分工作表

由于计算机屏幕大小有限，当工作表很大时，只能看到工作表中的部分数据。若表中相隔甚远的数据作对照比较，可将工作表拆分为几个窗口，每个窗口都有完整的工作表数据，此时通过拖动滚动条即可将工作表不同部分的数据分别在各个窗口中显示出来，即可很方便地对工作表中的数据进行对照比较。

窗口的拆分可分为水平拆分、垂直拆分和水平垂直同时拆分 3 种。

①水平拆分。选中第 A 列除第 1 行以外的任意一个单元格，选择“视图”选项卡的“窗口”选项区域中的“拆分”命令，即可将窗口从水平方向拆分为如图 4-56 所示的两个窗口；也可通过水平拆分框来实现。

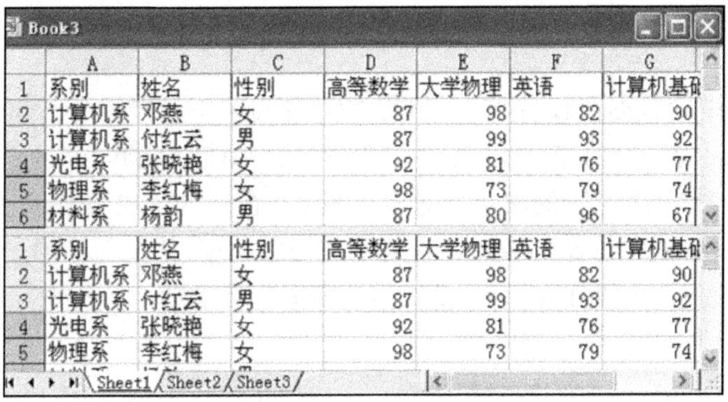

Book3

	A	B	C	D	E	F	G
1	系别	姓名	性别	高等数学	大学物理	英语	计算机基础
2	计算机系	邓燕	女	87	98	82	90
3	计算机系	付红云	男	87	99	93	92
4	光电系	张晓艳	女	92	81	76	77
5	物理系	李红梅	女	98	73	79	74
6	材料系	杨韵	男	87	80	96	67

	A	B	C	D	E	F	G
1	系别	姓名	性别	高等数学	大学物理	英语	计算机基础
2	计算机系	邓燕	女	87	98	82	90
3	计算机系	付红云	男	87	99	93	92
4	光电系	张晓艳	女	92	81	76	77
5	物理系	李红梅	女	98	73	79	74

Sheet1 Sheet2 Sheet3

图 4-56 水平拆分的窗口

②垂直拆分。选中第 1 行除 A 列以外的任意一个单元格，选择“视图”选项卡的“窗口”选项区域中的“拆分”命令，即可将窗口从垂直方向拆分为如图 4-57 所示的两个窗口；也可通过垂直平拆分框来实现。

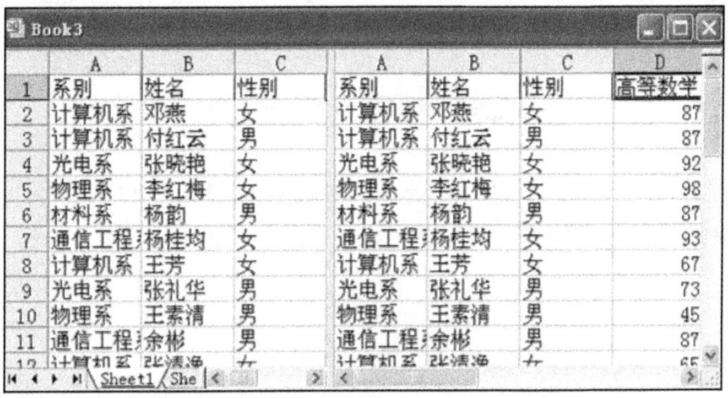

Book3

	A	B	C	A	B	C	D
1	系别	姓名	性别	系别	姓名	性别	高等数学
2	计算机系	邓燕	女	计算机系	邓燕	女	87
3	计算机系	付红云	男	计算机系	付红云	男	87
4	光电系	张晓艳	女	光电系	张晓艳	女	92
5	物理系	李红梅	女	物理系	李红梅	女	98
6	材料系	杨韵	男	材料系	杨韵	男	87
7	通信工程系	杨桂均	女	通信工程系	杨桂均	女	93
8	计算机系	王芳	女	计算机系	王芳	女	67
9	光电系	张礼华	男	光电系	张礼华	男	73
10	物理系	王素清	男	物理系	王素清	男	45
11	通信工程系	余彬	男	通信工程系	余彬	男	87

Sheet1 She

图 4-57 垂直拆分的窗口

③水平垂直拆分。将活动单元格放在除第 A 列和第 1 行以外的任意一个单元格，选择“视图”选项卡的“窗口”选项区域中的“拆分”命令，即可将窗口从水平垂直拆分为如图 4-58 所示的 4 个窗口。

任何一种情况，第一次单击“视图”选项卡的“窗口”选项区域中的“拆分”命令，第二次单击“取消拆分”功能。

Book3

	A	B	C		A	B	C	D
1	系别	姓名	性别		系别	姓名	性别	高等数学
2	计算机系	邓燕	女		计算机系	邓燕	女	87
3	计算机系	付红云	男		计算机系	付红云	男	87
4	光电系	张晓艳	女		光电系	张晓艳	女	92
5	物理系	李红梅	女		物理系	李红梅	女	98
1	系别	姓名	性别		系别	姓名	性别	高等数学
2	计算机系	邓燕	女		计算机系	邓燕	女	87
3	计算机系	付红云	男		计算机系	付红云	男	87
4	光电系	张晓艳	女		光电系	张晓艳	女	92
5	物理系	李红梅	女		物理系	李红梅	女	98
6	材料系	杨韵	男		材料系	杨韵	男	87

Sheet1 / She

图 4-58　水平垂直拆分的窗口

2) 冻结工作表

当一个工作表中的数据比较多时，表中的数据在窗口中只能显示一部分，要查看其他数据，必须滚动窗口内容。为了在查看任何一个数据时都能知晓其含义，需要将数据的标题固定在窗口中，不随窗口内容的滚动而移动。Excel 窗口的冻结操作就提供了此功能。例如，图 4-59(a)是没有进行冻结的窗口，很难知道表中数据(如单元格 D10 的数据)的具体含义；图 4-59(b)是被冻结的窗口，无论窗口中的数据怎么滚动，数据表标题始终显示在当前窗口中，因此表中数据的含义一目了然。

D10　fx 45

	A	B	C	D	E
7	通信工程	杨桂均	女	93	92
8	计算机系	王芳	女	67	87
9	光电系	张礼华	男	73	75
10	物理系	王素清	男	45	34
11	通信工程	余彬	男	87	54
12	计算机系	张清逸	女	65	71
13	材料系	白如冰	女	69	87
14	计算机系	邓燕	女	87	98

(a) 没有冻结的窗口

D10　fx 45

	A	B	C	D	E
1	系别	姓名	性别	高等数学	大学物理
8	计算机系	王芳	女	67	87
9	光电系	张礼华	男	73	75
10	物理系	王素清	男	45	34
11	通信工程	余彬	男	87	54
12	计算机系	张清逸	女	65	71
13	材料系	白如冰	女	69	87
14	计算机系	邓燕	女	87	98

(b) 冻结的窗口

图 4-59　窗口冻结前后的对比

窗口冻结分为冻结首行、冻结首列和冻结拆分窗格 3 种。可通过选择“视图”选项卡的“窗口”选项区域中的“冻结窗格”命令来完成，如图 4-60 所示。

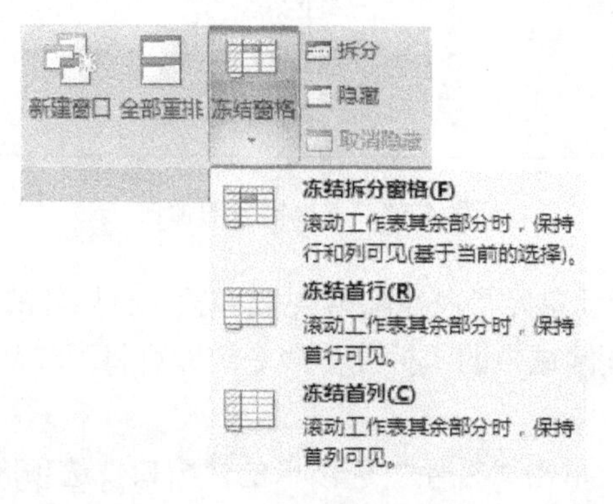

图 4-60　“冻结窗口”菜单

同样，执行“冻结窗格”下拉列表中的“取消冻结窗格”命令，可取消窗口的冻结状态。

5. 显示或隐藏工作表

如果用户不希望别人查看工作表，可以将工作表隐藏起来。操作方法：激活要隐藏的工作表，选择“视图”选项卡的“窗体”选项区域中的“隐藏”命令，即可完成。

如果要恢复被隐藏的工作表，操作步骤：选择“视图”选项卡的“窗体”选项区域中的“取消隐藏”命令；从打开的“取消隐藏”对话框中选择要恢复的工作表，单击“确定”按钮，如图 4-61 所示。

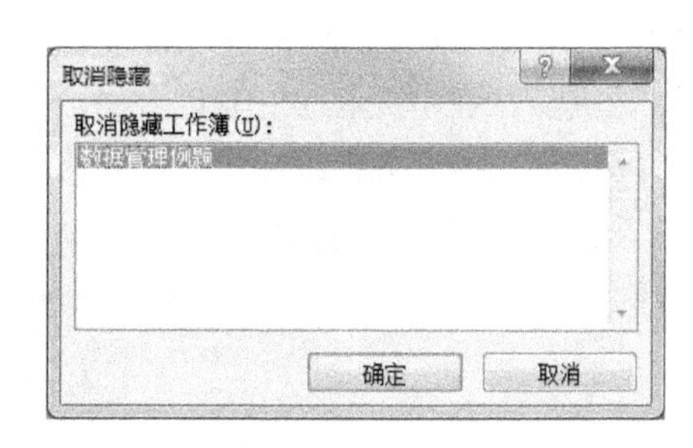

图 4-61　“取消隐藏”工作表

4.3　公式和函数

分析和处理 Excel 工作表中的数据可以使用公式和函数。公式是函数的基础，它是单元格中的一系列值、单元格引用、名称或运算符的组合，可以生成新的值；函数是 Excel 预定义的内置公式，可以进行数学、文本、逻辑的运算或者查找工作表的信息，与直接使用公式相比，使用函数进行计算的速度更快，同时减少了错误。

4.3.1　单元格的引用

单元格所对应的列标号与行标号的组合称为该单元格的地址，单元格的引用是指单元格的地址。通过引用可以在公式中使用工作表中单元格的数据。因此，单元格的引用是一种告诉 Excel 计算公式如何从工作表中提取有关单元格数据的方法。

公式通过单元格的引用，既可以取出当前工作表中单元格的数据，也可以取出其他工作表中单元格的数据。在 Excel 中，对单元格的引用分为相对引用、绝对引用和混合引用 3 种。

1. 相对引用

相对引用是指公式中所引用的单元格随着公式在工作表中位置的变化而变化，是 Excel 默认的单元格引用方式。

例如，在单元格 E3 中包含由公式“=SUM(B3:D3)”计算学生“邓燕”的总分。将单元格 E3 公式复制到 E8，则单元格 E8 中的公式自动变为“=SUM(B8:D8)”，数据为“杨桂均”的总分，如图 4-62 所示。

E8　=SUM(B8:D8)

	A	B	C	D	E	F	G
1	学生成绩统计表						
2	姓名	高等数学	大学物理	英语	总分	平均分	
3	邓燕	87	98	82	267		
4	付红云	87	99	93			
5	张晓艳	92	81	76			
6	李红梅	98	73	79			
7	杨韵	87	80	96			
8	杨桂均	93	92	96	281		
9	王芳	67	87	91			

图 4-62　相对引用示例

2. 绝对引用

绝对引用是指公式引用的单元格不随公式在工作表中位置的变化而变化。在单元格地址的行号和列号前都加上“$”符号，就构成对单元格的绝对引用，如$A$4、$D$7 等。

例如，在单元格 E3 中包含由公式“=SUM($B$3:$D$3)”计算学生“邓燕”的总分。将单元格 E3 公式复制到 E8，则单元格 E8 中的公式仍为“=SUM($B$3:$D$3)”，数据为“邓燕”的总分，如图 4-63 所示。

E8　=SUM($B$3:$D$3)

	A	B	C	D	E	F	G
1	学生成绩统计表						
2	姓名	高等数学	大学物理	英语	总分	平均分	
3	邓燕	87	98	82	267		
4	付红云	87	99	93			
5	张晓艳	92	81	76			
6	李红梅	98	73	79			
7	杨韵	87	80	96			
8	杨桂均	93	92	96	267		
9	王芳	67	87	91			

图 4-63　绝对引用示例

3. 混合引用

混合引用是指在单元格地址的行号或列号前加上“$”符号，如$A3、C$5。当公式在工作表中的位置发生改变时，单元格的相对地址部分(没有加“$”符号的部分)会随之改变，绝对地址部分(加“$”符号的部分)不变。

3 种引用在输入时可以相互转换：在公式中用鼠标或键盘选定引用的单元格部分，反复按 F4 键可进行引用间的转换，转换的规律：A1→$A$1→A$1→$A1→A1。

4. 非当前工作表中单元格的引用

如果需要引用同一个工作簿的其他工作表的单元格，如将 Sheet2 中的 A6 单元格内容与 Sheet1 中的 A3 单元格内容相加，其结果放在 Sheet1 的 A5 单元格中，则在单元格 A5 中应输入公式“Sheet2!A6+Sheet1!A3”，即在工作表与单元格的引用之间用叹号分隔。

同样，如果需要引用不同工作簿中的单元格(外部引用)，则用符号“[ ]”表示不同工作簿中的工作表，如“[Book1]Sheet1!A1+[Book2]Sheet2!A1”，其中， Book1、Book2 是两个不同工作簿的名称，Sheet1、Sheet2 是分别属于两个工作簿的工作表的名称。

4.3.2 公式的使用

公式是对工作表中的数据进行分析的等式，数据计算是通过公式实现的，它既可以对工作表中的数据进行加、减、乘、除等运算，也可以对字符、日期型数据进行字符的处理和日期的运算。因此，公式可以引用同一工作表中的单元格、同一工作簿不同工作表中的单元格或者其他工作簿中工作表的单元格。

1. 公式的定义

公式由运算符和参与计算的操作数组成。运算符用来连接要运算的数据对象，并说明进行了哪种公式运算。操作数可以是常量数值、单元格或引用的单元格区域、标志、名称等。

公式遵循一个特定的语法或次序：最前面是等号“=”，或“+”，后面是参与计算的数据对象和运算符。

例如，= 4+5(将“4”和“5”进行加法运算)，“=”开头，常量“4”和“5”是操作数，“+”是运算符。

2. 公式的运算符

运算符用于说明对象的具体运算操作。Excel 中的运算符分为 4 类：算术运算符、文本运算符、比较运算符和引用运算符。

1) 算术运算符

如果要完成基本的数学运算，如加法、减法、乘法、除法等，连接数据和计算数据等，可以使用表 4-5 所示的算术运算符。注意，还有正负号运算符。

2) 文本运算符

“&”是 Excel 的文字运算符，它可以将文本与文本、文本与单元格内容、单元格与单元格内容等连接起来。

表 4-5　算术运算符

算术运算符	含义	举例	算术运算符	含义	举例
+	加法运算	=B2+B3	/	除法运算	=D6/20
-	减法运算	=20-B6	%	百分号	=5%
*	乘法运算	=D3*D4	^	乘方运算	=6^2

例如：

= B2&B3　　　　　将 B2 单元格和 B3 单元格的内容连接起来。

= “总计为：”&G6　　将 G6 中的内容连接在“总计为：”之后。

注意：要在公式中直接输入文本，必须用双引号把输入的文本括起来。

3) 比较运算符

Excel 的比较运算符可以完成两个运算对象的比较，并产生逻辑值 TRUE(真)或 FALSE(假)，详细如表 4-6 所表。

表 4-6　比较运算符表

比较运算符	含义	举例	比较运算符	含义	举例
=	等于	=B2=B3	<>	不等于	=B2<>B3
<	小于	=B2<B3	<=	小于等于	=B2<=B3
>	大于	=B3>B2	>=	大于等于	=B2>=B3

4) 引用运算符

在进行计算时，常常要对工作表单元格区域的数据进行引用，通过使用引用运算符可告知 Excel 在哪些单元格中查找公式中要用的数值，引用运算符及其含义表如表 4-7 所示。

表 4-7　引用运算符表

引用运算符	含义	举例
:	区域运算符(引用区域内全部单元格)	=sum(B2:B8)
,	联合运算符(引用多个区域内的全部单元格)	=sum(B2:B5，D2:D5)
空格	交叉运算符(只引用交叉区域内的单元格)	=sum(B2:D3 C1:C5)

3. 公式的基本操作

学习应用公式时，应该先掌握公式的基本操作，包括输入、修改、显示、复制以及删除等。

1) 输入公式

选定要输入公式的单元格，输入一个等号“=”，然后输入编制好的公式内容，确认输入，计算结果自动填入该单元格。

例如，计算邓燕的平均分。单击 H2 单元格；输入“=”号，再输入公式内容(图 4-64)；最后单击编辑栏上的“✓”按钮，或者按 Enter 键。计算结果自动填入 H2 单元格中，此时公式仍然出现在编辑栏中。

H2　fx =(D2+E2+F2+G2)/4

	A	B	C	D	E	F	G	H
1	系别	姓名	性别	高等数学	大学物理	英语	计算机基础	平均分
2	计算机系	邓燕	女	87	98	82	90	89.25
3	计算机系	付红云	男	87	99	93	92	
4	光电系	张晓艳	女	92	81	76	77	
5	物理系	李红梅	女	98	73	79	74	

图 4-64　学生成绩表

2) 修改公式

当调整单元格或输入错误的公式后，可对相应的公式进行调整与修改，具体方法为：首先选择需要修改公式的单元格，然后再编辑栏中使用修改文本的方法对公式进行修改，按 Enter 键即可。

当然，如果用户双击要修改公式的单元格，则该单元格处于编辑状态，用户可以使用修改文本的方法直接修改，如图 4-65 所示。

	A	B	C	D	E	F	G
1	学号	姓名	身份证号	性别	计算机	英语	期末总分
2	2009010101	张晓莉	510100199112108765	女	76	57	=E2+F2
3	2009010102	李兵兵	510100199112116543	男	86	97	
4	2009010103	王勇强	510100199112128765	男	56	95	
5	2009010104	刘兵	510100199112138765	男	89	67	

图 4-65　修改公式

3) 显示公式

默认情况下，在单元格中只显示公式计算的结果，而公式本身则只显示在编辑栏中。为了方便用户检查公式的正确性，可以在“公式”选项卡的“公式审核”选项区域中选择“显示公式”命令，如图 4-66 所示。

4) 复制公式

通过复制公式，可以快速地在其他单元格中输入公式。复制公式的方法与复制数据的方法相似，但是在 Excel 2010 中，公式复制往往与公式的相对引用结合使用，以提高输入公式的效率，如图 4-67 所示。

5) 删除公式

Excel 2010 中，当使用公式计算出结果后，可以设置删除单元格中的公式，并保留结果。此时，复制公式，在“选择性粘贴”对话框中选择“数值”命令即可实现。

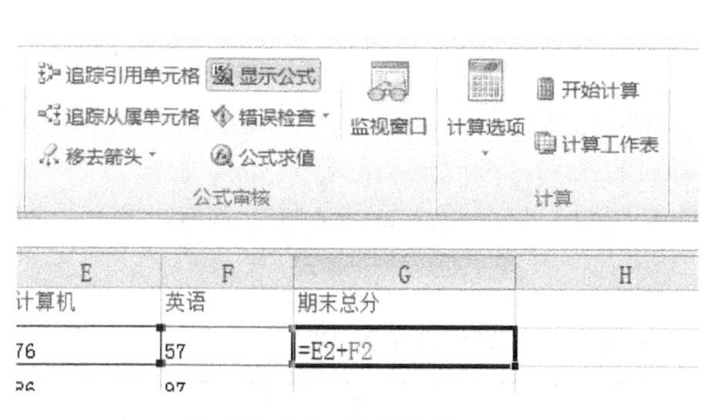

图 4-66　显示公式

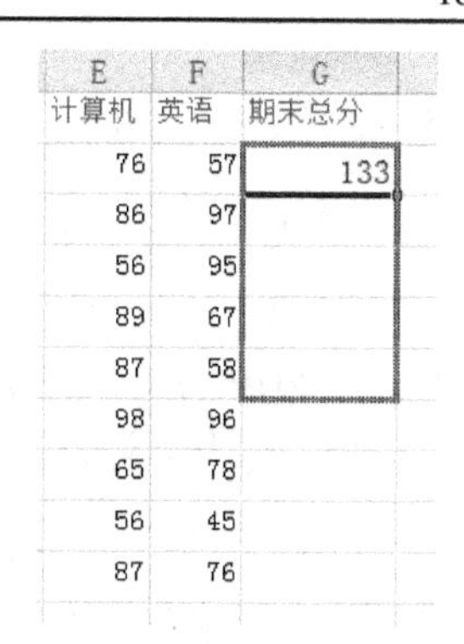

图 4-67　相对引用复制公式

6) 审核公式

为了帮助用户查找和更正使用公式时可能出现的错误，Excel 2010 提供了几种审核公式的工具。

用户在输入公式有错误，Excel 2010 将显示一个错误值，最常见的错误信息与产生的原因及解决办法如表 4-8 所示。

表 4-8　公式错误信息及解决办法

错误信息	错误原因	解决方法
#####	公式计算结果太长，超过了单元格的字符范围	增加列的宽度即可
#DIV/0!	除数为 0	修改单元格的引用，或者修改除数(不能为 0)
#N/A	公式中没有可用的数值或缺少函数参数	当用户在没有数值的单元格中输入#N/A 时，公式在引用这些单元格，将不进行数值计算，而是返回#N/A
#NAME	删除了公式中使用的名称，使用了不存在的名称或者名称拼写有错误	检查所使用的名称是否存在，是否有误
#NULL	使用了不正确的区域运算或不正确的单元格引用	如果要引用两个不相交的区域，使用联合运算符(逗号)
#VALUE	需要数字或逻辑值时输入了文本	确认参数或者运算符是否正确
#NUM	使用了不能接受的参数	确认函数参数
#REF!	删除了其他公式引用的单元格	确认可删除公式

Excel 2010 提供了一定的规则用于检查公式的错误。出现公式错误的单元格左上角会出现一个绿色的三角形，选中这个单元格会自动出现提示按钮，单击此按钮，可弹出一个快捷菜单如图 4-68 所示。在此快捷菜单中显示了公式的错误信息，用户可以利用此快捷菜单对错误信息进行检查或其他处理。

同样，单击“公式”选项卡，在“公式审核”选项区域中单击“错误检查”按钮，Excel 会自动检查工作表中所有的单元格，如果发现错误，将打开“错误检查”对话框，如图 4-69 所示。

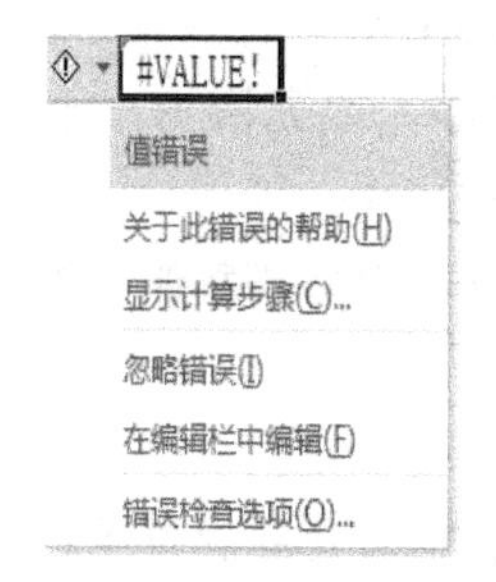

图 4-68　错误信息快捷菜单

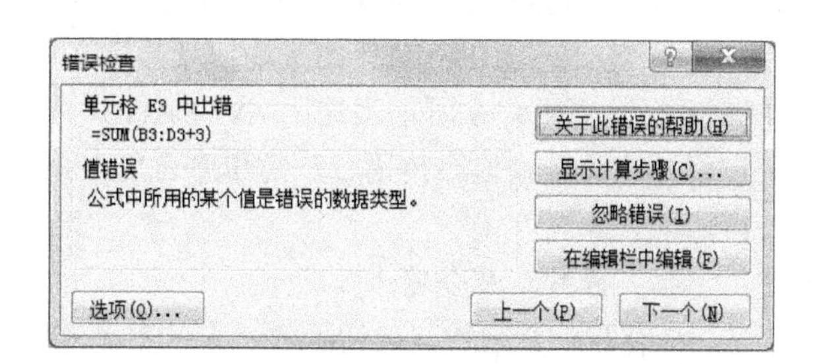

图 4-69　“错误检查”对话框

4.3.3 函数的使用

函数是为了方便用户数据运算而预定义的公式。系统提前将实用而复杂的公式预置到系统，形成函数，用户可以从系统中调出需要的函数，按照规定的格式加以使用。

Excel 2010 为用户提供了几百个预定义函数，其中按功能将函数分类为财务、日期与时间等 11 类。具体含义如表 4-9 所示。

表 4-9 Excel 中的常用函数(按功能进行分类)

分 类	功 能
数据库和列表管理函数	分析数据清单和列表中的数值是否符合特定条件
日期与时间函数	在公式中分析和处理日期值和时间值
信息函数	确定存储在单元格中数据的类型
财务函数	进行一般的财务计算
逻辑函数	进行逻辑判断或者进行复合检验
统计函数	对数据区域进行统计分析
查找和引用函数	在数据清单中查找特定数据或者找一个单元格的引用
文本和数据函数	在公式中处理字符串和数据
数学和三角函数	进行数学计算
工程函数	对数值进行各种工程商的运算与分析
多维数据集函数	分析外部数据源中的多维数据集

1. 函数的语法

函数是由函数名和参数组成，函数引用的格式为：

函数名(参数 1，参数 2，参数 3，…)

其中，函数名可以大写，也可以小写，参数可以是常量、单元格引用、区域、区域名、公式或其他函数。

例如，函数 SUM(A1:A10)，其中 SUM 为函数名，区域 A1:A10 为参数。

2. 函数的输入

函数输入的方法由两种，即直接输入法和粘贴函数。

1) 直接输入法

如果对函数比较熟悉，可以在编辑栏或单元格中直接输入函数。例如，要计算“学生成绩表”中“高等数学”的平均分，可以使用 AVERAGE( ) 函数。操作步骤如下：

(1) 选定要输入的单元格 B12。

(2) 如果要通过编辑栏输入函数，则单击编辑栏，然后在编辑栏中输入“=AVERAGE(B3:B11)”，也可以直接在选定的单元格中输入“=AVERAGE(B3:B11)”。

(3) 按 Enter 键，区域(B3:B11)的平均值就显示在单元格 B12 中，单元格 B12 包含的公式显示在编辑栏上。图 4-70 所示为使用 AVERAGE( ) 函数计算平均分。

如果还要计算大学物理、英语、计算机基础的平均分，则可以使用公式复制的方法，而不需另外再输入公式。

2) 使用“插入函数”命令输入

由于 Excel 有几百个函数，记住函数所有的参数难度很大，为此，Excel 提供了粘贴函数的方法，引导用户正确输入函数。

B12　　f_x =AVERAGE(B3:B11)

公式的计算

	A	B	C	D	E	F
1	学生成绩统计表					
2	姓名	高等数学	大学物理	英语	计算机基础	
3	邓燕	87	98	82	90	
4	付红云	87	99	93	92	
5	张晓艳	92	81	76	77	
6	李红梅	98	73	79	74	
7	杨韵	87	80	96	67	
8	杨桂均	93	92	96	89	
9	王芳	67	87	91	94	
10	张礼华	73	75	64	69	
11	王素清	45	34	60	51	
12	平均分	81				

就绪

图 4-70　使用 AVERAGE( )函数计算平均分

(1)“编辑”选项区域输入：单击“开始”选项卡，在“编辑”选项区域中单击“自动求和”按钮，在展开的下拉菜单中选择“其他函数”命令(图 4-71)，即可打开“插入函数”对话框，如图 4-74 所示。

(2)“函数”选项区域输入：单击“公式”选项卡，在“函数”选项区域中选择“插入函数”命令(图 4-72)，即可打开“插入函数”对话框，如图 4-74 所示。

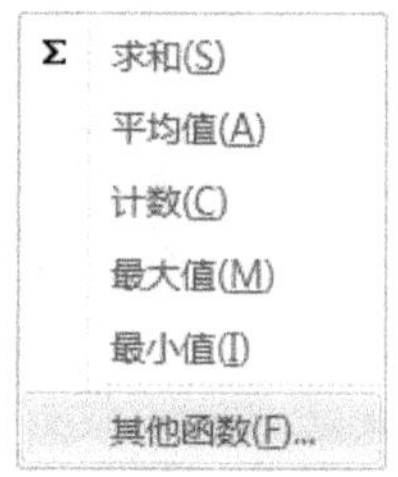

图 4-71 “自动求和”下拉菜单

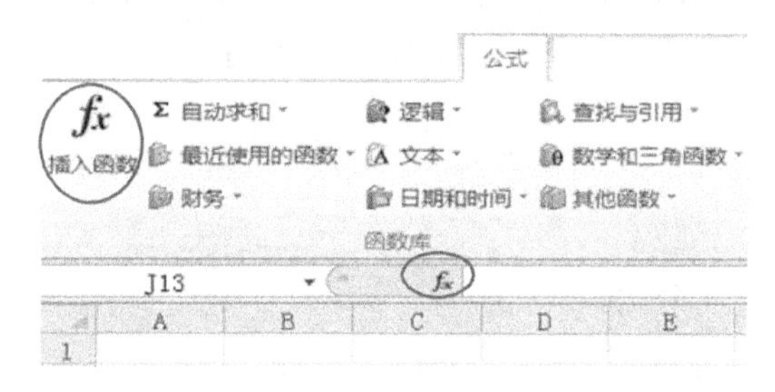

图 4-72 “公式”选项卡

(3)“插入函数”按钮输入：直接单击编辑栏 f_x 边“插入函数”按钮(图 4-72)，即可打开“插入函数”对话框。

(4)函数列表输入：选择需要插入函数的单元格或单元格区域，在编辑栏中输入“=”号，然后在编辑栏左侧的名称框中，单击“函数”下拉按钮，在该列表中选择相应的函数(图 4-73)。在弹出的“函数参数”对话框中输入函数即可。

SUM　　× ✓ f_x　=

SUM
AVERAGE
IF
HYPERLINK
COUNT
MAX
SIN
SUMIF
PMT
STDEV
其他函数...

	A	B	C	D	E	F
			绩统计表			
		学	大学物理	英语	总分	平均分
		87	98	82	=	
		87	99	93		
		92	81	76		
		98	73	79		
		87	80	96		
8	王芳	67	87	91		

图 4-73　函数列表输入

例如，要计算“学生成绩表”中邓燕同学的总分，使用 SUM( )函数。操作步骤如下：

(1)选定要输入的单元格。

(2) 单击编辑栏中的“插入函数”按钮 fx，出现如图 4-74 所示的“插入函数”对话框。

(3) 在“选择类别”列表框中选择函数类型(如“常用函数”)，在“选择函数”列表框中选择函数名称(如 SUM)，单击“确定”按钮，出现如图 4-75 所示的“函数参数”对话框。

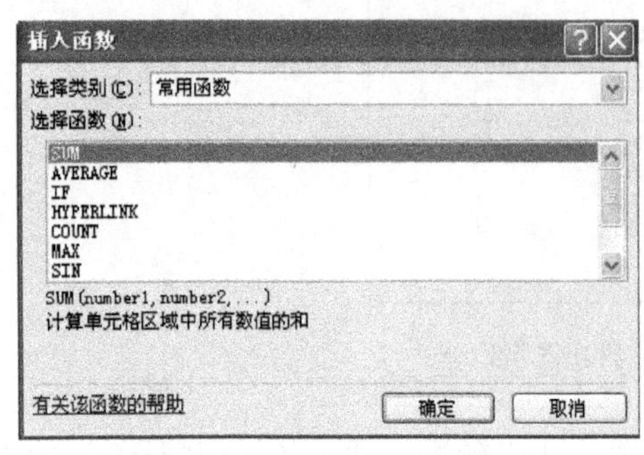

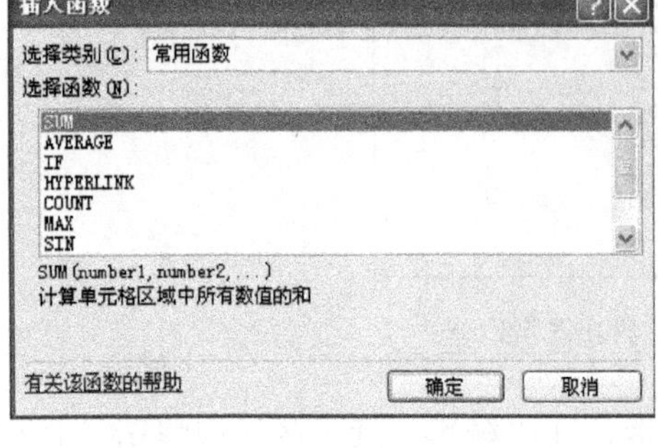

图 4-74 “插入函数”对话框

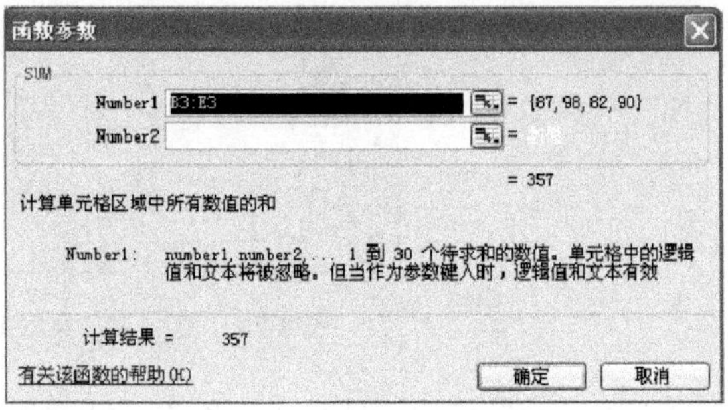

图 4-75 “函数参数”对话框

(4) 在参数框中输入常量、单元格引用或区域。对单元格引用或区域无把握时，可单击参数框右侧的“折叠对话框”按钮 以暂时折叠对话框，显示出工作表；用户可选择单元格区域(如 B3:D3)，最后单击“折叠对话框”按钮，恢复“数据输入”对话框，可以看到参数 B3:D3 出现在参数框中，如图 4-76 所示。

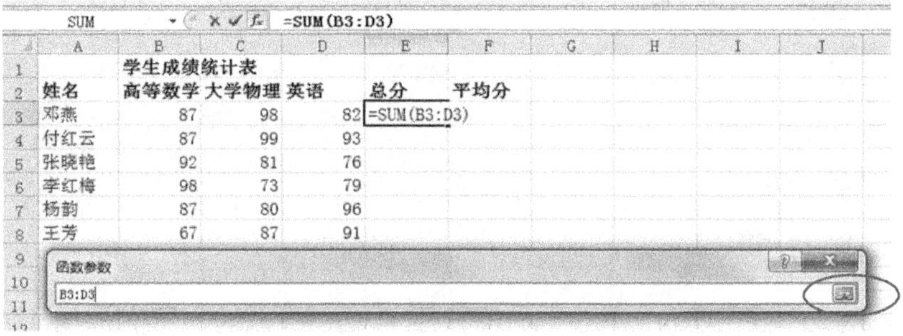

图 4-76 “折叠对话框”按钮的使用

(5) 完成函数所有参数输入后，单击“确定”按钮。在单元格显示计算结果，编辑栏显示公式“=SUM(B3:D3)”。

利用相同的方法，可以利用 AVERAGE 函数求出“平均分”，MAX 函数求出最高分，MIN 函数求出最低分。

3) 常用函数应用

(1) 数组公式的使用。前面介绍的公式都是执行单个计算结果的情况，而数组公式可以同时进行多个计算，并返回一种或多种结果。下面以 FREQUENCY() 函数为例说明数组公式的使用方法。

例如，使用 FREQUENCY() 计算如图 4-79 所示英语成绩在 60 分以下、60～69 分、70～79 分、80～89 分、90 分以上的学生人数。操作步骤如下：

• 选择存放结果的区域 E2:E6(计算结果有 5 个数，所以选择 5 个单元格)。

• 单击“公式”选项卡，在“函数”选项区域中选择“插入函数”命令，出现“插入函数”对话框。

· 在“选择类别”列表框中选择函数类型(如“统计”)，在“选择函数”列表框中选择函数名称(如 FREQUENCY)，单击“确定”按钮，出现如图 4-77 所示“函数参数”对话框。

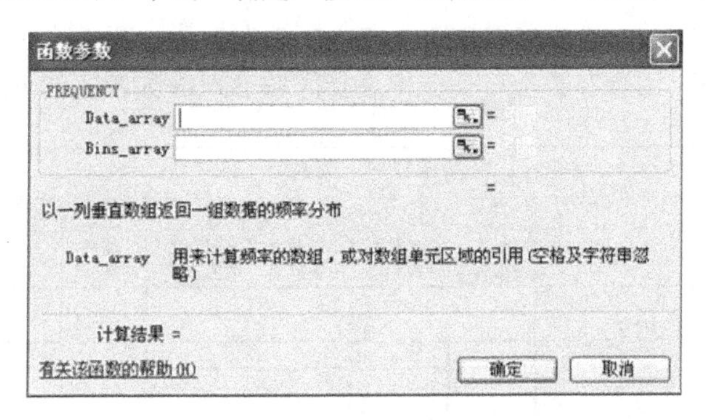

图 4-77　“函数参数”对话框 1

· 在“Data_array”输入英语成绩所在的区域 B2:B9，在“Bins_array”中输入对英语成绩进行频率计算的分段点{59;69;79;89}，这些分段点表示“在 60 分以下、60～69 分、70～79 分、80～89 分、90 分以上”5 个分数段。参数输入完毕，“函数参数”对话框中会显示计算结果，如图 4-78 所示。

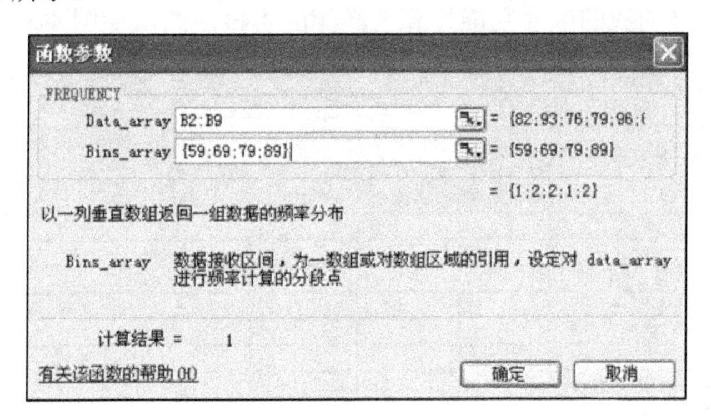

图 4-78　“函数参数”对话框 2

· 按 Ctrl+Shift+Enter 组合键结束输入。工作表得到计算结果，如图 4-79 所示。

付红云	93		
杨桂均	96	60分以下	1
邓燕	82	60-69分	1
王芳	91	70-79分	3
杨韵	96	80-89分	1
白如冰	63	90分以上	4
张晓艳	76		
李红梅	79		
余彬	76		
张清逸	55		

图 4-79　学生成绩统计表

(2) 函数的嵌套使用。

在某些情况下，可能需要将某个公式或函数的返回值作为另一个函数的参数来使用，这就是函数的嵌套使用。使用该功能的方法为：先插入 Excel 2010 自带的一种函数，然后通过修改函数实现函数的嵌套。

例如，在“学生 2013 年度成绩考核表”工作簿中，在 B10 单元格显示“上半年考核平均分”。

• 选中 B10 单元格，单击编辑栏中“插入函数”按钮，在“插入函数”对话框中选择 AVERAGE 函数，在“函数参数”对话框中选择区域 B3:B8 如图 4-80 所示。

B10　=AVERAGE(B3:B8)

学生2013年度成绩统计表						
姓名	第一季度考核成绩	第二季度考核成绩	第三季度考核成绩	第四季度考核成绩	年度考核总分	排名
邓燕	87	98	82	96	363	
付红云	87	99	93	94	373	
张晓艳	92	81	76	77	326	
李红梅	98	73	98	89	358	
杨韵	87	77	96	83	343	
王芳	67	87	91	74	319	
各季度考核总分	518	515	536	513		
半年考核平均分	86.33					

图 4-80　插入函数

• 选择单元格 B10，在编辑栏中修改公式“=AVERAGE(AVERAGE(B3:B8),AVERAGE(C3:C8))”，即可通过函数的嵌套功能计算上半年的考核成绩，如图 4-81 所示。

B10　=AVERAGE(AVERAGE(B3:B8),AVERAGE(C3:C8))

学生2013年度成绩统计表						
姓名	第一季度考核成绩	第二季度考核成绩	第三季度考核成绩	第四季度考核成绩	年度考核总分	排名
邓燕	87	98	82	96	363	
付红云	87	99	93	94	373	
张晓艳	92	81	76	77	326	
李红梅	98	73	98	89	358	
杨韵	87	77	96	83	343	
王芳	67	87	91	74	319	
各季度考核总分	518	515	536	513		
半年考核平均分	86.08					

图 4-81　实现函数嵌套

同样，利用公式的复制，可以计算出下半年的成绩考核表。

(3) 数据的排位。

RANK 函数的功能是返回一个数字列表中的排位，数字的排位是其大小与列表中其他值的比值，如果列表已经排过序，则数字的排位就是它的当前位置。

RANK 函数的表达式：

RANK(number,ref,order)

其中，number 为需要找到排位的数字；ref 为数字列表数组或对数字列表的引用(其中，非数值型数据将被忽略)；order 为排序的方式(如果为 0 或者省略，表示将按降序排列，否则按升序排列。)

例如，在“学生 2013 年度成绩考核表”工作簿中，求出年度考核总分的最后排名情况，结果如图 4-82 所示。

G3　　=RANK(F3, $F$3:$F$8)

学生2013年度成绩统计表						
姓名	第一季度考核成绩	第二季度考核成绩	第三季度考核成绩	第四季度考核成绩	年度考核总分	排名
邓燕	87	98	82	96	363	2
付红云	87	99	93	94	373	1
张晓艳	92	81	76	77	326	5
李红梅	98	73	98	89	358	3
杨韵	87	77	96	83	343	4
王芳	67	87	91	74	319	6
各季度考核总分	518	515	536	513		
半年考核平均分	86.08		87.42			

图 4-82　RANK 函数的使用

特别注意的是，参数 ref 数字列表数组或对数字列表的引用中，绝对引用的使用。

(4) IF 函数的使用。

IF 函数的功能是执行真假判断，根据指定的条件进行计算，结果为 TRUE 或 FALSE，返回不同的结果，可以使用 IF 函数对数值和公式进行条件检测。

IF 函数的表达式为：

If(logical_test,value_if_ture,value_if_false)

其中，logical_test 表示结果为 TRUE 或 FALSE 的任何数值或表达式；value_if_ture 是 logical_test 表示结果为 TRUE 的返回值；value_if_false 是 logical_test 表示结果为 FALSE 的返回值。

例如，在“学生 2013 年度成绩考核表”工作簿中，对年度考核总分的排名前 2 名的同学，评价考核为优秀情况，结果如图 4-83 所示。

H3　　=IF(G3<=2,"优秀","")

学生2013年度成绩统计表							考核评价
姓名	第一季度考核成绩	第二季度考核成绩	第三季度考核成绩	第四季度考核成绩	年度考核总分	排名	
邓燕	87	98	82	96	363	2	优秀
付红云	87	99	93	94	373	1	优秀
张晓艳	92	81	76	77	326	5	
李红梅	98	73	98	89	358	3	
杨韵	87	77	96	83	343	4	
王芳	67	87	91	74	319	6	
各季度考核总分	518	515	536	513			
半年考核平均分	86.08		87.42				

图 4-83　IF 函数的使用

同样，利用 IF 函数的嵌套功能，可以实现多层次评价，如图 4-84 所示。

H3　　=IF(G3<=2,"优秀",IF(G3<=4,"良好","合格"))

学生2013年度成绩统计表							考核评价
姓名	第一季度考核成绩	第二季度考核成绩	第三季度考核成绩	第四季度考核成绩	年度考核总分	排名	
邓燕	87	98	82	96	363	2	优秀
付红云	87	99	93	94	373	1	优秀
张晓艳	92	81	76	77	326	5	合格
李红梅	98	73	98	89	358	3	良好
杨韵	87	77	96	83	343	4	良好
王芳	67	87	91	74	319	6	合格
各季度考核总分	518	515	536	513			
半年考核平均分	86.08		87.42				

图 4-84　IF 函数嵌套使用

同样，利用 SUMIF 函数实现对数据有条件的求和，COUNTIF 函数可以实现对数据有条件的计数。

3. 自动求和

Excel 2010 给用户提供了一个“自动求和”按钮，可以快速求出行和列的和。

(1)选择要求和的单元格区域。注意，在选定的单元格区域右边多选一列(行求和)，下边多选一行(列求和)，如图 4-85 所示。

B2　　fx 87

	A	B	C	D	E	F	G
1	姓名	高等数学	大学物理	英语	计算机基础	总分	
2	邓燕	87	98	82	90		
3	付红云	87	99	93	92		
4	张晓艳	92	81	76	77		
5	李红梅	98	73	79	74		
6	杨韵	87	80	96	67		
7	杨桂均	93	92	96	89		
8	王芳	67	87	91	94		
9	课程总分						
10							

Sheet1 / Sheet2 / Sheet3　就绪　求和=2417

图 4-85　自动求和单元格区域的选择

(2)在“公式”选项卡的“函数库”选项区域中，单击“自动求和”按钮 Σ，此时各行列数据之和分别显示在选择的单元格区域最右边一列和最下面一行内。

单击“自动求和”按钮的下三角形按钮，在展开的下拉菜单中还可求平均值、最大值、最小值、计数，也可单击“其他函数”命令，选择函数进行计算。

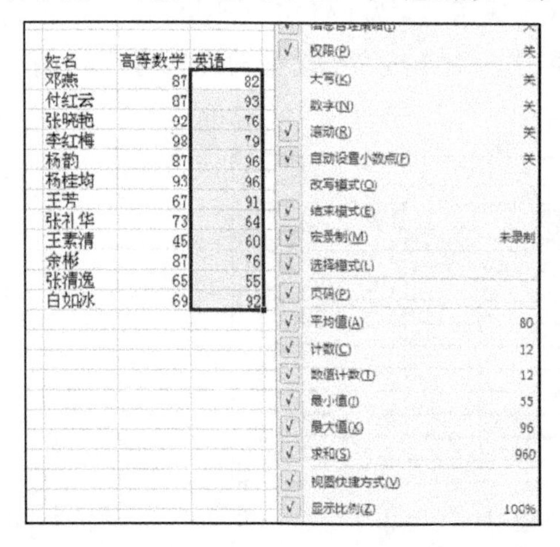

姓名	高等数学	英语
邓燕	87	82
付红云	87	93
张晓艳	92	76
李红梅	98	79
杨韵	87	96
杨桂均	93	96
王芳	67	91
张礼华	73	64
王素清	45	60
余彬	87	76
张清逸	65	55
白如冰	69	92

图 4-86　使用“自动计算”功能求最大值

4. 自动计算

在分析、计算工作表数据的过程中，如果想得到一些临时的结果而不需要将其存放在工作表中，Excel 提供的“自动计算”功能恰好满足了这种需求。

“自动计算”功能可以对选定的区域提供求和、计数、数值计数、最大值、最小值等几种计算。下面举例说明其使用方法。例如，要求“英语”最大值，操作步骤如下：

(1)选择单元格区域 E6:E12。

(2)右击状态栏上的任意位置，出现如图 4-86 所示的快捷菜单。

(3)在快捷菜单中选择“最大值”命令，相应的结果出现在状态栏上。

4.4　数据处理和图表化

Excel 2010 与其他的数据库管理软件一样，拥有强大的排序、检索和汇总等数据管理方面的功能。Excel 2010 不仅能够通过记录来增加、删除和移动数据，而且能对数据清单进行排序、筛选、汇总等功能。

4.4.1　数据清单

数据清单是指包含一组相关数据的一系列工作表数据行。Excel 2010 在对数据清单进行管理时，一般把数据清单看作是一个数据库。数据清单中的行相当于数据库中的记录，行标题相当于记录名。数据清单中的列相当于数据库中的字段，列标题相当于数据库中的字段名。

Excel 2010 提供了一系列功能，可以很方便地管理和分析数据清单中的数据。在运用这些功能时，请根据下述准则在数据清单中输入数据。

1. 数据清单的大小和位置

在规定数据清单的大小及定义数据清单的位置时，应遵循如下准则：

• 避免在一个工作表上建立多个数据清单，因为数据清单的某些处理功能(如筛选等)，一次只能在同一工作表的一个数据清单中使用。

• 在工作表的数据清单和其他数据间至少留出一个空白列和一个空白行。在执行排序、筛选或插入自动汇总等操作时，这将有利于 Excel 2010 检测和选定数据清单。

• 避免在数据清单中放置空白行和列。

• 避免将关键数据放到数据清单的左右两侧。因为这些数据在筛选数据清单时可能会被隐藏。

2. 列标志

在工作表上创建数据清单时，使用列标志应注意的事项如下：

• 在数据清单的第一行里创建列标志。 Excel 2010 使用这些标志创建报告，并查找和组织数据。

• 列标志使用的字体、对齐方式、格式、图案、边框或大小写样式，应当和数据清单中其他数据的格式相差别。

• 如果要将标志和其他数据分开，应使用单元格边框(而不是空格或短划线)，在标志行下插入一行直线。

3. 行和列内容

在工作表上创建数据清单时，输入行和列的内容应注意如下事项：

• 在设计数据清单时，应使同一列中的各行有近似的数据项。

• 在单元格的开始处不要插入多余的空格，因为多余的空格影响排序和查找。

• 不要使用空白行将列标志和第一行数据分开。

数据清单的创建同普通表格的创建完全相同，依次在单元格中输入具体内容即可，如图 4-87 所示。

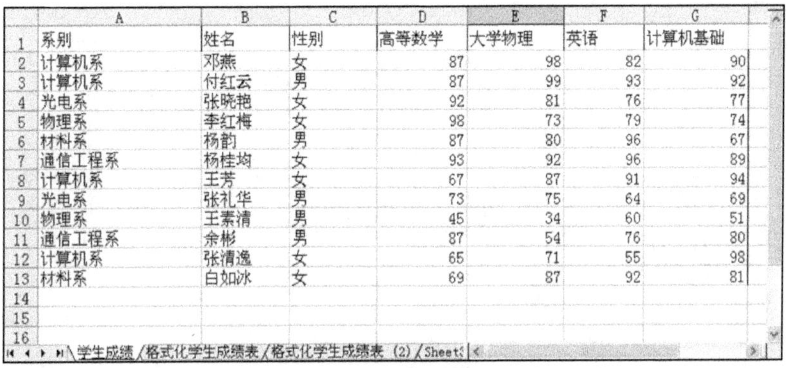

	A	B	C	D	E	F	G
1	系别	姓名	性别	高等数学	大学物理	英语	计算机基础
2	计算机系	邓燕	女	87	98	82	90
3	计算机系	付红云	男	87	99	93	92
4	光电系	张晓艳	女	92	81	76	77
5	物理系	李红梅	女	98	73	79	74
6	材料系	杨韵	男	87	80	96	67
7	通信工程系	杨桂均	女	93	92	96	89
8	计算机系	王芳	女	67	87	91	94
9	光电系	张礼华	男	73	75	64	69
10	物理系	王素清	男	45	34	60	51
11	通信工程系	余彬	男	87	54	76	80
12	计算机系	张清逸	女	65	71	55	98
13	材料系	白如冰	女	69	87	92	81
14							
15							
16							

学生成绩 / 格式化学生成绩表 / 格式化学生成绩表 (2) / Sheet3

图 4-87　数据清单

4.4.2 数据排序

排序是按照字母的升序或降序以及数值顺序来重新组织数据，对数据进行排序是数据分析不可缺少的部分。通过 Excel 的排序功能，可以根据某个特定的内容来重新排列数据库中的行。

数据可以按文本、数字，以及日期和时间进行排序也可以按自定义序列(如大、中和小)或格式(包括单元格颜色、字体颜色或图标集)进行排序。

Excel 可以按列进行的排序，也可以按行进行排序。

注意：排序条件随工作簿一起保存，每当打开工作簿时，都会对 Excel 表(而不是单元格区域)重新应用排序。

1. 简单的数据排序

实际运用过程中，用户常有对数据按一定次序排列的要求，对于单列数据的排序要求，在“开始”选项卡的“编辑”选项区中，单击“排序和筛选”，选择“升序”按钮或者“降序”按钮实现(图 4-88)；也可以在“数据”选项卡的“排序和筛选”选项区域中，选择升序或者降序命令(图 4-89)。

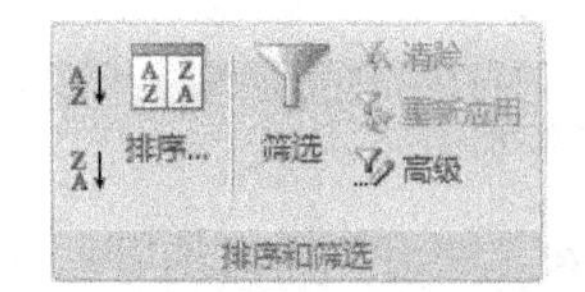

图 4-88 “排序和筛选”下拉菜单　　图 4-89 “排序和筛选”选项区域

例如，对于“学生成绩表”中的“高等数学”按照升序排列，操作步骤如下：

(1)选中排序列“高等数学”中的任意一个单元格。

(2)在“开始”选项卡的“编辑”选项区域中，单击“排序和筛选”按钮，选择“升序”按钮，则“高等数学”将按升序排列，如图 4-90 所示。

	A	B	C	D	E	F	G
1	系别	姓名	性别	高等数学	大学物理	英语	计算机基础
2	物理系	王素清	男	45	34	60	51
3	计算机系	张清逸	女	65	71	55	98
4	计算机系	王芳	女	67	87	91	94
5	材料系	白如冰	女	69	87	92	81
6	光电系	张礼华	男	73	75	64	69
7	计算机系	邓燕	女	87	98	82	90
8	计算机系	付红云	男	87	99	93	92
9	材料系	杨韵	男	87	80	96	67
10	通信工程系	余彬	男	87	54	76	80
11	光电系	张晓艳	女	92	81	76	77
12	通信工程系	杨桂均	女	93	92	96	89
13	物理系	李红梅	女	98	73	79	74
14							

图 4-90 “高等数学”按升序排列

2. 复杂的数据排序

当某些数据要按一列或一行中的相同值进行分组，然后将对该组相等值中的另一列或另一行进行排序时，可能按多个列或行进行排序。

例如，如果有“系别”列、“总分”列和“英语”列，先按系别排序(将同一个系中的所有同学组织在一起)，然后按总分排序(将每个系的所有同学按照总分降序排列)。最后按英语成绩的升序排序(总分相同时按照英语的升序排列)。最多可以按 64 列进行排序，此时排序不再局限于单列，必须使用“自定义排序”命令。

为了获得最佳结果，要排序的单元格区域应包含列标题。选择具有两列或更多列数据的单元格区域，或者确保活动单元格包含在两列或更多列的表中。在“开始”选项卡的“编辑”选项区中，单击“排序和筛选”按钮，然后单击“自定义排序”按钮，显示“排序”对话框(图 4-91)，用户可以做进一步的排序设定。

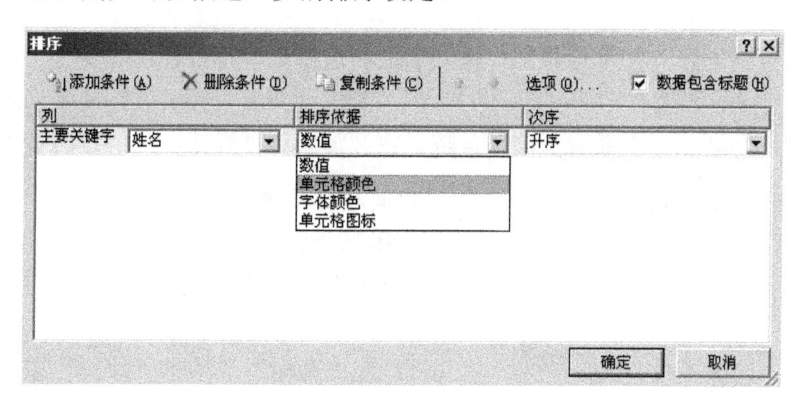

图 4-91　“排序”对话框

(1)在“列”下，选择要排序的第 1 列，在“排序依据”下，选择排序类型。执行下列操作之一：

• 若要按文本、数字、日期和时间进行排序，则选择“数值”选项。

• 若要按格式进行排序，则选择“单元格颜色”、“字体颜色”或“单元格图标”选项。

(2)在“次序”下，选择排序方式。执行下列操作之一：

• 对于文本值，选择“升序”或“降序”按钮。

• 对于数值，选择“升序”或“降序”按钮。

• 对于日期或时间值，选择“升序”或“降序”。

(3)若要基于自定义序列进行排序，则选择“自定义排序”按钮。

(4)若要添加作为排序依据的另一列，则单击“添加条件”按钮，然后重复步骤(1)～(3)。

(5)若要复制作为排序依据的列，则选择该条目，然后单击“复制条件”按钮。

(6)若要删除作为排序依据的列，则选择该条目，然后单击“删除条件”按钮。但必须至少在列表中保留一个条目。

(7)若要更改列的排序顺序，则选择一个条目，然后单击“向上”或“向下”箭头更改顺序。

4.4.3　数据筛选

当数据清单中记录非常多时，如果用户只需要对部分数据操作，可以使用 Excel 的数据筛选功能，把暂时不使用的数据隐藏起来，仅仅显示那些满足指定条件（条件：所指定的限制查询或筛选的结果集中包含那些记录的条件）的记录。

筛选数据之后，对于筛选过的数据子集，不需要重新排列或移动就可以复制、查找、编辑、设置格式、制作图表和打印。

另外，也可以按多个列进行筛选。筛选器是累加的，这意味着每个追加的筛选器都基于当前筛选器，从而进一步减少了数据的子集。

Excel 2010 提供了两种数据筛选方法：①自动筛选，按选定的内容筛选，适合简单的条件；②高级筛选，适合复杂的条件。

1. 自动筛选

自动筛选可以创建 3 种筛选类型：按列表值、按格式或按条件。对于每个单元格区域或列表来说，这 3 种筛选类型是互斥的。例如，不能既按单元格颜色，又按数字列表进行筛选，只能在两者中任选其一；不能既按图标又按自定义筛选进行筛选，只能在两者中任选其一。

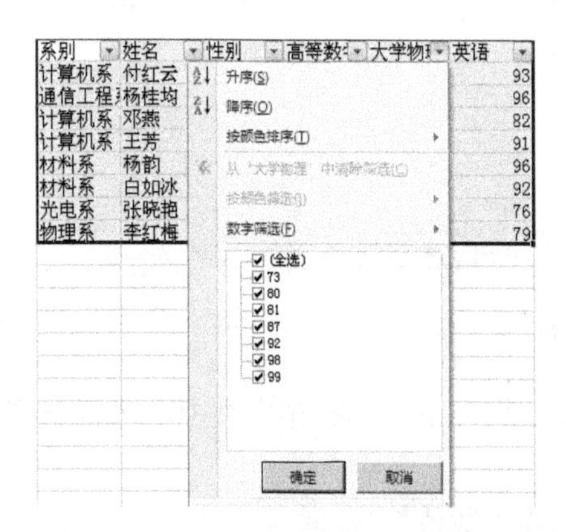

图 4-92　利用自动筛选箭头进行简单筛选

1) 简单自动筛选

如果只想看到全部女生的记录，操作步骤如下：

(1) 单击数据清单中的任意一个单元格（确保活动单元格位于包含数值数据的表列中）。

(2) 在“开始”选项卡“编辑”选项区域中，单击“排序和筛选”按钮，然后单击“筛选”按钮。

(3) 在每个列标题旁边将增加一个向下的小箭头，单击列标题中的箭头，在文本值列表中，选择或清除“女”作为筛选依据的文本值。

注意：文本值列表最多可以达到 10000。如果列表很大，则清除顶部的“全选”复选框，然后选择作为筛选依据的特定文本值)，筛选结果如图 4-92 所示。

筛选并不意味着删除不满足条件的记录，而只是暂时隐藏。如果想要恢复被隐藏的记录清除筛选即可，其方法如下：

(1) 清除对列的筛选。若要在多列单元格区域或表中清除对某一列的筛选，则单击该列标题上的“筛选”按钮，然后单击“从<Column Name> 中清除筛选”。

(2) 清除工作表中的所有筛选并重新显示所有行。在“开始”选项卡的“编辑”选项区域中，单击“排序和筛选”按钮，然后单击“清除”按钮。

2) 自定义自动筛选

自定义自动筛选的条件还可以复杂一点，如想看到总分为 350～370 分的学生记录，其操作步骤如下：

(1) 单击数据清单中的任意一个单元格。

(2) 在“开始”选项卡的“编辑”选项区域中，单击“排序和筛选”按钮，然后单击“筛选”按钮。

(3) 单击“总分”列的筛选箭头，在下拉列表中选择“数字筛选”选项，在级联菜单中选择“自定义筛选”命令，出现如图 4-93 所示的“自定义自动筛选方式”对话框。

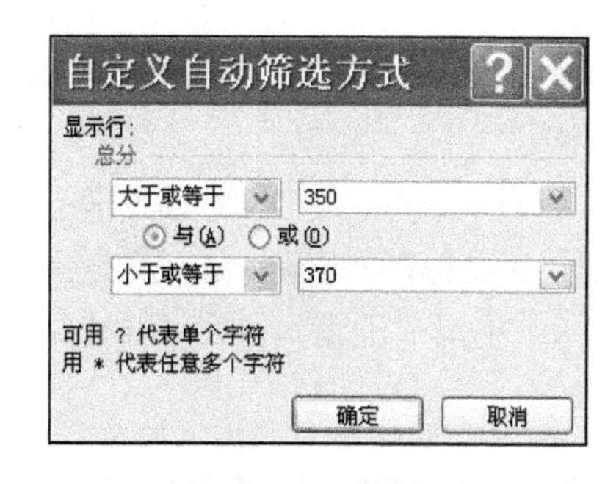

图 4-93　“自定义自动筛选方式”对话框

这是一个基于比较运算符的筛选器。

比较运算符：在比较条件中用于比较两个值的符号，此类运算符包括：=(等于)、>(大于)、<(小于)、>=(大于等于)、<=(小于等于)和<>(不等于)。在左边操作符列表框中选择“大于或等于”选项，在值列表框中输入“350”。

(4) 选中“与”单选按钮，在下面的操作符列表框中选择“小于或等于”选项，在值列表框中输入“370”，单击“确定”按钮，即可筛选出符合条件的记录。

筛选条件可以再复杂一点，想看到总分为 350～370 分，高等数学成绩在 90 分以上的女学生记录，则在上述操作基础之上加上“高等数学”列的自定义条件“大于 90”，“性别”列筛选条件为“女”即可。

自定义排序如果针对文字字段，则在比较时可以使用通配符“？”、“*”，如“李*”代表所有姓李的学生。

在排序中，如果只需要总分居前五名的同学，则可使用“10 个最大的值”的功能，操作时在“总分”列的下拉菜单中选择“数字筛选”选项，在级联菜单中选择“10 个最大的值”，数字框中输入“5”，即可显示总分最高的前五条记录。

如果已手动或有条件地按单元格颜色或字体颜色设置单元格区域的格式，则可以按这些颜色进行筛选，还可以通过条件格式所创建的图标集进行筛选。

2. 高级筛选

如果数据清单中的字段比较多，筛选的条件也比较多，则可以使用“高级筛选”功能来筛选数据。

要使用“高级筛选”功能，必须先建立一个条件区域，用于指定筛选的数据需要满足的条件。注意：条件区域和数据清单不能连接，必须用一个空行将其隔开。

条件区域的第 1 行作为筛选条件的字段名，这些字段名必须与数据清单中的字段名完全相同，条件区域的其他行则用来输入筛选条件。

条件区域至少两行，且首行与数据清单中相应的列标题精确匹配。同一行上的条件关系为逻辑“与”，不同行之间为逻辑“或”。

例如，筛选出高等数学成绩在 90 分以上或者计算机系的女同学，操作步骤如下：

(1) 在条件区域中输入数据清单要执行数据筛选条件。

(2) 单击数据清单中的任意一个单元格。

(3) 单击“数据”选项卡的“排序和筛选”选项区域中单击“高级”命令，将弹出如图 4-94 所示的对话框。

(4) 如果选择“在原有区域显示筛选结果”单选按钮，则数据清单中符合条件的数据被显示出来，不符合条件的数据被隐藏；如果选择“将筛选结果复制到其他位置” 单选按钮，则数据清单中符合条件的数据将被复制到工作表中数据清单以外的指定区域，而数据清单保持原样。

(5) 在“列表区域”文本框中指定要筛选的数据区域，可以直接在该文本框中输入区域引用，也可以用鼠标在工作表中选定数据区域。在“条件区域”文本框中输入筛选条件的区域。

(6) 单击“确定”按钮，操作结果如图 4-95 所示。

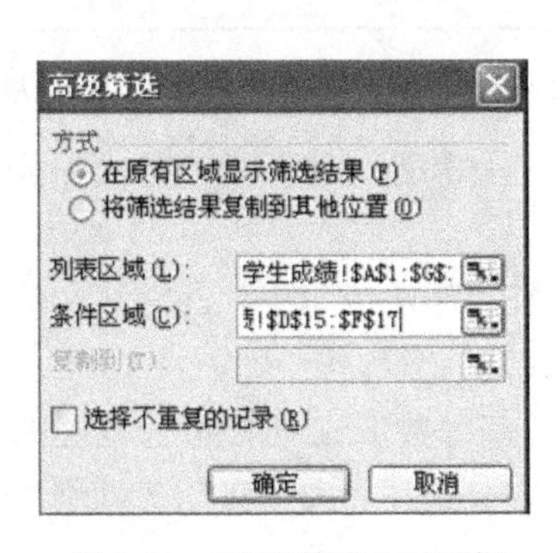

图 4-94 “高级筛选”对话框

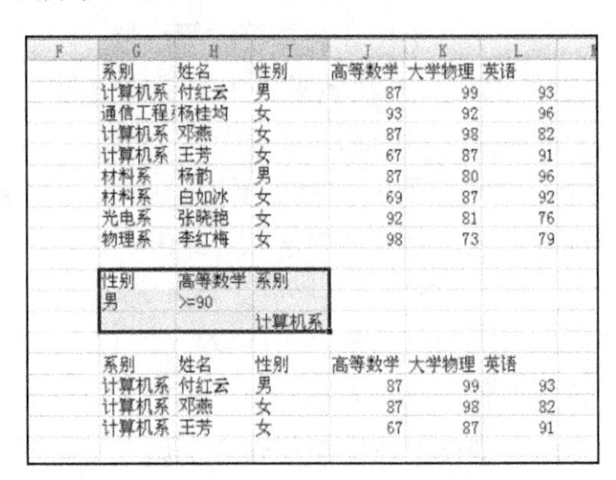

系别	姓名	性别	高等数学	大学物理	英语
计算机系	付红云	男	87	99	93
通信工程	杨桂均	女	93	92	96
计算机系	邓燕	女	87	98	82
计算机系	王芳	女	67	87	91
材料系	杨韵	男	87	80	96
材料系	白如冰	女	69	87	92
光电系	张晓艳	女	92	81	76
物理系	李红梅	女	98	73	79

性别	高等数学	系别
男	>=90	
		计算机系

系别	姓名	性别	高等数学	大学物理	英语
计算机系	付红云	男	87	99	93
计算机系	邓燕	女	87	98	82
计算机系	王芳	女	67	87	91

图 4-95　高级筛选的筛选结果

4.4.4　数据分类汇总

实际生活应用中经常使用到分类汇总，像商店的销售管理要统计各类商品的售出总数量，仓库要统计各类商品的库存量等。它们的共同特点是首先要进行分类，将同类数据放在一起，然后再进行求和之类的汇总计算。

Excel 2010 的分类汇总是将工作表数据按照某个字段(称为关键字段)进行分类，并按类进行数据汇总(求和、求平均、求最大值、求最小值、计数等)。

1. 简单汇总

下面以求各系学生的英语平均成绩为例说明简单的分类汇总，操作步骤如下：

(1) 通过对“系别”字段排序实现分类，将同系的学生记录放在一起(选择该区域中的某个单元格，确保每个列在第 1 行中都有标签，并且每个列中都包含相似的事实数据，而且该区域没有空的行或列)。

(2) 选择“数据”选项卡的“分级显示”选项区域的“分类汇总”命令，出现如图 4-96 所示的对话框，分类汇总后的结果如图 4-97 所示。

· 分类字段：表示该字段分类，本例在下拉列表框中选择“系别”。

· 汇总方式：表示要进行汇总的函数，如求和、求平均值、求最大值等，本例选择求“平均值”。

· 选定汇总项：表示用选定汇总函数进行汇总的对象，本例中选择“英语”，并清除其余默认汇总对象。

(3) 隐藏或显示分类汇总。在图 4-97 中，工作表左侧出现了一些特殊标志，当标志为 [-] 时，表示数据清单中既显示该标志对应的分类汇总结果，又显示相应的明细数据。单击标志 [-]，

标志变为 + ，表示数据在数据清单中仅显示该标志对应的分类汇总结果，而相应的明细数据被隐藏起来，如图 4-98 所示。

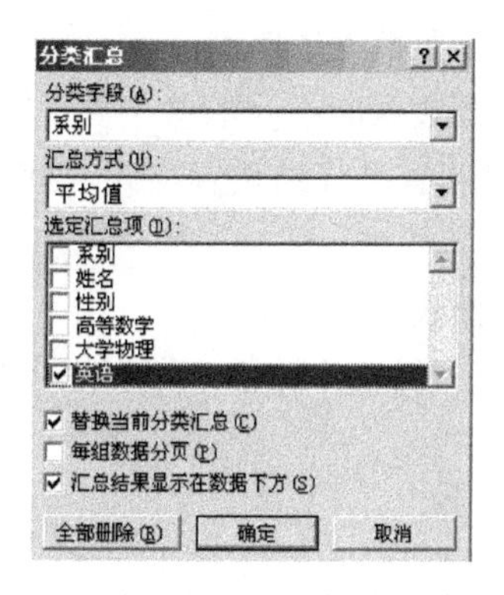

图 4-96 “分类汇总”对话框

G	H	I	J	K	L
系别	姓名	性别	高等数学	大学物理	英语
材料系	白如冰	女	69	87	92
材料系	杨韵	男	87	80	96
材料系 平均值					94
光电系	张晓艳	女	92	81	76
光电系 平均值					76
计算机系	邓燕	女	87	98	82
计算机系	王芳	女	67	87	91
计算机系	付红云	男	87	99	93
计算机系 平均值					88.66667
通信工程系	杨桂均	女	93	92	96
通信工程系 平均值					96
物理系	李红梅	女	98	73	79
物理系 平均值					79
总计平均值					88.125

图 4-97　各系学生的英语平均成绩的分类汇总结果

2. 嵌套汇总

如果想对同一批数据进行不同的汇总方式，如既想求各系英语平均分，又想对各系人数进行计数，则可再次用分类汇总，如图 4-99 所示。在“分类汇总”对话框中选择“计数”汇总方式，“姓名”为汇总对象，清除其余汇总对象，并在“分类汇总”对话框中取消“替换当前分类汇总”复选框，即可叠加多种分类汇总。

数据分级显示可以设置，选择“数据”选项卡“分级显示”选项区中单击“清除分级显示”命令，可以清除分级显示区域。取消分类汇总，可选择“数据”选项卡的“分级显示”选项区域中的“取消组合”命令完成。

G20

	A	B	C	D	E	F
1	系别	姓名	性别	高等数学	大学物理	英语
4	**材料系 平均值**					94
6	**光电系 平均值**					76
10	**计算机系 平均值**					88.66667
12	**通信工程系 平均值**					96
14	**物理系 平均值**					79
15	**总计平均值**					88.125
16						

图 4-98　隐藏了明细数据的分类汇总结果

	A	B	C	D	E	F
1	系别	姓名	性别	高等数学	大学物理	英语
4	**材料系 计数**	2				2
5	**材料系 平均值**					94
7	**光电系 计数**	1				1
8	**光电系 平均值**					76
12	**计算机系 计数**	3				3
13	**计算机系 平均值**					88.66667
15	**通信工程系 计数**	1				1
16	**通信工程系 平均值**					96
18	**物理系 计数**	1				1
19	**物理系 平均值**					79
20	**总计数**	8				8
21	**总计平均值**					88.125
22						

图 4-99　各系人数英语平均值叠加汇总结果

4.4.5　数据透视表

前面介绍的分类汇总适合于按一个字段进行分类，对一个或多个字段进行汇总。如果用户要求按多个字段进行分类汇总，则用分类汇总就有困难了。Excel 为此提供了一个有力的工具——数据透视表来解决该问题。

数据透视表是一种可以快速汇总大量数据的交互式方法。使用数据透视表可以深入分析数值数据，并且可以回答一些预计不到的数据问题。数据透视表是针对以下用途特别设计的。

(1) 以多种用户友好方式查询大量数据。

(2) 对数值数据进行分类汇总和聚合，按分类和子分类对数据进行汇总，创建自定义计算和公式。

(3) 展开或折叠要关注结果的数据级别，查看感兴趣区域摘要数据的明细。

(4) 将行移动到列或将列移动到行(或“透视”)，以查看源数据的不同汇总。

(5) 对最有用和最关注的数据子集进行筛选、排序、分组和有条件地设置格式，使用户能够关注所需的信息。

(6) 提供简明、有吸引力并且带有批注的联机报表或打印报表。

(7) 如果要分析相关的汇总值，尤其是在要合计较大的数字列表并对每个数字进行多种比较时，通常使用数据透视表。

1. 建立数据透视表

在学生成绩表中，用户需要统计各系男女生人数，此时既需要按系别分类，又要按性别分类，所以需要使用数据透视表解决该问题，操作步骤如下：

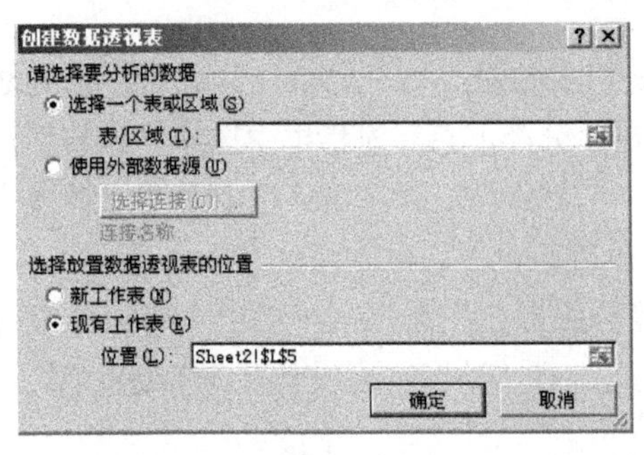

图 4-100 “创建数据透视表”对话框

(1) 单击数据清单中的任意单元格。

(2) 选择“插入”选项卡的“表格”选项区域中的“数据透视表”命令，将显示“创建数据透视表”对话框(图 4-100)。该对话框用于指定数据源和放置数据透视表的位置。

• 对于指定数据源，一般情况下选择整个列表，用户可键入修改或用鼠标在工作表中重新选择区域。

• 对于放置数据透视表的位置，选中“新工作表”单选按钮将数据透视表放置在工作簿新建的工作表中，并成为活动工作表；选中“现有工作表”单选按钮则还需指定数据透视表在现有工作表中放置的位置。

在“创建数据透视表”对话框中，单击“确定”按钮，即可在工作表中插入数据透视表。

此时，用户还需要在窗口右侧的“数据透视表字段列表”任务窗格中，启用“选择要添加到报表的字段”列表框中的数据字段，将相应的数据子段添加到数据透视表中，如图 4-101 所示。

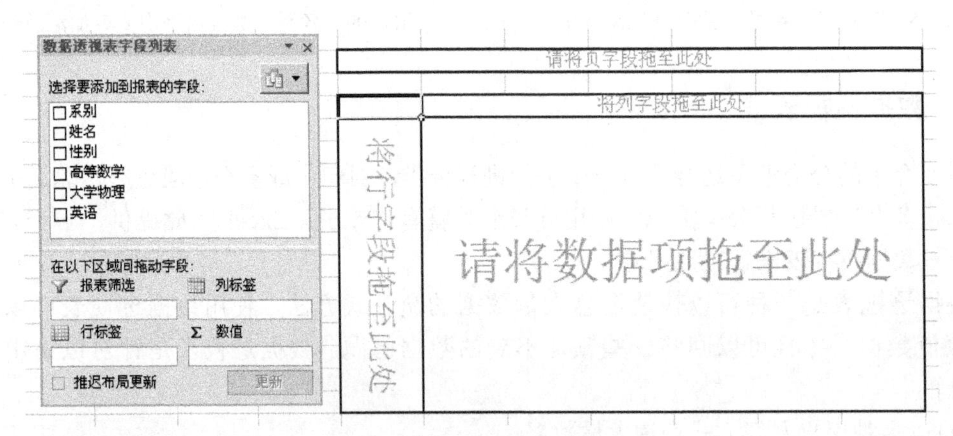

图 4-101 设置数据透视表布局

说明：列表框列出数据清单的所有字段，要分类的字段可以拖入行、列的位置，并成为透视表的行、列标题。要汇总的字段拖入数据区，拖入页位置的字段将成为分页显示的依据。

本例将“系别”字段拖入到行位置，“性别”字段拖入到列位置，数据区域拖入的也是“性别”字段，结果如图 4-102 所示。

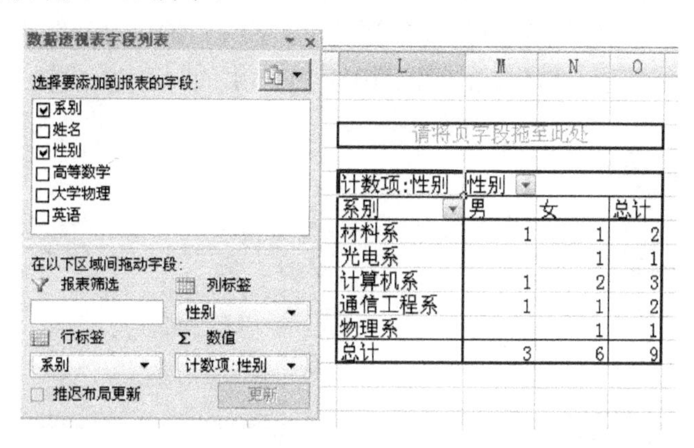

图 4-102　拖入“系列”、“性别”字段的结果

拖入数据区域的汇总对象，如果是非数值型字段，则默认为对其计数；如果为数值型字段，则默认为求和。

2. 编辑数据透视表

创建好数据透数表后，系统会自动弹出“数据透视表工具”选项组，该组包含着“选项”、“设计”两个选项卡如图 4-103 所示，可以对生成的数据透视表进行编辑。对数据透视表的编辑，包括修改其布局、添加或删除字段、格式化表中数据以及透视表的复制和删除等。

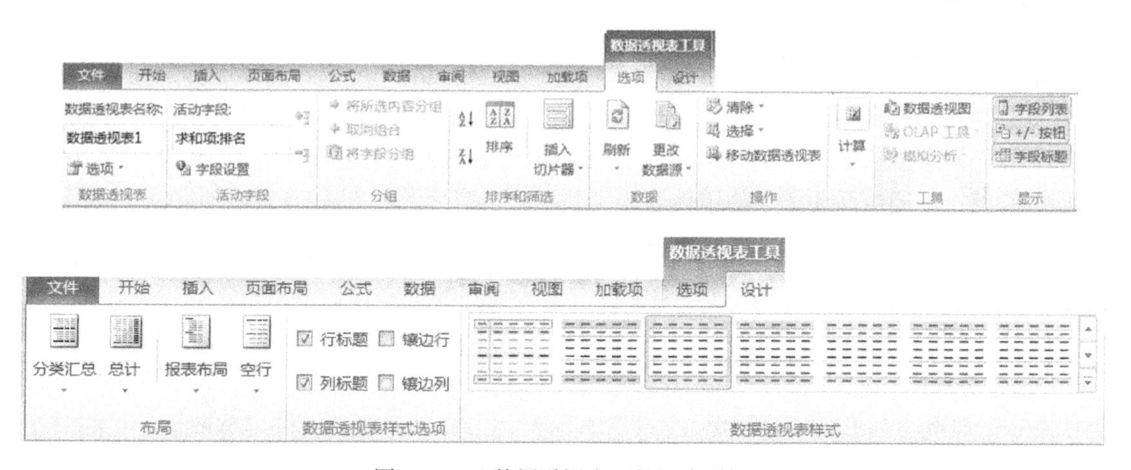

图 4-103　“数据透视表工具”选项组

1) 更改数据透视表的布局

数据透视表的布局通常需要修改，透视表结构中行、列、页、数据字段都可能被更替、增加。例如“学生成绩表”中，要计算男女生的高等数学总分，此时须更改数据区的字段。在“数据透视表字段列表”任务窗格中，将“性别”字段拖曳出数据区，将“高等数学”移入数据区，修改后的透视表仍在原工作表中。

在“数据透视表字段列表”对话框中，可以将行、列、页、数据字段移出，表示删除该字段；移入标志增加该字段。

2) 改变汇总方式

不同类型的数据有不同的默认汇总方式。用户如果不使用默认的汇总方式，可以通过使用“数据透视表字段列表”任务窗格单击需要修改的字段(输入“计数项：系别”)，在弹出的下拉列表中选择“值字段设置”命令(图 4-104)，在弹出的“值字段设置”对话框中(图 4-105)修改汇总方式。

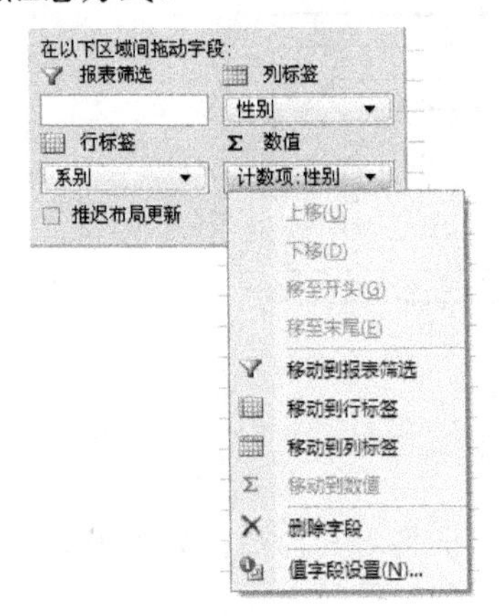

图 4-104　改变数据透视表汇总方式

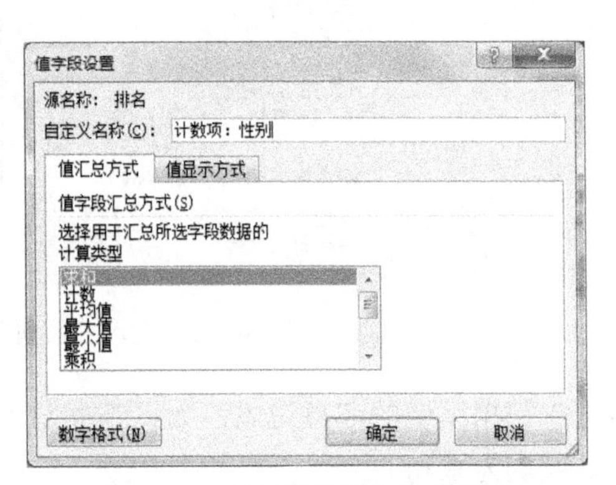

图 4-105　“值字段设置”对话框

4.4.6　数据合并

通过合并计算，可以把来自一个或多个源区域的数据进行汇总，并建立合并计算表。这些源区域与合并计算可以在同一工作表中，也可以在同一工作簿的不同工作表中，还可以在不同的工作簿中。

通过位置来合并计算数据是指对每一个源区域中相同的对应位置数据进行合并。分类合并计算数据与位置合并计算数据类似，只是在选定源数据区域时加上源数据表中的不同数据。

例如，根据“超市 1”和“超市 2”工作表中相关的销售数据，如图 4-106 与图 4-107 所示，计算超市相同商品各季度的销售合计。

超市1销售情况

商品名	一季度	二季度	三季度	四季度
a1	200	300	260	400
a2	210	240	300	360
a3	220	250	280	300
a4	190	260	300	280

图 4-106　超市 1 数据表图

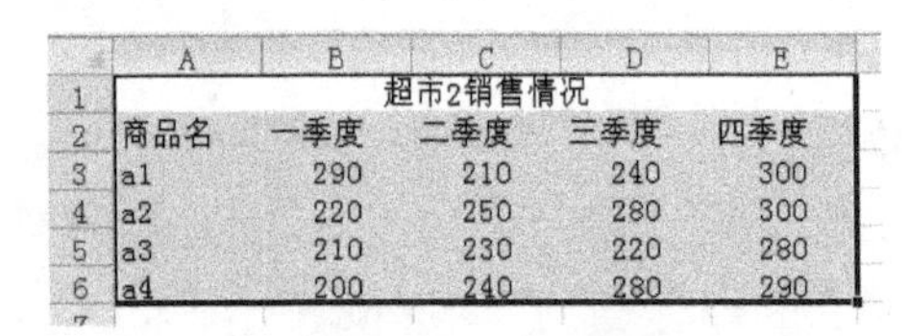

超市2销售情况

商品名	一季度	二季度	三季度	四季度
a1	290	210	240	300
a2	220	250	280	300
a3	210	230	220	280
a4	200	240	280	290

图 4-107　超市 2 数据表

(1) 选定“最后合并结果数据”工作表的 B3:E6 区域，如图 4-108 所示。选择“数据”选项卡的“数据工具”选项区域中的“合并计算”命令。

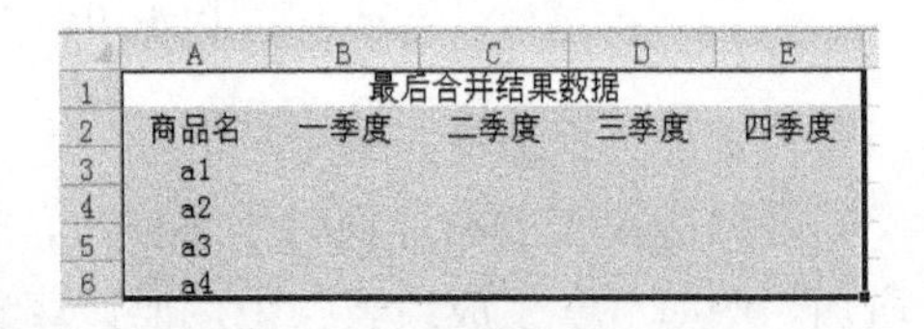

最后合并结果数据

商品名	一季度	二季度	三季度	四季度
a1				
a2				
a3				
a4				

图 4-108　合并数据前效果图

(2) 引用位置：单击“超市 1”表，选择位置$B$3:$E$6，单击“添加”按钮；再单击“超市 2”表，选择位置$B$3:$E$6，单击“添加”按钮，如图 4-109 所示。

(3)合并计算后的结果如图 4-110 所示。

图 4-109 “合并计算”对话框

	A	B	C	D	E
1	最后合并结果数据				
2	商品名	一季度	二季度	三季度	四季度
3	a1	490	510	500	700
4	a2	430	490	580	660
5	a3	430	480	500	580
6	a4	390	500	580	570

图 4-110　合并数据后效果

4.5　图　　表

使用 Excel 2010 对工作表中的数据进行计算、统计等操作后，得到的计算和统计结果还不能更好地显示出数据的发展趋势或分布状况。为了解决这一问题，Excel 2010 将处理的数据建成各种统计图表，这样能够更直观地表现处理的数据。在 Excel 2010 中，用户可以轻松地完成各种图表的创建、编辑和修改工作。

4.5.1　图表概述

图表是由图表区域及区域中的元素组成，其元素主要包括标题、图例、垂直(值)轴、水平(分类)轴、数据系列等对象。图表中的每个数据点都与工作表中的单元格数据相对应，而图例则显示了图表数据的种类与对应的颜色。

Excel 2010 为用户提供了 11 种标准的图表类型(图 4-111)。

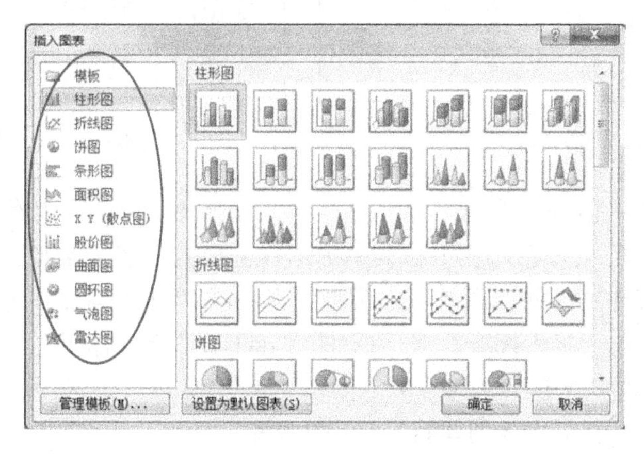

图 4-111 “插入图表”对话框

其中，常用类型介绍如下：

(1) 柱形图：人们常说的直方图，表示不同项目之间的比较结果，也可以用来对比数据在一段时间内的变化情况。

(2) 条形图：显示各个项目之间的比较情况，纵轴表示分类，横轴表示值。它主要强调各数据值之间的比较，并不太关心时间的变化情况。

(3) 面积图：显示不同数据系列之间的对比关系，同时也显示各数据系列与整体的比例关系，尤其强调随时间的变化幅度。

(4) 折线图：强调数据的发展趋势，面积图也与时间趋势相关，但两者仍有区别，面积图表示各数据系列的总和，折线图则只能表示数据随时间而产生的变化情况。

(5) 饼图：强调总体与部分的关系，表示各组成部分在总体中所占的百分比。

4.5.2　创建图表

Excel 2010 支持各种类型的图表，帮助用户以对目标有意义的方式显示数据。

要在 Excel 中创建可在以后进行修改并设置格式的基本图表，首先在工作表中输入该图表的数据，只需选择该数据并在选项区中选择要使用的图表类型即可。

正确地选定数据区域是能否创建图表的关键。选定的数据区域可以是连续的，也可以是不连续的：若选定的区域不连续，第二个区域应和第一个区域所在的行或所在的列具有相同的矩形。

注意：*若选定的区域有文字，一般文字应该在区域的最左列或最上行，作为说明图表中数据的含义。*

以每个同学的计算机、英语两门课程的成绩为例，说明创建如图 4-112 所示的图表步骤。

(1) 选定数据区域，如图 4-113 所示，本例中 3 个区域的所在行是相同的。

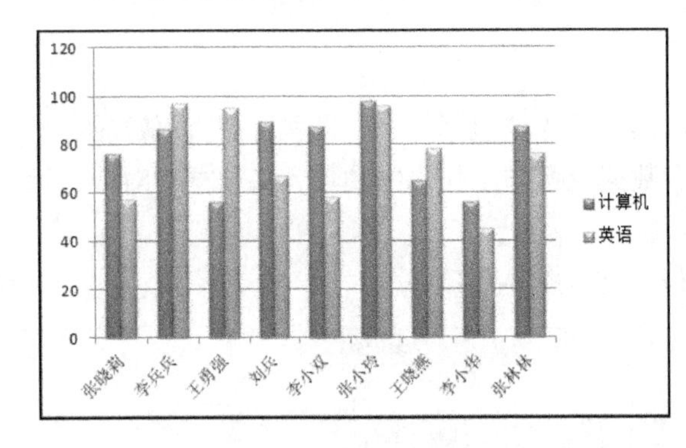

图 4-112　图表示例

	A	B	C	D	E	F
1	学号	姓名	性别	学院	计算机	英语
2	2009010101	张晓莉	女	文学院	76	57
3	2009010102	李兵兵	男	文学院	86	97
4	2009010103	王勇强	男	文学院	56	95
5	2009010104	刘兵	男	文学院	89	67
6	2009020101	李小双	男	文学院	87	58
7	2009020102	张小玲	女	法学院	98	96
8	2009020103	王晓燕	女	法学院	65	78
9	2009020104	李小华	女	法学院	56	45
10	2009020105	张林林	男	法学院	87	76

图 4-113　选定数据区域

(2) 在“插入”选项卡的“图表”选项区域中，选择要使用的图表类型。

单击需要的图表类型按钮，在下拉菜单中选择需要的图表子类型；如果需要更换图表类型，可以在下拉菜单中选择“所有图表类型”命令(图 4-114)，或者单击“图表”选项区右下角的箭头，就弹出“插入图表”对话框(图 4-111)，滚动浏览所有可用图表类型和图表子类型，然后单击要使用的图表类型。

确认图表类型后，立即生成图 4-112 所示的图表。

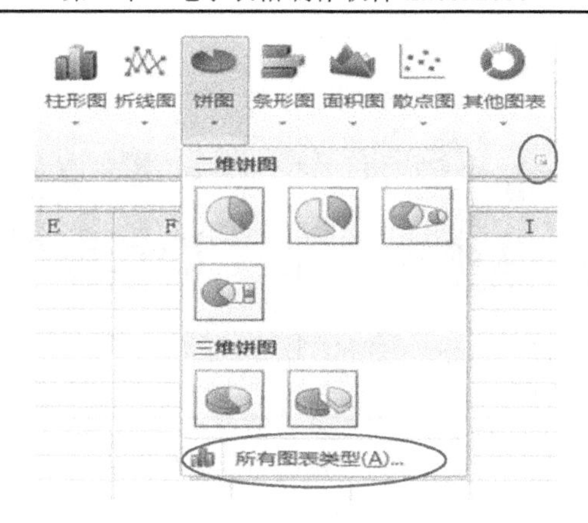

图 4-114　打开“插入图表”对话框示列

4.5.3　图表设计

对于已经创建好的图表，可以利用“图表工具”中的“设计”选项卡(图 4-115)，对图表的类型、数据源、样式、位置等重新设计。

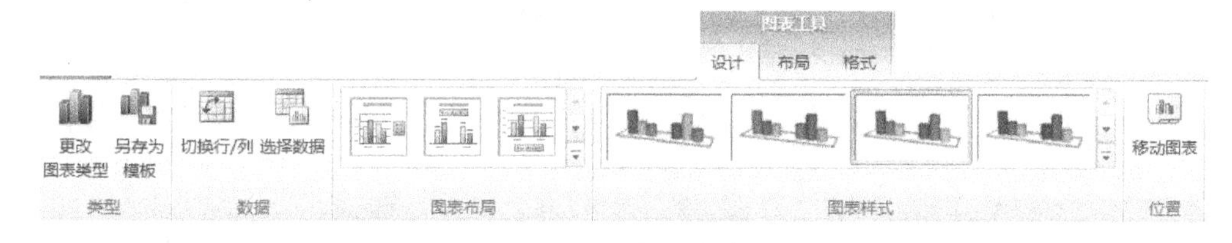

图 4-115　“设计”选项卡

1. 更改图表类型、图表布局和图表样式

如果对已经设计好的图表类型、图表布局和图表样式不是很满意，可以在“设计”选项卡“类型”、“图表布局”、“图表样式”选项区域中选择自己需要的设计效果。Excel 2010 提供了多种预定义布局和样式(或快速布局和快速样式)，用户可以从中选择。

(1) 选择预定义图表布局：在“设计”选项卡的“图表布局”选项区域中，选择要使用的“图表布局”；要查看所有可用的布局，单击“更多”按钮。

(2) 选择预定义图表样式：在“设计”选项卡的“图表样式”选项区域中，选择要使用的“图表样式”。自定义布局或格式不能保存，如果希望再次使用相同的布局或格式，可以将图表另存为图表模板。

(3) 将图表另存为图表模板：单击要另存为模板的图表，在“设计”选项卡的“类型”选项区域中，单击“另存为模板”命令。

在“保存位置”下拉列表框中，确保“图表”文件夹已选中；在“文件名”文本框中，键入适当的图表模板名称。

2. 更改图表数据

在“设计”选项卡中，单击“数据”选项区域的“切换行/列”命令，系统会自动更改图表中行、列的信息，如图 4-116 所示。

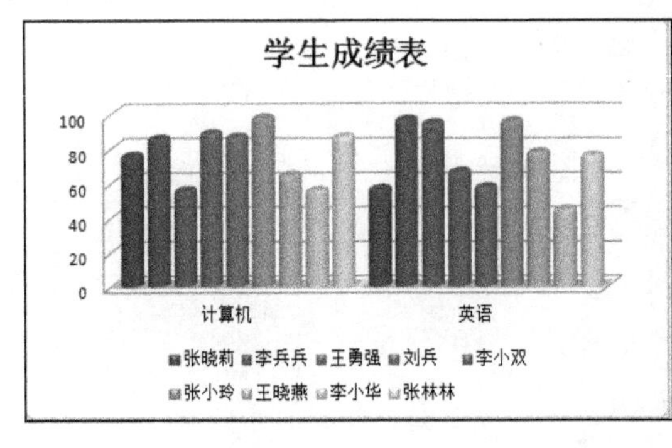

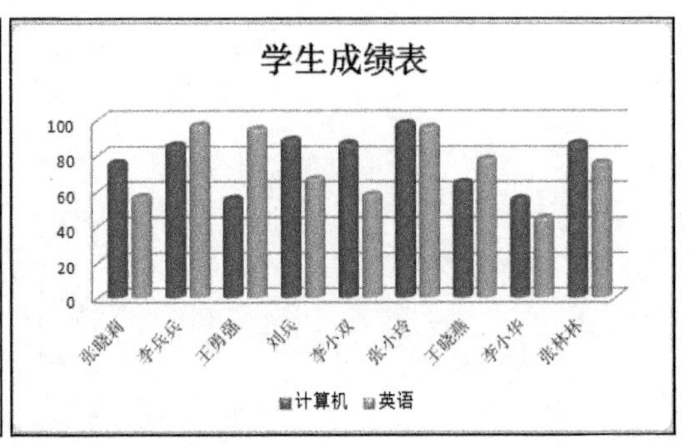

图 4-116 “切换行/列”命令效果

单击“选择数据”按钮，弹出图 4-117 所示的对话框，在该对话框中重新选择“图表数据区域”，可以重新定义行、列信息。

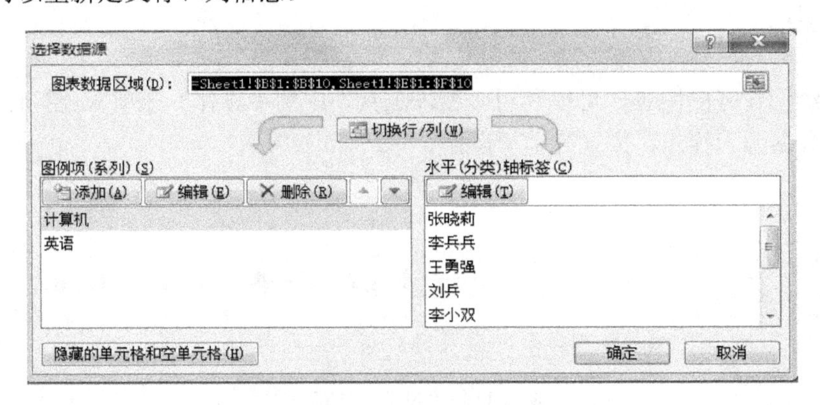

图 4-117 “选择数据源”对话框

3. 更改图表位置

在“设计”选项卡中，单击“位置”选项区域的“移动图表”命令，系统自动弹出“移动图表”对话框，如图 4-118 所示。

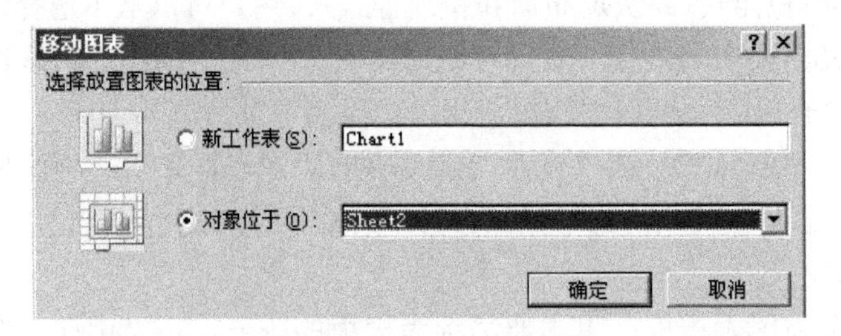

图 4-118 “移动图表”对话框

Excel 的图表分为两种：①嵌入式图表，它和创建图表的数据源放在同一张工作表中；②独立图表，它是一种独立的图表工作表。

• 若要将图表显示在图表工作表中，则单击“新工作表”单选按钮；若要替换图表的名称，则可以在“新工作表”文本框中输入新的名称。

• 若要将图表显示为工作表中的嵌入图表，则单击“对象位于”单选按钮，然后在“对象位于”下拉列表框中单击工作表。

4.5.4　图表布局

Excel 2010 提供了多种预定义布局和样式(或快速布局和快速样式)，用户可以从中选择，也可以通过手动更改单个图表元素的布局和样式来进一步自定义布局或样式。

打开“图表工具”的“布局”选项卡(图 4-119)，在该选项卡中可以完成图表标签、坐标轴、背景等操作，还可以为图表添加趋势线。

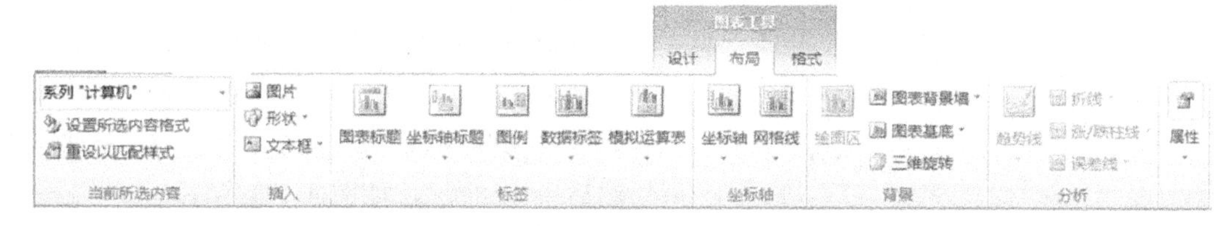

图 4-119　“布局”选项卡

1. 设置图表标签

在“布局”选项卡的“标签”选项区域中，可以设置图表标题、坐标轴标题、图例、数据标签及数据表等相关属性，如图 4-120 所示。

例如，要修改“图表标题”，单击“标签”选项区域的“图表标题”命令，在下拉菜单中可以选择“无”、“居中覆盖标题”、“图表上方”功能(图 4-121)，如果这些功能满足不了用户的需求，可以选择“其他标题选项”，在弹出的“设置图表标题格式”对话框中(图 4-122)，针对“图表标题”对象进行更个性化的设计。

图 4-120　“标签”选项区域

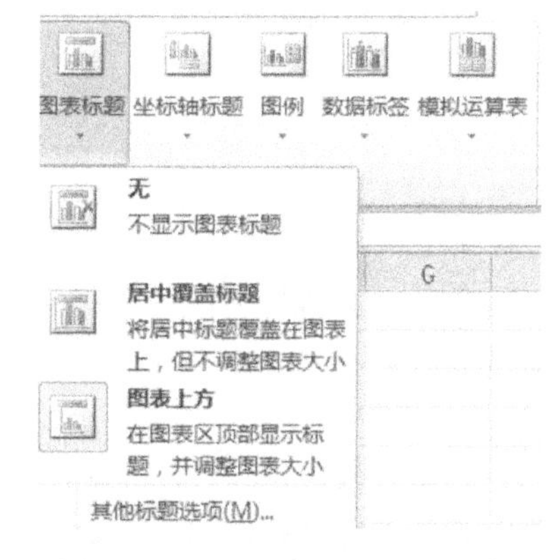

图 4-121　“图表标题”下拉列表

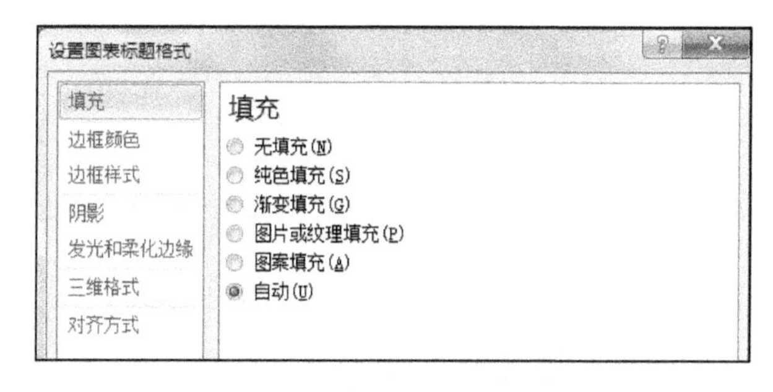

图 4-122　“设置图表标题格式”对话框

利用相同的方法，我们可以进一步设置标签选项卡中的其他对象元素。

2. 更改图表坐标轴的显示

坐标轴：界定图表绘图区的线条，用作度量的参照框架；y 轴通常为垂直坐标轴并包含数据；x 轴通常为水平轴并包含数据。

图表通常有两个用于对数据进行度量和分类的坐标轴，即垂直轴(也称数值轴或 y 轴)和水平轴(也称分类轴或 x 轴)。三维图表还有第 3 个坐标轴，即竖坐标轴(也称系列轴或 z 轴)，以便能够根据图表的深度绘制数据。

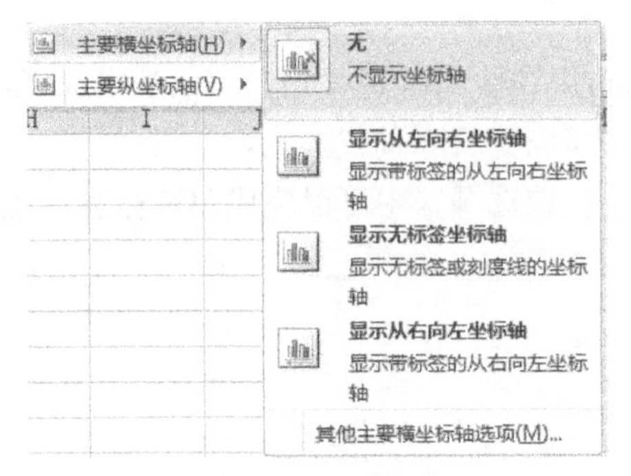

图 4-123 “坐标轴”下拉列表

注意：雷达图没有水平(分类)轴，而饼图和圆环图没有任何坐标轴。

在“布局”选项卡的“坐标轴”选项区域中，单击“坐标轴”命令，选择设计的对象(横坐标轴或纵坐标轴)。

若要显示坐标轴，则单击要显示的坐标轴的类型，然后单击显示该坐标轴的一个选项。

若要隐藏坐标轴，则单击要隐藏的坐标轴的类型，然后单击“无”，如图 4-123 所示。

更多坐标轴的设计可以通过“其他主要横坐标轴选项”命令，在弹出“设置坐标轴格式”对话框(图 4-124)进一步设计。

图 4-124 “设置坐标轴格式”对话框

3．设置图表背景和添加数据趋势线

在“布局”选项卡中，通过“背景”选项区域，可以设置图表背景墙与基底的显示效果，还可以对图表进行三维旋转。同样，在“分析”选项区域，可以为图表增加趋势图。

例如，在学生成绩表中，为学生成绩图表设置背景墙与图表基地效果，为英语成绩增加趋势图。

(1)选定图表，在“布局”选项卡的“背景”功能区中单击“图表背景墙”按钮，在弹出的菜单中选择“其他背景墙选项”命令，打开“设置背景格式”对话框，如图 4-125 所示。

(2)在“填充”选项区域中选择“图片或纹理填充”，在“纹理”下拉列表框中选择一种纹理效果，然后再“透明度”文本框中输入 50，单击“关闭”按钮。

图 4-125　“设置背景格式”对话框

(3)在“背景”选项区域中单击“图表基底”按钮，在弹出的菜单中选择“其他基底选项”命令，在“设置基底格式”对话框“填充”选项区中选择“纯色填充”单选按钮，然后在“颜色”中选择“红色”填充基底，单击“关闭”按钮(图 4-126)。

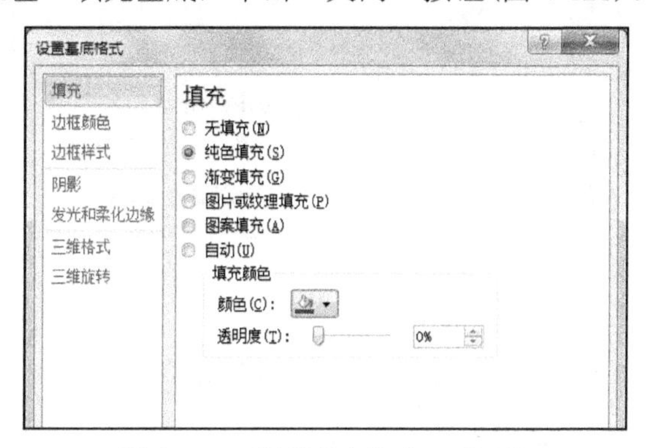

图 4-126　“设置基底格式”对话框

(4)更改图表类型为“柱形”，在“分析”选项区域单击“趋势线”按钮，在菜单中选择“其他趋势线选项”，弹出“设置趋势线格式”对话框(图4-127)中为“英语”趋势线格式进一步设定。

注意：*在 Excel 中，并不是所有的图表都可以建立趋势线，如三维图表、饼图、圆环图、雷达图等就无法建立趋势线。*

4. 使用迷你图

迷你图是 Excel 2010 中的一个新功能，是工作表单元格的一个微型图表，可直观地显示数据系列的变化趋势，以及数据集合中的最大值和最小值。

迷你图与图表不同之处是迷你图不是工作表中的对象，而是单元格背景中的一个微型图表。迷你图主要包括折线图、列与盈亏 3 种类型的图表。

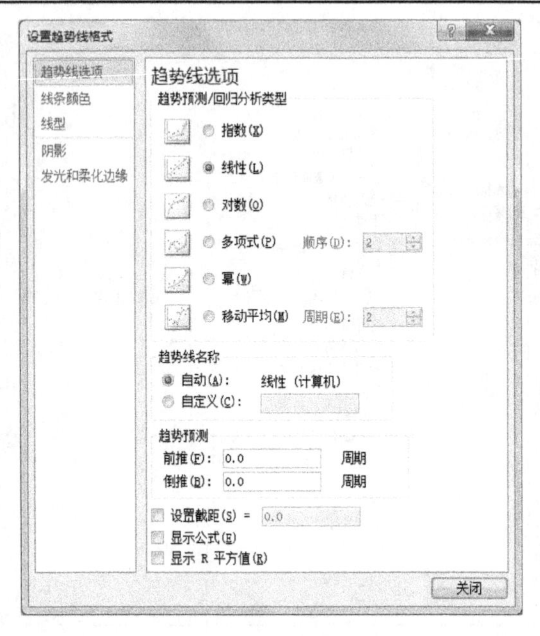

图 4-127 “设置趋势线格式”对话框

选中单元格 B2:B10，在“插入”选项卡的“迷你图”功能区域中选择“折线图”命令，在弹出的“创建迷你图”对话框中设置迷你图的位置，单击“确定”按钮，结果如图 4-128 所示。

	A	B	C
1	学号	英语	
2	2009010101	57	
3	2009010102	97	
4	2009010103	95	
5	2009010104	67	
6	2009020101	58	
7	2009020102	96	
8	2009020103	78	
9	2009020104	45	
10	2009020105	76	
11			

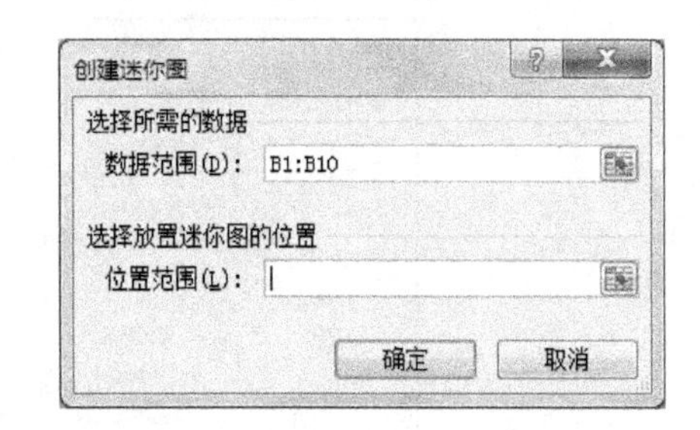

图 4-128　创建迷你图

用户可以在“迷你图工具”中，可以对已经创建好的迷你图进行修改和设计，如图 4-129 所示。

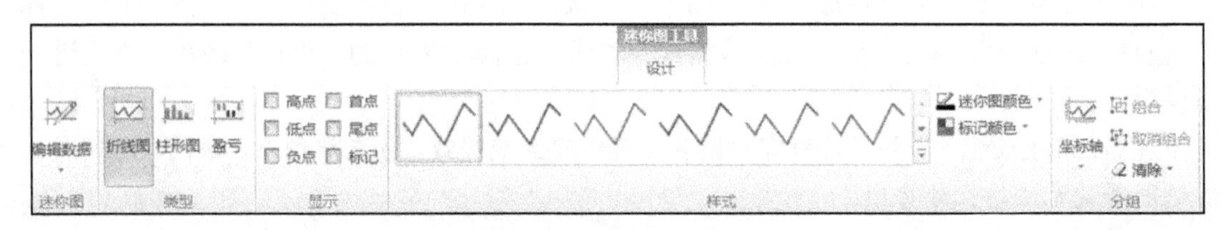

图 4-129　迷你图工具

4.5.5　图表格式

在“图表工具”的“格式”选项卡中，用户可以对创建好的图表设计“形状样式”、“艺术字样式”等。

• 若要为选择的任意图表元素设置格式，则在“当前选择内容”组中单击“设置所选内容格式”，然后选择需要的格式选项。

• 若要为所选图表元素的形状设置格式，则在“形状样式”组中单击需要的样式，或者单击“形状填充”、“形状轮廓”或“形状效果”，然后选择需要的格式选项如图 4-130 所示。

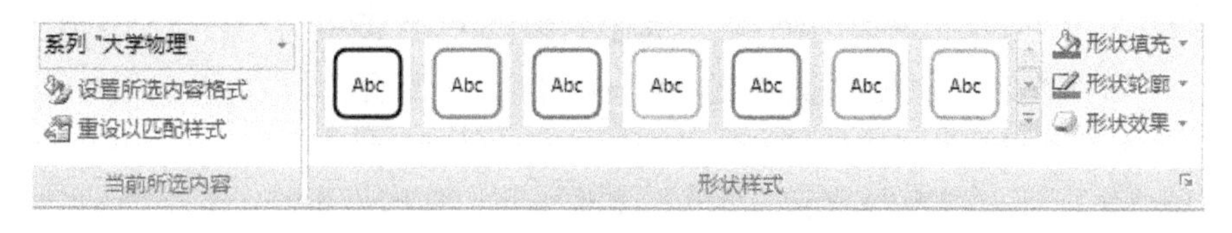

图 4-130　形状样式

• 若要通过使用“艺术字”为所选图表元素中的文本设置格式，则在“艺术字样式”组中单击需要的样式，或者单击“文本填充”、“文本轮廓”或“文本效果”，然后选择需要的格式选项(图 4-131)。

特别指出是，对于创建好的图表，在“布局”或“格式”选项卡的“当前所选内容”组中，列出该图表涉及的所有对象元素，单击下拉按钮(图 4-132)，在弹出的列表中列出本图表所使用的对象元素，单击需要修改的对象，就直接弹出设置该对象的对话框，这样可以更方便快捷地重新定义已经形成的图表对象元素。

图 4-131　设置图表元素格式

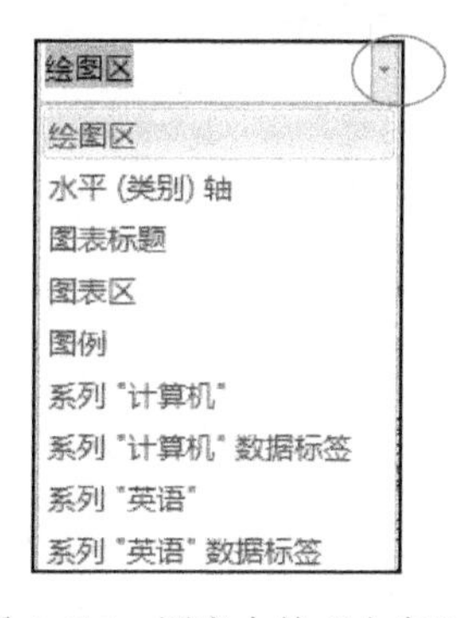

图 4-132　图表中的“内容”

4.6　页面设置和打印

通常在完成对工作表数据的输入和编辑后，就可以将其打印输出了。为了使打印出的工作表准确和清晰，往往要在打印之前做一些准备工作，如页面设置、页眉和页脚的设置、图片和打印区域的设置等。

4.6.1　页面设置

Excel 具有默认页面设置，用户可以直接打印。如有特殊需要，可使用页面设置对页面方向、纸张的大小、页眉或页脚和页边距等分别进行设置。在“页面布局”选项卡中，单击“页面设置”选项区域右下角的箭头，打开如图 4-133 所示的“页面设置”对话框。

1. 页面

单击“页面设置”对话框中的“页面”选项卡，出现如图 4-132 所示的对话框。

•“方向”选项组和“纸张大小”同 Word 设置。

•“缩放”选项组用于放大或缩小工作表。其中，“缩放比例”允许在 10%～400%之间。100%为正常大小，“小于”为缩小，“大于”为放大。“调整为”表示把工作表拆分为几部分打印，如调整为 2 页框 2 页高表示水平方向截 2 部分，垂直方向截 2 部分，共 4 页打印。

•“打印质量”下拉列表框表示每英寸打多少个点，打印机不同，数字会不一样。数字越大，打印效果越好。

•“起始页码”可输入打印首页页码，默认“自动”从上一页或第一页开始打印。

2. 页边距

单击“页面设置”对话框中的“页边距”选项卡，如图 4-133 所示。页边距包括上、下、左、右、页眉、页脚边距。其中，页眉、页脚边距必须小于上、下页边距。另外，在该选项卡中还可以设置打印表格的居中方式。

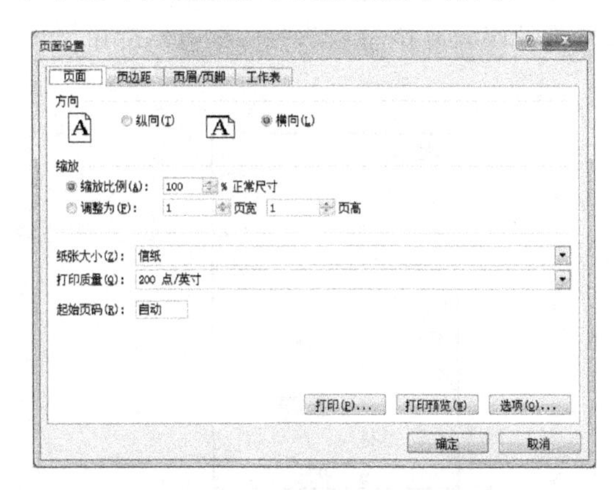

图 4-132　“页面设置”对话框

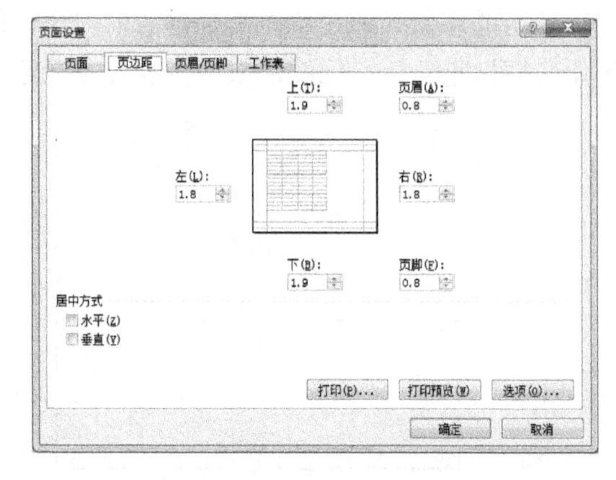

图 4-133　“页边距”选项卡

3. 页眉/页脚

单击“页面设置”对话框中的“页眉/页脚”选项卡，如图 4-134 所示。

• 页眉：在下拉列表框中可以选择 Excel 内置的页眉格式。如果要自定义页眉，可单击“自定义页眉”按钮，在弹出的“页眉”对话框中进行相应的设置。

• 页脚：在下拉列表框中可以选择 Excel 内置的页脚格式。如果要自定义页脚，可单击“自定义页脚”按钮，在弹出的“页脚”对话框的左、中、右框中进行相应的设置。

4. 工作表

单击“页面设置”对话框的“工作表”选项卡，如图 4-135 所示。

• 打印区域：允许用户单击右侧对话框的折叠按钮，选择打印区域。

•打印标题：“顶端标题行”折叠文本框用于选定作为标题的行，打印在每页的上端；“左端标题行”折叠文本框用于选定作为标题的列，打印在每页的左端。

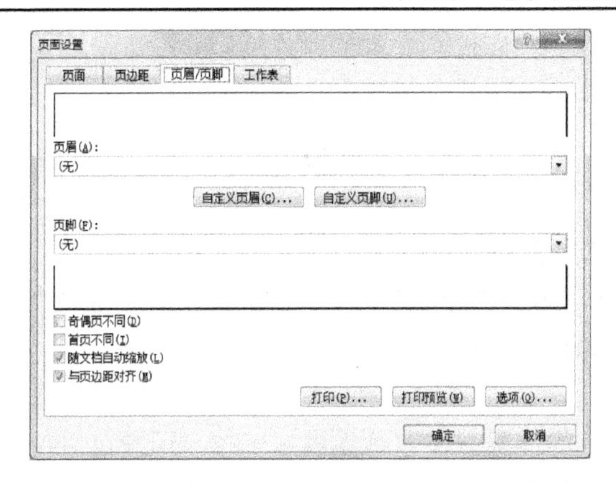

图 4-134 “页眉/页脚”选项卡

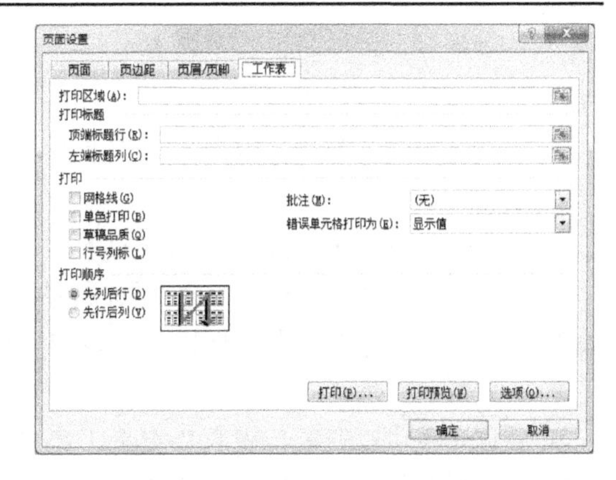

图 4-135 “工作表”选项卡

• 打印：选中“网格线”复选框，可在工作表上打印出网格线；选中“单色打印”复选框，不打印工作表的背景图案及颜色；选中“按草稿方式”复选框，不打印网格和大多数图表；选中“行号列标”复选框，打印工作表的行号和列标；在“批注”下拉列表框中选择是否打印批注及选定批注的打印方法。

• 打印顺序：用于控制数据打印的顺序。

4.6.2 打印区域设置和分页

设置打印区域可将选定的区域定义为打印区域，分页是指人工设置分页符。

1. 设置打印区域

如果仅需打印工作表中一部分，应在表中选定这一区域；如果同时打印多个不连续的区域，可使用 Ctrl 键与鼠标的配合来选定这些不连续的区域，被选定的区域将被分别打印在不同的页上。如要将这些区域打印在同一页上，可以先将中间间隔的区域用隐藏行列的办法隐藏起来，然后打印。

设置打印区域可通过“页面布局”选项卡中的“打印区域”命令，选择“设置打印区域”命令来完成。如果想改变打印区域，可以在“打印区域”中选择“取消打印区域”命令来完成。另外，设置区域也可以通过分页预览直接修改，具体操作参见“分页预览”。

区域选择不是必须的，如打印整个工作表时可不进行区域的选择。

2. 分页与分页预览

打印表格时，Excel 会根据设置的纸张大小、边框等自动为工作表分页。如果用户不满意这种分页方式，可以根据需要对工作表进行人工分页。

1) 插入和删除分页符

为达到人工分页的目的，用户可手工插入分页符。分页包括水平分页或垂直分页。

(1) 水平分页。单击要分页的起始行号(或选择该行最左边的单元格)，选择“页面布局”选项卡中“分隔符”组，在下拉菜单中选择“插入分页符”命令，在起始行上端出现一条水平线表示分页成功。

(2) 垂直分页。单击要分页的起始列号(或选择该列最上边的单元格)，选择“页面布局”

选项卡中“分隔符”组，在下拉菜单中选择“插入分页符”命令，则在该列左边出现一条垂直分页虚线。

如果选择的不是最左或最右的单元格，插入分隔符将在该单元格上方和左侧产生一条分页虚线。

删除分页符，可选择分页虚线的下一行或右一列的任一单元格。

选中整个工作表，然后选择“页面布局”选项卡中“分隔符”组，在下拉菜单中选择“重置所有分页符”命令，即可删除工作表中所有的人工分页符。

2）分页预览

分页预览可以在窗口中直接查看工作表分页的情况，在这种视图环境中，用户可以像平常一样编辑工作表，可以直接改变设置打印区域的大小，还可以调整分页的位置。

分页后选择“视图”选项卡中的“分页预览”命令，进入如图 4-136 所示的“分页预览”视图，在视图中，蓝色粗实线表示了分页的情况，每页页区都有暗淡的页码显示。如果预先设置了打印区域，可以看到最外层蓝色粗边框没有框住的数据，非打印区域为深色背景，打印区域为浅色背景。

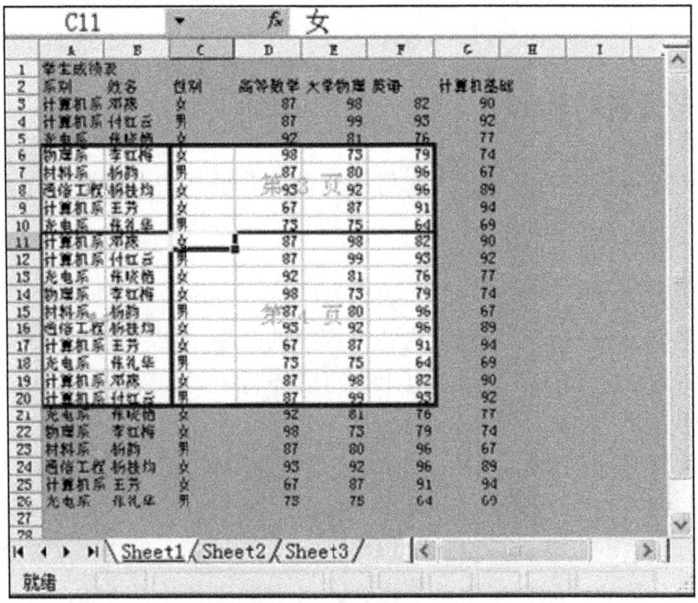

图 4-136 “分页预览”视图

选择“视图”选项卡中的“普通”命令，结束预览回到普通视图中。

4.6.3 打印预览

打印预览为打印之前浏览文件的外观，模拟显示打印的设置结果。一旦设置正确即可在打印机上正式打印输出。

单击“文件｜打印”命令，在窗体的右侧显示出当前选定打印对象的预览信息（图 4-137），如果对打印效果不满意，可以选择“页面设置”命令，在弹出的对话框中重新设定。

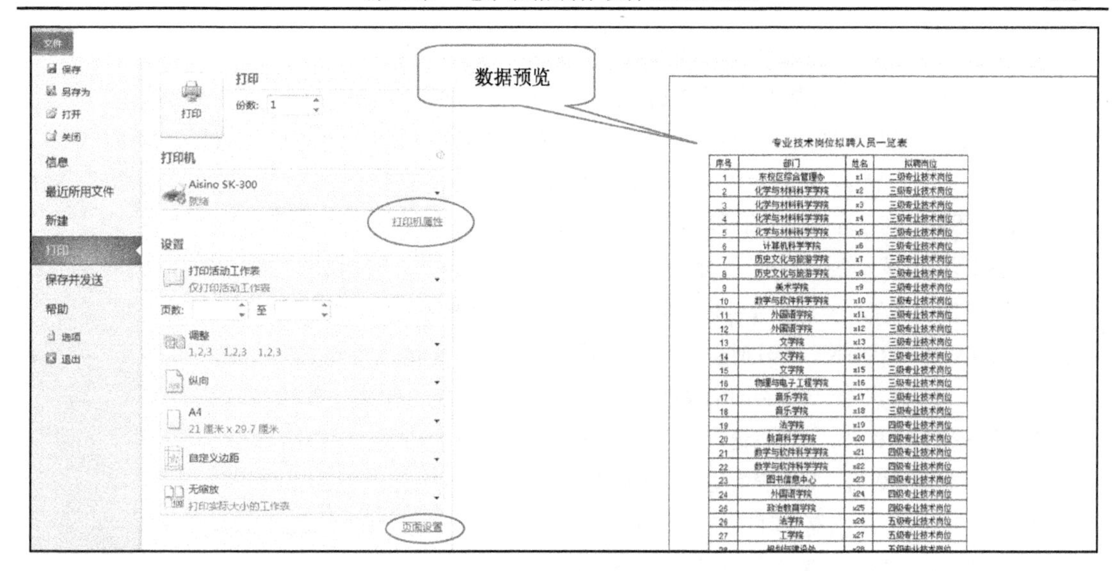

图 4-137　打印预览

如果需要对打印机设置，可单击“打印机属性”命令，弹出如图 4-138 所示对话框，在这里可以对布局和纸张重新设定。

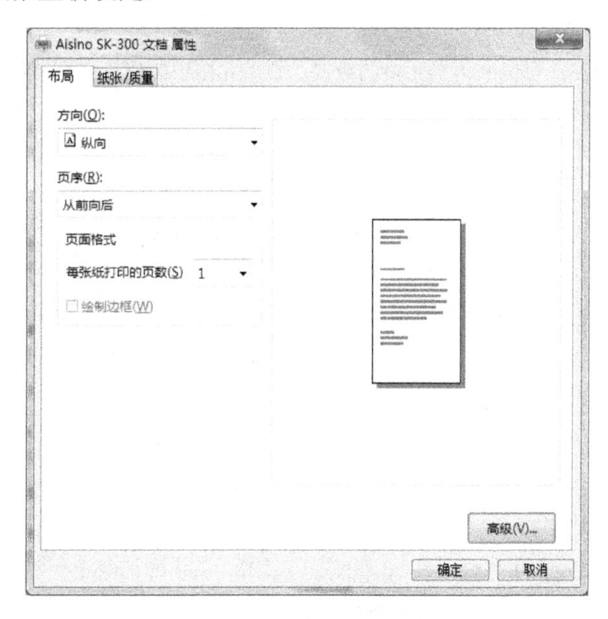

图 4-138　文档属性对话框

习　题　四

一、判断题(正确填写“A”，错误填写“B”)

1．Excel 2010 是一种表格式数据综合管理与分析系统，并实现了图文表的结合。(　　)

2．在 Excel 2010 中，工作表以文件形式存在。(　　)

3．选取单元格，按 Del 键可以删除单元格。（　　）

4．并不是所有类型的图表都可以添加折线。（　　）

5. 饼图是一种最常见的图表类型，用于显示一段时间内数据的变化或描述各项目数据间的不同。（　　）

6．Excel 2010 中删除和清除操作没有任何区别。（　　）

7．在使用函数进行运算时，有些函数可以没有参数。（　　）

8．数据透视表最大的特点是交互性。（　　）

9．Excel 2010 填充柄只能填充数值型数据，不能填充其他数据。（　　）

10．在 Excel 2010 中输入公式时可以以“=”或“+”开头。（　　）

11．分类汇总前必须对要分类的字段进行排序。（　　）

12．在 Excel 2010 中，可以将窗口拆分成任意个。（　　）

13．图表制作完成后，其图表类型可以重新更改。（　　）

14．Excel 2010 中文件存盘时只有.xlsx 的扩展名一种格式。（　　）

15．视图中的网格线设置以后才能够打印出来。（　　）

16．Excel 2010 支持“大纲视图”显示模式。（　　）

17．在工作表页眉中可以插入“图像”格式的对象。（　　）

18．在 Excel 2010 中，不能在工作表的左下位置创建页脚。（　　）

19．IF 函数最多有 64 层嵌套。（　　）

20．给单元格添加批注，可以突出单元格的数据，使单元格中的信息更容易记忆。（　　）

二、单项选择题

1．Excel 2010 默认的工作簿名是________。

A．Sheet1　　B．Sheet2　　C．Sheet3　　D．工作簿 1.xlsx

2．在“文件”菜单中选择“打开”命令时________。

A．可以同时打开多个 Excel 2010 文件　　B．只能一次打开一个 Excel 2010 文件

C．打开的是 Excel 2010 工作表　　D．打开的是 Excel 2010 图表

3．活动单元格的名称显示在________。

A．编辑栏　　B．名称框　　C．单元格　　D．以上都看不见

4．工作簿和相应工作表的关系是________。

A．工作表包含工作簿　　B．工作表和工作簿无关

C．工作簿包含若干个工作表　　D．工作簿包含任意个工作表

5．以下单元格引用中，下列哪一项属于绝对引用________。

A．E3　　B．$C$18　　C．$BC20　　D．D$13

6．在 Excel 2010 的活动单元格内输入数据，默认以左对齐方式显示的是________数据。

A．文本型　　B．值型　　C．逻辑型　　D．日期时间型

7．在 Excel 2010 中，要求 A1、A2、A6 单元格中数据的平均值，并在 B1 单元格显示出来，可在 B1 单元格中输入公式是________。

A．=AVERAGE(A1,A6)　　B．=AVERAGE(A1,A2,A6)

C．=SUM(A1:A6)　　D．=SUM(A1,A6)

8．Excel 2010 中对数据清单排序时，最多可以根据________关键字排序。

A．1 个　　B．2 个　　C．3 个　　D．64 个

9．在一般情况下，在 Excel 2010 工作表的单元格内输入的文本超过了列宽，而此单元格右边的单元格内有数据，此时________。

A．超长的文字被截去，数据发生错误

B．超长的文字被截去，但未截的文字还在单元格中

C．输入的文本会扩展到右边的单元格

D．显示“######”

10．在 Excel 2010 工作表中，不正确的单元格地址是________。

A．C$66　　B．$C66　　C．C6$6　　D．$C$66

11．在 Excel 2010 工作表中，在某单元格内输入数值 123，不正确的输入形式________。

A．123　　B．=123　　C．+123　　D．*123

12．Excel 2010 工作表可以进行智能填充时，光标的形状为________。

A．空心粗“十”字　B．向左上方箭头　　C．实心细“十”字　　D．向右上方箭头

13．如果公式中引用某个单元格，当单元格的值修改后，公式的值________。

A．不变　　B．只有绝对引用才变

C．只有相对引用才变　　D．随引用单元格的值相应变化

14．在 Excel 2010 工作表中，正确的公式形式为________。

A．=B3*Sheet3!A2　B．=B3*Sheet3$A2　　C．=B3*Sheet3:A2　　D．=B#*Sheet3%A2

15．在 Excel 2010 工作表中，单元格 D5 中有公式“=$B$2+C4”，删除第 A 列后 C5 单元格中的公式为________。

A．=$A$2+B4　　B．=$B$2+B4　　C．=$A$2+C4　　D．=$B$2++C4

16．对数据清单进行分类汇总时，以下说法不正确的是________。

A．只能汇总一个字段　　B．必须根据分类关键字段排序

C．只能根据一个字段分类　　D．可以有求和、求平均值等多种汇总方式

17．求男女生英语总分的操作属于________操作。

A．排序　　B．筛选　　C．分类汇总　　D．分类

18．当一张单元表被分为四个部分，那么对工作表进行的操作应该是________。

A．垂直拆分　　B．水平垂直拆分　　C．水平拆分　　D．冻结

19．以下操作中不属于 Excel 2010 操作的是________。

A．插入分页符　　B．设置打印区域　　C．打印整个工作簿　　D．分栏

20．模板文件的扩展名是________。

A．XLSM　　B．XLTX　　C．XLSB　　D．XLAM

三、多项选择题

1．在 Excel 2010 中，工作表窗口的拆分可分为________。

A．水平拆分　　B．垂直拆分

C．水平垂直拆分　　D．只能水平或只能垂直拆分

2．填充柄的作用是________。

A．复制单元格的文本　　B．复制单元格的公式

C．产生递减序列　　D．产生递增序列

3．下列单元格名称表示正确的是________。

A．5IV　　B．IV5　　C．KB9　　D．BA7

4．单元格的引用有________引用。

A．行　　B．相对　　C．绝对　　D．混合

5．工作表窗口的冻结有________冻结。

A．水平　　B．冻结首列　　C．冻结首行　　D．冻结拆分窗格

6．下列关于数据清单的说法中正确的是________。

A．每列数据类型要相同　　B．数据列表中允许空行

C．可以没有名称　　D．不能有空列

7．Excel 2010 的对齐方式有________。

A．水平方向　　B．垂直方向靠上

C．垂直方向靠下　　D．垂直方向居中

8．在分类汇总的操作中需要的操作有________。

A．选定行　　B．排序　　C．选“分类字段”　　D．选“汇总方式”

9．当 Excel 2010 单元格中输入的数据宽度大于单元格宽度时，若输入的数据是文本则________。

A．如果右边单元格为空时，数据将跨列显示

B．如果右边单元格为非空时，将只显示数据的前部分

C．显示为“#####”或用科学计数法表示

D．显示为“Error！”或用科学计数法表示

10．在 Excel 2010 工作簿中，有关移动和复制工作表的说法不正确的是________。

A．工作表只能在所在工作簿内移动，不能复制

B．工作表只能在所在工作簿内复制，不能移动

C．工作表可以移动到其他工作簿内，不能复制到其他工作簿内

D．工作表可以移动到其他工作簿内，也可复制到其他工作簿内

11．在 Excel 2010 单元格中输入 3000，与它相等的表达式是________。

A．300000%　　B．3000/1　　C．30E+2　　D．3,000213

12．下列有关图表各部分的说法正确的是________。

A．数据标签位置可以居中、轴内侧、外侧等

B．根据不同的图表类型，数据标记可以表示数值、数据系列名称、百分比等

C．数据系列也称分类，是图表上的一组相关数据点，取自工作表的一行或一列

D．绘图区在二维图表中，是以坐标轴为界的区域(不包括全部数据系列)

13．在 Excel 2010 中，如果单元格 A5 的值是单元格 A1、A2、A3、A4 的平均值，则单元格 A5 中正确的输入公式为________。

A．=AVERAGE(A1:A4)　　B．=AVERAGE(A1,A2,A3,A4)

C．=(A1+A2+A3+A4)/4　　D．=AVERAGE(A1+A2+A3+A4)

14．有关表格排序的说法不正确是________。

A．只有数字类型可以作为排序的依据　　B．只有日期类型可以作为排序的依据

C．笔画和拼音不能作为排序的依据　　　　D．排序规则有升序和降序

15. 在 Excel 2010 中，有许多内置的数字格式，当输入“56789”后，下列数字格式表述中________是正确的。

A．设置常规格式时，可显示为“56789”

B．设置使用千位分隔符的数值格式时，可显示为“56,789”

C．设置使用千位分隔符的数值格式时，可显示为“56,789.00”

D．设置使用千位分隔符的货币格式时，可显示为“＄56,789.00”

16. 当前单元格是 F4，对 F4 来说输入公式“=SUM(A4:E4)”意味着________。

A．把 A4 和 E4 单元格中的数值求和

B．把 A4,B4,C4,D4,E4 五个单元格中的数值求和

C．把 F4 单元格左边所有单元格中的数值求和

D．把 F4 和 F4 左边所有单元格中的数值求和

17. 在 Excel 2010 工作簿中，单元格格式包括数字、________、边框、图案和保护。

A．颜色　　B．对齐　　C．下划线　　D．字体

18. Excel 2010 分类汇总方式包括________。

A．平均值　　B．最大值　　C．计数　　D．求和

19. Excel 2010 的清除命令可以________。

A．清除单元格的全部内容　　B．清除单元格内的文字或公式

C．清除单元格内的批注　　D．清除单元格的格式

20. 下列选择单元格的说法正确的有________。

A．可以使用拖动鼠标的方法来选中多列或多行

B．单击行号即可选定整行单元格

C．若要选定几个相邻的行或列，可选定第一行或第一列，然后按住 Ctrl 键再选中最后一行或列

D．Excel 不能同时选定几个不连续的单元格

四、填空题

1．Excel 2010 的工作簿默认有________个工作表。

2．在默认情况下，单元格中的字符数据________对齐，数值数据________对齐。

3．向 Excel 2010 单元格中输入公式时，要先输入“+”或者________。

4．把单元格内容去掉，单元格其他信息保留，使用的命令是________。

5．在数据列表中选出符合条件的记录的操作称为________。

6．排序中最多使用的关键字有________个。

7．若 COUNT(A1:A7)=2，则 COUNT(A1:A7，3)=________。

8．Excel 2010 中 fx 称为________工具，单击它可以获得函数列表。

9．Excel 2010 中，若要对 A3 至 B7、D3 至 E7 两个矩形区域中的数据求平均数，并把所得结果置于 A1 中，则应在 A1 中输入公式________。

10．Excel 2010 工作表的单元格 C5 中有公式“=$B3+C2”，将 C5 单元格的公式复制到 D7 单元格内，则 D7 单元格内的公式是________。

11．指定单元格的________，可以限制在单元格中输入数据的类型。

12．在 Excel 2010 中，单元格 C1＝A1+B1，将公式复制到 C2 时，C2 的公式是________。

13．函数 IF("1">"2",1,2)执行后的结果为________。

14．某单元格执行“="north"&"wind"”的结果是________。

15．在 Excel 2010 中，A 列存放着可计算的数据，公式“=SUM(A1:A5,A7,A9:A12)”将对________个元素求和。

16．在 Excel 2010 工作表的单元格中输入(256)，此单元格按默认格式会显示________。

17．在 Excel 2010 中，当一个单元格的宽度太窄而不足以显示该单元格内的数据时，在该单元格中将显示一行________符号。

18．Excel 2010 中，对单元格的引用有________、绝对引用和混合引用。

19．在 Excel 2010 中，某一工作簿中有 Sheet1、Sheet2、Sheet3、Sheet4 共 4 张工作表，现在需要在 Sheet1 表中某一单元格中送入从 sheet2 表的 B2 至 D2 各单元格中的数值之和，正确的公式写法是________。

20．Excel 2010 中，在同时选择多个不相邻的工作表，可以在按住________键的同时依次单击各个工作表的标签。

第 5 章　演示文稿制作软件 PowerPoint 2010

PowerPoint 2010 是一款功能强大的演示文稿制作软件，能够制作出集文字、图形、图像、音频及视频剪辑等多媒体元素于一体的演示文稿。它广泛地用于教学、会议、演讲、报告、商业展示等场合。

PowerPoint 操作简单、使用方便。通过本章的学习，可以掌握演示文稿的基本操作、演示文稿中多媒体对象的插入与编辑、演示文稿的外观设置、演示文稿的动画设置、演示文稿的放映、打包和打印等。

5.1　PowerPoint 2010 概述

5.1.1　PowerPoint 2010 的功能与特点

PowerPoint 2010 是微软公司推出的办公软件 Office 2010 家庭中重要的成员。利用它可方便快捷地创建幻灯片，在幻灯片上输入文本，添加各种图形对象，插入音频、视频，加入各种特技效果，制作出形象生动、图文并茂、富有感染力的多媒体演示文稿。制作出来的演示文稿不仅可以通过打印机打印出来，制成标准的幻灯片，在投影仪上显示，还可以直接在计算机上演示。

PowerPoint 2010 在以前版本的基础上增加了很多新功能，使 PowerPoint 2010 操作更加便捷，制作的演示文稿效果更加出色。

1. 创建、管理并与他人协作处理演示文稿

PowerPoint 2010 引入了一些出色的新工具，用户可以使用这些工具有效地创建、管理并与他人协作处理演示文稿。

用户可以通过新增的 Microsoft Office Backstage 视图快速访问与管理文件相关的常见任务，也可以与其他协作者同时更改演示文稿，使用节来组织大型幻灯片版面。使用新的阅读视图，用户可以在一个方便审阅的窗口中查看演示文稿。如果无法使用 PowerPoint，可将演示文稿存储在用于承载 Microsoft Office Web App 的 Web 服务器上，使用 PowerPoint Web App 在浏览器中打开演示文稿，进行查看文档，甚至进行更改。

2. 使用视频、图片和动画丰富演示文稿

PowerPoint 2010 中，用户可以将视频文件、音频文件插入到演示文稿中，在移动演示文稿时不会再出现视频、音频文件丢失的情况，还可以剪裁视频和音频。用户可以对图片应用不同的艺术效果，使其看起来更像素描、绘图或油画。PowerPoint 2010 中新的图片编辑选项能自动删除图片的背景。SmartArt 图形中新增了某些基于照片的功能，增加了一种新的 SmartArt 图形布局，如果幻灯片上有图片，可以像处理文本一样，快速将它们转换为 SmartArt

图形。PowerPoint 2010 中，切换效果和动画分别具有单独的选项卡，使用起来更为平滑和丰富；通过 PowerPoint 2010 中的动画刷，可以复制某一对象中的动画效果，然后将其粘贴到其他对象。

3. *更有效地提供和共享演示文稿*

PowerPoint 2010 提供了一些新的方法来保存并发送演示文稿。

通过将音频和视频文件直接嵌入到演示文稿中，可以轻松携带演示文稿以实现共享；嵌入式文件也避免了发送多个文件的需要。另外，可以将幻灯片保存到光盘上，使用 DVD 或光盘播放器观看并欣赏它。PowerPoint 2010 可以将演示文稿转换为视频，通过视频播放器进行播放。如果利用 Windows Live 账户或组织提供的广播服务，可直接向远程观众广播幻灯片。

5.1.2 PowerPoint 2010 的启动与退出

1. *启动 PowerPoint*

常用的启动方法有：

(1)通过“开始”菜单启动：单击任务栏“开始 | 程序 | Microsoft Office | Microsoft PowerPoint 2010”即可启动 PowerPoint 2010。

(2)通过快捷方式启动：双击桌面的 PowerPoint 快捷方式即可启动 PowerPoint 2010。

(3)通过 PowerPoint 演示文稿启动：双击桌面、文件夹中任何 PowerPoint 演示文稿即可启动 PowerPoint 2010。

2. *退出 PowerPoint*

常用的退出方法有：

(1)单击“文件”按钮 文件 ，在打开的菜单中选择 退出 命令。

(2)单击 PowerPoint 2010 标题栏右上角的“关闭”按钮。

(3)按 Alt+F4 组合键。

5.1.3 PowerPoint 2010 的窗口组成

PowerPoint 2010 采用了简捷而贴心的用户界面，创建、演示和共享演示文稿更加简单而直观。启动 PowerPoint 2010 后，屏幕出现如图 5-1 所示的窗口，它主要由文件按钮、快速访问工具栏、功能区、选项卡、幻灯片窗格、备注窗格、“幻灯片”选项卡、“大纲”选项卡等组成。

1. *“文件”按钮*

“文件”按钮位于 PowerPoint 选项卡的左侧。单击该按钮，可打开下拉菜单，此菜单中包括“新建”、“打开”、“保存”和“打印”等基本命令。

2. *快速访问工具栏*

快速访问工具栏位于 PowerPoint 窗口的顶部，使用它可以快速访问用户经常使用到的工具，如“保存”、“撤销”、“恢复”等命令。此外，通过快速访问工具栏旁的下拉按钮，可以将下拉菜单中的工具添加到该工具栏中，方便用户的使用。

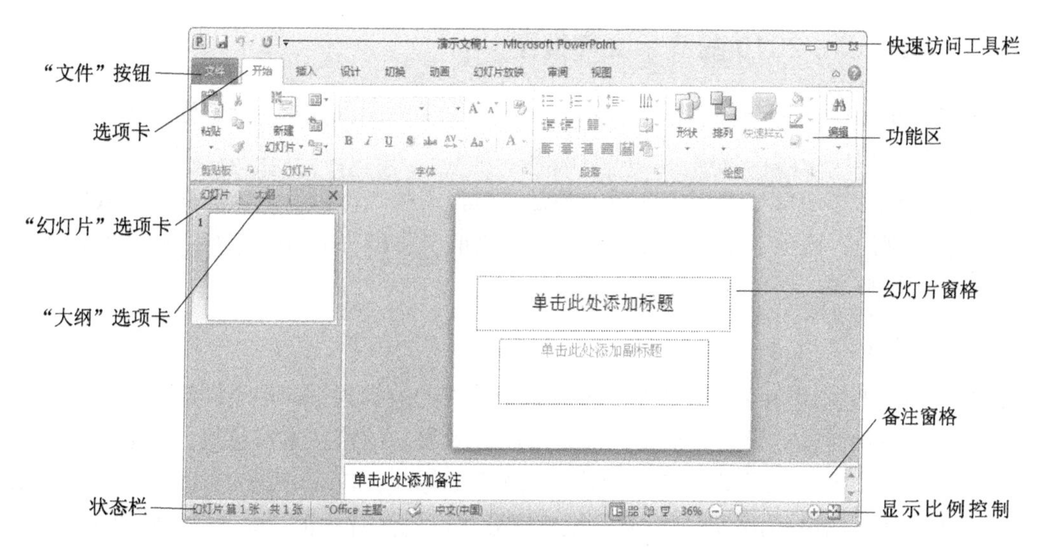

图 5-1　PowerPoint 2010 窗口组成

3. 选项卡

每个选项卡都与一种类型的活动(如为页面编写内容或设计布局)相关。在不同的选项卡下包含不同的功能区。

PowerPoint2010 新增了"切换"选项卡，用户可以方便快捷地设置幻灯片切换效果。

4. 功能区

功能区包含多种功能按钮，用户在幻灯片中执行的所有操作基本上都需要使用功能区中的功能按钮。

5. 幻灯片窗格

编辑幻灯片的工作区域，用户可以在幻灯片窗格制作并查看幻灯片效果。

6. 备注窗格

用户可以在此窗格中添加幻灯片的备注信息，在普通视图下，备注窗格中只能添加文本内容。

7. "幻灯片"选项卡

用户可以在此选项卡下浏览所有的幻灯片缩略图，快速查看演示文稿中的任意一张幻灯片，对幻灯片进行添加、排列、复制、删除等操作。

8. "大纲"选项卡

在此选项卡下，以大纲形式显示幻灯片的文本内容，用于查看演示文稿的大纲。

9. 显示比例控制区

在 PowerPoint 2010 中，显示的比例可以通过位于窗口右下角的显示比例控制区内的按钮来进行控制，单击⊕按钮，可以放大显示窗口，单击⊖按钮，可以缩小显示窗口，单击⊡按钮，可使幻灯片适应当前窗口显示。

5.1.4　PowerPoint 2010 的演示文稿视图

PowerPoint 2010 为用户提供了 4 种不同的演示文稿视图方式，包括普通视图、幻灯片浏览视图、备注页视图和阅读视图。不同的视图，提供了不同的浏览界面，方便用户对演示文稿进行加工。在制作幻灯片过程中选择一种合适的视图模式，可以大大提高工作效率。

用户在“视图”选项卡中选择对应的按钮，或单击窗口右下角的按钮，即可切换到对应的视图模式。

1. 普通视图

普通视图是 PowerPoint 的默认视图模式，是主要的编辑视图，用于编辑幻灯片文本及在幻灯片中插入各种对象，设计模板样式，设置动画效果，浏览文本信息等。普通视图包括了“大纲”选项卡、“幻灯片”选项卡。单击“大纲”选项卡，PowerPoint 窗口左侧窗格显示演示文稿的大纲和标题结构，用户可以方便地编辑和修改幻灯片中的文本内容，如图 5-2 所示；单击“幻灯片”选项卡，PowerPoint 窗口左侧窗格显示所有幻灯片的缩略图，在每张图前有该幻灯片的序列号和动画播放按钮，拖动缩略图可方便地调整幻灯片的位置，单击缩略图，在幻灯片窗格中可修改该张幻灯片内容，如图 5-3 所示。

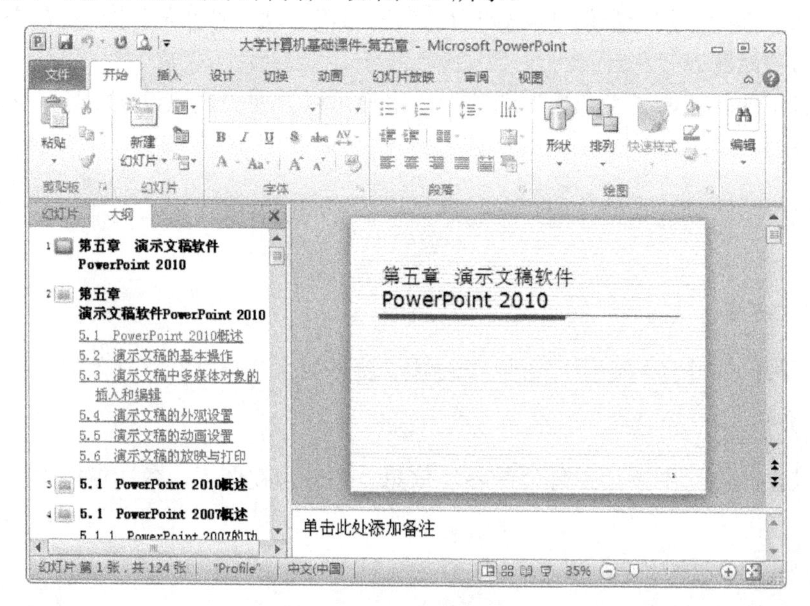

图 5-2　“大纲”选项卡

2. 幻灯片浏览视图

幻灯片浏览视图模式下，演示文稿中所有的幻灯片以缩略图方式显示，如图 5-4 所示。在这种视图下，用户可以从整体上浏览所有幻灯片的效果，并可方便地添加、删除、移动幻灯片，进行幻灯片的切换设置。但在这种视图下，不能直接编辑和修改幻灯片的内容，若需修改某一张幻灯片，可双击该幻灯片，切换到普通视图进行编辑。

3. 备注页视图

幻灯片中的内容一般比较简洁，因此需要将一些描述性的内容放在备注中。在备注页视

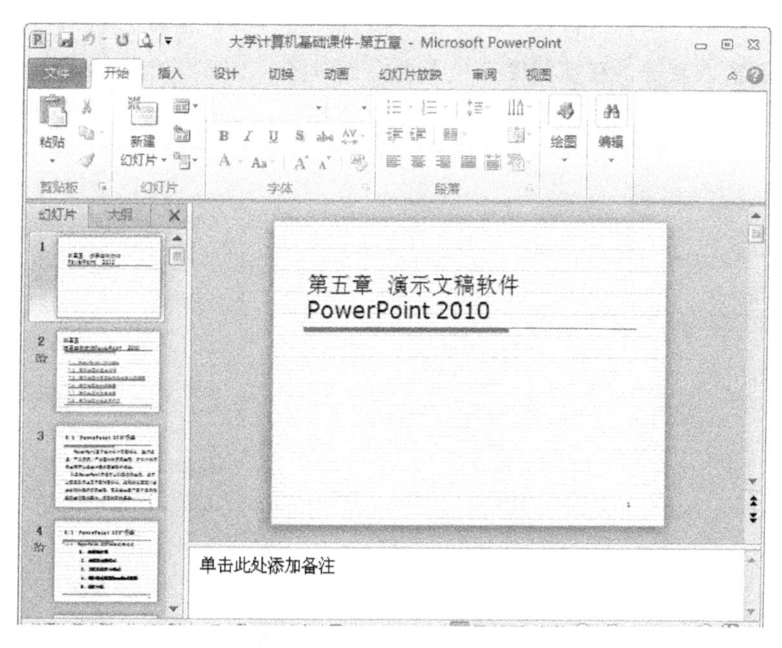

图 5-3　“幻灯片”选项卡

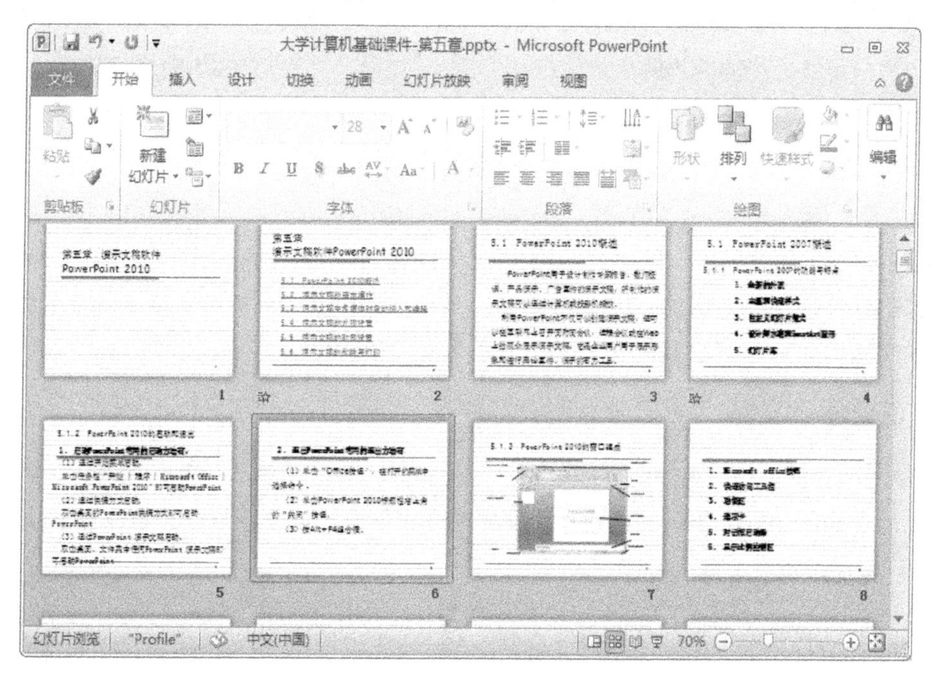

图 5-4　幻灯片浏览视图

图中，上半部分是幻灯片的缩略图，下半部分是文本预留区，在文本预留区内可以添加备注信息或添加与幻灯片相关的说明文字，如图 5-5 所示。插入到备注页中的对象只能在备注页中显示，可通过打印备注页打印出来，但不能在普通视图模式下显示。

4. 阅读视图

用户在查看演示文稿的放映效果时，如果不想使用全屏放映，可使用幻灯片的阅读视图。

在幻灯片阅读视图下，用户可以在一个方便审阅的窗口中查看演示文稿。如果用户设置了动画效果、画面切换效果等，在该视图方式下也将全部显示出来，如图 5-6 所示。按 Esc 键，可退出幻灯片阅读视图。或单击状态栏上 按钮，切换到其他的视图模式。

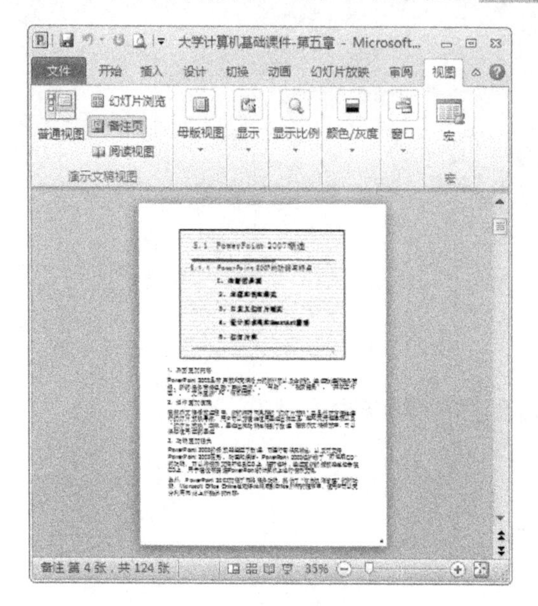

图 5-5　备注页视图

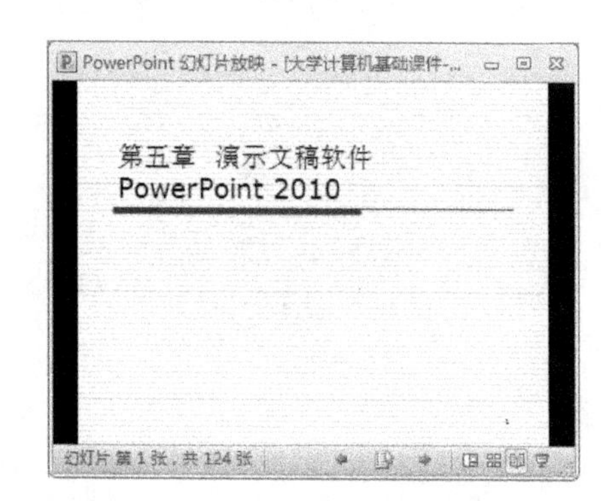

图 5-6　阅读视图

5.2　演示文稿的基本操作

PowerPoint 2010 的文件称为演示文稿，它的默认扩展名是.pptx。一个完整的演示文稿，包含多张幻灯片，每张幻灯片可以添加标题、文本、各种图形对象等。演示文稿的基本操作包括演示文稿的建立、演示文稿的编辑、演示文稿的格式化等。

5.2.1　创建演示文稿

启动 PowerPoint 后，系统即自动创建了一个名为“演示文稿 1”的空白演示文稿。此外，用户可以通过 PowerPoint 提供的创建演示文稿向导来创建，或使用设计模板来创建演示文稿。

1. 创建空白演示文稿

空白演示文稿是界面最简单的演示文稿，没有任何的模板设计，从而为用户提供了更为灵活的发挥空间。

单击“文件”按钮 文件 ，在打开的菜单中选择“新建”命令，打开如图 5-7 所示的窗口；单击“可用模板和主题”列表中的“空白演示文稿”图标，单击“创建”按钮即可创建一个空白演示文稿。

2. 使用样本模板创建演示文稿

PowerPoint 2010 提供了 9 种样本模板，模板包含了幻灯片母版、版式和主题。用户利用样本模板可以轻松创建美观的、具有统一设计风格的演示文稿。具体操作步骤如下：

图 5-7　创建空白演示文稿

(1)单击“文件”按钮，在打开的菜单中选择“新建”命令，打开如图 5-7 所示的窗口，单击“可用模板和主题”列表中的“样本模板”图标。

(2)在打开如图 5-8 所示的窗口中，选择所需的样本模板，单击“创建”按钮，即可根据所选模板来创建新的演示文稿。

图 5-8　使用样本模板创建演示文稿

3. 根据现有内容创建演示文稿

PowerPoint 中，可根据磁盘上原有的演示文稿来创建新的演示文稿。根据现有内容创建演示文稿的具体操作步骤如下：

(1) 单击“文件”按钮，在打开的菜单中选择“新建”命令，打开如图 5-7 所示的窗口，单击“可用模板和主题”列表中的“根据现有内容新建”图标。

(2) 在对话框左侧的“模板”列表框中选择“根据现有内容新建演示文稿”，弹出“根据现有演示文稿新建”对话框，如图 5-9 所示，选择需要的演示文稿，单击“新建”按钮创建新的演示文稿。

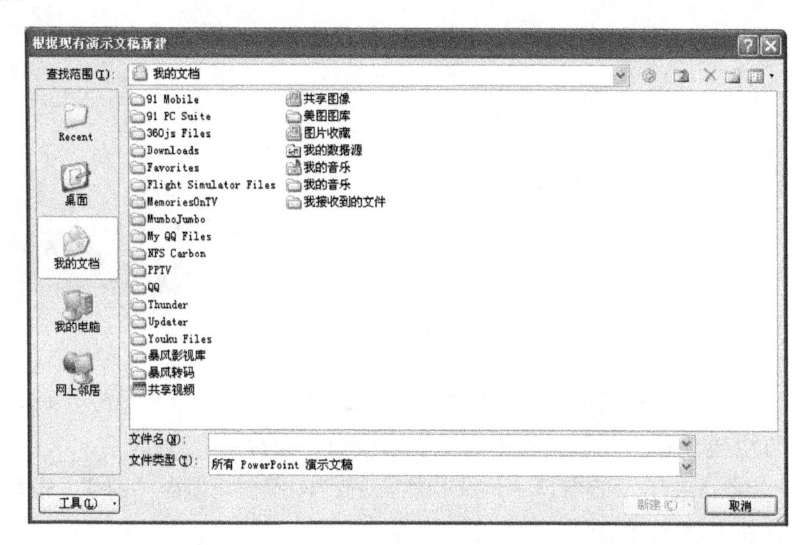

图 5-9 “根据现有演示文稿新建”对话框

5.2.2 打开演示文稿

启动 PowerPoint 2010 后，如果要打开已存在的演示文稿，可使用的方法有以下几种：

(1) 单击“文件”按钮，在打开的菜单中选择“打开”命令，弹出“打开”对话框，在“查找范围”下拉列表框中选择要打开文档所在的文件夹，选中需打开的演示文稿，单击“打开”按钮即可。

(2) 单击“快速访问工具栏”中的“打开”按钮，弹出“打开”对话框，在“查找范围”下拉列表框中，选择要打开文档所在的文件夹，选中需打开的演示文稿，单击“打开”按钮即可。如果工具栏上没有“打开”按钮，可单击“快速访问工具栏”旁边的下拉按钮，在下拉菜单上选择“打开”按钮，将其添加到“快速访问工具栏”中。

5.2.3 保存、另存与关闭演示文稿

1. 演示文稿的保存

演示文稿编辑完成后，用户需对其进行保存。首次保存时，可以指定一个名字和保存的位置。保存的方法有以下几种：

(1) 单击“文件”按钮，在打开的菜单中选择“保存”命令。

(2) 单击“快速访问工具栏”中的“保存”按钮。

以上操作后，弹出“另存为”对话框，如图 5-10 所示，在“文件名”下拉列表框中输入文件名，单击“保存位置”下拉列表框，选择保存位置，在“保存类型”下拉列表中选择文件的保存类型，然后单击“保存”按钮即可。

图 5-10　“另存为”对话框

2. 演示文稿的另存

如需另外保存演示文稿，单击“文件”按钮，在打开的菜单中指向“另存为”命令，将直接弹出“另存为”对话框，保存的时候，注意选择文件的保存类型。

3. 演示文稿的退出

单击“文件”按钮，在打开的菜单中选择“关闭”命令，即可关闭演示文稿。如果在菜单中选择 退出 按钮，将关闭演示文稿，同时退出 PowerPoint 2010。

5.2.4　幻灯片中添加文本内容

在幻灯片中添加文本，一种是在占位符中直接输入文本；另一种是在幻灯片中插入文本框，然后在文本框中输入文本。此外，如果用户要在幻灯片中输入的内容和 Word 文档中的文本内容相同，可以直接将 Word 文档中的文本导入到幻灯片中，实现快速输入。

1. 在占位符中输入文本

占位符是用于在幻灯片中输入指定内容的定界框，占位符中可包含文本、表格、图表、SmartArt 图形、视频、图片等。在占位符中输入的文本，将会在“大纲”选项卡中显示出来。

在新建的幻灯片中，会出现带虚线的边框，这是 PowerPoint 为用户预留的“占位符”，单击“占位符”即可输入文本，如图 5-11 所示。

2. 在文本框中输入文本

选择“插入”选项卡，单击“文本”组的“文本框”下拉按钮，选择 横排文本框(H)，在幻灯片中拖动鼠标即可绘制一个横排文本框，然后输入文本即可。

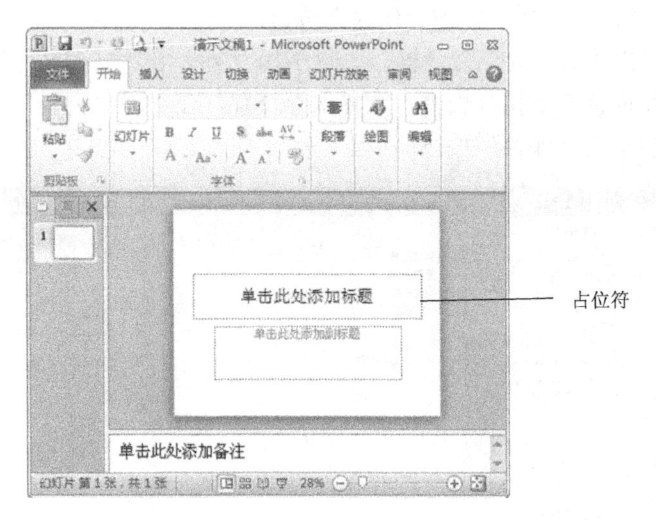

图 5-11　幻灯片

3. 导入 Word 文本

选择“插入”选项卡，单击“文本”组的“对象”按钮，打开“插入对象”对话框，选中“由文件创建”单选按钮，单击“浏览”按钮，在弹出的“浏览”对话框中，找到要插入的 Word 文档，单击“确定”按钮。返回到“插入对象”文本框时，在“文件”文本框中显示了要导入文档的路径，如图 5-12 所示，单击“确定”按钮，Word 文档的内容将导入到幻灯片中，如图 5-13 所示。

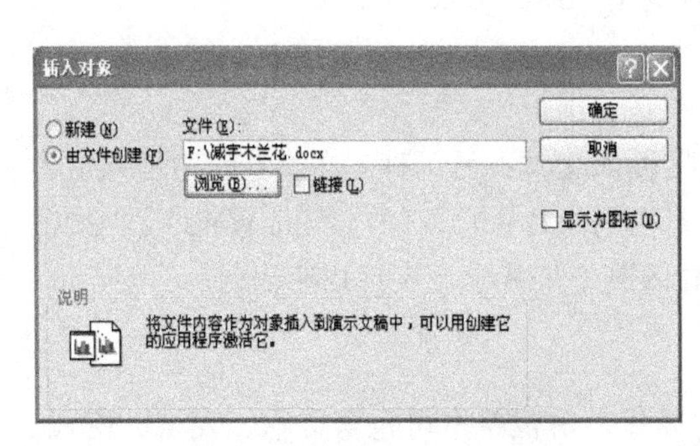

图 5-12　“插入对象”对话框

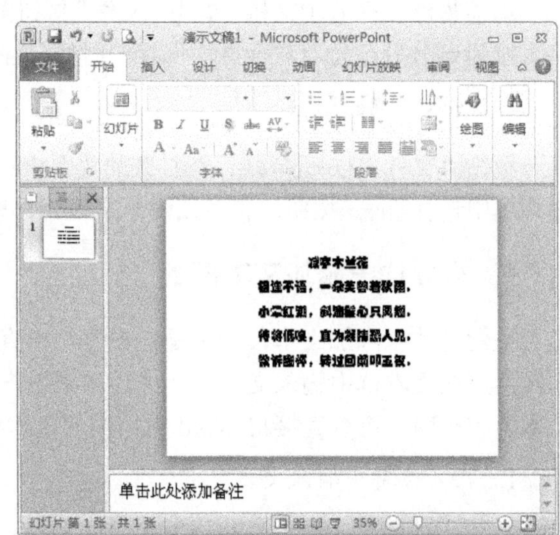

图 5-13　导入 Word 文本

5.2.5　幻灯片的编辑

创建好一个演示文稿后，需要对演示文稿中的幻灯片进行编辑、调整，如添加新的幻灯片，移动幻灯片位置以改变幻灯片的播放顺序，删除不需要的幻灯片等。

演示文稿基本的编辑操作包括选择幻灯片、插入幻灯片、移动幻灯片、复制幻灯片、删除幻灯片等。这些操作可以在“普通视图”模式下进行，但在“幻灯片浏览视图”模式下进行更为方便。

1. 选择幻灯片

在演示文稿中移动、复制、删除幻灯片之前，需要先选中幻灯片。用户可切换到幻灯片浏览视图下进行操作。如果选择单张幻灯片，鼠标单击它即可，被选中的幻灯片将用一实线框括起；如果选择多张幻灯片，可按住 Shift 键或 Ctrl 键，再单击需选择的幻灯片。

2. 插入幻灯片

在幻灯片编辑操作中，常需要添加新的幻灯片。在演示文稿中插入新幻灯片的方法如下：

(1) 选择“开始”选项卡中的“新建幻灯”按钮。

(2) 按 Ctrl+M 组合键。

(3) 单击“大纲视图”或“幻灯片视图”下的幻灯片，按 Enter 键，即可插入新的幻灯片。

(4) 单击鼠标右键，从快捷菜单中选择“新建幻灯片”命令。

使用这些方法，可在当前幻灯片之后插入一张新的幻灯片，新幻灯片会默认使用“标题和文本”版式。

“新建幻灯片”按钮分为上下两部分，单击上部，会在当前幻灯片的之后插入一张新幻灯片；单击下部新建幻灯片，打开如图 5-14 所示的“Office 主题”下拉列表，选择一种版式后，插入一张该版式的幻灯片。

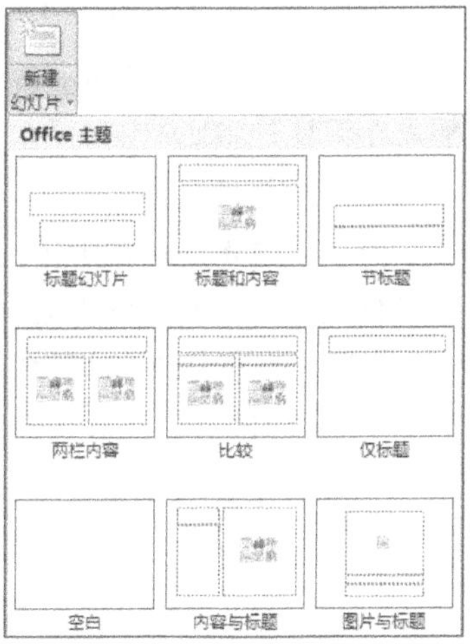

新建幻灯片
Office 主题
标题幻灯片　标题和内容　节标题
两栏内容　比较　仅标题
空白　内容与标题　图片与标题

图 5-14 “Office 主题”下拉列表

3. 移动幻灯片

如果需要调整幻灯片的播放顺序，可以移动幻灯片的位置。选中需移动的幻灯片，单击“开始”选项卡中的“剪切”按钮剪切，然后将鼠标指针移动到需插入的位置，单击“开始”选项卡中的“粘贴”按钮上部，实现幻灯片的移动操作。

用户也可通过鼠标拖曳的方法来实现移动操作，选中需操作的幻灯片，按住鼠标左键拖动，拖动时有一个标识插入点的细线，将幻灯片拖动至需要位置释放，即完成移动操作。

4. 复制幻灯片

幻灯片的复制方法如下：

(1) 选中需复制的幻灯片，单击“开始”选项卡中的“复制”按钮复制，将鼠标移动到需复制的位置，单击“开始”选项卡中的“粘贴”按钮，实现幻灯片的复制。

(2) 右击需复制的幻灯片，在快捷菜单中选择“复制幻灯片”命令，将在所选定的幻灯片后面复制一张幻灯片。

通过鼠标拖曳的方法也可以来实现复制操作，在拖动时按住 Ctrl 键，即完成复制操作。

5. 删除幻灯片

选中需删除的幻灯片，按 Del 键，即实现删除操作。或使用快捷菜单中的“删除幻灯片”命令来实现操作。

5.3　演示文稿中多媒体对象的插入和编辑

一个创建好的演示文稿，如果只有文字，那么会显得单调、枯燥，因此 PowerPoint 提供了在幻灯片中加入各种图形对象、声音对象、动画和视频等多媒体对象的操作。通过添加这些对象，用户可以制作出生动形象的多媒体演示文稿。

5.3.1　插入和编辑图形对象

在演示文稿中适当地插入图形对象可使演示文稿更加丰富、生动。PowerPoint 中允许插入的图形对象包括图片、SmartArt 图形、艺术字、图表等。

1. 图片的插入与编辑

在演示文稿中可以插入剪贴画和来自文件中的图片。

1) 插入剪贴画

单击“插入”选项卡中的“剪贴画”按钮，打开“剪贴画”任务窗格，单击“搜索”按钮，列表框中显示 PowerPoint 提供的剪贴画，如图 5-15 所示，单击选中的剪贴画，图片将插入在幻灯片中。

2) 插入图片文件

单击“插入”选项卡中的“图片”按钮，弹出如图 5-16 所示的“插入图片”对话框，在“查找范围”列表框中选择图片文件所在的文件夹，选中所需图片文件，单击“插入”按钮，即将图片插入在幻灯片中。

图 5-15 “剪贴画”任务窗格

图 5-16 “插入图片”对话框

插入图片后，功能区会出现用于图片编辑的各种按钮，如图 5-17 所示，用户可以方便地对图片进行各种编辑操作。

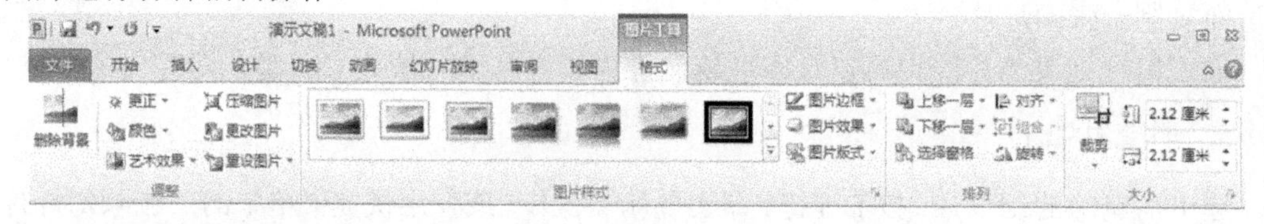

图 5-17　图片工具

2. 形状的插入与编辑

在 PowerPoint2010 中，形状是指一组预定义的图形，如矩形、直线等，用户可以将这些形状插入到幻灯片中使用，并对其进行各种编辑。

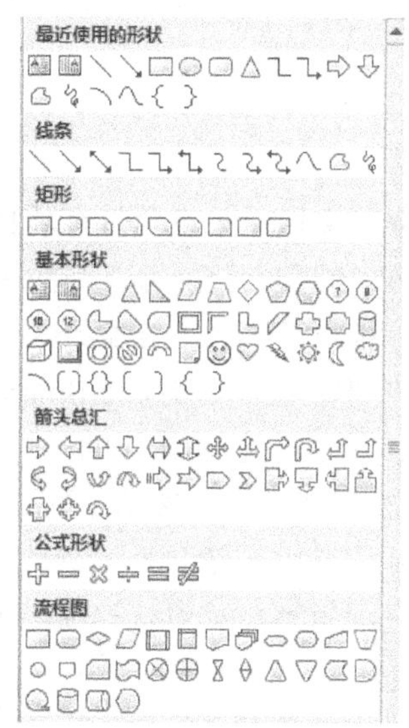

图 5-18 “最近使用的形状”下拉列表

单击“插入”选项卡中的“形状”按钮，打开如图 5-18 所示下拉列表，在该列表框中选择所需形状，在幻灯片中拖动鼠标，即可绘制出相应的形状。

插入形状后，单击选项卡中的“绘制工具”，功能区会出现用于形状编辑的各种按钮，如图 5-19 所示，用户可以方便地对形状进行各种编辑操作。

3. SmartArt 图形的插入与编辑

SmartArt 图形包括图形列表、流程图以及更为复杂的图形，如维恩图和组织结构图。

1) 插入 SmartArt 图形

单击“插入”选项中的“SmartArt”按钮，弹出如图 5-20 所示的“选择 SmartArt 图形”对话框，在对话框最左侧的选项列表框中选择 SmartArt 图形的名称，并在“列表”列表框中选择所需图形的样式，单击“确定”按钮，即可在幻灯片中插入 SmartArt 图形。单击 SmartArt 图形中的一个形状，然后输入文本，SmartArt 图形即创建完成。

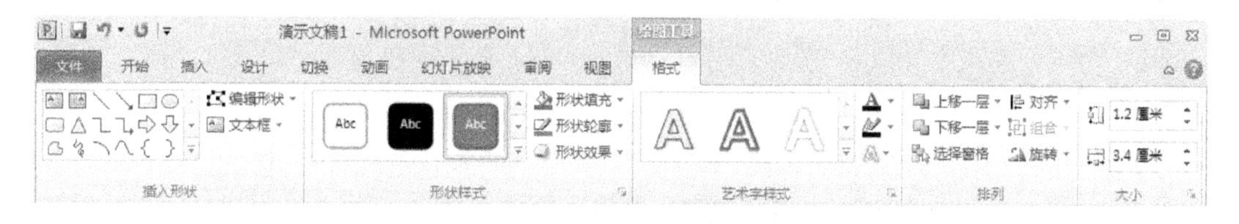

图 5-19　绘图工具

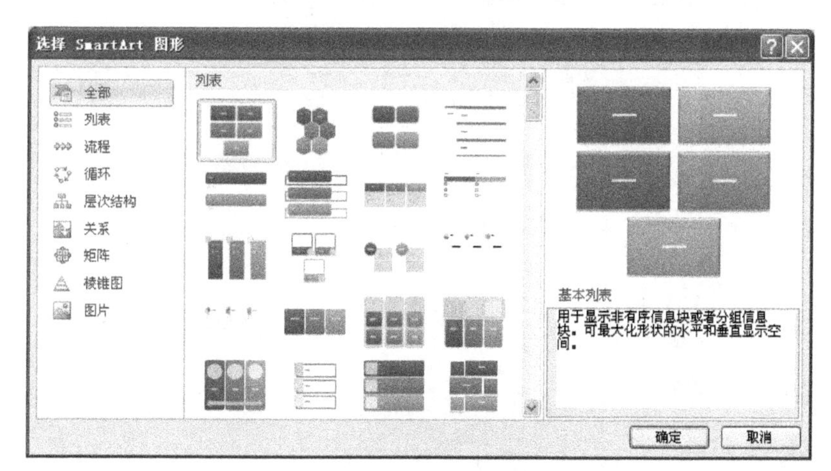

图 5-20 “选择 SmartArt 图形”对话框

创建好 SmartArt 图形后，用户可根据需要，对创建的图形进行编辑，单击“SmartArt 工具”选项卡，对应的工具按钮将在功能区中显示，如图 5-21 所示。

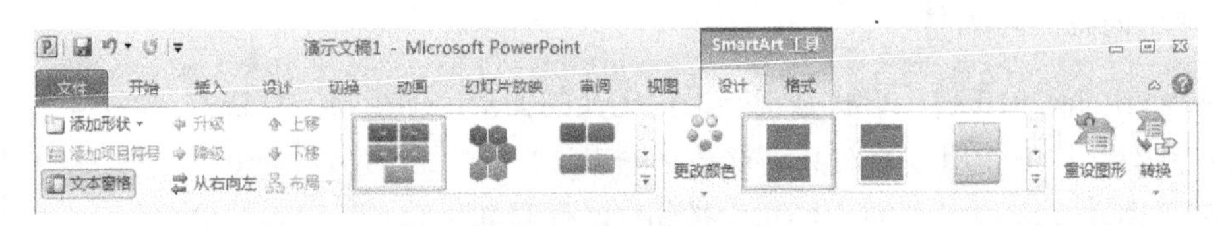

图 5-21　SmartArt 图形工具

演示文稿通常包含带有项目符号列表的幻灯片。PowerPoint 2010 可以帮助用户将项目符号列表中的文本转换为直观的 SmartArt 图形。

2) 将幻灯片文本转换为 SmartArt 图形

将幻灯片文本转换为 SmartArt 图形，具体操作步骤如下：

(1) 单击包含要转换的幻灯片文本的占位符。

(2) 在“开始”选项卡的“段落”组中，单击“转换为 SmartArt 图形”按钮，在打开的下拉列表中选择需要的 SmartArt 图形。若要查看到完整的 SmartArt 图形，可单击下拉列表中的“其他 SmartArt 图形”按钮。图 5-22 所示为将幻灯片文本转换为 SmartArt 图形。

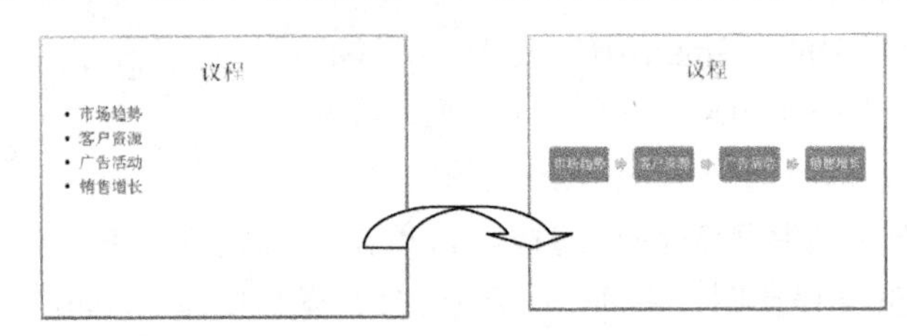

图 5-22　将幻灯片文本转换为 SmartArt 图形

4. 艺术字的插入与编辑

在 PowerPoint 幻灯片中还可以插入艺术字。单击“插入”选项卡中的“艺术字”按钮，打开如图 5-23 所示的“艺术字”下拉列表，用户从中选择所需艺术字样式即可在幻灯片中显示如图 5-24 所示的文本框，在文本框中输入艺术字的内容即可。

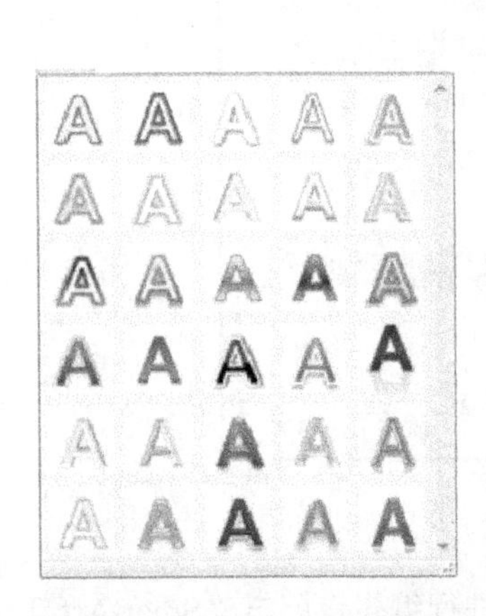

图 5-23　“艺术字”下拉列表

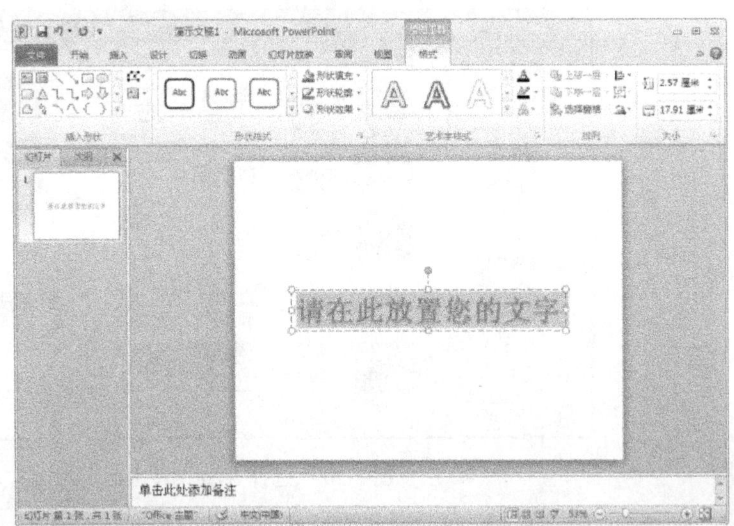

图 5-24　“输入艺术字”文本框

艺术字的编辑可通过功能区中对应的按钮来实现。

5.3.2　插入和编辑音频和视频

在演示文稿中除了包含文本和各种图形对象外，还可以加入音频和视频。在幻灯片适当的位置加入音频、视频对象，可丰富演示文稿的播放效果，使演示文稿图文并茂、声色俱全。

1. 音频的插入与编辑

PowerPoint 剪辑管理器中存放有一些声音文件，用户可以直接使用。此外，用户也可将自己喜欢的音乐插入到幻灯片中。

1) 插入剪贴画音频

单击“插入”选项卡中“音频”按钮下部，在打开的下拉列表中单击“剪辑画音频”，打开“剪贴画任务”窗格，在列表框中选择的音频文件，幻灯片中将出现一个音频图标，音频图标下有“音频播放”工具栏，如图 5-25 所示。

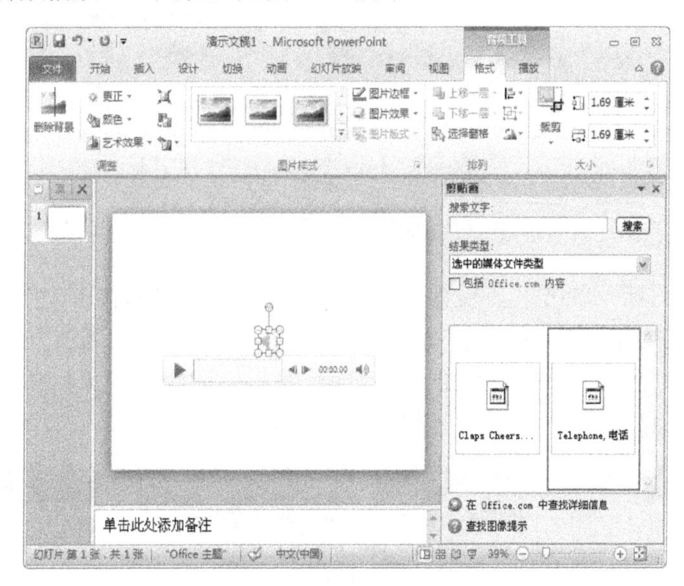

图 5-25　插入剪贴画音频

2) 插入来自文件中的音频

单击“插入”选项卡中的“音频”按钮下部，在打开的下拉列表中单击“文件中的音频”，弹出如图 5-26 所示“插入音频”对话框，在“查找范围”列表框中选择音频文件所在的文件夹，选中所需音频文件，单击“确定”按钮，即可在幻灯片中插入音频。用户也可以单击“插入”选项卡中的“音频”按钮上部，弹出“插入音频”对话框，进行操作。

插入音频文件后，幻灯片上会出现音频图标及音频播放工具栏，功能区中会显示编辑音频的工具按钮，如图 5-27 所示，用户可以方便地对音频文件进行设置。如果需要删除幻灯片中的音频，删除音频图标即可。

3) 编辑音频文件

为了使音频文件符合整个演示文稿的播放需求，用户在插入音频文件后，可以对音频文件进行剪裁，添加书签，设置音频文件的淡化持续时间、音量大小、循环播放以及显示方式。

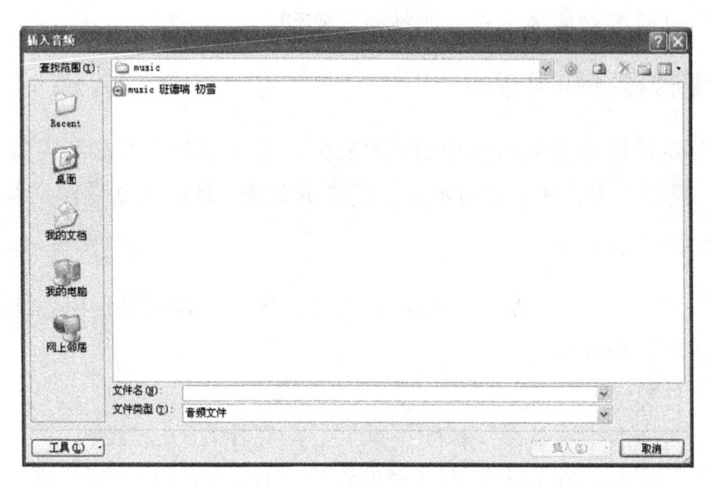

图 5-26 “插入音频”对话框

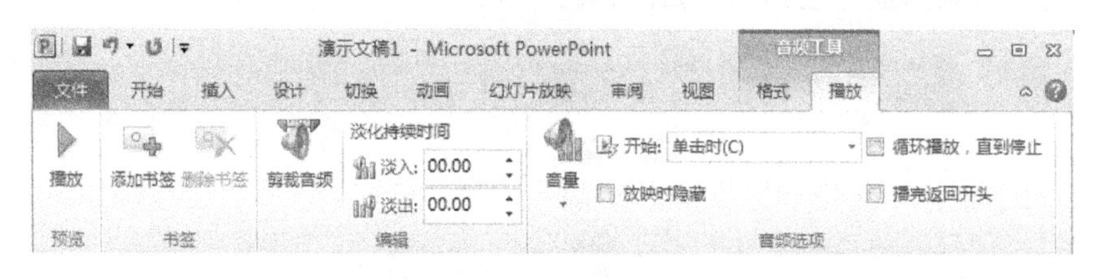

图 5-27　音频工具

选中“音频”图标，单击“音频工具/播放”选项卡中的“剪裁音频”按钮，弹出如图 5-28 所示的“剪裁音频”对话框。单击“播放”按钮，开始播放音频，当播放到需要裁剪的位置处，单击“暂停”，如图 5-29 所示，拖动左侧的裁剪片到音频暂停的位置处，如图 5-30 所示，单击“确定”按钮，即可完成音频文件的剪裁。

图 5-28 “剪裁音频”对话框 1

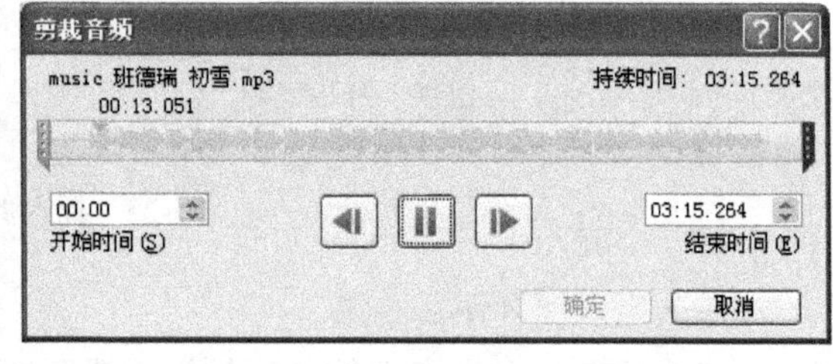

图 5-29 “剪裁音频”对话框 2

书签用于在音频的特殊位置处做出标记，方便用户快速地定位到要播放的内容。单击“音频播放”工具栏中的“播放”按钮播放音频，在要添加书签的位置处暂停，如图 5-31 所示，单击“音频工具/播放”选项卡中的“添加书签”按钮，可在“音频播放”工具栏的时间行中看到添加了一个书签标志，如图 5-32 所示，单击“播放”按钮，继续播放音频，还可再次添加书签。

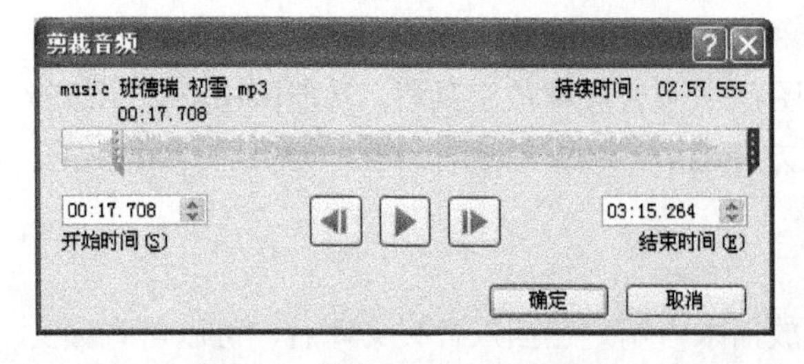

图 5-30 “剪裁音频”对话框 3

如果要删除书签，可在“音频播放”工具栏的时间行上单击书签，然后单击“音频工具 | 播放”选项卡中的“删除书签”按钮，即可删除书签。

图 5-31 “音频播放”工具 1　　图 5-32 “音频播放”工具 2

2. 视频的插入与编辑

在幻灯片中插入视频有 3 种方式：插入文件中的视频、插入网站中的视频和插入剪贴画视频。

1) 插入文件中的视频

单击“插入”选项卡中的“视频”按钮下部，在打开的下拉列表中单击“文件中的视频”按钮，弹出“插入视频文件”对话框，如图 5-33 所示，在“查找范围”列表框中选择视频文件所在的文件夹，选中所需插入视频文件，单击“插入”按钮，即可在幻灯片中插入视频。

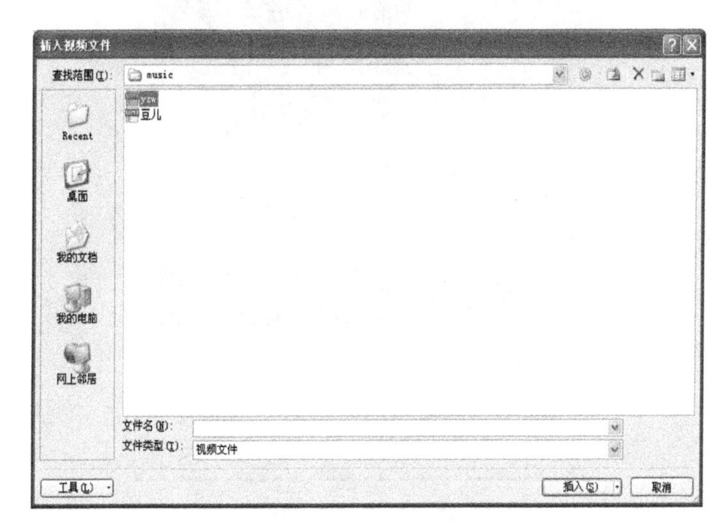

图 5-33 “插入视频文件”对话框

插入视频文件后，幻灯片上会出现视频播放框和“视频播放”工具栏，功能区中会显示编辑视频的工具按钮，如图 5-34 所示，用户可以方便地对视频文件进行设置。

2) 编辑视频文件

用户在插入视频文件后，可以对视频文件进行剪裁，将视频文件中多余的部分剪裁掉，使视频更适合在制作的演示文稿中播放。

选中视频文件，单击“视频工具 | 播放”选项卡中的“剪裁视频”按钮，弹出“剪裁视频”对话框，单击“播放”按钮，开始播放视频，当播放到需要裁剪的位置处，单击“暂停”按钮，然后拖动左侧的裁剪片到视频暂停的位置处，如图 5-35 所示，单击“确定”按钮，即可完成视频文件的剪裁。

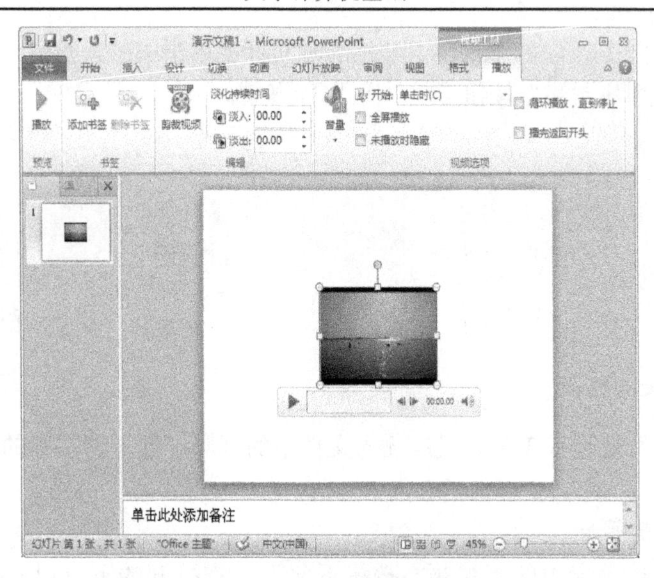

图 5-34　插入视频文件

图 5-35 “剪裁视频”对话框

插入视频文件以后，同样可以使用书签来标识视频跳转的位置。与音频中添加书签的方法相同。

3) 压缩媒体文件

视频文件所占的磁盘空间是很大的，如果在幻灯片中插入了视频文件，则整个演示文稿体积会增大很多，为了方便用户用电子邮件发送演示文稿，PowerPoint 2010 提供了压缩媒体文件的操作。

选中插入的视频文件，单击“文件”按钮，在打开的列表中单击“压缩媒体”按钮，选择“低质量”选项，如图 5-36 所示，将打开“压缩媒体”对话框，对视频文件进行压缩，提示压缩完成后，单击“关闭”按钮，如图 5-37 所示，即可完成压缩。

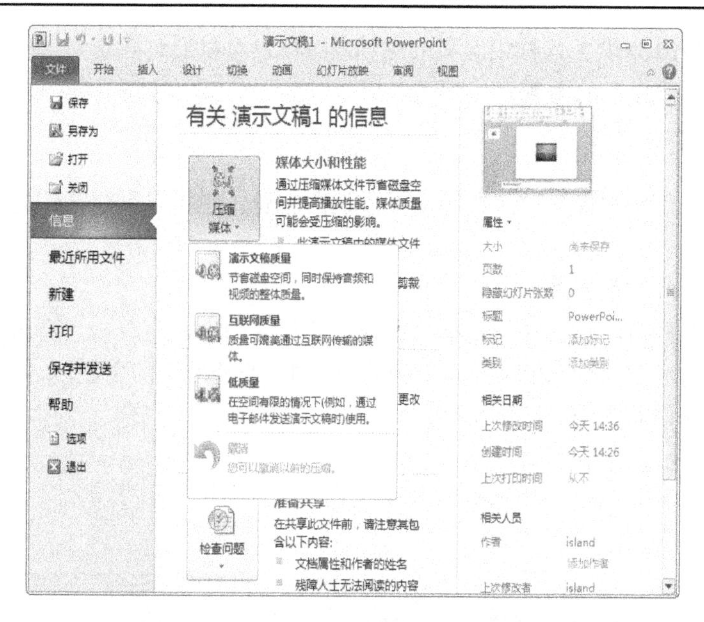

图 5-36 “信息”窗口

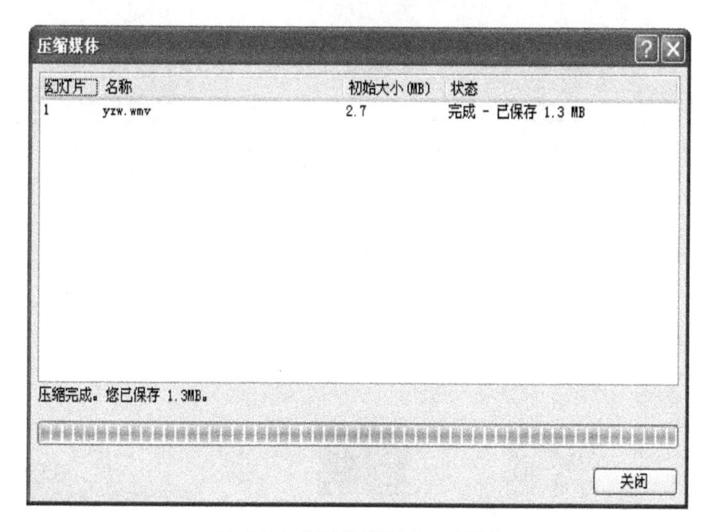

图 5-37 “压缩媒体”对话框

5.4 演示文稿的外观设置

用户可以对演示文稿的外观进行美化设计，以获得符合自己需求的演示文稿。演示文稿的美化包括：幻灯片主题的应用，幻灯片背景的设置，幻灯片母版的使用等。通过这些操作可使演示文稿具有统一、协调的外观，使演示文稿更美观、更具表现力。

5.4.1 应用主题

在 PowerPoint 2010 中，主题是一组格式选项，它包含主题颜色、主题字体(标题文字和正文文字)和主题效果(线条和填充效果)。通过应用主题，用户可以快速轻松地设置出具有专业水准、美观时尚的演示文稿。

PowerPoint 2010 提供了几种预定义的主题，用户也可以通过自定义现有主题并将其保存为自定义主题来创建自己的主题。

1. 使用预定义主题

用户可以在创建新幻灯片时，直接使用预设的主题，也可以创建好幻灯片后，再更改使用的主题。

1) 新建幻灯片时应用主题

单击“文件”按钮，在打开的菜单中选择“新建”命令，再单击“可用模板和主题”列表中的“主题”图标，在打开如图 5-38 所示的窗口中，选择所需的主题，单击“创建”按钮，即可根据所选主题来创建新的演示文稿。

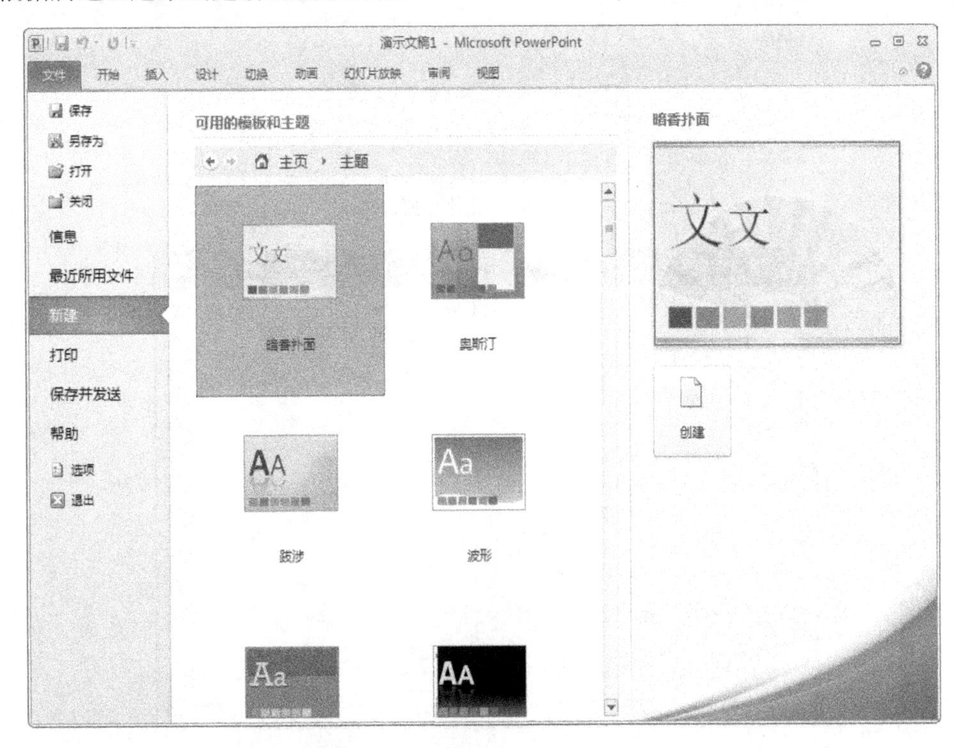

图 5-38　使用主题创建演示文稿

2) 更改当前幻灯片的主题

单击“设计”选项卡，功能区“主题”组中显示预定义主题，如图 5-39 所示，主题一共有 3 行，单击 按钮，可切换到其他行的主题。将光标停留在某一主题上，可预览到主题应用的效果，单击该主题将应用于演示文稿。单击鼠标右键，从打开的下拉菜单中可选择将主题应用于所有幻灯片或是应用于选定幻灯片。

图 5-39　功能区“主题”组

单击“主题样式”列表框右下角的其他按钮，打开如图 5-40 所示下拉列表，列表显示所有预定义主题。

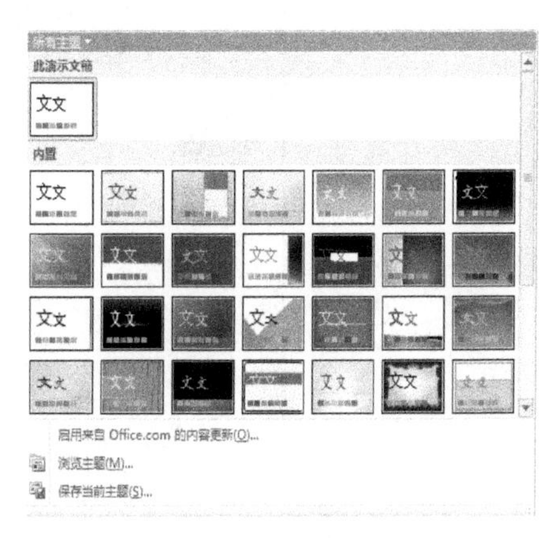

图 5-40 “所有主题”下拉列表

2. 用户自定义主题

如果用户对选择的主题有不满意的，可对已有的主题进行修改后使用，或是自己创建主题。

用户自定义幻灯片背景图案、配色方案、字体样式等，如图 5-41 所示，单击“保存”按钮，弹出如图 5-42 所示“另存为”对话框，在“保存类型”列表框中选择“PowerPoint 模板”(PowerPoint 2010 模板默认扩展名为.potx)。保存后，当用户要用该模板时，在“新建演示文稿”对话框的“个人模板”选项卡中即可看到添加的模板，如图 5-43 所示。

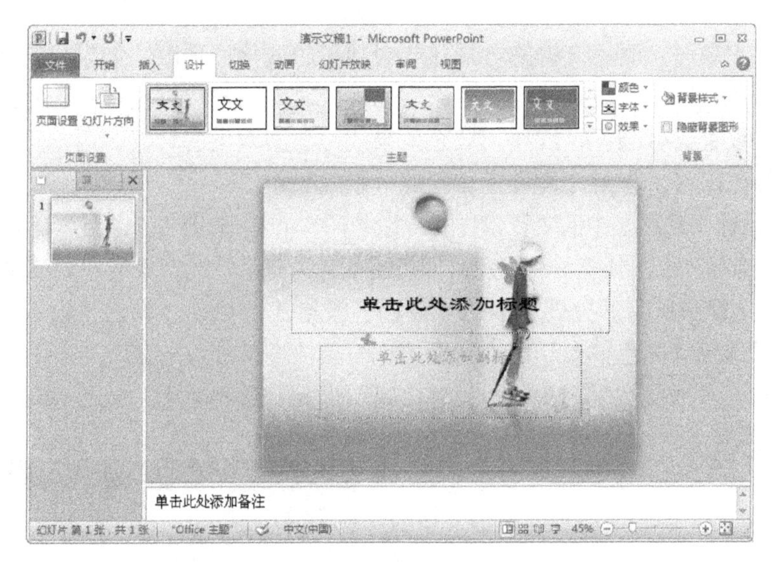

图 5-41　自定义演示文稿主题

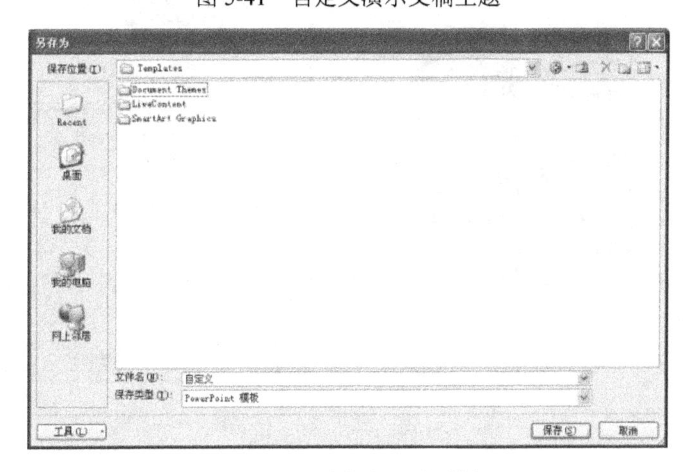

图 5-42 “另存为”对话框

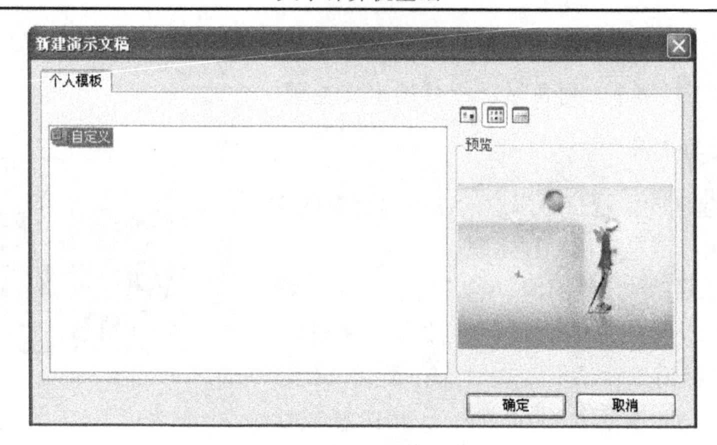

图 5-43 “个人模板”选项卡

5.4.2 设置幻灯片背景

当用户更改主题时，演示文稿的背景样式会随主题变化而更改。如果仅需要更改演示文稿的背景，而颜色、字体、线条等均保留原主题样式时，用户可以选择只设置幻灯片的背景样式，为幻灯片设置具有颜色、纹理、填充效果或是图案效果的背景。用户可选择对一张幻灯片背景进行修改或对所有幻灯片设置相同的背景效果。

(1) 单击“设计”选项卡中的“背景样式” 背景样式 按钮，打开如图 5-44 所示的“背景样式”下拉列表，选择列表中任意一种颜色，即可将其作为幻灯片的背景应用到演示文稿中。

(2) 单击“背景样式”下拉列表中的“设置背景格式”命令，弹出“设置背景格式”对话框，用户可以选择“纯色填充”、“渐变填充”、“图片或纹理填充”对背景进行设置，根据所选项不同，对话框呈现出不同的设置内容。例如，选择“图片或纹理填充”，对话框显示如图 5-45 所示。

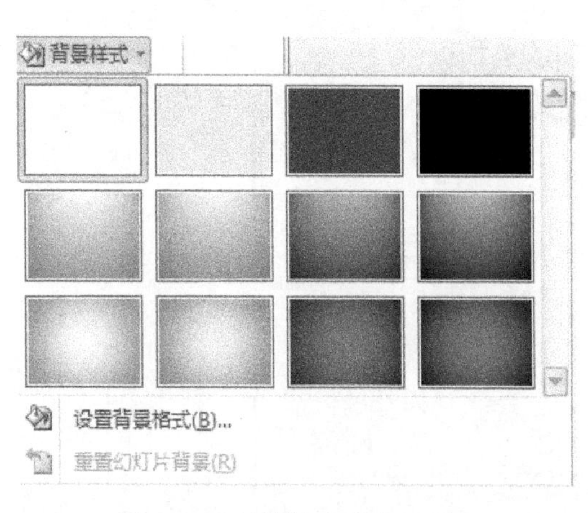

图 5-44 “背景样式”下拉列表

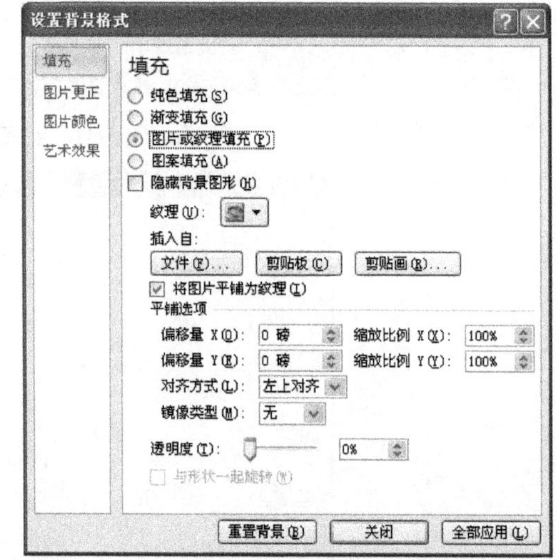

图 5-45 “设置背景格式”对话框

(3) 设置完成后，单击“关闭”按钮，该背景应用到当前幻灯片中；单击“全部应用”按钮，该背景应用到所有幻灯片中；单击“重置背景”，恢复设置之前的背景样式。

5.4.3 设置幻灯片母版

幻灯片母版是进行幻灯片设计的重要辅助工具，它记录了演示文稿中所有幻灯片的布局信息，利用母版可设置演示文稿中每张幻灯片的统一格式，包括各级标题样式、文本样式、项目符号样式、图片、动作按钮、背景图案、颜色、插入日期、页脚等。使用母版可以统一整个演示文稿的风格，并且便于用户对演示文稿中每张幻灯片进行统一的样式更改。

PowerPoint 2010 中提供了 3 种母版：幻灯片母版、讲义母版、备注母版。

1. 幻灯片母版

幻灯片母版决定幻灯片的外观，用于设置幻灯片的标题、正文样式、背景、页眉页脚等。由于幻灯片母版会影响整个演示文稿的外观，因此用户创建和编辑幻灯片母版时，需在幻灯片母版视图中进行。

单击“视图”选项卡中的“幻灯片母版”按钮，即可切换到“幻灯片母版”视图，如图 5-46 所示。

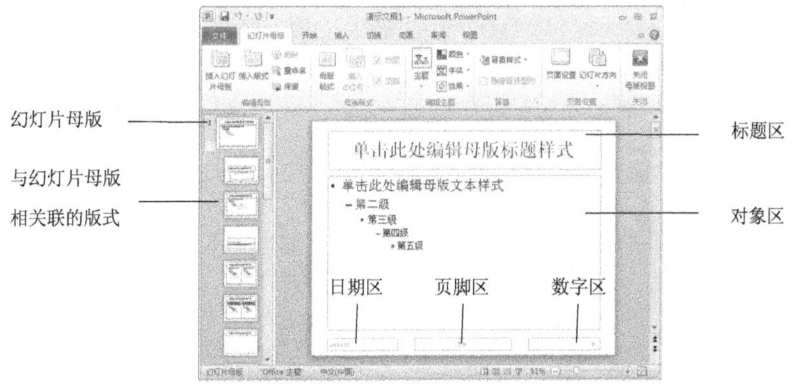

图 5-46 “幻灯片母版”视图

在“幻灯片母版”视图的左窗格有幻灯片母版缩略图，系统还提供了多种幻灯片母版版式。幻灯片母版能影响所有与之相关联的版式，如在幻灯片母版中设置统一的内容、图片、背景和格式，其他版式会自动与之一致，而各种版式可单独设置配色、文字和格式。

1) 设置文本格式

选择幻灯片母版中“标题区”或“对象区”占位符，可改变占位符的大小、移动位置，可编辑标题样式或文本样式，设置字符格式、段落格式、项目符号和编号等。

2) 设置页眉页脚、日期时间以及编号

在“幻灯片母版”视图下方有“日期区”、“页脚区”、“数字区”占位符，可为演示文稿中的每张幻灯片添加日期、页脚、序号，并进行位置、字体、字号的设置。

单击“插入”选项卡中的“页眉和页脚”按钮，弹出如图 5-47 所示的“页眉和页脚”对话框，进行设置。

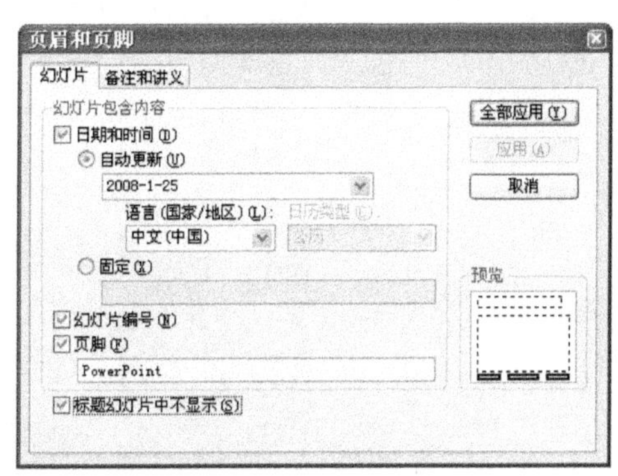

图 5-47 设置幻灯片页脚

•日期和时间：在“自动更新”下拉列表框中选择日期时间的显示格式，或是在“固定”文本框中输入一个具体的日期和时间。

• 幻灯片编号：为每张幻灯片依次加上编号。

• 页脚：在文本框中输入具体的文本内容。

• 标题幻灯片中不显示：所设置的内容将不用出现在标题幻灯片上。

设置完成后，单击“全部应用”按钮，将设置作用于所有幻灯片。

此外，用户可根据需要更改幻灯片主题、幻灯片背景等。幻灯片母版设置好后，单击“幻灯片母版”选项卡中的“关闭母版视图”按钮，返回到普通视图。

3) 插入版式

用户可以在幻灯片母版版式中插入一个自定义的版式。单击“幻灯片母版”选项卡中的“插入版式”按钮，可插入一个仅含有标题占位符的幻灯片，如图 5-48 所示。单击“插入占位符”按钮，在此版式上添加占位符，如图 5-49 所示。

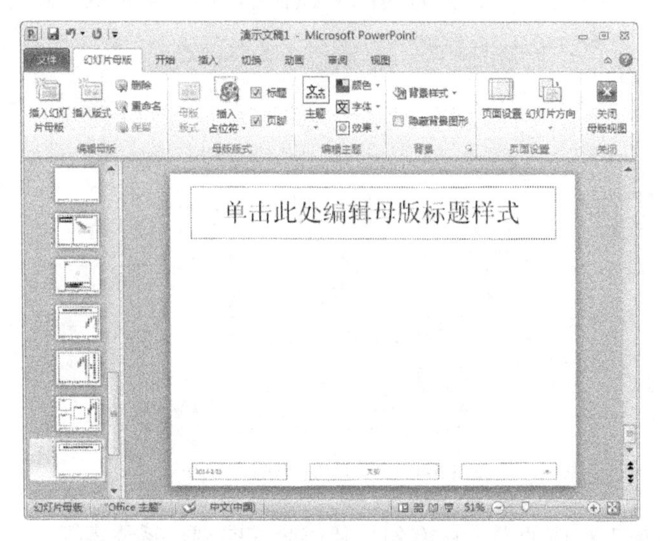

图 5-48　插入版式

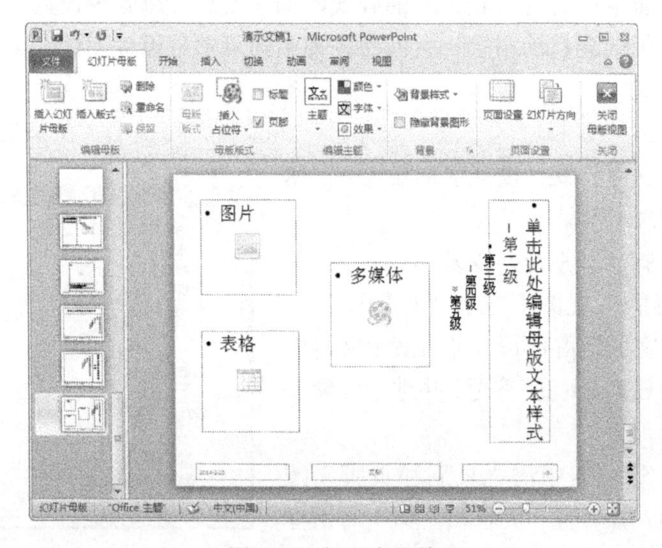

图 5-49　插入占位符

一般情况下，用户应在创建演示文稿之前创建幻灯片母版，这样添加到演示文稿中的所有幻灯片都会基于幻灯片母版的版式。

2. 讲义母版

讲义母版是用于控制在打印输出讲义时的格式，所以讲义母版的设置与打印页面相关。用户可以按讲义的格式打印演示文稿，可选择在一页打印纸上显示 1 张、2 张、3 张、4 张、6 张或 9 张幻灯片。

单击“视图”选项卡中的“讲义母版”按钮，切换到“讲义母版”视图，如图 5-50 所示，通过功能区中的对应按钮，用户可以对讲义母版进行设置。

3. 备注母版

备注母版用于控制备注幻灯片的格式。

单击“视图”选项卡中的“备注母版”按钮，切换到“备注母版”视图，如图 5-51 所示，通过功能区中的对应按钮，用户可以对备注母版进行设置。

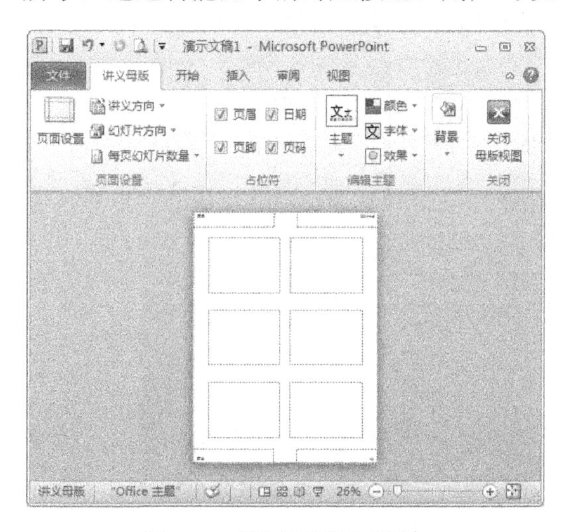

图 5-50 “讲义母版”视图

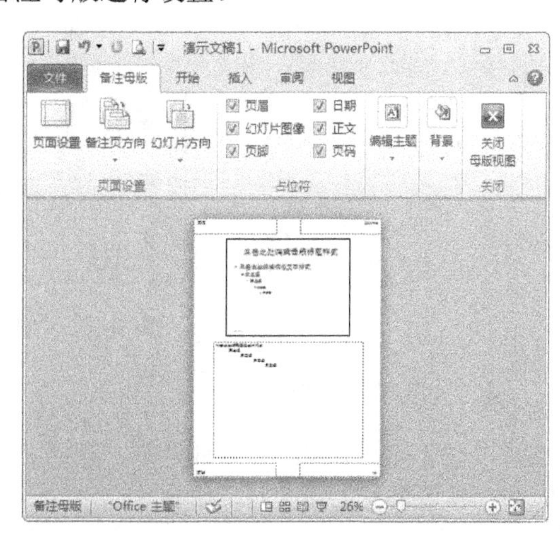

图 5-51 “备注母版”视图

5.5 演示文稿中的动画设置

制作演示文稿的目的就是放映，为获得满意的放映效果，用户可设置演示文稿放映时的动画效果和幻灯片之间转换时的切换效果。

5.5.1 设置动画效果

通过设置动画效果，可在放映时动态地显示文本、图形、音频、视频等对象，以及各对象出现的先后顺序，以提高演示文稿的生动性、趣味性。在添加了动画效果后，用户可结合“动画窗格”对动画效果进行更为详细的设置。单击“动画”选项卡中的“动画窗格”按钮可在窗口右侧打开“动画窗格”。设置过程中，可通过“动画”选项卡中的“预览”按钮，预览设置的动画效果。

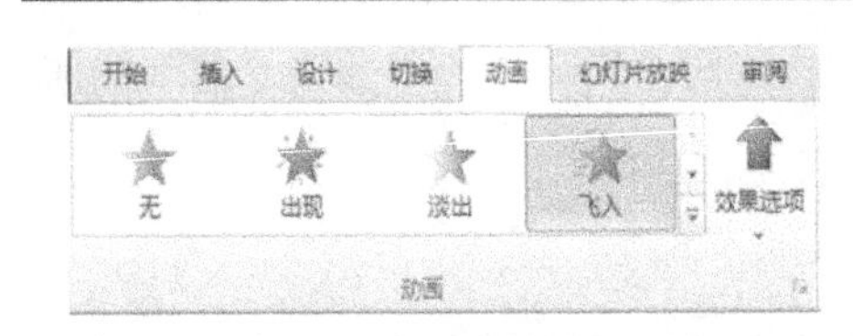

图 5-52 “动画”组

1. 应用动画样式

选择要添加动画的对象，单击“动画”选项卡，在“动画”组的“动画样式”列表框中选择动画样式，如图 5-52 所示。单击“动画样式”列表框右下角的其他按钮，打开如图 5-53 所示的下拉列表，下拉列表中提供了“进入”、“强调”、“退出”和“动作路径”多种动画样式供用户选择。

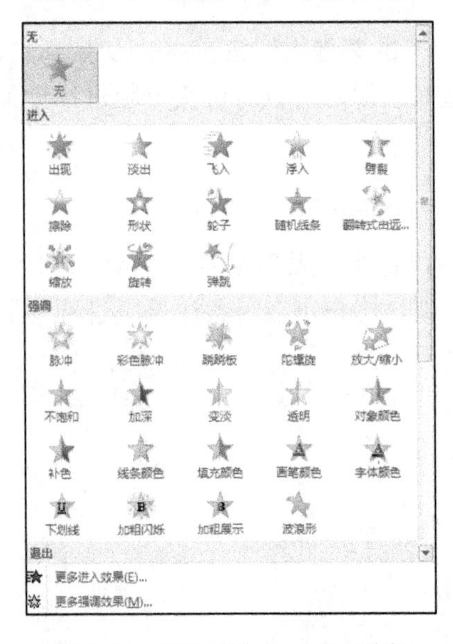

图 5-53 “动画样式”下拉列表

2. 应用效果选项

用户选择了需要的动画样式后，单击“动画”选项卡中的“效果选项”按钮，可选择应用一种效果变化的方向，如图 5-54 所示。不同的动画样式有不同的效果选项。

图 5-54 “效果选项”下拉列表

3. 添加动画效果

在 PowerPoint 2010 中，用户可以为同一个对象应用多个动画效果。

单击“动画”选项卡中的“添加动画”按钮，在打开如图 5-53 所示的下拉列表，从中选择所需的动画效果。

4. 调整播放顺序

单击“动画”选项卡中的“动画窗格”按钮，在打开的“动画窗格”列表框中显示了当前幻灯片中各对象的动画播放顺序，如图 5-55 所示。单击列表框中的动画标签，上下拖动即可改变其播放顺序。也可单击“动画窗格”下面的“重新排序”的⬆按钮和⬇按钮，调整播放顺序。或者单击“动画”选项卡中的▲ 向前移动按钮或▼ 向后移动按钮来调整播放顺序。

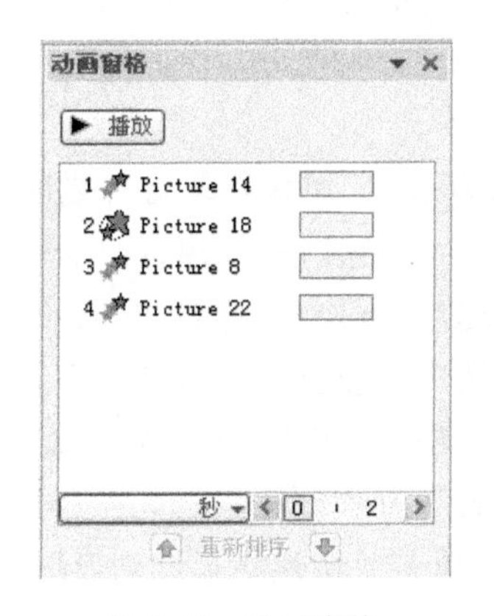

图 5-55　动画窗格

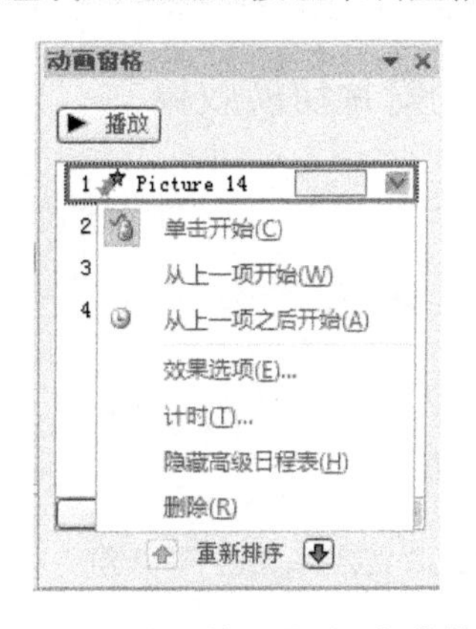

图 5-56　动画效果设置下拉菜单

5. 更改播放方式

在“动画窗格”中单击选中对象的动画标签右侧的下拉按钮，打开如图 5-56 所示的下拉菜单，选择“计时”，如果该对象的动画进入样式是“飞入”，将弹出如图 5-57 所示的对话框，可设置开始、延迟、期间、重复等播放方式；也可在“动画”选项卡中设置开始、持续时间和延迟等播放方式。

开始、延迟、期间等播放方式设置项的说明见表 5-1。

图 5-57　“飞入”对话框

6. 使用动画刷

在 PowerPoint 2010 中，如果用户需要为多个对象设置相同的动画效果，可以在设置完一个对象的动画效果后，通过“动画刷”将其动画效果复制到其他对象。

选中已设置好动画效果的对象，在“动画”选项卡中单击“动画刷”按钮，光标会出现刷子形状，单击需要设置相同动画效果的对象，即可完成动画效果的复制。如果要将动画效果复制到多个对象上，可双击“动画刷”，再依次单击需要进行设置的对象。

表 5-1　动画播放方式设置项说明

设置项		说　明
开始	单击时	对象的动画效果在单击鼠标时开始播放
	从上一项开始	对象的动画效果与上一对象的动画同时播放
	从上一项之后开始	对象的动画效果在上一对象动画播放完之后开始播放
延迟		设置动画开始播放的延迟时间
期间		设置动画的播放速度

7. 删除动画效果

选中要删除动画效果的对象，单击“动画”选项卡，在“动画样式”列表框中选择，即可删除动画效果。也可在“动画窗格”打开图 5-56 所示下拉菜单，选择“删除”命令。

5.5.2　设置幻灯片切换效果

一般演示文稿中包含有多张幻灯片，在幻灯片放映时，可设置幻灯片之间的切换效果，还可以在切换时播放声音。用户可以通过“切换”选项卡对幻灯片的切换进行设置。

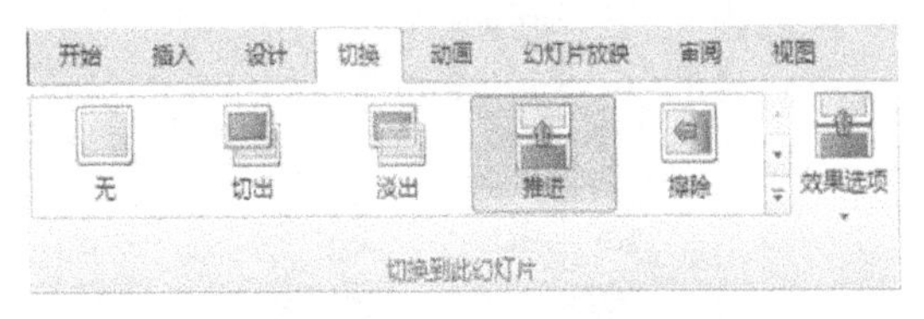

图 5-58　“切换到此幻灯片”组

选中需设置切换效果的幻灯片，单击“切换”选项卡，在“切换到此幻灯片”组的“切换样式”列表框中选择切换样式，如图 5-58 所示。单击“切换样式”列表框右下角的其他按钮，打开如图 5-59 所示的下拉列表，列表中包含了细微型、华丽型、动态内容 3 类多种切换效果。单击“切换”选项卡中的“效果选项”按钮，可选择应用一种效果变化的方向，不同的切换样式有不同的效果选项。

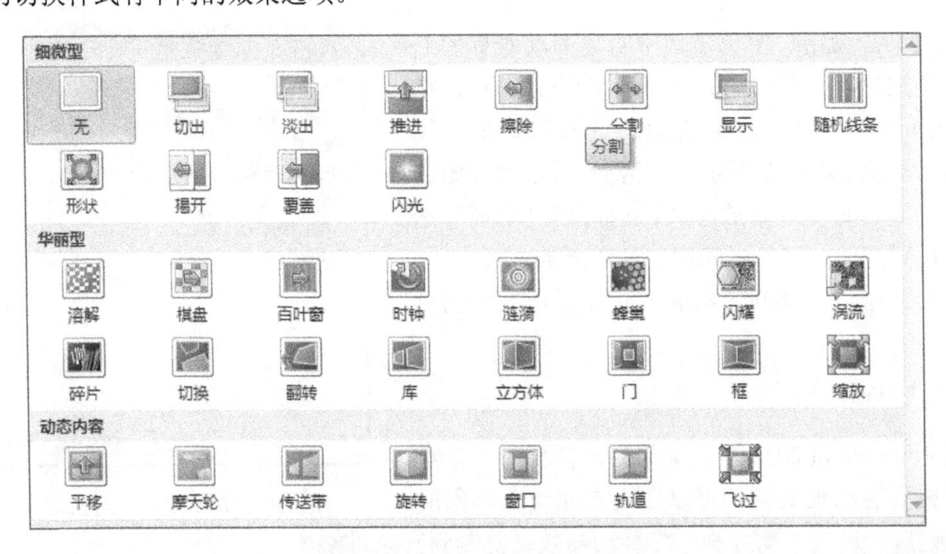

图 5-59　“切换样式”下拉列表

此外，通过“切换”选项卡，可设置幻灯片切换的声音、持续时间以及换片方式。通过“切换”选项卡中的“预览”按钮，可预览设置的切换效果。

5.5.3　设置超链接

演示文稿播放时，在默认情况下是按幻灯片的顺序放映，但用户可以在幻灯片中添加超链接，在放映时，利用超链接，用户可自由地跳转到任意一张幻灯片，还可以通过超链接打开文档、邮件、互联网主页或是启动应用程序。

1. 创建超链接

用户可以将任何对象或文本作为超链接的起点来创建超链接。创建完成后，作为起点的文本会添加下划线，字体的颜色自动变为所选模板配色方案中预设的颜色。在幻灯片放映时，用鼠标单击可以激活超链接。

1）“超链接”命令

选中对象，单击“插入”选项卡中“超链接”按钮，弹出如图 5-60 所示“插入超链接”对话框，如果所插入的超链接是指向本演示文稿内的某一张幻灯片，可单击“链接到”中的“本文档中的位置”按钮，弹出如图 5-61 所示的对话框，然后选择所需链接的幻灯片，单击“确定”按钮完成设置。此外，单击“插入超链接”对话框中的“书签”按钮，在弹出的“在文档中选择位置”对话框中，也可完成设置。

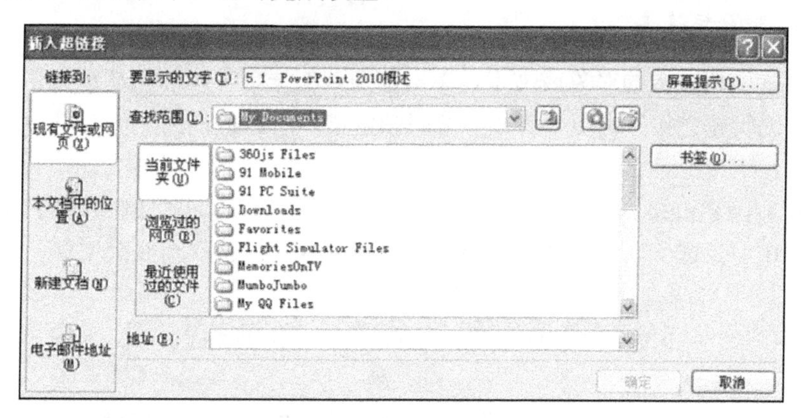

图 5-60　“插入超链接”对话框

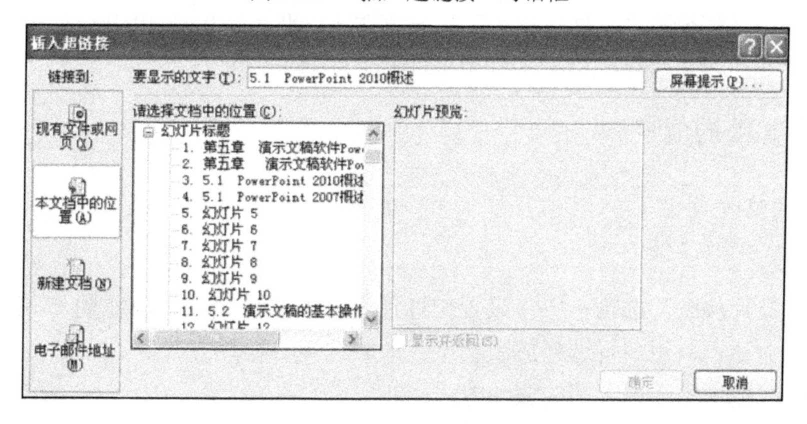

图 5-61　超链接演示文稿内的幻灯片

如果所插入的超链接是指向其他文档，可在“查找范围”列表框中选择所需文档，单击“确定”按钮完成设置。在幻灯片放映时，激活此超链接，即可打开链接的文档。

单击“链接到”中的“电子邮件地址”按钮，可设置电子邮件地址的超链接。在“地址”列表框中输入网址，幻灯片放映时，在联网的状态下，激活此超链接可打开相应的网页。

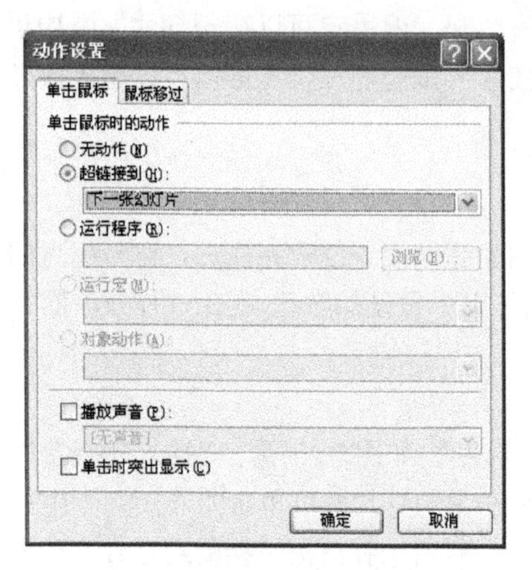

图 5-62 “动作设置”对话框

2) 动作设置

选中对象，单击“插入”选项卡中的“动作”按钮，弹出“动作设置”对话框，如图 5-62 所示，单击“超链接到”单选按钮，在列表框中可选择需链接的幻灯片，单击“确定”按钮即可。

3) 动作按钮

使用 PowerPoint 提供的“动作按钮”，可以设置演示文稿内的幻灯片超链接。

单击“插入”选项卡中“形状”按钮，在打开的下拉列表最下行显示动作按钮，选择一个按钮，用鼠标在幻灯片上拖动即出现一个按钮对象，同时弹出如图 5-62 所示的“动作设置”对话框，在“超链接到”列表框中可选择需链接的幻灯片。

2. 编辑和删除超链接

选中已设置了超链接的对象或文本，单击“插入”选项卡中的“超链接”按钮，或快捷菜单中的“编辑超链接”命令，弹出“编辑超链接”对话框，用户可在对话框中编辑、修改超链接。

用户若需删除超链接，可在“编辑超链接”对话框中，单击“删除链接”按钮删除来实现；也可选中对象或文本，在快捷菜单中选择“删除超链接”命令来实现。

5.6 演示文稿的放映、打包与打印

演示文稿的放映是演示文稿制作的最后一道工序，PowerPoint 提供了多种演示文稿放映方式，用户可以根据不同的需要选择不同的放映方式。此外，PowerPoint 还提供了打包发布幻灯片的操作。

5.6.1 演示文稿的放映

1. 设置放映方式

1) 放映类型

单击“幻灯片放映”选项卡中“设置幻灯片放映”按钮，弹出如图 5-63 所示的“设置放映方式”对话框，用户可选择放映类型、放映选项、换片方式等。

PowerPoint 提供了 3 种不同的放映方式：

(1) 演讲者放映(全屏幕)：以全屏幕方式放映演示文稿，是 PowerPoint 默认的放映方式。演讲者完全控制幻灯片的放映，可用自动或手动方式进行放映，并可在放映过程中录下旁白。

(2) 观众自行浏览(窗口)：以窗口方式放映演示文稿。放映过程中观众可随时使用菜单

和 Web 工具栏，可对幻灯片进行复制和编辑。在这种方式下，不能单击进行上一项、下一项的播放，可使用键盘 Page Up、Page Down 进行控制。

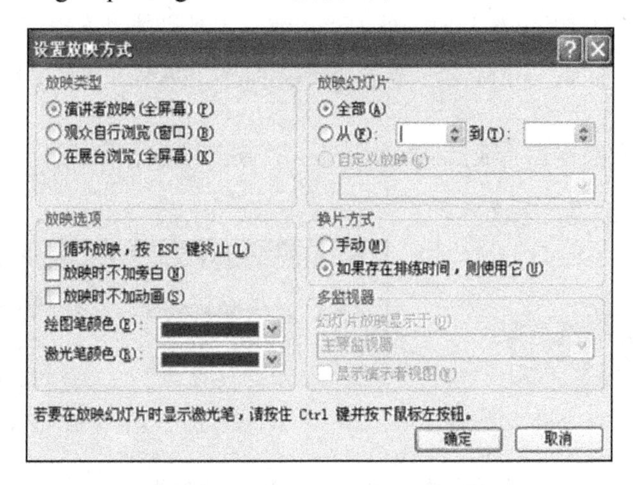

图 5-63　“设置放映方式”对话框

(3) 在展台浏览(全屏幕)：自动运行演示文稿的放映方式。全屏幕放映演示文稿，需先设置“排练计时”。在放映过程中，只有超链接和动作按钮可以使用，快捷菜单和放映导航工具等控制都失效。放映结束后，会自动重新开始放映。

2) 自定义放映

针对不同的观看者，同一个演示文稿如需播放不同的内容，可选用自定义放映。

单击“幻灯片放映”选项卡中的“自定义幻灯片放映”按钮，弹出如图 5-64 所示的“自定义放映”对话框，单击“新建”按钮，弹出如图 5-65 所示的“定义自定义放映”对话框，“在演示文稿中的幻灯片”列表框中选择需放映的幻灯片，单击“添加”按钮，将其添加到“在自定义放映中的幻灯片”列表框中，单击“确定”按钮，返回到“自定义放映”对话框，“自定义放映”列表框中将显示新建的“自定义放映 1”的幻灯片放映名称，单击“放映”按钮即可开始自定义放映。

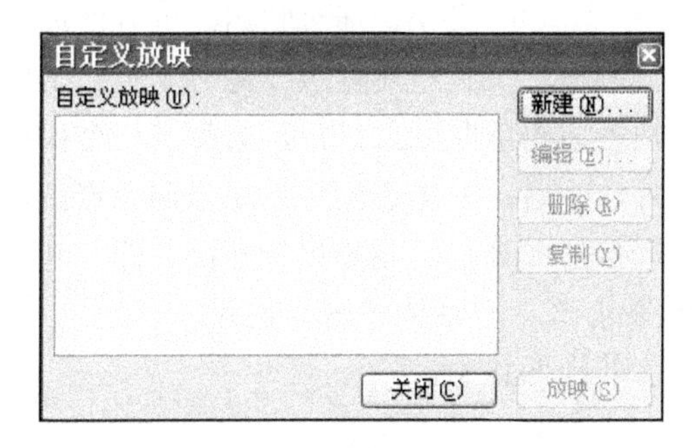

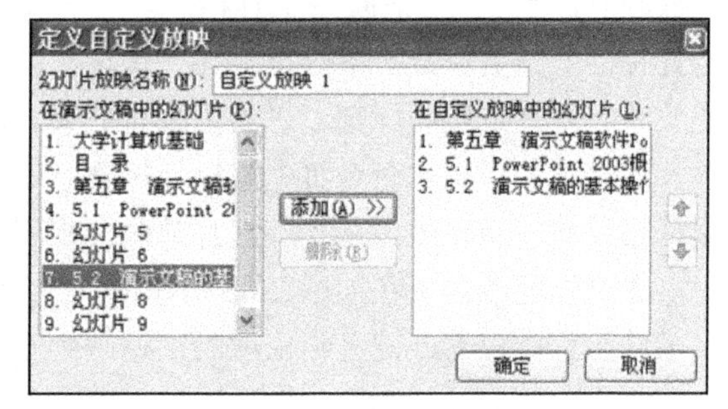

图 5-64　“自定义放映”对话框　　　图 5-65　新建自定义放映

3) 放映计时

在演示文稿放映过程中，不方便手动换片时，如设置为“在展台浏览”放映方式，可对其进行放映计时设置，精确计算放映的时间，以控制幻灯片切换以及整套演示文稿的放映速度。具体操作步骤如下：

(1) 单击“幻灯片放映”选项卡中的“排练计时”按钮，打开“幻灯片放映”视图，在放映窗口的左上角显示如图 5-66 所示的“预演”工具栏。

(2) 从放映第1张幻灯片开始计时，单击“预演”工具栏的“下一项”按钮或单击，切换到第 2 张幻灯片，“预演”工具栏的“幻灯片播放时间”重新计时，“演示文稿播放时间”继续计时。

(3) 当整套演示文稿播放完成后，弹出如图 5-67 所示的保存排练计时提示框，单击“是”按钮保留幻灯片计时。

图 5-66 “预演”工具栏

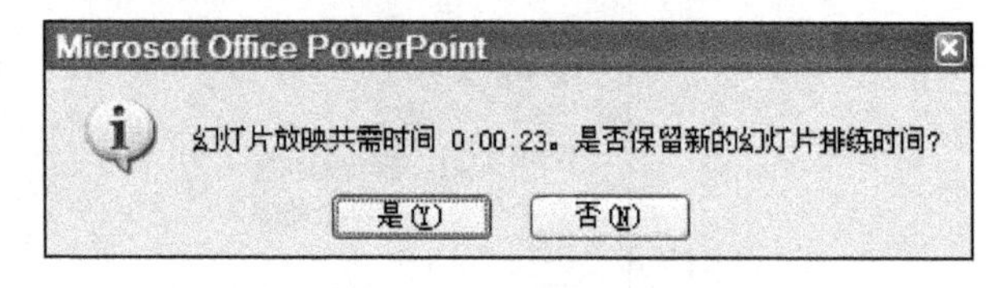

图 5-67 保存排练计时提示框

(4) 单击“幻灯片放映”选项卡中的“设置幻灯片放映”按钮，弹出如图 5-63 所示的“设置放映方式”对话框，在“换片方式”选项组中，单击“如果存在排练时间，则使用它”单选按钮，确定后当再次放映幻灯片时，PowerPoint 将按录制的排练时间自动放映演示文稿；单击“手动”单选按钮，当再次放映时，不会自动放映演示文稿。

2. 演示文稿的放映

演示文稿设置完成后，通过全屏幕放映可以展示演示文稿的整体效果。

单击“幻灯片放映”选项卡中的“从头开始”按钮，打开“幻灯片放映”视图，从第 1 张幻灯片开始播放演示文稿。单击“幻灯片放映”选项卡中的“从当前幻灯片开始”按钮，打开“幻灯片放映”视图，从当前幻灯片开始播放演示文稿。单击窗口右下角的按钮，也可从当前幻灯片开始播放。

放映过程中，可以通过单击或是按 Space 键、Enter 键放映下一张幻灯片，也可以用→(或↓)键放映下一张幻灯片，用←(或↑)键返回到上一张幻灯片。

放映时，“幻灯片放映”工具栏显示在屏幕的左下方，通过它用户可方便地进行幻灯片“上一页”、“下一页”、“定位”的切换操作。工具栏还提供绘图笔工具，供用户在放映时书写或绘制标记，以增强表达效果。用户若右击放映的幻灯片，会弹出一个快捷菜单，通过菜单提供的命令可完成以上操作。幻灯片放映时，若需在幻灯片上强调要点，可将鼠标指针变成激光笔。在“幻灯片放映”视图中，按住 Ctrl 键，单击鼠标左键，即可开始标记，激光笔的颜色可在如图 5-63 所示的“设置放映方式”对话框中进行设置。

放映过程中按 Esc 键可结束放映，返回到放映前的视图状态。

5.6.2 演示文稿的打包

演示文稿制作完成后，用户可以将演示文稿打包，打包后的演示文稿可在其他计算机上播放。

单击“文件”按钮，在打开的菜单中选择“保存并发送”命令，单击如图 5-68 所示的列表中“将演示文稿打包成 CD”选项，再单击“打包成 CD”按钮，将弹出如图 5-69 所示的“打包成 CD”的对话框，单击“复制到文件夹”按钮，弹出如图 5-70 所示的“复制到文件夹”对话框，设置好文件夹名称和位置后，单击“确定”按钮，便可将各种数据文件打包复制到指定的文件夹中。在“打包成 CD”对话框中，单击“复制到 CD”，可将演示文稿制作成 CD，在其他计算机上进行播放。

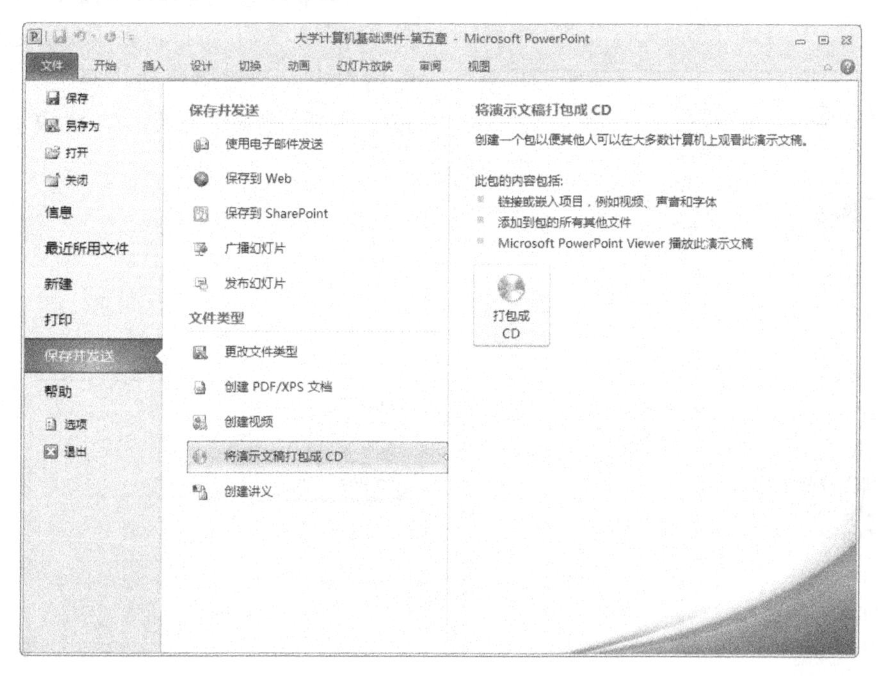

图 5-68　将演示文稿打包成 CD

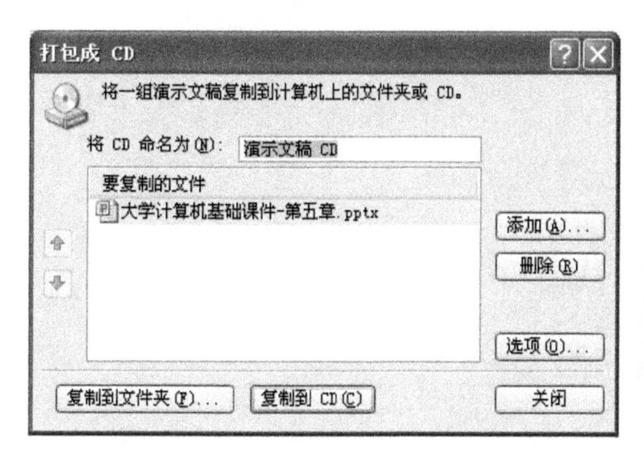

图 5-69　“打包成 CD”对话框

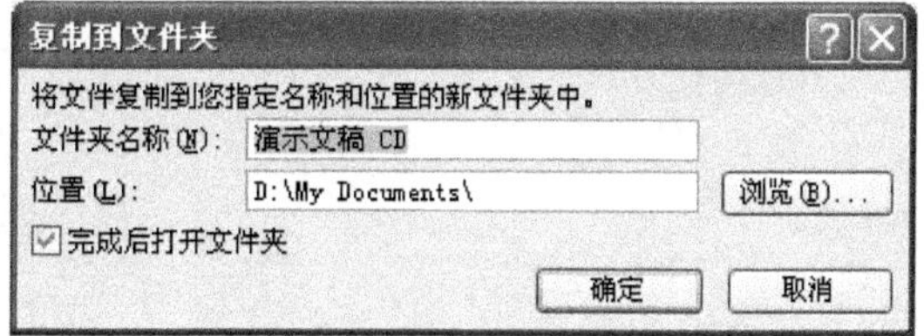

图 5-70　“复制到文件夹”对话框

5.6.3　演示文稿的打印

演示文稿制作完成后，可以通过放映幻灯片展示出来，也可以通过打印机将其打印出来。在打印演示文稿前，首先要对幻灯片进行页面设置。

1. 页面设置

单击“设计”选项卡中的“页面设置”按钮，弹出如图 5-71 所示的“页面设置”对话框，用户可以设置幻灯片大小、幻灯片编号起始值、幻灯片方向等。

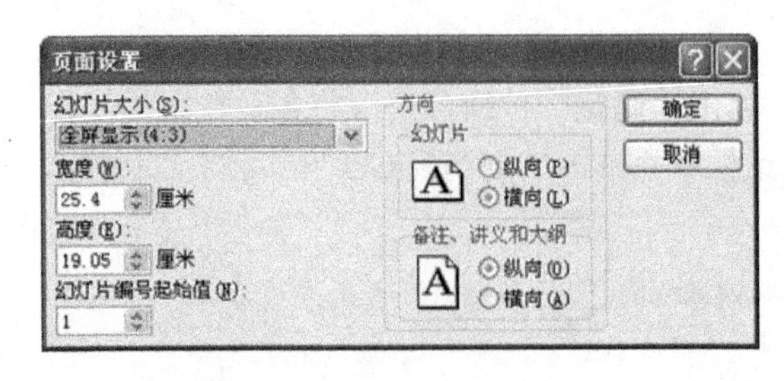

图 5-71　“页面设置”对话框

2. 打印设置

单击“文件”按钮，在打开的菜单中选择“打印”命令，如图 5-72 所示，在列表中可选择打印机、设置打印选项以及预览幻灯片。单击“打印”按钮，即可完成演示文稿的打印。

用户也可通过“快速访问工具栏”中的“打印预览和打印”按钮，完成上述操作。

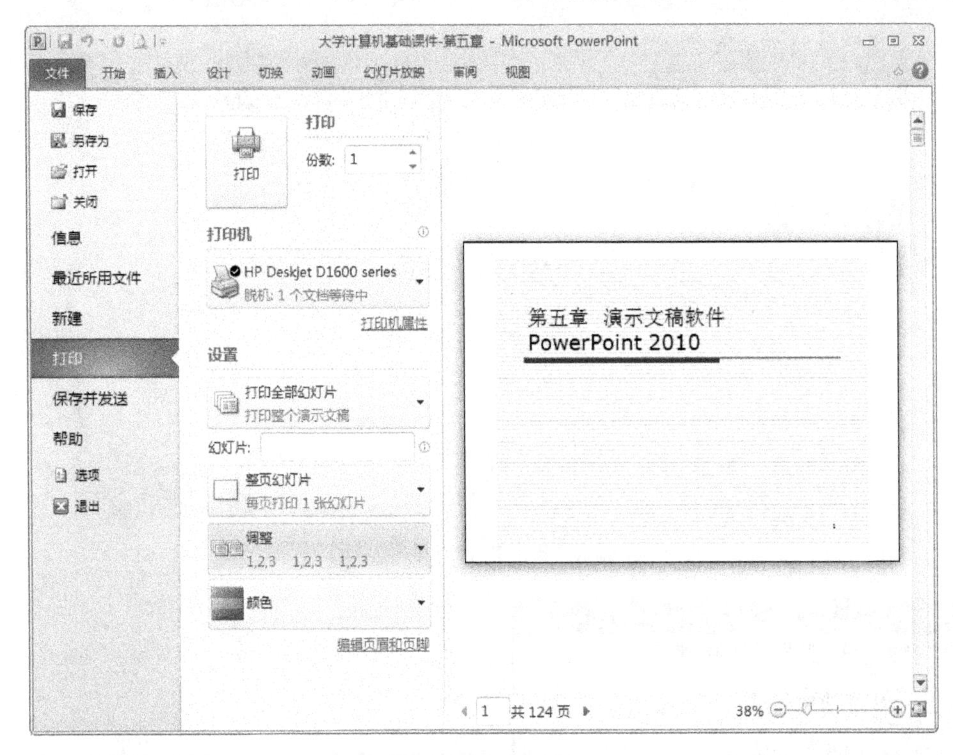

图 5-72　打印设置

习　题　五

一、判断题(正确填写“A”，错误填写“B”)

1．PowerPoint 2010 是一种能够制作集文字、图形、图像、音频及视频剪辑于一体的多媒体演示文稿制作软件。(　　)

2．PowerPoint 2010 演示文稿默认扩展名为.pptx。(　　)

3．PowerPoint 2010 提供的 SmartArt 图形中，不包括图片图形。(　　)

4．演示文稿放映过程中，只能使用鼠标控制播放，不能使用键盘控制播放。(　　)

5．PowerPoint 2010，不同的动画样式有不同的效果选项。(　　)

6．PowerPoint 2010 有 3 种播放方式：演讲者放映、观众自行浏览和在展台浏览。(　　)

7．在 PowerPoint 2010 幻灯片中可以插入音频。(　　)

8．PowerPoint 2010 幻灯片中的自定义图形不可以设置超链接。(　　)

9．如果在幻灯片浏览视图中要选取多张不连续的幻灯片，应当在单击这些幻灯片时按住 Shift 键。(　　)

10．PowerPoint 2010 中，将音频插入到幻灯片中之后，用户可采用“从头开始”方式进行触发。(　　)

11．在 PowerPoint 2010 中，可将 Word 文档的内容导入到幻灯片中。(　　)

12．在 PowerPoint 2010 中，幻灯片中只能插入横排文本框。(　　)

13．在 PowerPoint 2010 中，可以将幻灯片的文本转换为 SmartArt 图形。(　　)

14．在 PowerPoint 2010 中，可插入网站中的视频。(　　)

15．在 PowerPoint 2010 中，音频和视频文件不能插入到演示文稿中。(　　)

16．在 PowerPoint 2010 中，用户不能只更改演示文稿中某一张幻灯片的背景。(　　)

17．在 PowerPoint 2010 中，用户可以在“动画”选项卡下设置幻灯片的切换效果。(　　)

18．在 PowerPoint 2010 中，用户可以为一个对象添加多种动画效果。(　　)

19．在 PowerPoint 2010 中，幻灯片放映时，可将鼠标指针变成激光笔。(　　)

20．演示文稿制作完成后，可以将演示文稿打包成 CD。(　　)

二、单项选择题

1．在制作演示文稿时如需更改幻灯片主题，可单击________选项卡，选择功能区“主题”组中显示的预定义主题。

A．插入　　B．动画　　C．设计　　D．视图

2．幻灯片的移动、复制和删除操作一般在________下完成。

A．普通视图　　B．备注页视图　　C．幻灯片浏览视图　　D．阅读视图

3．下列效果中，不属于幻灯片切换效果的是________。

A．细微型　　B．华丽型　　C．动态内容　　D．动作路径

4．更改演示文稿的背景，应单击________选项卡中的“背景样式”按钮，在打开的“背景样式”下拉列表中进行选择。

A．视图　　B．设计　　C．开始　　D．幻灯片放映

5．若需要在插入的 SmartArt 图形中添加形状，可使用“SmartArt 工具”下的________选项卡。

A．插入　　B．设计　　C．格式　　D．审阅

6．在 PowerPoint 中，下面说法错误的是________。

A．用户可为幻灯片的每个对象设置退出的动画效果。

B．创建超级链接时，起点可以是任何文本或对象

C．幻灯片上动画对象的出现顺序不能随意修改

D．可以在幻灯片浏览视图中设置幻灯片切换效果

7．下面____项，没有包含在设置动画播放的“开始”选项中。

A．单击时　　B．与上一动画同时　　C．上一动画之后　　D．从上一项之前开始

8．关于母版的描述，不正确的是________。

A．使用母版可以统一整个演示文稿的风格

B．母版可以预先定义前景颜色、文本颜色、字体大小等

C．对幻灯片母版的修改不影响各幻灯片

D．讲义母版用于控制在打印输出讲义时的格式

9．在 PowerPoint 2010 中，下列有关超链接的说法中错误的是________。

A．可以将 Excel 电子表格链接到演示文稿中

B．可以将应用程序链接到演示文稿中

C．可以使用“动作”按钮创建超链接

D．若要与 Word 建立链接关系，则选择 PowerPoint 的编辑选项卡中的“粘贴”命令

10．空白幻灯片中不可以直接插入________。

A．文本框　B．文字　C．艺术字　D．表格

11．利用 PowerPoint 制作幻灯片时，幻灯片在________区域制作。

A．备注窗格　B．幻灯片窗格　C．“幻灯片”选项卡　D．“大纲”选项卡

12．在 PowerPoint 的文本框中，可以插入________。

A．只有图片　B．只有文字　C．只有音频　D．只有表格

13．如果已为一个对象添加了进入动画，但还想添加一个强调动画，就单击________。

A．“切换”选项卡中“切换到此幻灯片”组中的任意一个选项

B．“动画”选项卡中“动画”组中的任意一个选项

C．“动画”选项卡中“动画窗格”按钮

D．“动画”选项卡中“添加动画”按钮

14．PowerPoint 中，在________视图模式下，可以对幻灯片进行编辑。

A．普通视图　B．阅读视图　C．备注页视图　D．幻灯片浏览视图

15．PowerPoint 2010 中，在________视图模式下，可以在窗口中查看演示文稿的放映效果。

A．普通视图　B．阅读视图　C．备注页视图　D．幻灯片浏览视图

16．PowerPoint 2010 中，以下________视图模式下，按 Esc 键可退出该视图模式。

A．普通视图　B．阅读视图　C．备注页视图　D．幻灯片浏览视图

17．PowerPoint 2010 中，可使用________，将设置好的动画效果复制到其他对象上。

A．格式刷　B．复制　C．粘贴　D．动画刷

18．在 PowerPoint 2010 中，对插入的视频不能执行的操作有________。

A．屏幕截图　B．剪裁视频　C．添加书签　D．预览播放

19．在幻灯片放映过程中，________不能通过放映下一张幻灯片。

A．按 Space 键　B．按 Enter 键　C．按任意键　D．按→键

20．在 PowerPoint 2010 中，要对音频文件添加书签，可在“音频工具”的________选项卡中单击“添加书签”按钮来实现。

A．播放　B．格式　C．设计　D．插入

三、多项选择题

1．在 PowerPoint 2010 中，可采用以下________方法创建演示文稿。

A．使用样本模板创建　B．使用主题创建

C．根据现在内容创建　D．使用我的模板创建

2．在幻灯片浏览视图下，不能进行的操作有________。

A．移动幻灯片　B．修改幻灯片文本内容

C．自定义动画设置　D．幻灯片切换设置

3．以下________选项，属于 PowerPoint 2010 的窗口组成部分。

A．Office 按钮　B．功能区　C．选项卡　D．快速访问工具栏

4．PowerPoint 母版可分为________。

A．幻灯片母版　B．标题母版　C．讲义母版　D．备注母版

5．PowerPoint 幻灯片中，可以插入的对象有________。

A．SmartArt 图形　B．形状　C．艺术字　D．图片

6．打开一个已制作好的 PowerPoint 演示文稿的方法是________。

A．直接双击想要打开的演示文稿图标

B．选定想要打开的演示文稿，单击右键，使用“打开”命令

C．在 PowerPoint 2010 单击“文件”按钮，在打开的菜单中选择“打开”命令，在弹出的对话框中双击想要打开演示文稿

D．直接双击桌面上的 PowerPoint 2010 快捷方式

7．改变演示文稿的外观可以通过________来实现。

A．修改主题　B．修改背景样式　C．修改母版　D．修改动画设置

8．幻灯片动画效果分类有________。

A．进入　B．强调　C．退出　D．动作路径

9．在幻灯片中插入图片后，可以对图片进行的编辑操作有________。

A．删除背景　B．压缩图片　C．裁剪图片　D．旋转图片

10．背景的填充，包括________。

A．纯色填充　B．渐变填充　C．图片或纹理填充　D．图案填充

11．下列关于幻灯片放映的操作，说法正确的是________。

A．幻灯片只能按顺序播放　B．幻灯片可以自动播放

C．可以隐藏部分幻灯片　D．可以从当前幻灯片开始播放

12．PowerPoint 的占位符中，可以包含________。

A．SmartArt 图形　B．图片　C．视频　D．表格

13．在 PowerPoint 2010 中，对插入的音频文件可执行的操作有________。

A．剪裁音频　B．添加书签　C．压缩音频文件　D．屏幕截图

14．在幻灯片母版视图下，用户可以________。

A．插入占位符　B．插入版式　C．删除版式　D．重命名版式

15．调整幻灯片中各对象动画播放的顺序，正确的方法是________。

A．用鼠标上下拖动“动画窗格”列表框中的动画标签。

B．使用“动画窗格”下面的“重新排序”的按钮和按钮。

C．使用“动画”选项卡中的“向前移动”按钮和“向后移动”按钮。

D．双击幻灯片中对象前面的数字标志。

四．填空题

1．幻灯片的主题包括________、________和________。

2．PowerPoint 2010 中，在________选项卡中，可以对幻灯片进行切换效果设置。

3．通过对________的修改，可改变所有幻灯片的布局。

4．当用户选择了图片后，窗口才会显示________选项卡。

5．在________中单击“打印预览和打印”按钮，可以预览演示文稿。

6．单击按钮，打开________的下拉菜单中包括了新建、打开、保存和打印等基本命令。

7．使用________选项卡中的“动作”按钮，可对图片、图形、文本等对象进行超链接设置。

8．在演示文稿中除了包含文本和各种图形对象外，还可以加入________和音频等。

9．PowerPoint 幻灯片中，为用户预留了________，单击它即可输入文本。

10．创建新演示文稿的快捷键是________。

11．在幻灯片放映过程中，可按________键终止放映。

12．在幻灯片放映时，利用________可打开另外一个演示文稿。

13．插入了视频文件的演示文稿体积会很大，通过________可减小视频文件的大小。

14．插入视频文件后，可以设置________来标识视频跳转的位置。

15．使用“形状”下拉列表中的________可以设置演示文稿内的幻灯片超链接。

第 6 章　Photoshop CS5 平面设计基础

Adobe 公司出品的 Photoshop CS5 是目前应用最广泛的图像处理软件之一，常用于广告、艺术、平面设计等创作，也广泛用于网页设计和三维效果图的后期处理。业余图像爱好者利用 Photoshop 也可以对自己的照片和喜爱的图片进行处理，从而做出精美的图像效果。

本章主要介绍了图形图像处理的基本知识和 Photoshop CS5 软件中的常用工具和基础应用，使读者对 Photoshop CS5 的软件功能有一定的了解，能够完成图像处理的基本制作。

6.1　图像处理基础知识

6.1.1　色彩的概念及基本配色原理

1. 色彩定义

在黑暗中色彩消失。人们四周不管是自然的或人工的物体，都有各种色彩和色调。这些色彩看起来好像附着在物体上。然而一旦光线减弱或成为黑暗，所有物体都会失去各自的色彩。

人们看到的色彩，事实上是以光为媒体的一种感觉。色彩是人在接受光的刺激后，视网膜的兴奋传送到大脑中枢而产生的感觉。

2. 色彩的三要素

1) 明度

在无色彩中，明度最高的色为白色，明度最低的色为黑色，中间存在一个从亮到暗的灰色系列。在彩色中，任何一种纯度都有着自己的明度特征。例如，黄色为明度最高的色，紫色为明度最低的色。

明度在三要素中具有较强的独立性，它可以不带任何色相的特征而通过黑白灰的关系单独呈现出来。色相与纯度则必须依赖一定的明暗才能显现，色彩一旦发生，明暗关系就会出现。人们可以把这种抽象出来的明度关系看作色彩的骨骼，它是色彩结构的关键。

2) 色相

色相是指色彩的相貌。如果说明度是色彩的骨骼，色相就很像色彩外表的华美肌肤。色相体现着色彩外向的性格，是色彩的灵魂。

色相环：在从红到紫的光谱中，等间的选择 5 个色，即红(R)、黄(Y)、绿(G)、蓝(B)、紫(P)。相邻的两个色相互混合又得到：橙(YR)、黄绿(GY)、蓝绿(BG)、蓝紫(PB)、紫红(RP)，从而构成一个首尾相交的环，被称为孟赛尔色相环，如图 6-1 所示。

图 6-1　孟赛尔色相环

3) 纯度

纯度是指色彩的鲜浊程度。混入白色，鲜艳度降低，明度提高；混入黑色，鲜艳度降低，明度变暗；混入明度相同的中性灰时，纯度降低，明度没有改变。

不同的色相不但明度不等，纯度也不相等。纯度最高为红色，黄色纯度也较高，绿色纯度为红色的一半左右。

纯度体现了色彩内向的品格。同一色相，即使纯度发生了细微的变化，也会立即带来色彩性格的变化。

3. 基本配色原理

冷色与暖色是依据心理错觉对色彩的物理性分类，对于颜色的物质性印象，大致由冷暖两个色系产生。

红光和橙、黄色光本身有暖和感，照射任何色都会产生暖和感。相反，紫色光、蓝色光、绿色光有寒冷的感觉。

冷色和暖色除去温度不同的感觉外，还会有其他感受，如重量感、湿度感等。

暖色偏重，冷色偏轻；暖色密度强，冷色稀薄；冷色透明感强，暖色透明感较弱；冷色显得湿润，暖色显得干燥；冷色有退远感，暖色有迫近感。

色彩的明度与纯度也会引起对色彩物理印象的错觉。颜色的重量感主要取决于色彩的明度，暗色重，明色轻。纯度与明度的变化还会给人色彩软硬的印象，淡的亮色使人觉得柔软，暗的纯色则有强硬的感觉。

6.1.2　矢量图与位图

计算机中显示的数字图像可以分为两大类，即矢量图和位图。两者的图像特性和绘制软件都各不相同。

1. 矢量图

矢量图使用直线和曲线来描述图形，这些图形的构成元素是一些点、线、矩形、多边形、圆和弧线等，它们都是通过数学公式计算获得的。所以，矢量图形文件体积一般较小。

矢量图形的优点：无论放大、缩小或旋转，图像都不会失真模糊，不会出现锯齿状边缘，在任何情况下都能保持较好的打印效果，如图 6-2、图 6-3 所示。

矢量图形的缺点：难以表现色彩层次丰富的图像，无法精准制作各种绚丽的图像效果。

图 6-2　放大前的矢量图

图 6-3　放大后的矢量图

矢量图绘制的代表软件有 CorelDraw、Flash 等，一般用来制作标志、宣传手册、海报、排版、VI 设计等。

2. 位图

位图图像也称为点阵图或栅格图，是由像素的单个点组成的。每个像素点都有特定的位置和颜色，这些像素点按照不同的排列和颜色值组合在一起构成图像。当放大位图时，可以看见构成图像的无数单个的方块。

位图的优点：颜色丰富，效果绚丽，可以逼真地表现出各种色彩。

位图的缺点：放大后会失真，出现锯齿状边缘，并且图像像素越高效果越好，则文件越大，占用计算机资源也越大，如图 6-4、图 6-5 所示。

图 6-4　放大前的位图

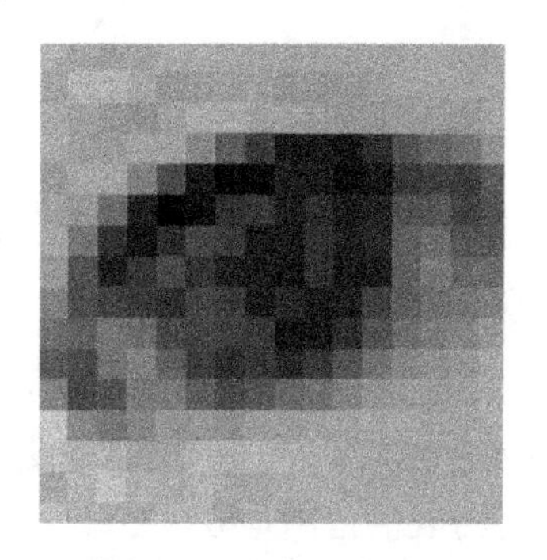

图 6-5　放大后的位图

位图制作的代表软件是 Photoshop，一般用来进行图片的处理或者图像后期的润色修饰。

6.1.3　分辨率

分辨率既可以指图像文件包括的细节和信息量，也可以指输入输出或显示设备能够产生的清晰度等级，它是一个综合性术语，大体上可以分为图像分辨率、显示分辨率、输出分辨率。

1. 图像分辨率

图像中每个单位长度上的像素总数目被称为图像分辨率，一般常用像素/英寸(ppi)为度量单位，表示每英寸图像中包含多少个像素数量。在单位尺寸中，像素数量越高则图像效果越好。

例如：尺寸为 1 英寸×1 英寸的图像，其分辨率为 72 像素/英寸，则该图像包含 5184 像素(72×72=5184)。同样尺寸，分辨率为 300 像素/英寸的图像包含 90000 像素，相比之下 300 像素/英寸的图像能更清晰地表现图像内容。

2. 显示分辨率

显示分辨率是指显示器屏幕上横向和纵向像素的数量，取决于显示器大小和像素设置。其常见度量单位是像素/英寸，一般 PC 显示器的分辨率约为 96 像素点/英寸。

显示分辨率可直接用显示器纵、横上的像素总量体现，如在显示属性中设置屏幕分辨率为 1024×768，表示在屏幕横向上每行包含 1024 像素，纵向上每列包含 768 像素。同样尺寸大小的显示分辨率越高，图像显示也就越清晰。显示分辨率可以在控制面板的“显示 属性”对话框里设置，如图 6-6 所示。

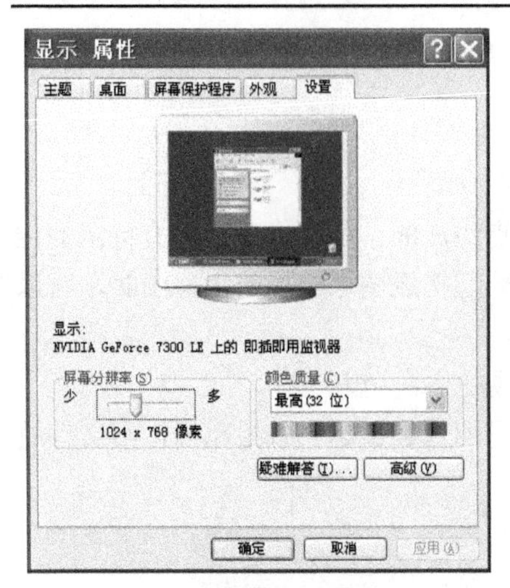

图 6-6　设置显示分辨率

3. 输出分辨率

输出分辨率是指输出设备在输出图像时的每英寸包含的油墨点数(dpi)。对于文本打印而言，600dpi 已经达到相当出色的线条质量。对于照片打印而言，通常需要 1200dpi 以上的分辨率。

6.1.4　图像的色彩模式

自然界的各种图像往往是绚丽多彩的，这些绚丽的色彩在制作过程中都是通过固定的颜色模式进行组合而产生的。Photoshop 提供多种色彩模式，如 RGB、CMYK、LAB、HSB 等，这些模式保证了图像在显示屏幕和印刷作品上都有着完美的色彩表现，并且这些模式可以在“图像”菜单下的“模式”选项中相互转换。下面介绍几种主要的色彩模式。

1. RGB 模式

RGB 模式采用色光颜色显示方式，由 R(红色)、G(绿色)、B(蓝色)3 种颜色为原色进行不同强度的混合叠加，从而产生其他更多的颜色。

3 种颜色的取值范围是 0～255，各自有 256 种颜色深度变化，当 RGB 的值都为最小值 0 时，显示为最暗的黑色。当 RGB 的值都为最大值 255 时，显示为最亮的白色。

通过红、绿、蓝 3 种颜色的叠加产生 256×256×256≈1677.7 万种颜色变化，并且颜色越来越亮，因此 RGB 模式也被称为加色模式。

RGB 模式是 Photoshop 处理图像的最佳模式，通过提供最丰富的色彩变化范围，从而产生更绚丽多彩的颜色效果。

2. CMYK 模式

RGB 模式尽管色彩多，但不能完全打印出来。而 CMYK 模式代表打印上用的 4 种油墨颜色：C(青色)、M(洋红)、Y(黄色)及 K(黑色)，通过这 4 种颜色组合形成打印色彩，如图 6-7 所示。

CMYK 的取值范围为 0%～100%，CMYK 的取值越小颜色越接近白色，取值越大颜色越接近最暗的黑色，因此 CMYK 模式也称为减色模式，如图 6-8 所示。

CMYK 模式是打印印刷的最佳模式。CMYK 模式下的图像颜色最接近打印的最终效果，可减少图像的打印色差。

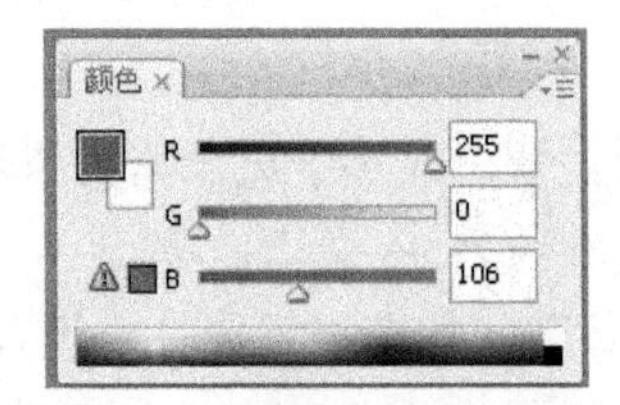

图 6-7　RGB 颜色控制面板

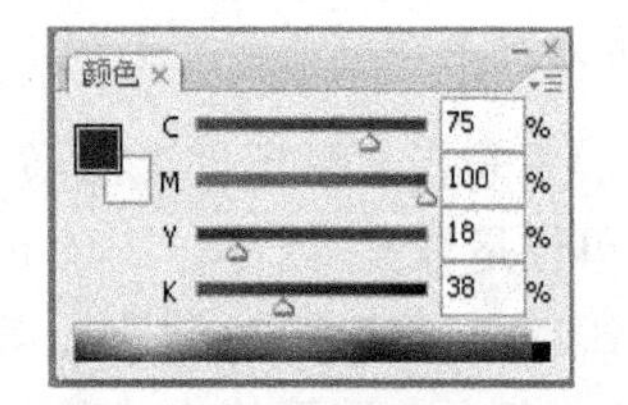

图 6-8　CMYK 颜色控制面板

3. 灰度模式

灰度模式去掉原有图像的所有颜色信息，由从黑到白之间的 256 种不同程度的灰色调来表现图像效果。在灰度文件中，没有色相、饱和度这些颜色信息，亮度是唯一能够影响灰度图像的选项。0%代表白色，100%代表黑色。灰度颜色控制面板，如图 6-9 所示。

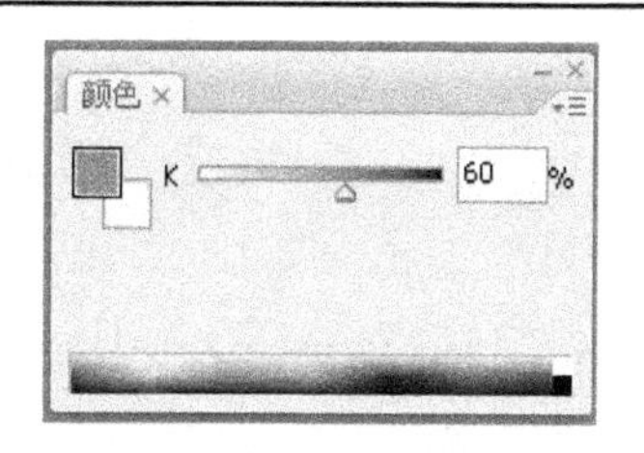

图 6-9　灰度颜色控制面板

6.1.5　常用图像文件格式

1. PSD 格式

PSD 格式是 Photoshop 的默认保存格式，在 Photoshop 中可以比其他格式更快速地打开和保存图像，PSD 格式能很好地保存图层、通道、路径、蒙版等对图像进行特殊处理的信息，保持图像在 Photoshop 中的各种状态。由于支持该格式的处理软件不多，因此通用性不强。在没有确定图像最终格式的情况下，最好用 PSD 格式保存文件，这样能很方便在 Photoshop 中再次对图像进行修改。

2. BMP 格式

BMP (Windows Bitmap) 格式是微软开发的图像格式，这种格式的图像可以被 Windows 系统下绝大多数的软件所支持，并且这种格式的颜色效果也较为丰富。

3. JPEG 格式

JPEG (Joint Photographic Experts Group，联合图形专家组) 是人们平时最常用的图像格式。它是一种有损压缩的图像格式，被大多数的图形处理软件所支持。JPEG 格式因其较小的体积和较好的图像质量被广泛用于网页图像。如果对图像质量要求不高，但又要求存储大量图片，使用 JPEG 无疑是一个好办法。但是，对于要求进行图像输出打印，最好不使用 JPEG 格式，因为它是以损坏图像质量为代价而提高压缩质量的。

4. GIF 格式

GIF 格式最多只能包含 256 种颜色，因此色彩效果很差，但 GIF 格式的图像文件很小，而且它最大的特点是可以保存动画效果，也是一种重要的网页动画格式。

5. TIFF 格式

TIFF (Tag Image File Format，标签图像文件格式) 是最灵活的一种图像格式，可以应用于 Windows、Mac 及 UNIX 等各种平台。TIFF 使用 LZW 无损压缩方式，大大提高了图像质量。另外，TIFF 格式可以保存通道，这对于处理图像是非常有好处的。TIFF 格式非常适用于印刷和输出。

在 Photoshop 中，用户可以根据自身需要选择合适的图像文件保存格式。如果需要较好的打印质量，可选 TIFF 格式；如果需要较快的网络传送，可选 JPEG 和 GIF 格式；如果需要方便再次修改图像文件，则选择默认的 PSD 文件格式。文件保存格式如图 6-10 所示。

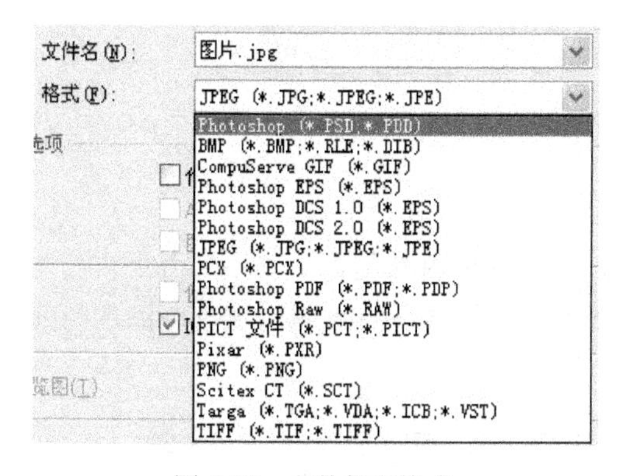

图 6-10　文件保存格式

6.2　Photoshop CS5 的工作界面及基本操作

6.2.1　工作界面的介绍

Photoshop CS5 的工作环境，如图 6-11 所示，主要由应用程序栏、菜单栏、工具箱、工具属性栏、工作区、控制面板和状态栏等组成。熟练掌握 Photoshop CS5 的工作界面是学习 Photoshop 的基础。

图 6-11　Photoshop CS5 的工作界面

1. *应用程序栏*

Photoshop CS5 中新增了应用程序栏。用户可以更加方便地从中选择命令对图像进行编辑和修饰，如图 6-12 所示。

图 6-12　应用程序栏

2. *菜单栏*

Photoshop CS5 菜单栏共包含了 11 种菜单命令，每个菜单内都包含了一系列命令，这些命令按照不同功能采用分割线分离。利用菜单栏命令可以对图像进行编辑、调整、添加特效等操作，如图 6-13 所示。

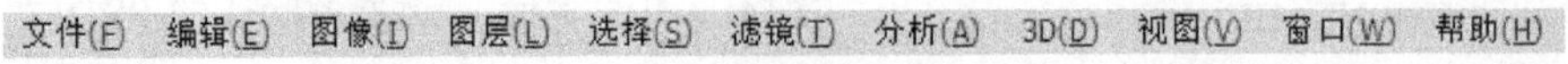

文件(F)　编辑(E)　图像(I)　图层(L)　选择(S)　滤镜(T)　分析(A)　3D(D)　视图(V)　窗口(W)　帮助(H)

图 6-13　菜单栏

3. 工具箱

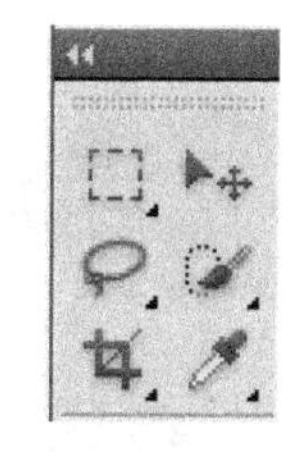

图 6-14　工具箱

位于软件左侧的工具箱包含了图像操作的常用工具命令，大致可分为选区工具、绘制工具、修饰工具、颜色填充工具等几大类。

要使用某种工具，只需单击该工具即可。某些工具的右下角有一个小三角符号◢，这表示该工具存在一个工具组，要选择组中隐藏的工具，可在该工具上右击展开后进行选择，工具箱如图 6-14 所示。

4. 工具属性栏

当选择某个工具后，工具属性栏将显示该工具对应的各项属性设置，可以进一步调整工具细节参数，如图 6-15 所示。

图 6-15　仿制图章工具属性栏

5. 控制面板

控制面板是 Photoshop CS5 的重要组成部分。通过不同的功能面板可以对图像进行图层、通道、路径、图层样式等操作。

例如："历史记录"控制面板可以显示图像处理的每一步操作过程，并且通过单击可以很方便地将进行多次操作处理的图像恢复到任一操作时的状态，如图 6-16 所示。

6. 状态栏

打开一幅图像时，Photoshop CS5 会在最底部出现图像的状态栏，如图 6-17 所示。

图 6-16 "历史记录"控制面板

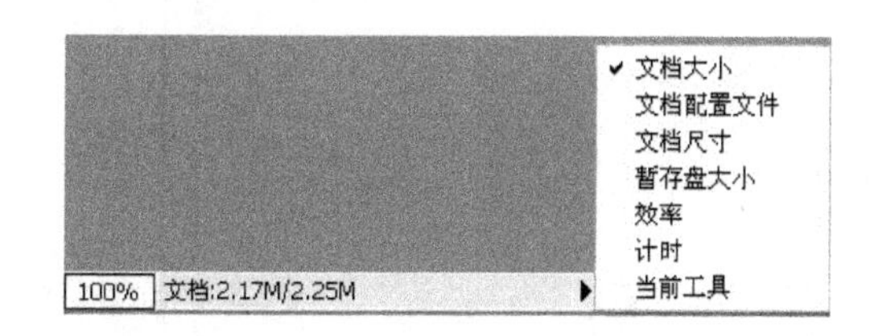

图 6-17　Photoshop CS5 状态栏

状态栏最左侧区域用于显示图像当前的显示比例，也可在此窗口中直接输入数值以调整图像显示大小。按 Ctrl+加号和 Ctrl+减号分别可以快速放大和缩小图像。

状态栏中间部分显示当前图像的文件信息，默认左边的数字是不含图层通道等数据情况下保存的文件大小，右边的数字是完整保存图像的大小。

状态栏最右侧的三角形图标可以调节中间区域的图像显示信息设置。

6.2.2　文件的基本操作

1. 新建文件

新建文件是用来在工作区创建一个空白图像。单击主菜单"文件 | 新建"命令(快捷键为 Ctrl+N)，在打开的"新建"对话框中完成文件命名、大小，颜色模式、背景颜色等设置后单击"确定"按钮，即可新建一个空白图像文件，如图 6-18 所示。

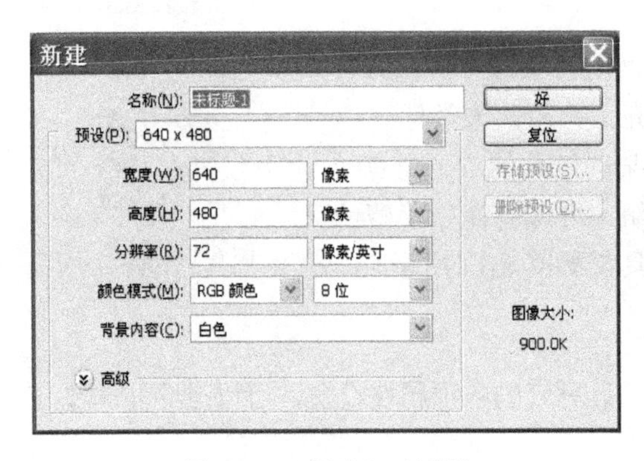

图 6-18 “新建”对话框

2. 打开文件

如果对已有图片进行修饰和处理，则需要通过 Photoshop CS5 打开已有的图像文件，操作如下：单击主菜单的“文件 | 打开”命令(快捷键为 Ctrl+O)，弹出“打开”对话框，如图 6-19 所示。选择已有图像文件打开，也可以在对话框中选择多个文件，一次打开多张图片进行处理。

3. 保存文件

对图像编辑制作完成后，则需要将图像保存起来。单击主菜单“文件 | 保存”命令(快捷键为 Ctrl+S)，弹出“存储为”对话框，如图 6-20 所示。在对话框中输入保存文件名，并在“格式”下拉菜单中选择适合的文件保存格式后单击“保存”按钮，即可保存图像。

图 6-19 “打开”对话框

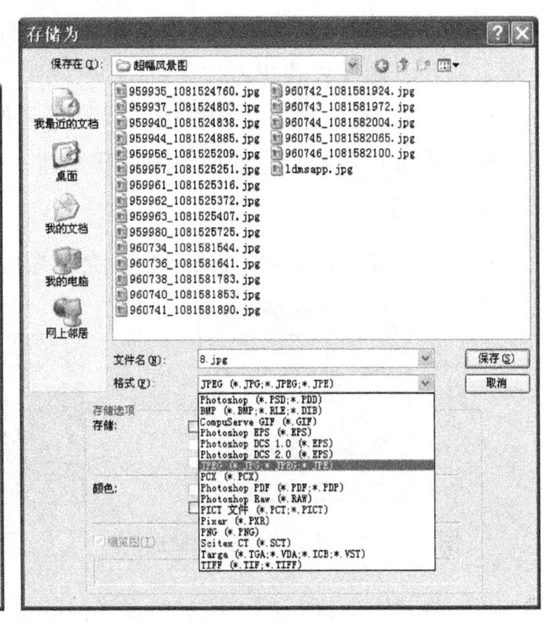

图 6-20 “存储为”对话框

6.2.3 图像和画布尺寸的调整

图像的处理中经常会根据不同的需求调整图像和画布的尺寸大小。

1. 图像尺寸的调整

打开需要调整的图像，选择“图像 | 图像大小”命令，弹出“图像大小”对话框，如图 6-21 所示。

• 像素大小：通过改变图像“宽度”和“高度”上所包含的像素点数值，改变图像的显示大小。

• 文档大小：通过改变图像“宽度”、“高度”和“分辨率”的具体数值，从而改变图像的打印大小。

• 约束比例：选中此项后，会在“宽度”和“高度”选项右侧出现链接标志 ，此时调节图像大小会锁定图像长宽比例，调节宽度或高度的任意一项数值，另外一项会按比例同时自动调整。

注意：如果将较小图像放大后，可能会因为图像分辨率不足而导致图像模糊失真。

2. 画布尺寸的调整

画布就是指 Photoshop 工作区中绘制、处理图像的可用区域，调节画布尺寸不会修改图像本身大小，而是在图像周围产生可工作的扩展区域。

选择“图像 | 画布大小”命令，弹出“画布大小”对话框，如图 6-22 所示。

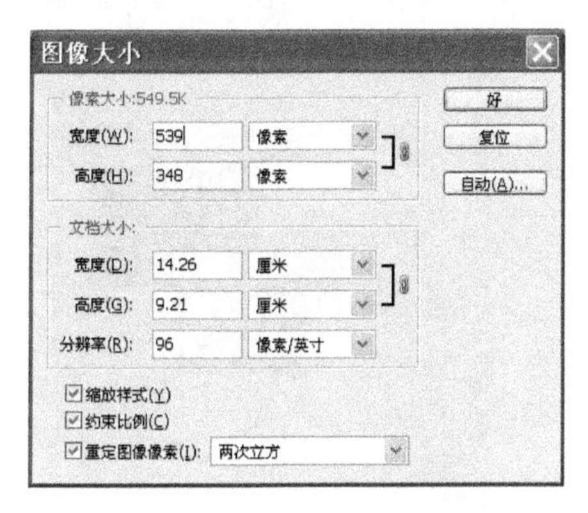

图 6-21　“图像大小”对话框

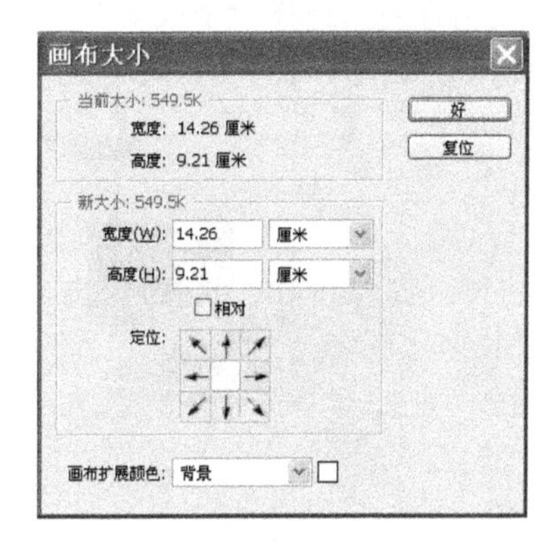

图 6-22　“画布大小”对话框

• 当前大小：显示当前文件的画布大小和尺寸。

• 新大小：重设图像的画布大小。

• 定位：用于设定原有图像在新画布中的位置，如靠上、居中、靠左等。

• 画布扩展颜色：可在下拉列表框中选择新扩展工作区域的颜色，如前景色、背景色，也可自定义颜色。

3. 图像的裁剪

“裁剪”命令可以保留图像中所需部分，减去不需要的内容。使用“裁剪”命令必须在图像中先创建选区，然后使用“图像 | 裁剪”命令，如图 6-23、图 6-24 所示。

图 6-23　图像裁剪前

图 6-24　图像裁剪后

4. 图像的裁切

“裁切”命令通过移去不需要的图像数据来裁剪图像，其所用的方式与“裁剪”命令所用的方式不同。“裁切”命令不需要创建选区，而是通过裁切周围的透明像素或指定颜色的背景像素来修剪图像。

选择“图像 | 裁切”命令。在“裁切”对话框中选择选项，如图 6-25 所示。

图 6-25 “裁切”对话框

• 透明像素：修整掉图像边缘的透明区域，留下包含非透明像素的最小图像。

• 左上角像素颜色：从图像中移去左上角像素颜色的区域。

• 右下角像素颜色：从图像中移去右下角像素颜色的区域。

• 裁切方向：选择一个或多个要修整的图像区域，“顶”、“底”、“左”或“右”。裁切效果如图 6-26、图 6-27 所示。

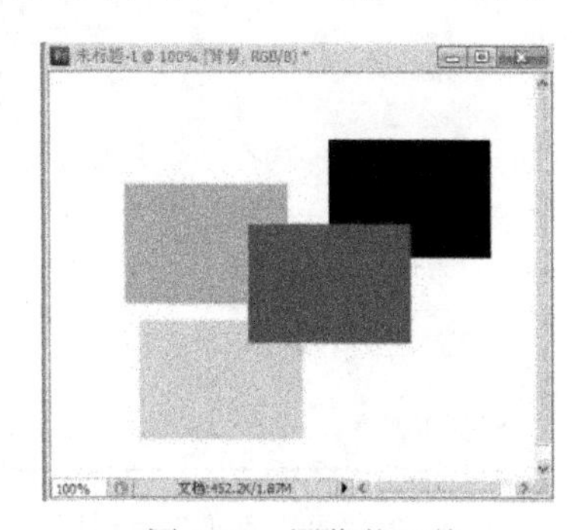

图 6-26　图像裁切前

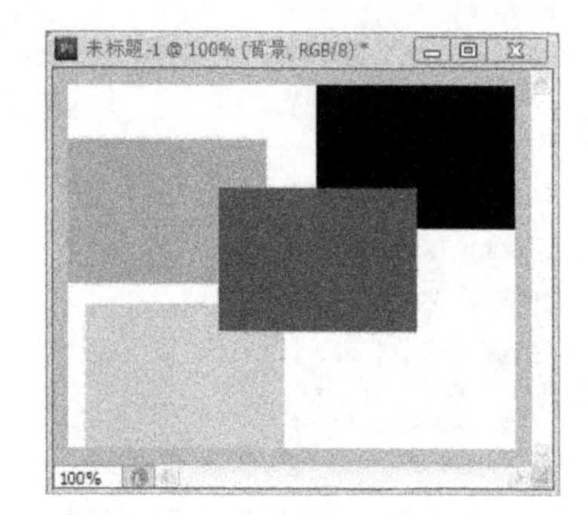

图 6-27　图像裁切后

6.3　选区的创建、编辑与基本应用

6.3.1　选区工具及其选项设置

利用选区工具可以方便地选取图像中的指定操作区域，以便完成后续操作。为了满足各种选取应用的需要，Photoshop CS5 中提供了 3 种选区工具组：规则选区工具组、套索工具、魔棒工具组。

1. 规则选区工具组

规则选区工具组包括矩形选框工具、椭圆选框工具、单行选框工具、单列选框工具 4 种。规则选区工具组的快捷键是 M，按 Shift+M 键可以在 4 个子工具之间进行切换，如图 6-28 所示。

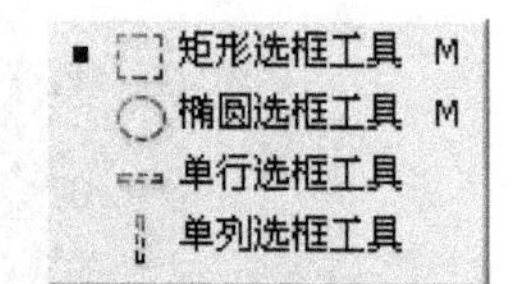

图 6-28　规则选区工具

1) 矩形选框工具

矩形选框工具用来创建矩形的规则选区。选中矩形选框工具后，工具属性栏会出现对应常用设置，如图 6-29 所示。

图 6-29　矩形选框工具属性栏

在矩形选框工具属性栏的左侧的有 4 种选区创建方式 。

• 创建新选区：每次拖动鼠标所选择的区域都会自动生成一个新的选区区域。

• 在已有选区上追加选区：每次拖动鼠标所选择的区域会从现有选区中添加。

• 从已有选区中减去选区：每次拖动鼠标所选择的区域会从现有选区中减去。

• 选择交叉部分选区：拖动鼠标可以选择与原有选区交叉的区域。

• 羽化：羽化是使得选区内外衔接部分虚化，从而使下一个创建的选区边缘产生朦胧虚化的效果，设置的数值越大，则边缘虚化的范围越宽。

• 样式：选区“样式”下拉列表包括“正常”、“固定比例”和“固定大小”3 种选区样式。分别可以自由绘制选区、绘制固定长宽比的选区、绘制指定长宽像素大小的选区。

2) 椭圆选框工具

椭圆选框工具用来创建圆形的规则选区。选中椭圆选框工具后，椭圆选框工具属性栏如图 6-30 所示。

图 6-30　椭圆选框工具属性栏

• 消除锯齿：选中此选项在创建椭圆选区时会让圆形选区边缘过渡更加平滑。

• 椭圆选框工具的其他功能和矩形选框工具基本类似，在这里就不再赘述。

注意：按住 Shift 同时绘制选区，可以绘制正方形和正圆形的规则选区形状。

3) 单行选框工具和单列选框工具

单行选框工具和单列选框工具用于选择单行像素或者单列像素，所选择的选区只有 1 个像素的宽度。单击对应工具后，在图像上指定位置单击即可实现选择。

单行选框工具和单列选框工具常用来制作水平或竖直的线条，实现特殊效果。

2. 套索工具组

套索工具组是一种不规则选区工具，包括套索工具、多边形套索工具、磁性套索工具 3 种，可以对图像中不规则区域进行选取。套索工具组的快捷键是 L，Shift+L 键可以在 3 个子工具之间进行切换，如图 6-31 所示。

图 6-31　套索工具组

1) 套索工具

套索工具常用来选取随意性较强的选区。套索工具的基本操作：

选择套索工具，单击图像上任意一点作为起点，按住鼠标左键不放拖动鼠标到需要选择的区域，达到合适位置后松开鼠标，选区会自动闭合。

2) 多边形套索工具

多边形套索工具常用来选取边缘为直线的选区，如门窗、家具等。多边形套索工具的基本操作：

选择多边形套索工具，单击图像上任意一点作为起点，松开鼠标，选择好直线的另一点，然后单击鼠标确定，再继续选择其他的直线点。如果最后选择的直线点和起始点重合，则选区会自动闭合；或者在最后位置上双击，也可闭合选区。

3) 磁性套索工具

套索工具组中最为常用的是磁性套索工具，适用于快速选择与背景对比强烈而且边缘复杂的对象。常在人物等不规则抠图中使用。磁性套索工具的基本操作：

拖动磁性套索工具时，套索工具会对对象的边缘颜色进行辨别，自动吸附到图像边缘进行选择。选择过程中也可以单击追加吸附点。

磁性套索工具属性栏如图 6-32 所示。

图 6-32　磁性套索工具属性栏

图 6-33　用磁性套索工具创建选区

• 宽度：设置磁性套索检测边缘的距离。

• 边对比度：设置套索工具吸附图像边缘的灵敏度。

• 频率：设置自动生成时的节点数量。辨别的灵敏度取决于所设定的“对比度”，如果图像边缘清晰可将数值调高，边缘模糊则将数值调低。

利用磁性套索工具选取对象时，可以按 Backspace 键或 Delete 键删除前一个错误的吸附点，如图 6-33 所示。

3. 魔棒工具组

魔棒工具组由魔棒工具和快速选择工具构成，能够方便快速地根据颜色创建选区。魔棒工具组的快捷键是 W，按 Shift+W 键可以在两个子工具之间进行切换，如图 6-34 所示。

1) 魔棒工具

魔棒工具和磁性套索工具一样，也是根据图像边缘颜色进行不规则的选取，通过魔棒工具可以快速选取一片颜色相近的区域。结合魔棒工具属性栏中容差范围的调整，可以控制魔棒选取颜色的相近范围。魔棒工具属性栏如图 6-35 所示。

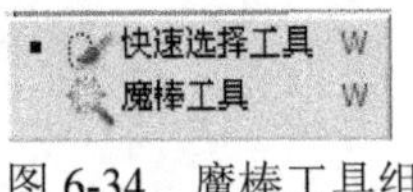

图 6-34　魔棒工具组

图 6-35　魔棒工具属性栏

• 容差：指选取颜色时所设置的选取范围，容差越大，选取的相近颜色范围也越大，其数值为 0～255。

• 连续的：选中此项后，只能选取颜色相似的连续区域。反之，可以选中整幅图像中所有的容差范围内的相近颜色。

• 用于所有图层：颜色选择作用于有多个图层的图像。未选中时，魔棒工具只对当前图层起作用。关于图层的概念在后面提到。

2) 快速选择工具

使用快速选择工具可以更加方便地进行选取操作。快速工具的基本操作：

设置好拾取笔触大小后，直接在图像中单击想要选取的颜色，即可选区相近颜色的区域。

由于快速选择工具没有容差设置，所以相似颜色区域是由系统自行判断的。不能由用户手动自由调节。

6.3.2　选区的基本操作

创建好选区后，可以在“选择”菜单下对所选选区进行进一步操作，如图 6-36 所示。常用的选取操作命令如下。

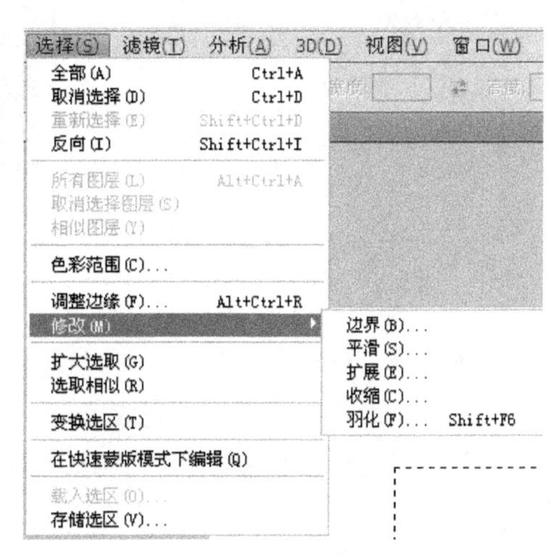

图 6-36 “选择”菜单

- 全选：选择整个图像范围作为选区。
- 取消选择：取消当前所选区域，快捷键为 Ctrl+D。
- 重新选择：取消选区后，再次恢复之前所选选区。
- 反向：反向选取，快速反向选择之前未被选中的所有区域。快捷键为 Ctrl+Shift+I。
- 修改：对当前已有选区进行修改。

  边界：使当前选区的边缘产生一个边框选区。

  平滑：使当前选区尖锐的边缘变得平滑，如使矩形选区变为圆角矩形。

  扩展：对已有选区进行扩展放大。

  收缩：使选区收缩变小。

  羽化：对当前已创建选区的边缘进行朦胧虚化处理。
- 扩大选取：选择图像中所有和现有选区颜色相同或相近的相邻像素。
- 选取相似：选择图像中所有和现有选区颜色相同或相近的全部像素。

1) 选区的移动

用户要移动选区中的图像，需要先创建好合适的选区，然后使用“移动”工具将选区内的图像移动到合适位置即可。

2) 选区的剪切、复制和粘贴

(1) 剪切：要剪切选区中的图像，首先要创建好合适的选区，然后选择“编辑 | 剪切”命令；或者按 Ctrl+X 组合键即可剪切目标图像。剪切或复制的选区图像将一直保留在剪贴板中，直到剪切或复制新图像为止，如图 6-37 所示。

(2) 复制：选择“编辑 | 复制”命令，或者按 Ctrl+C 组合键即可复制选区内图像。复制后原图像不发生变化。

(3) 粘贴：选择“编辑 | 粘贴”命令，或者按 Ctrl+V 组合键即可将剪切或复制的选区图像粘贴到图像的另一部分或另一张图像中。

3) 选区的填充

在工具箱中单击前景色或背景色图标会弹出“拾色器”面板，在“拾色器”面板中选择所需要的颜色或在颜色值文本框中输入数值来精准确定颜色，也可用吸管工具在图像中吸取指定颜色如图 6-38 所示。

恢复默认前景色和背景色可以使用快捷键 D 来完成；切换前景色和背景色可以使用快捷键 X 来完成。

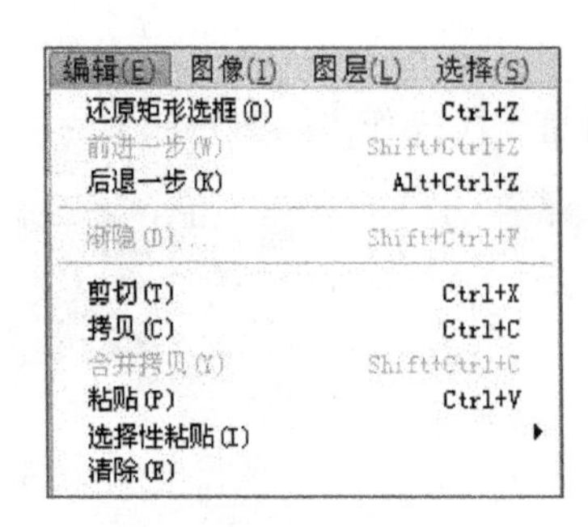

图 6-37 “编辑”菜单

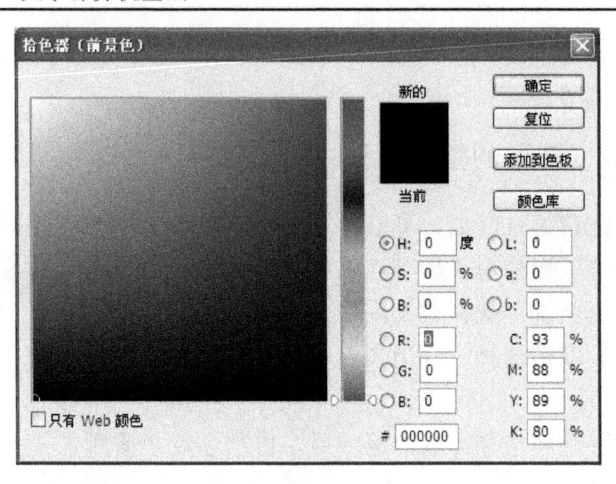

图 6-38 “拾色器”面板

设置好前景色和背景色后，可以通过“编辑 | 填充”命令，在弹出的“填充”对话框中进行选择设置后单击“确定”完成填充，如图 6-39 所示。

注意：创建好选区后，可按 Alt+Delete 键，快速填充前景色；按 Ctrl+Delete 键，快速填充背景色。

4) 选区的描边

对于已经创建好的选区，可以使用“编辑 | 描边”命令，在弹出的“描边”对话框中设置画笔的宽度、颜色、描边位置和不透明度等属性后单击“确定”按钮，为选区描绘边界，如图 6-40 所示。

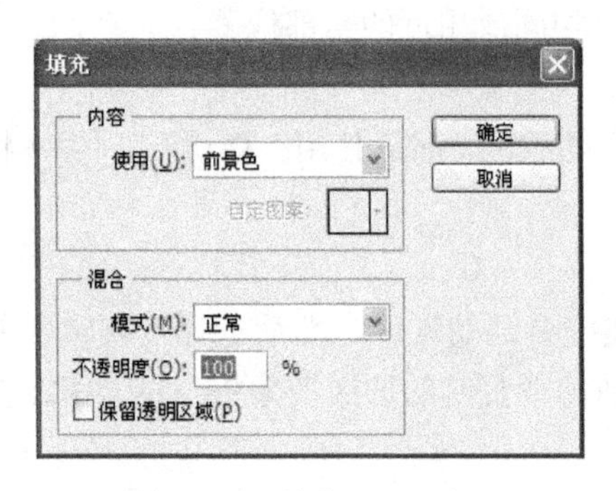

图 6-39 “填充”对话框

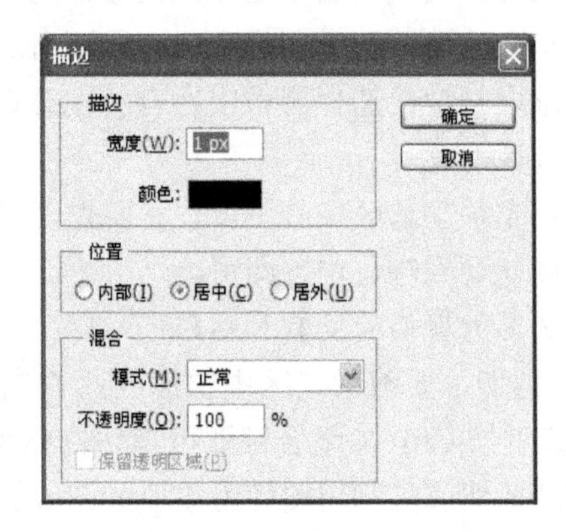

图 6-40 “描边”对话框

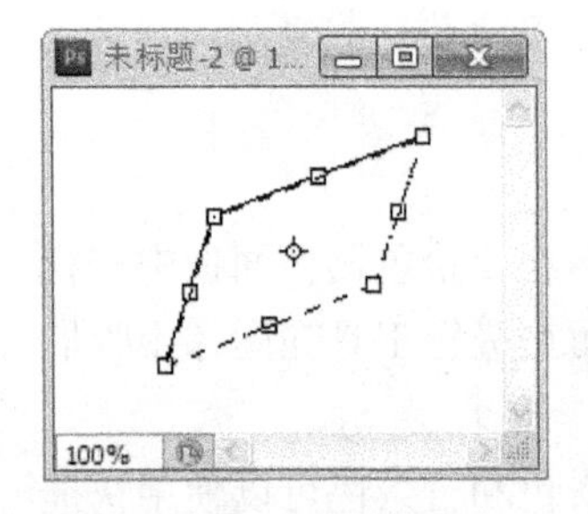

图 6-41 选区的变换

5) 选区的变换

已经创建好的选区，可以使用“选择 | 变换选区”命令，然后把鼠标移动到选区边缘的变换控制点拖动，可以实现选区的缩放、选择、斜切等操作。按住 Ctrl 键拖动控制点，可以实现单个控制点的移动，如图 6-41 所示。

6) 选区定义图案

将选区图像定义为图案是很实用的一项操作，被定义好的图案将被存储起来，可供以后填充或选区时使用。操作步骤如下：

(1) 打开一幅图像文件。

(2) 在图案中创建需要的选区，然后选择“编辑 | 定义图案”命令，如图 6-42 所示。

(3) 在弹出的“图案名称”对话框中，定义图案名称，然后单击“确定”按钮。

(4) 新建画布，选择“编辑 | 填充”命令弹出“填充”对话框，如图 6-43 所示。

图 6-42　定义图案

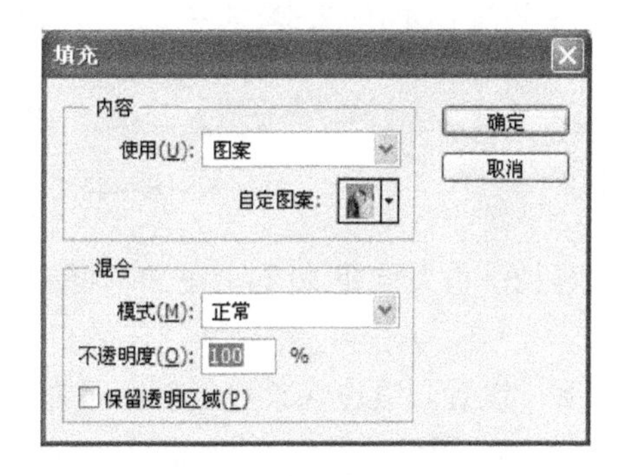

图 6-43　选择图案方式填充

(5) 在“使用”下拉列表中使用类型为“图案”，在“自定图案”下拉列表中选择刚才定义的图案。

(6) 单击“确定”按钮，系统就会使用所定义的图案平铺填满整个画布。这种方法常用来制作一些特殊背景或者纹理效果，如图 6-44 所示。

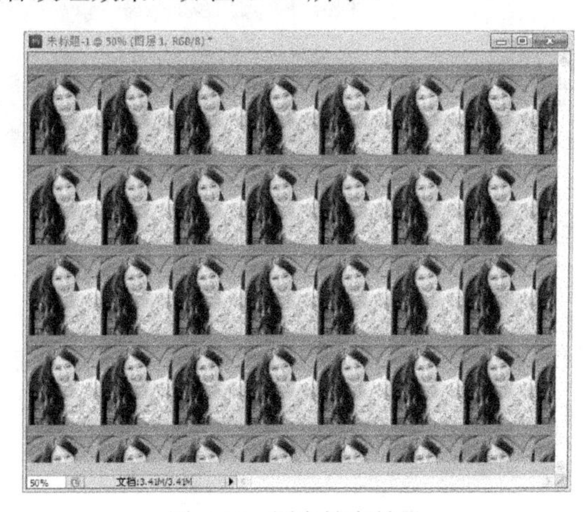

图 6-44　图案填充效果

6.4　图像的绘制、编辑与修饰

6.4.1　绘图工具

1. 画笔工具组

掌握画笔工具组的使用方法不仅可以绘制出所需要的图形，还可以为其他工具的使用打下基础。在工具箱中右击画笔工具图标，将会弹出画笔工具组，其中包括画笔工具、铅笔工

图 6-45　画笔工具组

具和颜色替换工具等，如图 6-45 所示。下面主要介绍常用的画笔工具和铅笔工具的使用方法。

1) 画笔工具

单击画笔工具，将显示画笔工具选项栏，如图 6-46 所示。

该选项卡各个选项的作用如下：

(1) 画笔设置：单击 旁的三角，会弹出“画笔设置”选项，如图 6-47 所示。

图 6-46　画笔工具属性栏

• 主直径：设置画笔大小，在文本框中可以输入 1～2500 像素的数值或直接拖拽滑块更改。

• 硬度：设置画笔边缘柔化程度，可在文本框中输入 0%～100%的数值或直接拖拽滑块更改。如图 6-48 所示，分别为 0%和 100%的硬度效果。

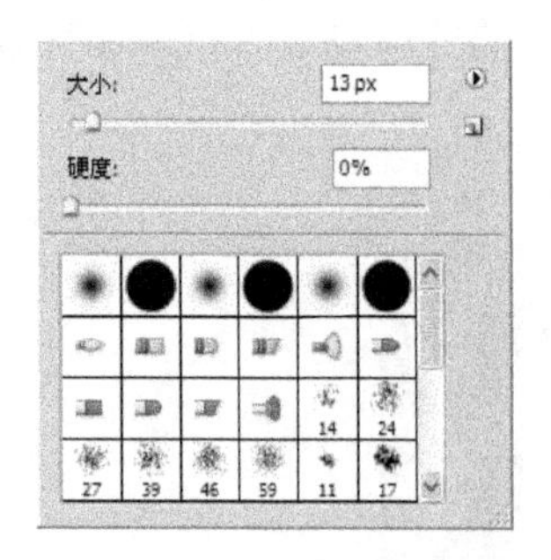

图 6-47 “画笔设置”选项

图 6-48　画笔“硬度”效果对比

• 笔尖样式：在选项下方的矩形框中，可以选择各种不同的笔刷样式，从而产生丰富多彩的画笔效果。

(2) 不透明度：该选项可以设置画笔的不透明度。参数为 100%时为不透明度，参数为 50%时为半透明。

(3) 流量：设置该选项可以调整画笔笔触的深浅。数值越大笔触越深，数值越小笔触越浅。

(4) 画笔面板的调用：选择“窗口 | 画笔”命令可以打开“画笔”面板，也可以按快捷键 F5 快速进入“画笔”面板。

• 画笔笔尖形状：不仅可以设置画笔样式、直径、硬度，还可以设置画笔的翻转、角度，画笔的圆度以及画笔间距等，如图 6-49 所示。

• 形状动态：选中“形状动态”复选框后可以在面板中设置“大小抖动”、“角度抖动”和“圆度抖动”等参数，从而产生各种不同效果的变化，如图 6-50 所示。

• 散布：选中“散布”复选框后可以在面板中控制画笔在中心路径两侧的分布情况。选中“两轴”复选框后，画笔会往四周扩散，如图 6-51 所示。

• 颜色动态：选中“颜色动态”复选框后可以在面板中控制画笔颜色的色相、亮度和饱和度等变化，让画笔的颜色在前景色和背景色中随机过渡绘制，如图 6-52 所示。

通过“画笔”面板还可以为画笔设置“纹理”、“双重画笔”、“杂色”、“其他动态”等效果，在这里就不再赘述。

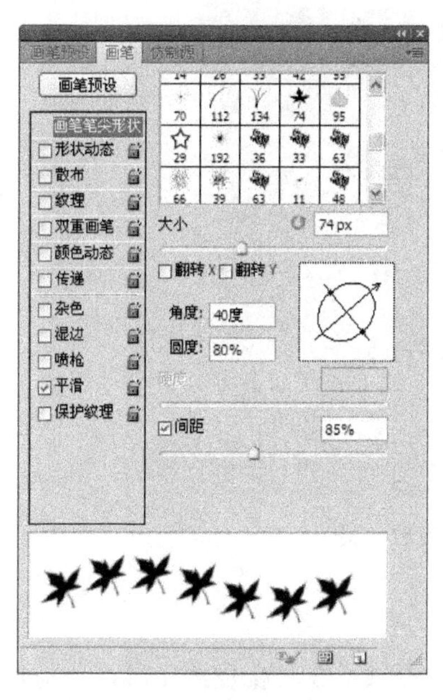

图 6-49 “画笔笔尖形状”面板及效果

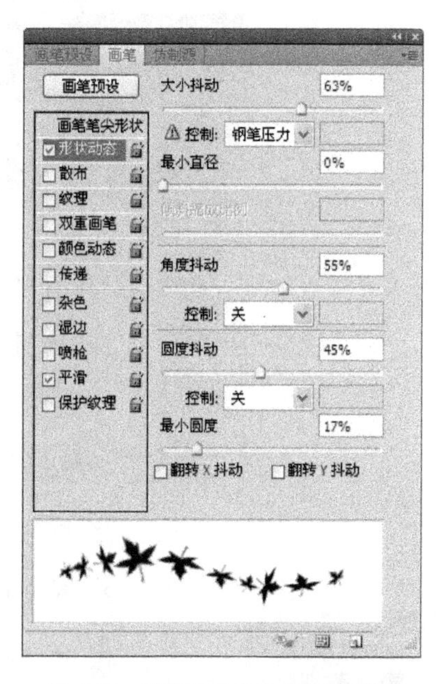

图 6-50 “形状动态”面板及效果

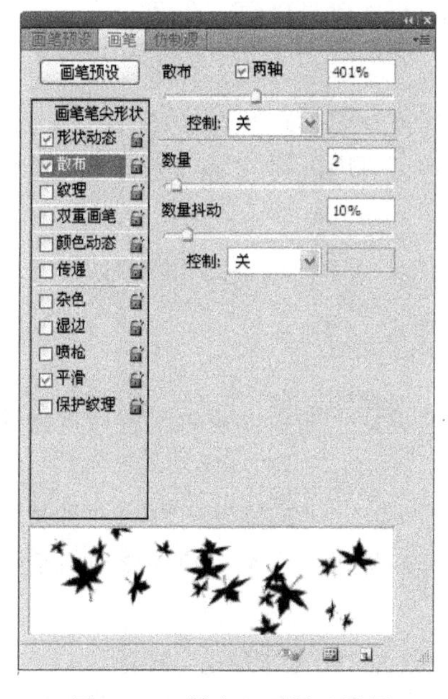

图 6-51 “散布”面板及效果

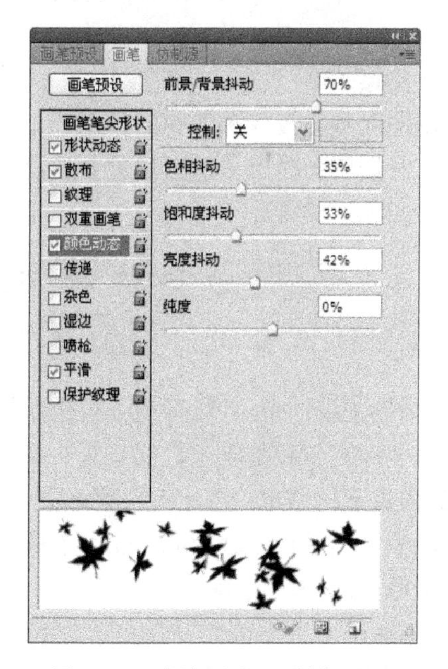

图 6-52 “颜色动态”面板及效果

画笔样式选择枫叶，并设置“大小抖动”、“散布”、“颜色动态”，并设置前景色为红色，背景色为黄色，在图像中单击，则能生成大小翻飞颜色红黄过渡的枫叶效果，如图 6-53 所示。

2) 铅笔工具

铅笔工具主要用于绘制直线和曲线等笔触效果。铅笔工具的使用方法和画笔工具的使用方法基本相同，只不过铅笔工具所绘制的图形比较生硬。

图 6-53 “画笔”面板设置效果

2. 橡皮擦工具组

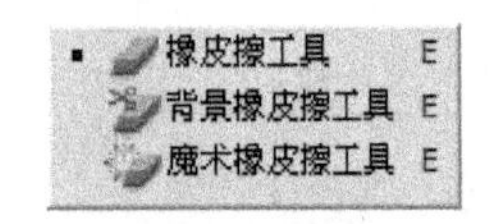

图 6-54 橡皮擦工具组

在 Photoshop CS5 中提供了 3 种橡皮擦工具，分别是橡皮擦工具，背景色橡皮擦工具和魔术橡皮擦工具，在工具箱中右击橡皮擦工具，会弹出橡皮擦工具组，如图 6-54 所示。

1) 橡皮擦工具

橡皮擦工具会改变图像中的像素，如果当前图层为背景层，则橡皮擦工具作用过的区域将被填入背景色。如果当前图层为普通层，则会将作用过的区域变成透明效果。橡皮擦工具属性栏如图 6-55 所示。

图 6-55 “橡皮擦”工具属性栏

(1) 画笔预设：单击 旁的下拉按钮打开“画笔设置”面板，可以设置橡皮擦的大小、硬度和笔尖效果。和画笔工具的设置方式类似。

(2) 模式下拉菜单：在此下拉菜单中可以选择“画笔”、“铅笔”、“块”3 种擦除模式，画笔擦除模式相对边缘较柔和，铅笔擦除模式边缘相对较硬，块擦除模式将以方形块笔触擦除，矩形框不能调节大小。

(3) 不透明度：该选项设置擦除的不透明度。参数为 100%时为完全擦除。

(4) 流量：设置该选项调整橡皮擦笔触的深浅。数值越大擦除越深，数值越小擦除越浅。

2) 背景橡皮擦工具

利用背景橡皮擦工具可以在擦除背景的同时保留对象的边缘。背景橡皮擦工具只擦除指定颜色区域而保留所需图像，其擦除功能非常灵活，可以达到事半功倍的效果。并且通过设置不同的取样方式和容差值，可以控制擦除背景边界的效果。背景橡皮擦工具属性栏如图 6-56 所示。

图 6-56 背景橡皮擦工具属性栏

(1) 取样：

· 连续：单击该按钮，可以随着光标中心位置的颜色改变，连续对颜色取样。

· 一次：单击该按钮，则把第一次单击时光标中心的颜色作为取样颜色。

· 背景色：只替换背景色颜色的区域。

(2) 限制下：

· 不连续：擦除画笔光标范围内任意位置的样本颜色。

· 连续：擦除画笔光标范围内包含的样本颜色，并且该颜色是连接的区域。

· 查找边缘：擦除画笔光标范围内包含颜色的连续区域，同时更好地保留形状边缘的锐化程度。

(3) 容差：可以在此选项中输入数值或者拖动下方的滑块进行调节。数值越低则可擦除与样本颜色接近的颜色区域，数值越高则可擦除偏差越大的颜色区域。

(4) 保护前景色：选中该复选框，在擦除选的区域内样本颜色时，与前景色匹配的区域不会被擦除。利用背景橡皮擦工具制作的效果如图 6-57 所示。

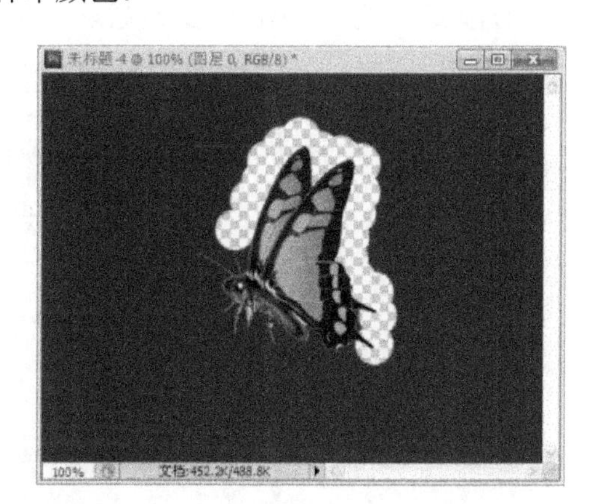

图 6-57 利用背景橡皮擦工具制作的效果

3) 魔术橡皮擦工具

魔术橡皮擦工具相当于魔棒工具加删除命令。使用该工具可以擦除与鼠标落点指定颜色容差相临近的色彩区域，并不管是否是背景图层，都会将作用过的区域变为透明。魔术橡皮擦工具属性栏如图 6-58 所示。

图 6-58 魔术橡皮擦工具属性栏

· 容差：设置可擦除颜色的容差范围，容差低则擦除颜色范围越接近，容差高则会擦除范围更广的颜色区域。

· 消除锯齿：可使擦除区域的边缘更加平滑。

· 连续：选中此复选框后，只能擦除与所选颜色相近并邻近的颜色区域。

· 对所有图层取样：选中此复选框后，可以在擦除图像时对所有图层同时发生作用。

· 不透明度：设置被擦除区域的不透明度，设置值 100%则会完全擦除，设置值低则将部分擦除。

3. 渐变工具组

在工具箱中填充颜色的工具包括渐变工具和油漆桶工具。可通过右击渐变工具打开渐变工具组，如图 6-59 所示。

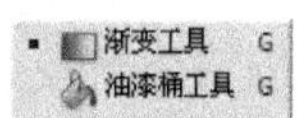

图 6-59 渐变工具组

1) 渐变工具

渐变工具是一种常用的颜色填充工具，使用渐变工具可以在选区或整个图层中填入多种颜色过渡的色彩效果。使用时首先设置好渐变方式和渐变色彩，然后通过鼠标的单击和拖动就能形成指定范围内的色彩渐变。通过拖动的长度和方向可以控制渐变效果。渐变工具属性栏如图 6-60 所示。

图 6-60　渐变工具属性栏

(1) 渐变预览条：单击渐变预览条可以打开“渐变编辑器”对话框，如图 6-61 所示。

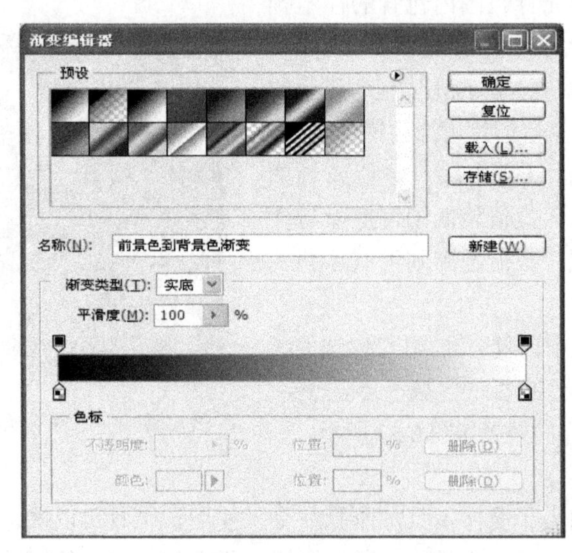

图 6-61　“渐变编辑器”对话框

“渐变编辑器”对话框用来编辑渐变颜色，既可以用来修改预设渐变，也可以根据自己需要自定义新渐变效果。

协调色 1
协调色 2
金属
中灰密度
杂色样本
蜡笔
简单
特殊效果
色谱

图 6-62　系统预设渐变

• 预设渐变：渐变编辑器中提供了多种系统预设渐变效果。并且单击右侧的 ▸ 符号，可以在弹出的下拉菜单中选择更多的系统预设渐变或者复位默认渐变，如图 6-62 所示。

• 自定义渐变：在渐变编辑器下方的渐变条中单击添加色标或设置已有色标属性。渐变条上方的色标用来调节渐变色的透明度，渐变色下方的色标用来调节渐变色的颜色属性。

(2) 渐变类型。在工具属性栏中有 5 种渐变类型，可以设置不同的渐变方式。

• 线性渐变：单击该按钮，然后再选区或图层中鼠标拉出一条直线，渐变色将从鼠标起点到终点进行填充，产生直线渐变的效果。

• 径向渐变：单击该按钮并拖动鼠标拉出一条直线，渐变色将会以起点为圆心，拉线长度为半径向外发射过渡渐变，产生圆形渐变效果。

• 角度渐变：单击该按钮并拖动鼠标拉出一条直线，渐变色将会以起点为顶点，以拉线为轴顺时针旋转 360 度径向环形填充，产生锥形渐变效果。

• 对称渐变：在选区中单击并拖动鼠标，将会自拉线的起点到终点进行直线填充，同时在反方向产生两边对称的渐变效果。

• 菱形渐变：单击并拖动鼠标拉出一条直线，渐变色将以起点为中心，终点为菱形的一个角，产生菱形向外扩散的渐变效果。

5 种渐变效果如图 6-63 所示。

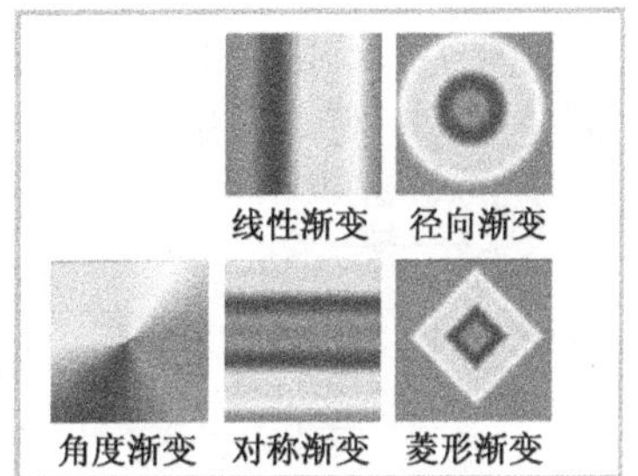

图 6-63　5 种渐变样式

(3) 模式：在此下拉列表中可以选择渐变颜色和下层图像的混合样式。

(4) 不透明度：设置渐变颜色的透明度，设置值越大则渐变色越不透明，设置值越小则越透明。

(5) 反向：选中此复选框后可以翻转渐变颜色的颜色顺序。

(6) 仿色：选中此复选框后可以创建较平滑的渐变过渡，并可以防止出现色带效果。

(7) 透明区域：选中此复选框后才可以填充渐变中的透明区域，否则渐变中的透明区将被前景色替代。

2) 油漆桶工具

使用油漆桶工具可以在图像中填充颜色或者图案。注意：油漆桶工具的填充是按照图像中像素颜色自动判断进行填充的，其填充范围是与鼠标落点所在颜色相同或者接近的像素颜色区域。油漆桶工具属性栏如图 6-64 所示。

图 6-64　油漆桶工具属性栏

(1) 设置填充源：在填充源下拉列表中指定是用前景色还是用图案进行填充。如果选择前景色，则用所设置好的前景颜色进行填充。如果选择图案，则可单击图案旁的下拉箭头，在弹出的图案拾色器面板中选择所需的图案，如图 6-65 所示。同时单击拾色器面板右上角的 符号，在弹出的下拉菜单中可以选择更多系统预设的图案样式，如图 6-66 所示。

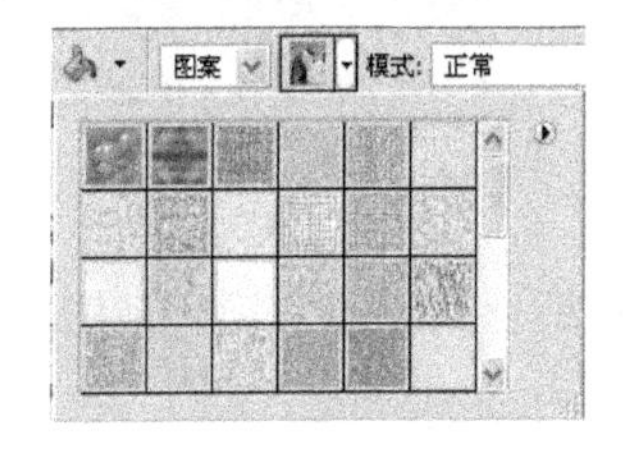

图 6-65　图案拾色器面板

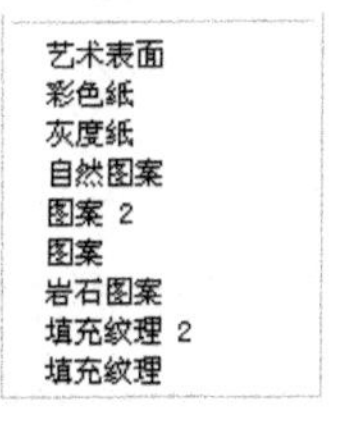

图 6-66　系统预设图案

(2) 模式：选择填充颜色和下层图像的混合样式。

(3) 不透明度：设置填充颜色的透明度，数值越小越透明。

(4) 容差：设置填充颜色时，所填充像素的颜色近似范围。容差值越大则填充区域越大。

(5) 消除锯齿：选中此复选框淡化边缘来产生于背景颜色之间的过渡，从而平滑边缘。

(6) 连续的：选中此复选框后仅填充所单击像素附近连续的近似颜色区域。

(7) 所有图层：选中此复选框后对所有图层都起作用。

6.4.2　图章工具和修复工具

1. 图章工具组

图章工具组包括仿制图章工具和图案图章工具两个，它们的基本功能都是复制图像，但复制的方式不同，如图 6-67 所示。

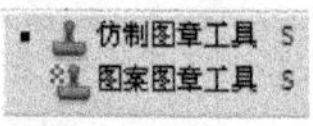

仿制图章工具 S
图案图章工具 S

图 6-67　图章工具组

1) 仿制图章工具

仿制图章工具的作用是从图案中取样，然后将样本复制到其他图像或同一图像的其他部分。仿制图章工具属性栏如图 6-68 所示。

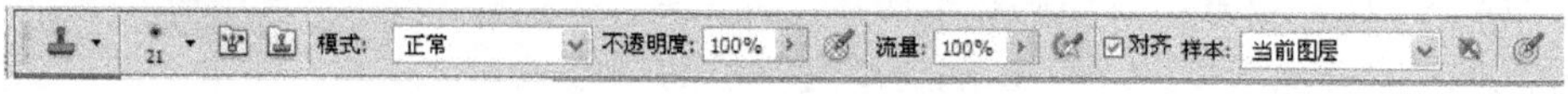

21
模式:
正常
不透明度:
100%
流量:
100%
对齐
样本:
当前图层

图 6-68　仿制图章工具属性栏

该工具栏的画笔、模式、不透明度、流量等功能和前面介绍的画笔工具类似，在这里就不再赘述。选中“对齐”复选框后，复制过程中不管停顿几次都最终只能复制出一个固定位置的图像，而取消后每次停顿后都将使用取样点作为起点重新计算复制。

仿制图章工具的操作方法：按住 Alt 键不放并单击，确定一个取样源点，然后将光标再移到需要修复的地方进行涂抹。被涂抹的位置会产生取样点的图像效果。

利用仿制图章工具可以很方便地对图像进行修改，如去除照片中多余的对象等，如图 6-69、图 6-70 所示。

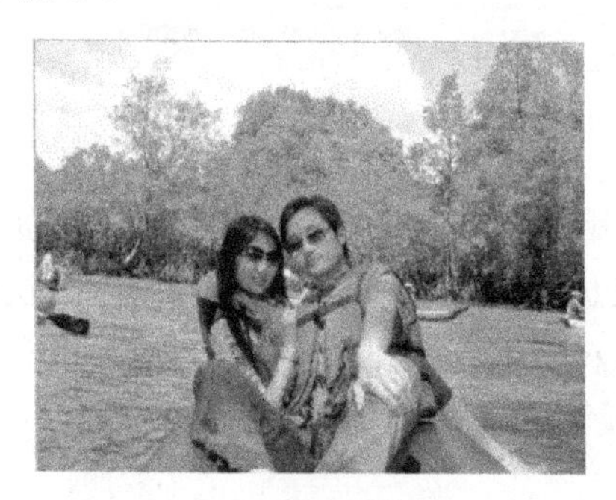

图 6-69　使用仿制图章之前

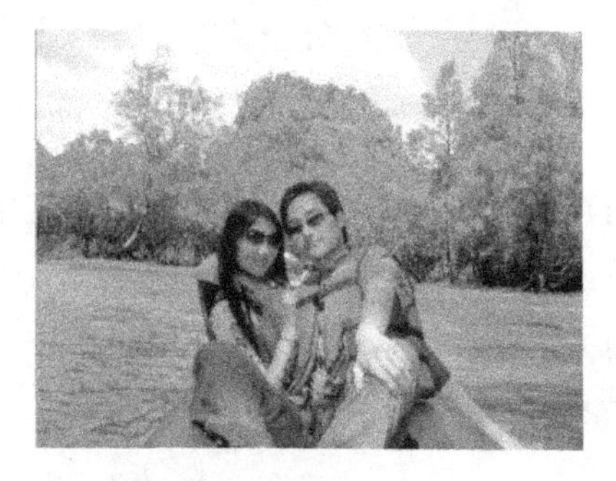

图 6-70　使用仿制图章之后

2) 图案图章工具

使用图案图章工具不像仿制图章工具那样需要取样，而是利用预设图案在图像中复制绘制。图案图章工具属性栏如图 6-71 所示。

21
模式:
正常
不透明度:
100%
流量:
100%
对齐
印象派效果

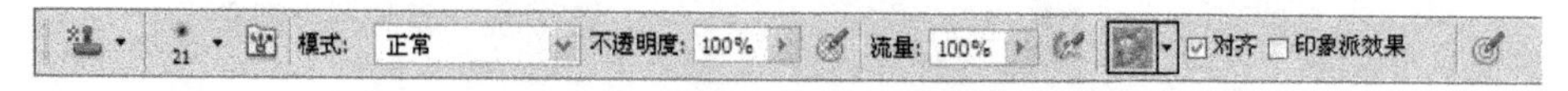

图 6-71　图案图章工具属性栏

单击“图案”下拉列表可以打开“图案拾色器”，在里面选择一种合适的图案，然后单击并拖动鼠标，就可以进行图章绘制了。

注意：“图案拾色器”中的图案除了系统预设以外，也可以利用前面提到的选区定义图案的方法进行自定义。选中“印象派效果”复选框后，图案颜色会随机运算变化，产生印象派效果。

2. 修复工具组

利用修复工具组可以对已有图像进行效果修饰，也可以制作一些图像特效。修复工具常用来修复图像，也可用来复制或隐藏图像中的部分对象，如图 6-72 所示。

右击工具箱中的污点修复画笔工具会弹出修复工具组。修复工具组共有 4 个修复工具，分别是污点修复画笔工具、修复画笔工具、修补工具和红眼工具。

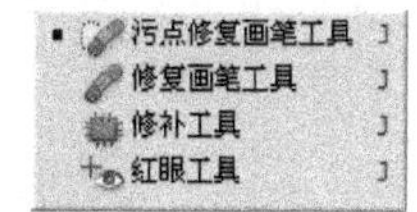

图 6-72　修复工具组

1) 污点修复画笔工具

利用污点修复画笔工具可以快速的移去图片中的污点和其他不理想的部分。它使用图像中污点周围的样本与所修复像素进行自动匹配，而不需要取样源点。

污点修复画笔工具属性栏如图 6-73 所示：

图 6-73　污点修复画笔工具属性栏

(1) 画笔：调节修复画笔的大小、硬度、圆度、角度等参数。

(2) 模式：设置修复图像时使用的色彩混合模式。

(3) 类型：包含近似匹配、创建纹理、内容识别 3 种。“近似匹配”是用选区边缘周围的像素来修复图像区域，用于周边图像环境较为简单的时候。“创建纹理”是基于笔触范围内部的像素生成目标像素，即可基于笔触选区范围内的像素生成一种纹理效果，多用于较为模糊或带有材质质感的地方。“内容识别”是 Photoshop CS5 新增的一种类型，修复方式和近似匹配类似。常用内容识别方式进行修复效果较好。

污点修复画笔工具效果如图 6-74、图 6-75 所示。

图 6-74　使用污点修复画笔工具之前

图 6-75　使用污点修复画笔工具之后

2) 修复画笔工具

修复画笔工具常用于修复校正图片瑕疵。修复前必须先取样源点，和污点修复画笔工具相比，它更常用于相对较大面积的瑕疵或者需要手动控制修复的细节。

修复画笔工具属性栏如图 6-76 所示。

图 6-76 “修复画笔”工具属性栏

源：选择“取样”后，按住 Alt 键可以取样修复的源点。选择图案后可任选一个预设图案或自定义图案对图像进行修复。

修复画笔工具的其他工具选项和仿制图章工具基本类似，在这里就不再赘述。

修复画笔工具和仿制图章工具的操作方法都一样：按住 Alt 键不放并单击，确定一个取样源点，然后将光标再移到需要修复的地方进行涂抹。被涂抹的位置会产生取样点的图像效果。

不同点：修复画笔工具能够把取样点的纹理、颜色、透明度等与要修复的地方进行的融合；仿制图章工具是完全取样所定义点的颜色和图案，没有任何改变。

利用修复画笔工具可以很方便地对图像进行修饰，如人物面部修复等，如图 6-77、图 6-78 所示。

图 6-77　使用修复画笔工具之前

图 6-78　使用修复画笔工具之后

3) 修补工具

修补工具是修复画笔工具的一个补充，两者基本类似。所不同的是修复画笔工具是通过按住 Alt 键盘后用画笔取样来修复图像，而修补工具则是利用指定选区来修复图像。和修复画笔工具一样，修补后的图像色彩、纹理、阴影等会自动进行匹配。修补工具属性栏如图 6-79 所示。

图 6-79　修补工具属性栏

(1) 创建选区：根据需要创建选区，分别有新选区、添加到选区、从选区中减去和与选区交叉 4 种选区创建方法。

(2) 修补：选择“源”的时候，应该先选取需要被修补的区域，然后拖动到取样的图案区域。选择“目标”的时候，应该先选取取样的图案区域，然后再拖动到需要被修补的区域中。

(3) 使用图案：先选取需要修补的区域，可以单击使用图案按钮对所选区域进行修补。

4) 红眼工具

使用红眼工具可以除去闪光灯拍摄的人物照片中的红色反光，也可除去用闪光灯拍摄动物照片中的白色或绿色反光，从而修复眼睛原有色彩。红眼工具属性栏如图所 6-80 示。

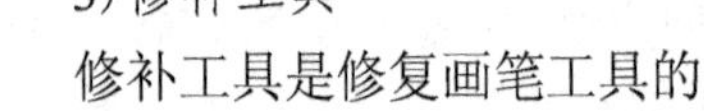

图 6-80　红眼工具属性栏

瞳孔大小：设置瞳孔(眼睛暗色的中心)的大小。

变暗量：设置瞳孔的变暗程度。

在工具属性栏中设置好选项参数，然后单击图像中的红眼部分即可实现修复效果。如图 6-81、图 6-82 所示。

3. 模糊工具组

模糊工具组包含模糊工具、锐化工具和涂抹工具 3 种，如图 6-83 所示。下面简单介绍各自的用法。

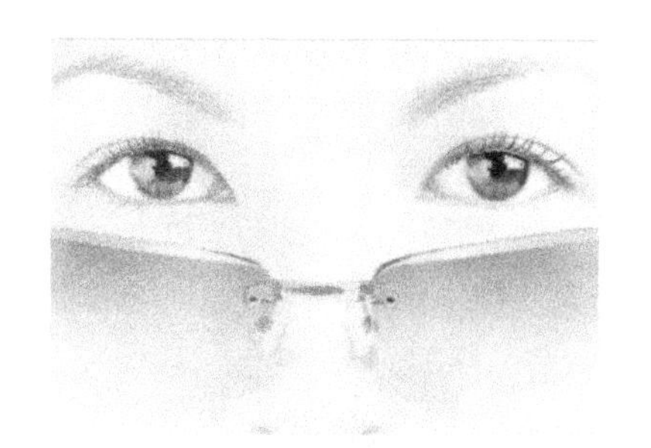

图 6-81　使用红眼工具之前

图 6-82　使用红眼工具之后

1) 模糊工具

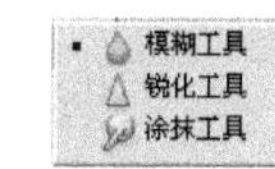

图 6-83　模糊工具组

使用模糊工具可以柔滑图像的僵硬边缘和区域，减少细节并虚化对比，从而达到模糊图像的效果。模糊工具属性栏如图 6-84 所示。

强度：用来控制画笔对图像的模糊程度。

图 6-84　模糊工具属性栏

模糊工具使用效果如图 6-85、图 6-86 所示。

图 6-85　使用模糊工具之前

图 6-86　使用模糊工具之后

2) 锐化工具

锐化工具的作用和模糊工具正好相反，通过聚焦边缘并加大图像相邻像素的色彩以提高图像的清晰度。锐化工具和模糊工具的使用方法和工具属性栏基本完全相同，在这里就不再赘述。

注意：锐化工具只可对模糊图像进行微调。多次重复使用可能导致图像颜色发生偏差。

3) 涂抹工具

涂抹工具可以将鼠标落点处的颜色提取出来，随着鼠标拖动产生手指涂抹未干油墨的效果。涂抹工具属性栏如图 6-87 所示。

图 6-87　涂抹工具属性栏

强度：涂抹过程中对涂抹色彩的拖动衰减程度。

手指绘画：选此复选框后，能以前景色为涂抹的初始色彩。模拟手指蘸上前景色后的涂抹效果。

涂抹工具使用效果如图 6-88、图 6-89 所示。

图 6-88　使用涂抹工具之前

图 6-89　使用涂抹工具之后

4. 减淡工具组

减淡工具组包括减淡工具、加深工具和海绵工具 3 种，如图 6-90 所示。主要用于将图像的颜色加深或者减淡，还可以调整图像的色彩饱和度。下面依次简单介绍。

减淡工具　O
加深工具　O
海绵工具　O

图 6-90　减淡工具组

1) 减淡工具

减淡工具是通过增加图像的曝光度从而降低图像中的某个区域(阴影、高光、中间调)的亮度。减淡工具属性栏如图 6-91 所示。

图 6-91　减淡工具属性栏

范围：在“范围”下拉列表中可以选择阴影、高光和中间调。“阴影”用于调整图像中的暗部区域像素，“高光”用于调整图像中的亮部区域像素，“中间调”用于调整图像中颜色明暗为中间范围的部分像素。可以根据需要对不同区域有针对性的进行调整。

减淡工具使用效果如图 6-92、图 6-93 所示。

图 6-92　使用减淡工具之前

图 6-93　使用减淡工具之后

2) 加深工具

加深工具通过弱化图像的光线来提高图像中的某个区域(阴影、高光、中间调)的亮度。

加深工具属性栏和使用方法和减淡工具相同，在这里就不再赘述。

注意：在使用减淡工具的时，如果按下 Alt 键，则可临时切换到加深工具，反之亦然。这样的临时切换以便用户更方便地控制调节图像色彩。

减淡工具使用效果如图 6-94、图 6-95 所示。

图 6-94　使用加深工具之前

图 6-95　使用加深工具之后

3) 海绵工具

使用海绵工具可以精确地更改图像区域的色彩饱和度。

海绵工具属性栏如图 6-96 所示。

图 6-96　海绵工具属性栏

模式：在“模式”下来列表中可以选择“减低对比度”去色，也可以选择“饱和”来增加图像对比度。

流量：设置海绵工具在图像中起作用的速度。

海绵工具使用效果对比如图 6-97、图 6-98 所示。

图 6-97　使用海绵工具之前

图 6-98　使用海绵工具之后

6.4.3　文字工具组

文字工具组包含横排文字工具、直排文字工具、横排文字蒙板工具、直排文字蒙板工具 4 个工具，如图 6-99 所示。通过文字工具组可以在 Photoshop CS5 中输入各种样式的文字效果。

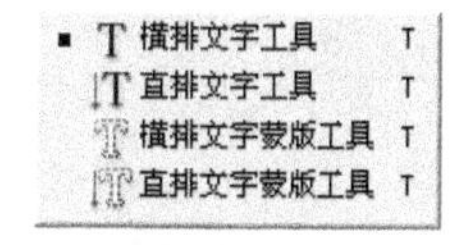

图 6-99　文字工具组

1. 文字工具

利用横排文字工具和直排文字工具可以很方便地在图像中输入文字信息，同时产生新的文字图层。

在文字工具属性栏中可以设置文字字体、大小、颜色等属性，如图 6-100 所示。

图 6-100　文字工具属性栏

(1) 文字方向：文字输入完成后，单击工具属性栏的“更改文字方向”按钮 ，可以将横排文字切换成竖排文字，反之亦然。

(2) 字体：在下拉列表中可以设置文字大小。

(3) 消除锯齿：消除锯齿的方法包括“无”、“锐利”、“犀利”、“浑厚”、“平滑”等，通常设置为“平滑”。

(4) 段落格式：包括左对齐、居中对齐和右对齐按钮。

(5) 文字颜色：单击文字颜色设置会弹出“拾色器”面板，从中选择文字所需颜色。

(6) 变形文字：文字输入完成后，可以单击文字工具属性栏的“变形文字”按钮 ，在弹出的对话框中选择文字变形样式，如扇形、波浪、贝壳等，并设置变形扭曲参数，从而产生各种变形文字，如图 6-101 所示。

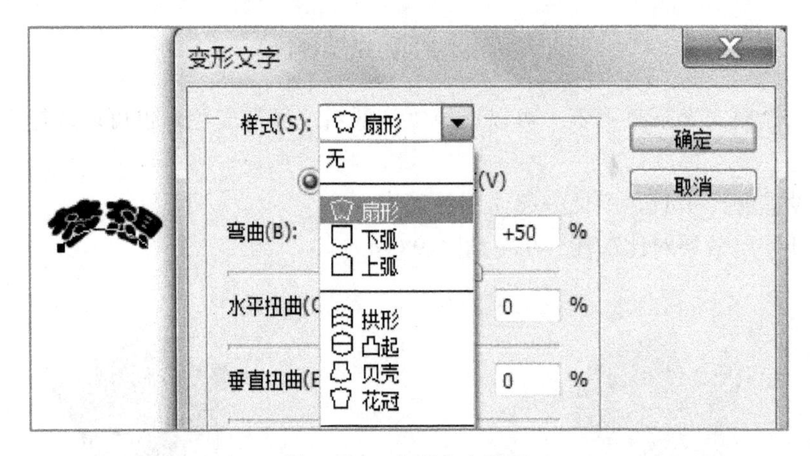

图 6-101　变形文字效果

(7) “字符”和“段落”面板：Photoshop CS5 中可以输入大量文字信息，这时可以使用“字符”和“段落”面板更加精确地设置各种参数。

选择文字工具后单击工具属性栏上的按钮 ，或选择“窗口 | 字符”命令，打开“字符”面板。“字符”面板中各个选项功能如图 6-102 所示。

2. 文字蒙版工具

文字蒙版工具包括横排文字蒙版工具和竖排文字蒙版工具。文字蒙板工具可以在图像中创建文字选区，不会产生新的图层，并且可以像任意其他选区一样方便地进行移动填充、描边、路径转换等操作。

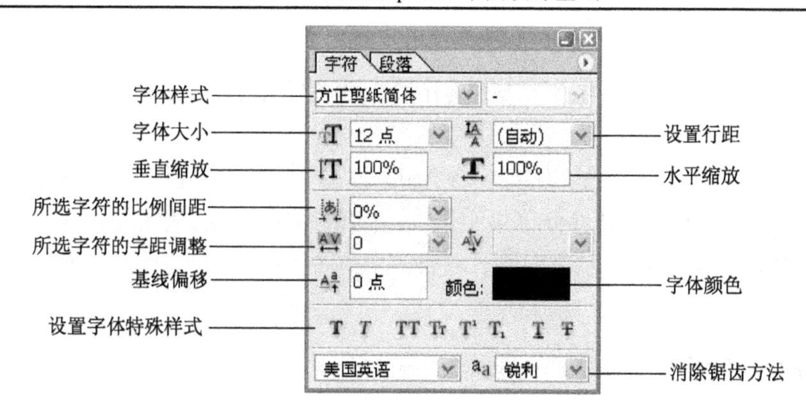

图 6-102 “字符”面板

注意：文字蒙版工具不会自动生成新图层，因此最好先新建图层，然后再填充颜色。文字蒙版工具效果如图 6-103 所示。

3. 文本图层的样式使用

文字除了可以设置颜色、字形、变形等简单效果以外，还可以利用图层样式设置更加丰富的文字效果，在“图层样式”面板旁边的▬三角下拉菜单中还有更加丰富的图层样式预设选项，用户可以根据需要添加选择，如图 6-104～图 6-106 所示。

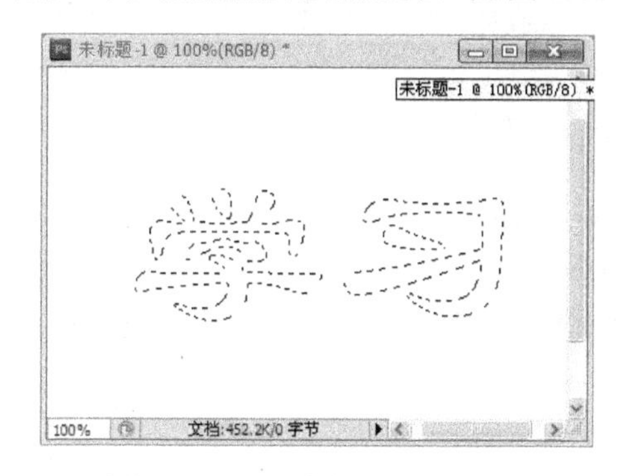

图 6-103　文字蒙版工具创建选区

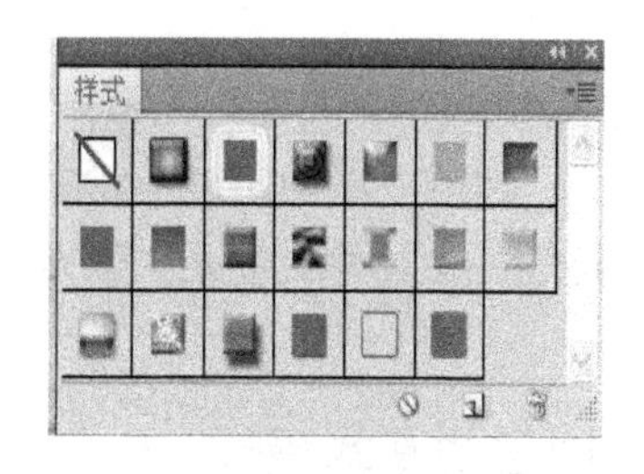

图 6-104 “样式”面板

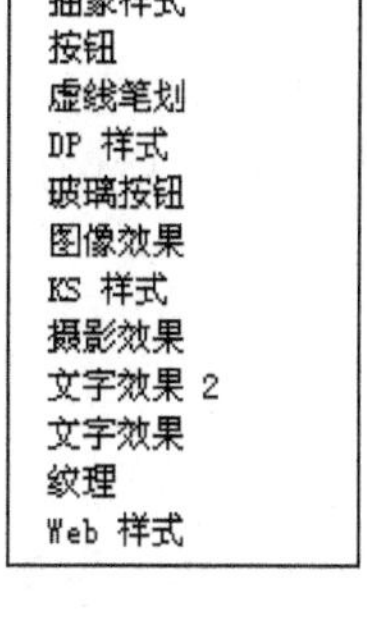

抽象样式
按钮
虚线笔划
DP 样式
玻璃按钮
图像效果
KS 样式
摄影效果
文字效果 2
文字效果
纹理
Web 样式

图 6-105　图层样式预设

图 6-106　文字样式的运用

6.5　图层的管理及应用

“图层”是 Photoshop 图像处理的一个独特概念，可以将图层想象成一张张叠加起来的透明纸，Photoshop 将图像的不同部分分层存放在不同的图层中，这些图层叠在一起形成完成的图像，图像“编辑”命令可以独立对每一层或某些图层中的对象进行操作而不会影响到其他图层。

6.5.1 “图层”面板

“图层”面板列出了图像中的所有图层、图层组和图层预览效果，方便对图层进行创建、隐藏、链接、复制、删除等各项操作。“图层”面板如图 6-107 所示。

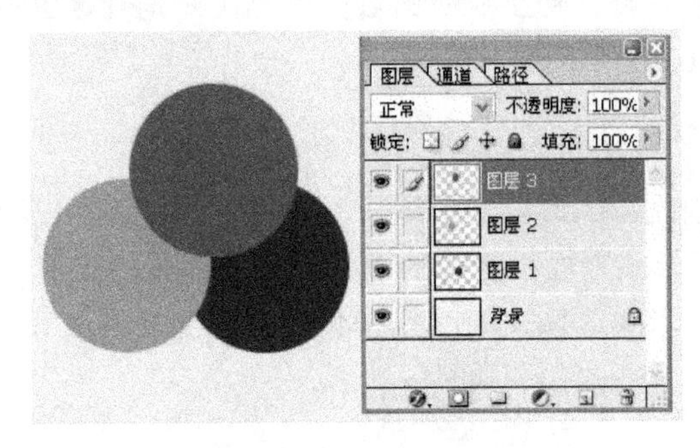

图 6-107 “图层”面板

不透明度：在“图层”面板中可以调节图层不透明度 不透明度: 100% 和图层填充不透明度 填充: 100% ，利用“不透明度”参数可对图层的整体透明度进行调整(包括图层阴影、发光等样式)；填充参数只对图层原有像素进行透明度调整，而对图层阴影等图层特效样式不进行透明调节。

6.5.2 图层的基本操作

1. 新建图层

要创建一个普通图层，Photoshop 提供了多种方法，常见方法如下。

(1) 单击“图层”面板下方的“新建图层”按钮 ，将会按照默认设置快速创建一个完全透明的新图层。

(2) 选择“图层 | 新建 | 图层”命令，将弹出“新图层”对话框，如图 6-108 所示。手动设置新图层名称、颜色、模式、不透明度等属性后单击“确定”按钮完成图层创建。

(3) 可通过快捷键 Ctrl+Shift+N 来创建新图层。

2. 复制图层

(1) 把要复制的图层拖动到“新建图层”按钮 上，产生该图层的副本图层。

(2) 选择“图层 | 复制图层”命令，在弹出的“复制图层”对话框中为复制产生的图层命名后单击“好”按钮，如图 6-109 所示。

(3) 按住 Alt 键，在“图层”面板中直接拖动图层到“新建图层”按钮 上，也会出现“复制图层”对话框。

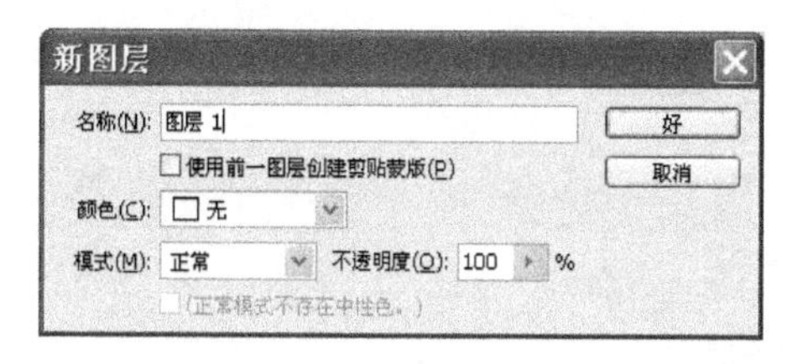

图 6-108　“新图层”对话框

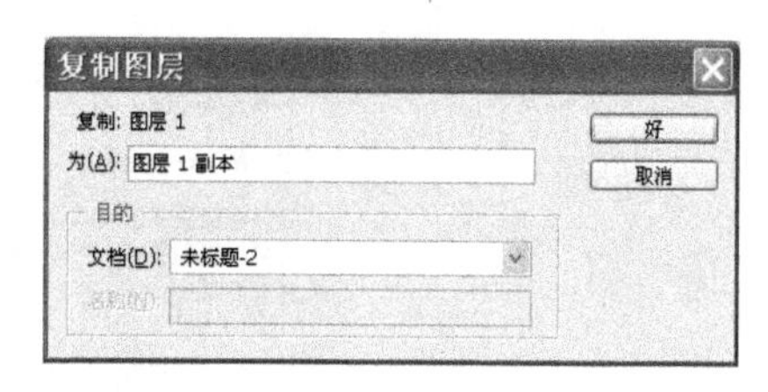

图 6-109　“复制图层”对话框

3. 删除图层

(1) 选中要删除的图层，单击“图层”面板下方的“删除”按钮 ，弹出“删除确认”对话框，单击“是”按钮进行图层删除。

(2) 选中图层，选择“图层 | 删除 | 图层”命令。

(3) 选中图层，按住 Alt 键单击“删除”图标或直接拖动图层到“删除”按钮 上，可不经确认直接删除图层。

4. 显示或隐藏图层

图层左侧的眼睛图标 用于显示和隐藏所选图层。当图层左侧显示 图标时，表示图层处于显示状态，单击取消后，则表示该图层隐藏。

按住 Alt 键，单击某一图层左侧 图标，可以隐藏该图层外的其他所有图层。再次执行同样的操作，则显示所有图层。

5. 图层的锁定

“图层”面板左上方有“图层锁定”按钮，分别有 4 种图层的锁定模式 锁定: ，分别为“锁定透明像素”、“锁定图像像素”、“锁定位置”、“锁定全部”。通过锁定图层可以避免误操作，从而起到对图层的保护或者制作特殊效果。

- 锁定透明像素 ：单击该按钮，将锁定图层中透明像素不能编辑。
- 锁定图像像素 ：单击该按钮，将锁定图像中所有像素不能编辑。画笔工具、橡皮擦工具和渐变工具等可以改变图像像素效果的功能不能在该图层上起作用。
- 锁定位置 ：单击该按钮，锁定图像的位置，锁定后的图层不能进行移动。但图像颜色等像素效果还可以发挥作用。
- 锁定全部 ：单击该按钮，锁定全部图层属性，该图层不能再进行其他操作。

6. 链接图层

链接图层可以使多个图层之间进行相同的操作，以提高工作效率。

(1) 创建链接图层：在 Photoshop CS5 中，选中多个图层右击，选中“链接图层”命令，可使所选图层产生链接效果。这时图层右侧会显示图层链接标志 ，表明该层和当前层链接在一起，当用户移动、变形当前层时，链接层会随着一起移动和变形。

多个图层产生链接后，“图层”菜单下的“对齐链接图层”、“分布链接图层”命令可以使用，方便对链接的图层进行各种对齐和分布命令，如图 6-110 所示。

⑵解除链接图层：选中被链接图层后右击，在弹出的快捷菜单中选择“取消图层链接”命令，即可解除链接的图层。

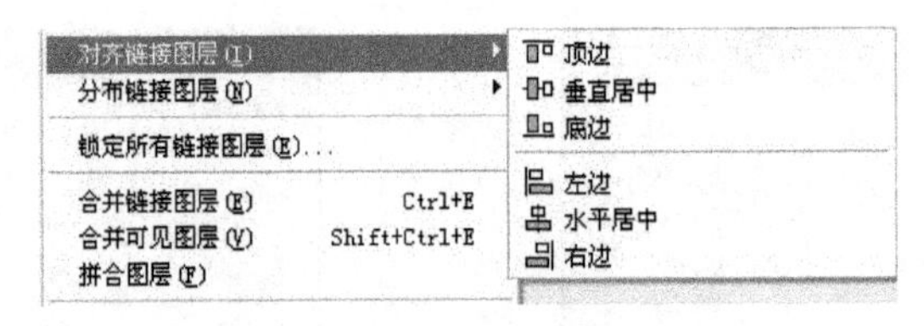

图 6-110 “对齐链接图层”菜单

7. 合并图层

将多个图层合并为一个图层可以释放硬盘空间，缩小文件大小。合并图层通常是图像处理的最后一步操作。合并图层命令如图 6-111 所示。

⑴向下合并：“向下合并”是将当前图层与紧邻的下方图层进行合并。选中图层后，选择“图层｜向下合并”命令(或按快捷键 Ctrl+E)，即可将该图层与下方图层合并为一个图层，合并后的图层将以下方图层名称命名。

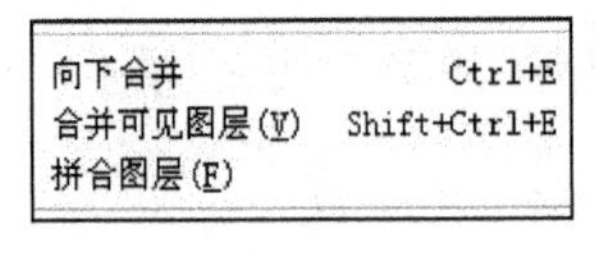

图 6-111 “图层合并”命令

⑵合并可见图层：将所需合并的图层设置为可见状态，选择“图层｜合并可见图层”命令(或按快捷键 Ctrl+Shift+E)，即可把所有可见图层合并到最下方一个图层上。合并后的图层以最下方图层命名。

⑶拼合图层：快速把所有可见图层拼合到背景层上，扔掉不可见的隐藏层。

6.5.3 图层的样式

使用图层样式可以为图像添加各种修饰属性，以制作特殊的效果。Photoshop 中的图层样式包括投影、内阴影、外发光、内发光、斜面和浮雕、光泽等。

选中所需图层后，选择“图层｜图层样式”命令，或直接单击“图层”面板下方的“图层样式”图标，都可添加相应的图层样式。“图层样式”对话框如图 6-112 所示。

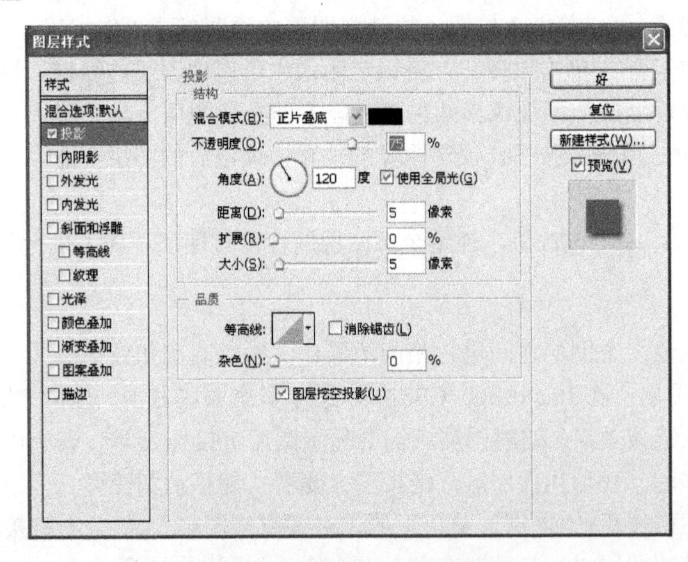

图 6-112 “图层样式”对话框

常见的图层样式效果有以下几种：如图 6-113 所示。

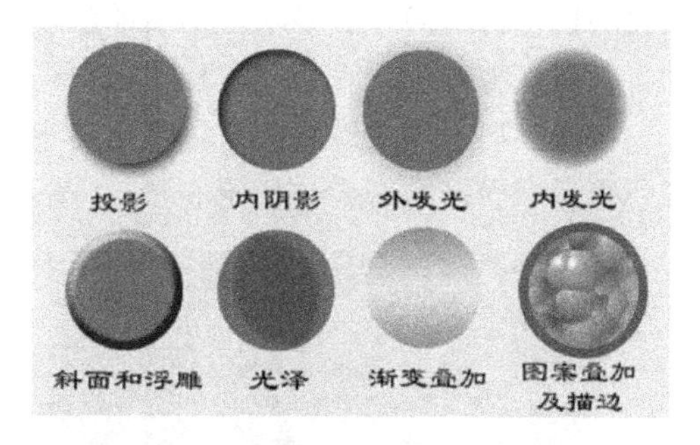

图 6-113　常见的图层样式效果

· 投影：为背景层以外的图层添加图像阴影效果。

· 内阴影：为背景层以外的图层边缘内部添加阴影效果。

· 外发光：在所选图层对象边缘产生向外侧发散的各种光芒效果。

· 内发光：在所选图层对象内部边缘制造向内侧发散的光芒效果。

·斜面和浮雕：在图层内容边缘产生高光、阴影等属性，从视觉上产生浮雕等立体效果。

· 光泽：在图层的图像内部应用阴影，产生类似绸缎或者金属的磨光效果。

· 颜色叠加/渐变叠加/图案叠加：分别在图层内容中叠加纯色、渐变颜色和系统预设图案。

· 描边：用颜色在图层内容的边缘产生描边效果，常用于文字和特定形状。

6.6　图像色彩的调整

Photoshop CS5 提供了很多色彩调整命令，利用这些命令可以轻松地改变一幅图像色调及色彩，从而使图像效果更加美观。Photoshop CS5 的色彩和色调命令大部分在“图像 | 调整”菜单下，下面介绍色彩和色调的常用调整功能。

6.6.1　色阶

利用“色阶”命令可以对图像的基本色调进行调节，它通过对图像中高光、暗调和灰色调的调整来重新分布图像的色调，以获得更丰富的色调效果和图像层次。当图像偏亮、偏暗或整体昏暗时，可以用“色阶”命令进行调节。

选择“图像 | 调整 | 色阶”命令，弹出“色阶”对话框，如图 6-114 所示。在色阶图中可以直接在方框里输入暗调、中间值和高光的数值来调节图像色调，也可拖动滑块进行调节。

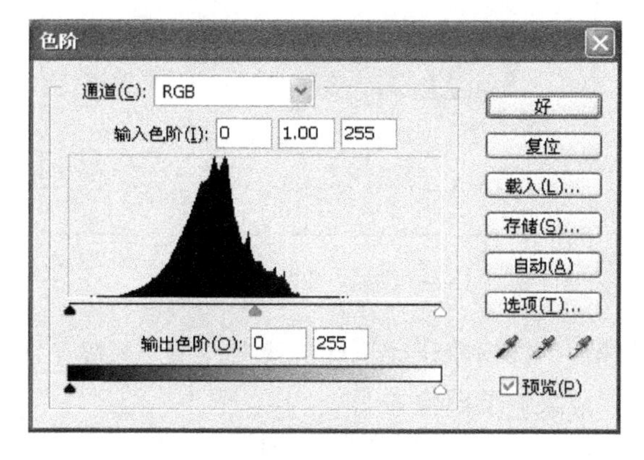

图 6-114　“色阶”对话框

拖动水平轴下方左侧的黑色滑块向中心移动，则图像的整体效果变暗，拖动水平轴下方右侧的白色滑块向中心移动，则图像整体效果变亮；拖动水平轴下方中间的灰色滑块左右移动，则向左移图像变暗，向右移图像变亮。

如果同时将黑色滑块和白色滑块向中心移动，则图像对比度加强，可用来处理一些模糊或色彩反差较弱的图像，如图 6-115、图 6-116 所示。

图 6-115　色阶调整前的图像

图 6-116　色阶调整后的图像

6.6.2　曲线

“曲线”命令可以调整整个图像的色彩范围和平衡，但和“色阶”命令不同，它不是通过 3 个变量(暗调、中间调和高光)来调节图像的色调，而是对 0～255 色调范围内的任一点进行精确调整。

选择“图像 | 调整 | 曲线”命令，弹出“曲线”对话框，如图 6-117 所示。

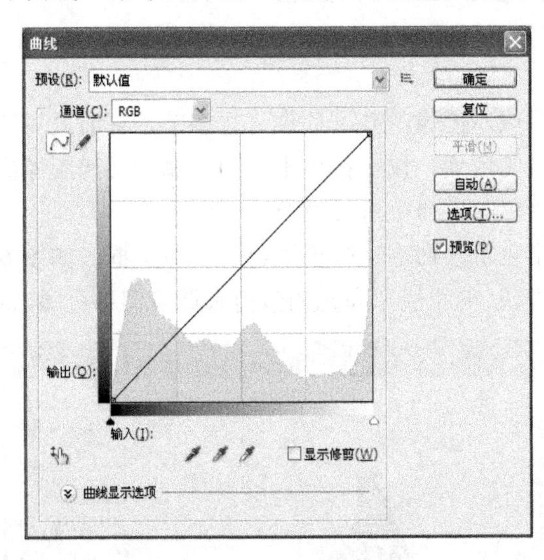

图 6-117　“曲线”对话框

• 编辑点以修改曲线：该按钮默认处于选中状态，用户可以在曲线上单击生成新的控制点，通过移动或删除控制点来调节图像的明暗。

• 通过绘制来修改曲线：单击该按钮可以在图表中绘制自由曲线，通过绘制的曲线调节图像的明暗。

• 平滑：该按钮在绘制完曲线后才会显示出来，单击该按钮会让手动绘制的曲线变得平滑。多次单击该按钮执行后，曲线将变为直线。

• 自动：单击该按钮，系统会对图像进行自动颜色校正命令。

6.6.3　亮度/对比度

选择“图像 | 调整 | 亮度/对比度”命令，弹出“亮度/对比度”对话框，如图 6-118 所示。利用“亮度/对比度”命令可以通过拖动滑块或手动数值，从而调节图像的整体亮度和明暗对比度。

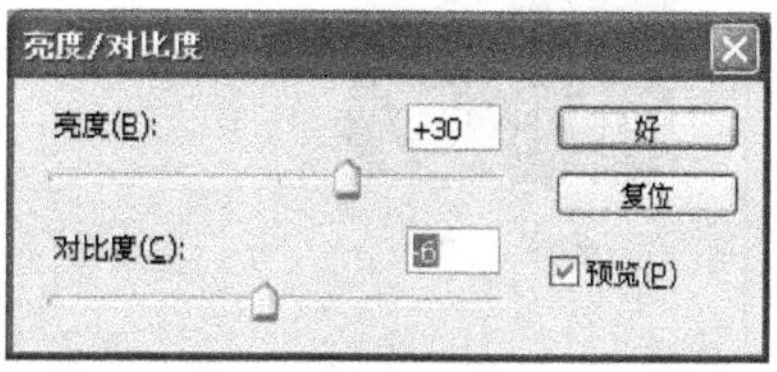

图 6-118　“亮度/对比度”对话框

6.6.4　色相/饱和度

色相是色彩的首要特征，是区别各种不同色彩最准确的标准。简单地说，色相就是指具体的各种颜色效果。

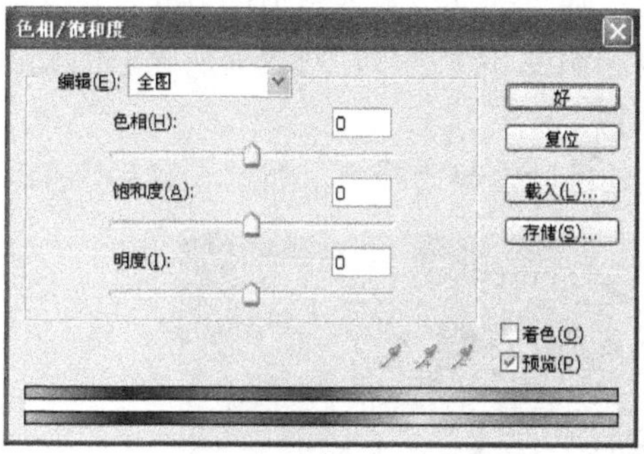

图 6-119　“色相/饱和度”对话框

选择“图像 | 调整 | 色相/饱和度”命令，弹出“色相/饱和度”对话框，如图 6-119 所示。拖动色相滑块可以调节图像颜色，饱和度滑块可以调节色彩浓度，明度滑块可以调节色彩亮度。

“色相/饱和度”命令主要用来改变图像的色相，如将红色变为蓝色，将绿色变为紫色等。可以用来微调图像中的某些颜色。选中“着色”复选框后，可以同步调整图像中的所有颜色。

利用“色相/饱和度”命令能够很方便地对图像进行着色、变色等色彩调节，如头发、肤色、衣着颜色等。

6.6.5　色彩平衡

选择“图像 | 调整 | 色彩平衡”命令，弹出“色彩平衡”对话框，如图 6-120 所示。“色彩平衡”命令可以微调图像的总体颜色效果，常用于校正图像颜色的色偏。从而产生更真实的色彩效果。

在“色彩平衡”对话框中，左、右两列颜色为互补色。如果原有图像有偏色现象，则向反方向拖动色彩滑块。如果一幅图像整体泛黄，则可以在“色彩平衡”对话框中调节色彩滑块往蓝色方向滑动。如果图像整体泛红，则调整色彩滑块往青色方向滑动。

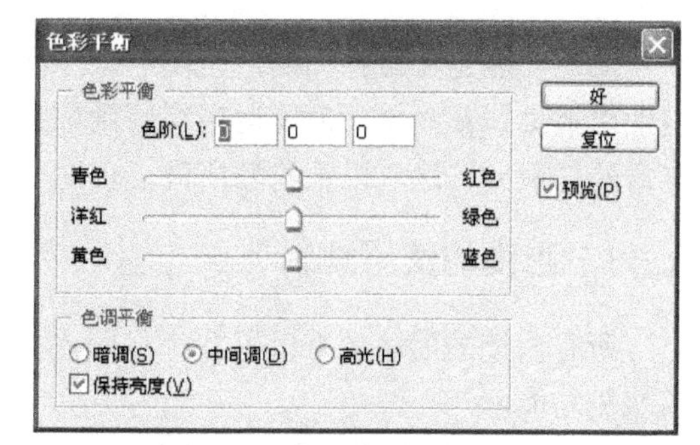

图 6-120　“色彩平衡”对话框

6.6.6　自动色阶、自动对比度和自动颜色

利用“图像 | 调整”列表中的“自动色阶”、“自动对比度”和“自动颜色”等命令可快速对图像进行整体色调和色彩调节。其缺点是，调整不够准确，容易出现偏色。

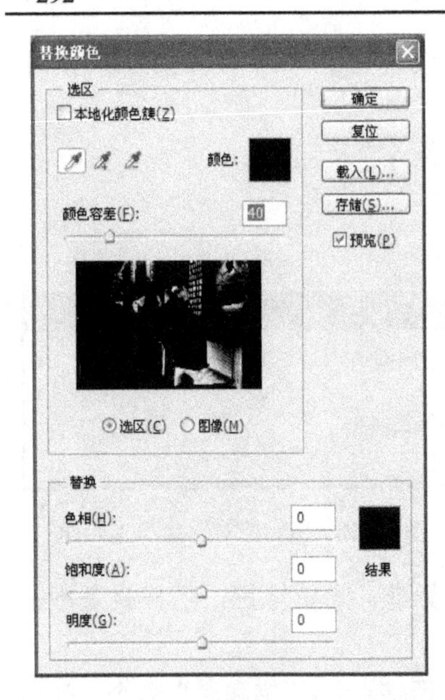

图 6-121 “替换颜色”对话框

6.6.7 替换颜色

“替换颜色”命令可以选择图像中的特定颜色，然后替换掉这些颜色，也可以设置选定区域的色相、饱和度和亮度。

选择“图像 | 调整 | 替换颜色”命令，弹出“替换颜色”对话框，如图 6-121 所示。

• 吸管按钮组：包括吸管工具、添加到取样工具和从取样中减去工具。通过吸管工具可以选定某种颜色作为选区，并增大或缩小选区。

• 颜色容差：通过拖拽颜色容差滑块或直接输入数值，可以调整所选颜色的容差，从而扩大或缩小选区。

• 替换设置区：通过拖动或输入数值的方式，调整颜色的色相、饱和度和明度 3 个参数，对之前所吸取的颜色选区的颜色展开替换。

通过“替换颜色”命令，可以将图 6-122 中黄色的枫叶调整为绿色，如图 6-123 所示。

图 6-122 替换颜色调整前

图 6-123 替换颜色调整后

6.7 滤 镜 特 效

滤镜功能是非常强大的，使用起来千变万化，运用得体将产生各种各样的特效。虽然滤镜使用本身非常简单，但要运用得恰到好处比较难，除了要熟悉滤镜的各种效果，还需要有丰富的想象力，这里由于篇幅所限，仅对一些常用滤镜进行简单介绍。

6.7.1 滤镜的使用规则

所有滤镜的用法都有以下几个相同点，用户必须遵守这些操作要领，才能准确有效地使用滤镜功能。

(1) 滤镜只能应用于当前可视图层，且可以反复、连续的应用，但一次只能应用在一个图层上。

(2) 如果在图层中创建了选区，则滤镜只针对选区中的图像产生特效应用。

(3) 滤镜的处理效果是以像素为单位的，用相同的参数处理不同分辨率的图像，其效果也会不同。

(4) 在除 RGB 以外的其他颜色模式下只能使用部分滤镜。例如，在 CMYK 和 Lab 颜色模式下，不能使用“画笔描边”、“素描”、“纹理”和“艺术效果”等滤镜。

6.7.2 “液化”滤镜

在修饰图像和创建特殊艺术效果时经常会用到“液化”滤镜，“液化”滤镜可以逼真地模拟液体流动的形态，通过推拉、旋转、膨胀、收缩等方式对图像进行各种形式的艺术变形。

“液化”滤镜的基本应用如下：选择“滤镜 | 液化”命令，打开“液化”对话框，如图 6-124 所示。

图 6-124 “液化”对话框

- 向前变形工具：让对象向推动方向产生液化变形。
- 重建工具：取消变形操作，恢复对象初始形态。
- 顺时针旋转扭曲工具：将图像像素顺时针旋转液化扭曲。当按住 Alt 键使用该工具时，图像像素会逆时针旋转扭曲。
- 皱褶工具：使图像中像素向画笔中心靠拢，类似被挤压收缩的效果。
- 膨胀工具：使图像中像素向画笔边缘扩张，产生膨胀扩展的效果。
- 左推工具/镜像工具/湍流工具：分别产生推进、镜像、特殊波浪等变形效果。
- 冻结蒙板工具：将不需要发生变化的区域保护起来，避免液化变形时产生影响。
- 解冻蒙板工具：取消冻结保护区域。

液化后的图像如图 6-125 所示。

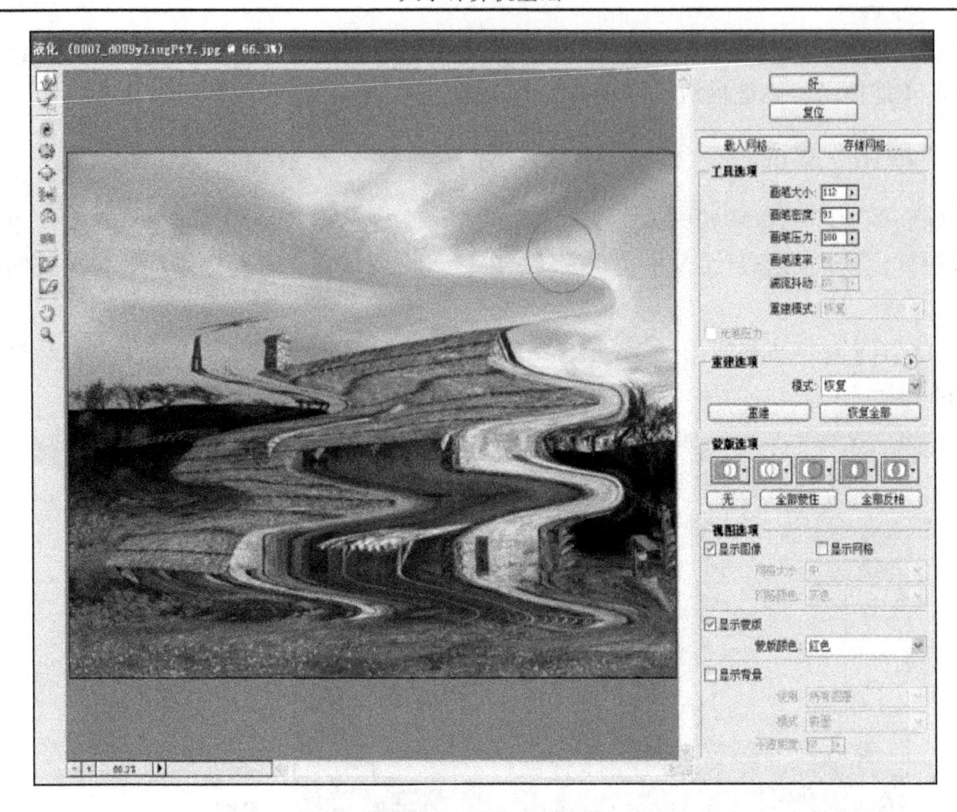

图 6-125　液化后的图像

6.7.3　常用滤镜特效

“滤镜”菜单下还包含了很多特效滤镜，可在“滤镜”菜单中选择需要的滤镜效果，如图 6-126 所示。常见的滤镜分类如下。

(1)“像素化”滤镜：使单元格中颜色值相近的像素形成色块，从而清晰的定义一个选区。

(2)“扭曲”滤镜：对图像进行几何扭曲，创造出 3D 效果或其他整体变化。

(3)“杂色”滤镜：添加或移去杂色或带有随机分布色阶的像素，从而将选区更好地混合到周围像素中。

(4)“模糊”滤镜：通过不同的方式使图像中的线条和硬边的邻近像素平均，产生平滑过渡的模糊效果，从而柔化、修饰原有图像。

(5)“渲染”滤镜：在图像中创建云彩图案、折射效果和模拟灯光等特效变化，将图案处理成具有三维空间光影的效果。

(6)“画笔描边”滤镜：通过模拟不同的笔刷和笔画变化勾画图像，使图像产生艺术的绘画风格。

(7)“素描”滤镜：将各种特殊纹理添加到图像上，通常用来获得 3D 效果，也适用于创建美术或手绘效果。

(8)“纹理”滤镜：使图像的表面纹理或深部材质发生外观变化。

(9)“锐化”滤镜：产生更大的对比度，使图像更加清晰和增强图像轮廓。

（10）“风格化”滤镜：通过实现像素位移和提高像素之间的对比度，产生绘画或印象派等一系列别具一格的艺术效果。

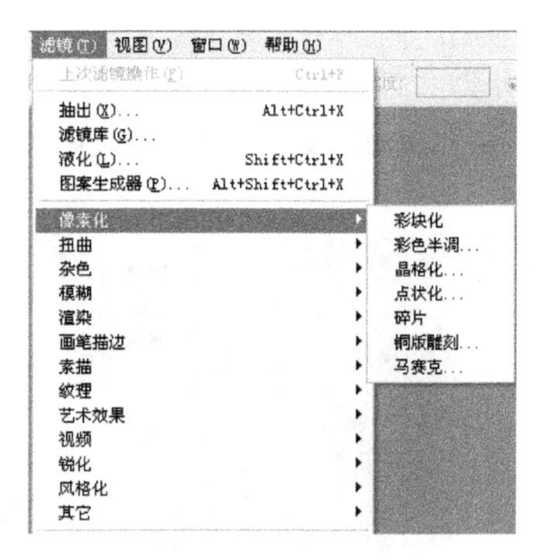

图 6-126 “滤镜”菜单

6.7.4 “抽出”滤镜

有些特殊滤镜需要单独安装，“抽出”滤镜就是其中之一。（Photoshop CS2 版本有自带抽出滤镜）。“抽出”滤镜的作用是将图像从复杂的背景中提取出来，即使对象边缘较细微、复杂，利用“抽出”滤镜也能较方便地将其从背景中脱离出来。

“抽出”滤镜的基本应用如下：首先把抽出滤镜文件复制到 Photoshop 安装目录中的 Plug-ins 文件夹中，重启 Photoshop CS5 软件。然后选择“滤镜 | 抽出”命令，打开“抽出”对话框，如图 6-127 所示。

图 6-127 “抽出”对话框

• 边缘高光工具 ：用于将需要选择的对象边缘勾画出来。使用右侧的工具选项设置笔刷尺寸，然后使用边缘高光工具沿车辆便捷涂抹选取框。

• 填充工具 ：用于填充确定抽出的区域。抽出对象的边缘勾画好之后，使用填充工具在边缘轮廓内单击以填充颜色，以便确定提取对象。

• 橡皮擦工具 ：用于擦除边缘高光和填充色。

当对象边缘高光和内部填充都绘制好之后，单击“预览”按钮，可以预览抽出后的对象效果，此时清除工具 和边缘修饰工具 处于可用状态，可用清除工具清除多余背景，边缘修饰工具修饰边缘像素。预览效果满意后，单击“好”按钮完成对象抽出，如图 6-128 所示。

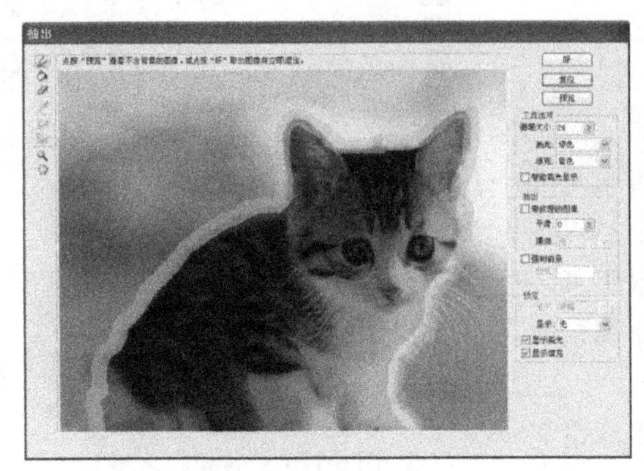

(a) 抽出前的效果

(b) 抽出后的效果

图 6-128 “抽出”滤镜效果

习　题　六

一、判断题(正确填写“A”，错误填写“B”)

1．Photoshop 图像最基本的组成单元是路径。(　　)

2．各种颜色模式中，RGB 颜色模式常用于印刷输出。(　　)

3．Photoshop 中“图像尺寸”命令可以将图像不成比例缩放。(　　)

4．魔棒工具可以选中不相邻的相似颜色区域。(　　)

5．油漆桶工具的填充是按照图像中像素颜色自动判断进行填充的。(　　)

6．横排文字工具不会自动生成新的文字图层。(　　)

7．海绵工具不仅可以降低图像色彩饱和度，也可以提高色彩饱和度。(　　)

8．“图层”面板中锁定的内容有 4 项。(　　)

9．被锁定图像像素的图层不能移动图层位置。(　　)

10．对一张有黄色色偏的图片进行处理，应该运用“亮度/对比度”命令调整。(　　)

二、单项选择题

1．下列________是 Photoshop 图像最基本的组成单元。

A．节点　　B．色彩空间　　C．像素　　D．路径

2．下面对矢量图和像素图描述正确的是________。

A．矢量图的基本组成单元是像素　　B．像素图的基本组成单元是点和路径

C．CorelDraw 9.0 能够生成矢量图　　D．Photoshop CS5 能够生成矢量图

3．Photoshop CS5 中执行________操作，能够在同一幅图像中快速选取不连续的不规则颜色区域。

A．全选图像后，用套索工具减去不需要的被选区域

B．用钢笔工具进行选择

C．使用魔棒工具单击需要选择的颜色区域，并且取消其“连续的”复选框的选中状态

D．没有合适的方法

4．在 Photoshop CS5 中，使用仿制图章工具按住________并单击可以确定取样点。

A．Alt 键　　B．Ctrl 键　　C．Shift 键　　D．Alt + Shift 键

5．Photoshop CS5 当使用魔棒工具选择图像时，在“容差”数值输入框中输入________时，所选择的范围相对最大。

A．50　　B．100　　C．200　　D．256

6．下列哪个命令用来调整色偏________。

A．色调均化　　B．阈值　　C．色彩平衡　　D．亮度/对比度

7．下面对模糊工具功能的描述哪些是正确的。________

A．模糊工具只能使图像的一部分边缘模糊

B．模糊工具的压力是不能调整的

C．模糊工具可降低相邻像素的对比度

D．如果在有图层的图像上使用模糊工具，只有所选中的图层才会起变化

8．当使用减淡工具时，暂时切换到加深工具的方法是________。

A．按住 Shift 键　　B．按住 Alt 键　　C．按住 Ctrl 键　　D．按住 Ctrl＋Alt 键

9．下面________工具可以减少图像的饱和度。

A．加深工具　　B．减淡工具　　C．海绵工具

D．任何一个在选项调板中有饱和度滑块的绘图工具

10．下面________类型的图层可以将图像自动对齐和分布。

A．调节图层　　B．链接图层　　C．填充图层　　D．背景图层

三、多项选择题

1．选择“文件 | 新建”命令，在弹出的“新建”对话框中可以设定下列________选项。

A．图像的宽度和高度　　B．图像的分辨率

C．图像的色彩模式　　D．图像的标尺单位

2．以下________属于 Photoshop CS5 图像可保存的格式。

A．BMP　　B．JPG　　C．GIF　　D．LAB

3．下列关于图像分辨率的描述，正确的是________。

A．图像分辨率的单位：ppi(像素/英寸)

B．图像分辨率是单位长度内像素的数量

C．图像分辨率越大，图像占的内存越大

D．图像分辨率的大小和图像所占空间的大小成正比

4．下面________因素的变化会影响图像所占硬盘空间的大小。

A．像素多少　　B．文件尺寸　　C．分辨率　　D．文件名长度

5．套索工具包含________类型。

A．自由套索工具　　B．多边形套索工具

C．圆形套索工具　　D．磁性套索工具

6．下面________选项属于规则选择工具。

A．矩形选框工具　　B．椭圆选框工具

C．多边形套索工具　　D．单列选框工具

7．下面对渐变填充工具功能的描述________正确的。

A．如果在不创建选区的情况下填充渐变色，渐变工具将作用于整个图像。

B．在 Photoshop CS5 中共有三种渐变类型

C．可以任意定义和编辑渐变色，不管是两色、三色还是多色

D．渐变填充可以实现透明效果的渐变过渡

8．建立新图层的方法是________。

A．双击“图层”面板的空白处　　B．单击“图层”面板下方的“新建”按钮

C．使用鼠标将当前图像拖动到另一张图像上　　D．使用文字工具在图像中添加文字

9．下面对背景色橡皮擦工具与魔术橡皮擦工具描述正确的是________。

A．背景色橡皮擦工具与魔术橡皮擦工具使用方法基本相似，背景色橡皮擦工具可将颜色擦掉变成没有颜色的透明部分

B．魔术橡皮擦工具根据颜色近似程度来确定将图像擦成透明的程度

C．背景色橡皮擦工具属性栏中的“容差”选项是用来控制擦除颜色的范围

D．魔术橡皮擦工具属性栏中的“容差”选项在执行后擦除图像连续的部分

10．Photoshop CS5 中有锁定图层的方式是________。

A．透明度锁定　　B．位置锁定　　C．像素锁定　　D．全部锁定

四、填空题

1．由计算机处理的图像分两类，分别是________和________，其中 Photoshop CS5 处理的图像属于________，Flash 处理的图像属于________。

2．Photoshop 中常见的颜色模式有________、________、________和 HSB 等。

3．快速填充前景色的快捷键是________。

4．对于已经创建好的选区，可以使用________菜单下的________命令进行绘制边缘线条。

5．________可以在图像中创建横向文字选区，不会产生新的图层。

6．利用________命令能够很方便地对图像进行着色、变色等色彩调节。

7．Photoshop 中常用图层样式包括________、________、________、________、________、光泽等。

8．“图层”面板中锁定的内容有 4 项，分别为________、________、________、________。

9．渐变填充工具属性栏中有 5 种渐变类型分别为________、________、________、________、________。

10．________可以将不需要发生变化的区域保护起来，避免“液化”滤镜变形时产生影响。

第7章 网络基础

当今世界正经历着一场信息革命，信息已经成为人类赖以生存的重要资源。信息的流通离不开通信，信息的处理离不开计算机，计算机网络正是计算机技术与通信技术密切结合的产物。信息的社会化、网络化和全球经济的一体化无不受到计算机网络技术的巨大影响。网络使人类的生活方式、工作方式发生了深刻的变革。

本章主要介绍计算机网络的一些基础知识、局域网的组成、网络互连相关知识、网络常用软件和计算机网络安全常识。

7.1 计算机网络概述

计算机网络是计算机技术和通信技术紧密相结合的产物，它涉及通信与计算机两个领域。它的诞生使计算机体系结构发生了巨大变化，在当今社会中起着非常重要的作用，它对人类社会的进步做出了巨大贡献。现在，计算机网络已经成为人们社会生活中不可缺少的一个基本组成部分，计算机网络的应用已经遍布各个部门领域。从某种意义上讲，计算机网络的发展水平不仅反映了一个国家的计算机科学和通信技术水平，而且已经成为衡量其国力及现代化程度的重要标志之一。

7.1.1 计算机网络的定义和功能

1. 计算机网络的定义

对“计算机网络”这个概念的理解和定义随着计算机网络本身的发展而发展。在不同时期，人们提出了各种不同的观点来定义计算机网络。

早期的计算机系统是高度集中的，所有的设备安装在单独的大房间中。后来出现了批处理和分时系统，分时系统所连接的多个终端必须紧接着主计算机。20 世纪 50 年代中后期，许多系统都将地理上分散的多个终端通过通信线路连接到一台中心计算机上，这样就出现了第一代计算机网络。

第一代计算机网络是以单个计算机为中心的远程联机系统。典型的应用是由一台计算机和全美范围内 2000 多个终端组成的飞机订票系统。当时，人们把计算机网络定义为“以传输信息为目的而连接起来，实现远程信息处理或进一步达到资源共享的系统”，这样的通信系统已具备了网络的雏形。

第二代计算机网络以多个主机通过通信线路互联起来，为用户提供服务。兴起于 20 世纪 60 年代后期，典型的代表是美国国防部高级研究计划局协助开发的 ARPANET。主机之间不是直接用线路相连，而是接口报文处理机(IMP)转接后互联的。IMP 和它们之间互联的通信线路一起负责主机间的通信任务，从而构成了通信子网。通信子网互联的主机负责运行程序，提供资源共享，从而组成了资源子网。两台主机间通信时对传送信息内容的理解、信息表示形式，以及各种情况下的应答信号都必须遵守一个共同的约定，称为协议。在 ARPANET 中，将协议按功能分成了若干层次，如何分层，以及各层中具体采用协议的总和称为网络体系结构。体系结构是个抽象的概念，具体通过特定的硬件和软件来完成的。20 世纪 70～80 年代，第二代网络迅猛发展。第二代网络以通信子网为中心，这个时期“网络”概念为“以能够相互共享资源为目的互联起来具有独立功能的计算机集合体”，形成了计算机网络的基本概念。

第三代计算机网络是具有统一的网络体系结构并遵循国际标准的开放式和标准化的网络。ISO 在 1984 年颁布了 OSI 网络参考模型，该模型分为七个层次，也称为 OSI 七层模型，被公认为新一代计算机网络体系结构的基础，为普及局域网奠定了基础。

第四代计算机网络从 20 世纪 80 年代末开始，局域网技术发展成熟，出现光纤及高速网络技术、多媒体、智能网络，整个网络就像一个对用户透明的大计算机系统。这个时期的计算机网络是指将多个具有独立工作能力的计算机系统，通过通信设备和线路互连起来，在功能完善的网络软件支持下，实现资源共享和数据通信的系统。

从定义中可看出，计算机网络涉及四个方面的问题：

(1) 至少两台计算机互连；

(2) 通信设备与线路介质；

(3) 通信协议；

(4) 网络操作系统和网络应用软件。

2. 计算机网络的功能

计算机网络用途广泛，功能强大，其中最重要的三个功能是：数据通信、资源共享、分布处理。

1) 数据通信

数据通信是计算机网络最基本的功能，是实现其他功能的基础。它用来快速传送计算机与终端、计算机与计算机之间的各种信息，包括文字信件、新闻消息、咨询信息、图片资料、报纸版面等。利用这一特点，可实现将分散在各个地区的单位或部门用计算机网络联系起来，进行统一的调配、控制和管理。

2) 资源共享

“资源”是指网络中所有的软件、硬件和数据资源；“共享”是指网络中的用户都能够部分或全部地享受这些资源。例如，某些地区或单位的数据库(如飞机机票、饭店客房等)可供全网使用；某些单位设计的软件可供需要的地方有偿调用或办理一定手续后调用；一些外部设备如打印机，可面向用户，使不具有这些设备的用户也能使用这些硬件设备。如果不能实现资源共享，各地区都需要有完整的一套软硬件及数据资源，则将大大地增加全系统的投资费用。

3) 分布处理

当某台计算机负担过重时，或该计算机正在处理某项工作时，网络可将新任务转交给空闲的计算机来完成，这样处理能均衡各计算机的负载，提高处理问题的实时性；对大型综合问题，可将问题各部分交给不同的计算机分头处理，充分利用网络资源，扩大计算机的处理能力，即增强实用性。对解决复杂问题来讲，多台计算机联合使用并构成高性能的计算机体系，这种协同工作、并行处理要比单独购置高性能的大型计算机便宜得多。

7.1.2　计算机网络的构成和分类

1. 计算机网络的构成

计算机网络是由计算机系统、通信链路和网络节点组成的计算机群，它是计算机技术和通信技术紧密结合的产物，承担着数据处理和数据通信两类工作。从逻辑功能上可以将计算机网络划分为两部分：一部分是对数据信息的收集和处理，另一部分则专门负责信息的传输。ARPANET 的研究者们把前者称为资源子网，后者称为通信子网，如图 7-1 所示。

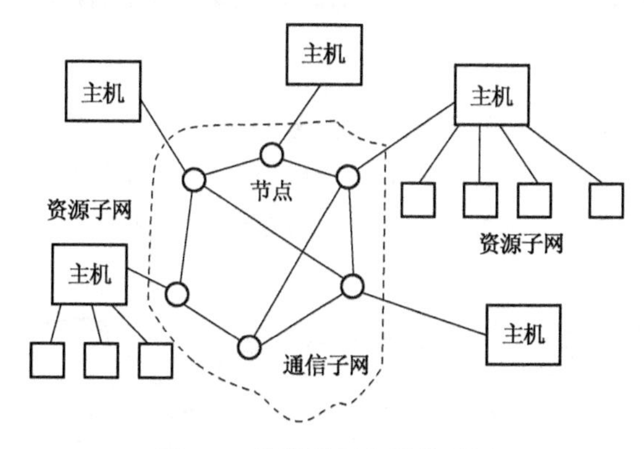

图 7-1　资源子网和通信子网

1) 资源子网

资源子网主要对信息进行加工和处理，面向用户，接受本地用户和网络用户提交的任务，最终完成信息的处理。它包括访问网络和处理数据的硬件、软件设施，主要有主计算机系统、终端控制器和终端、计算机外部设备、有关软件和可共享的数据(如公共数据库)等。

(1) 主计算机系统。主计算机系统(也称主机)可以是大型机、小型机或局域网中的微型计算机，它们是网络中的主要资源，也是数据资源和软件资源的拥有者，一般都通过高速线路将它们和通信子网的节点相连。

(2) 终端控制器和终端。终端控制器连接一组终端，负责这些终端和主机的信息通信，或直接作为网络节点，在局域网中它相当于集线器(Hub)。终端是直接面向用户的交互设备，可以是由键盘和显示器组成的简单终端，也可以是微型计算机。

(3) 计算机外设。计算机外设主要是网络中的一些共享设备，如大型的硬盘机、数据流磁带机、高速打印机、大型绘图仪等。

2) 通信子网

通信子网主要负责计算机网络内部信息流的传递、交换和控制，以及信号的变换和通信中的有关处理工作，间接服务于用户。它主要包括网络节点、通信链路和信号转换设备等硬件设施，提供网络通信功能。

(1) 网络节点。网络节点的作用，一是作为通信子网与资源子网的接口，负责管理和收发本地主机和网络所交换的信息；二是作为发送信息、接收信息、交换信息和转发信息的通信设备，负责接收其他网络节点传送来的信息并选择一条合适的链路发送，完成信息的交换和转发功能。网络节点可以分为交换节点和访问节点两种。交换节点主要包括交换机(Switch)、集线器、网络互连时用的路由器(Router)，以及负责网络中信息交换的设备等；访问节点主要包括连接用户主机和终端设备的接收器、发送器等通信设备。

(2)通信链路。通信链路是两个节点之间的一条通信信道。链路的传输媒体包括双绞线、同轴电缆、光导纤维、无线电微波和卫星等。一般在大型网络中和相距较远的两个节点之间的通信链路，是利用现有的公共数据通信线路。

(3)信号转换设备。信号转换设备的功能是对信号进行变换以适应不同传输媒体的要求。这些设备一般有：将计算机输出的数字信号转换为电话线上传送的模拟信号的调制解调器(Modem)、无线通信接收和发送器、用于光纤通信的编码解码器等。

2. 计算机网络的分类

计算机网络的分类可按多种方法进行：按分布地理范围的大小分类，按网络的用途分类，按采用的传输媒体或管理技术分类等。一般按网络的分布地理范围来进行分类，可以分为局域网(LAN)、城域网(MAN)和广域网(WAN)三种类型。这三种网络之间的互连如图 7-2 所示。

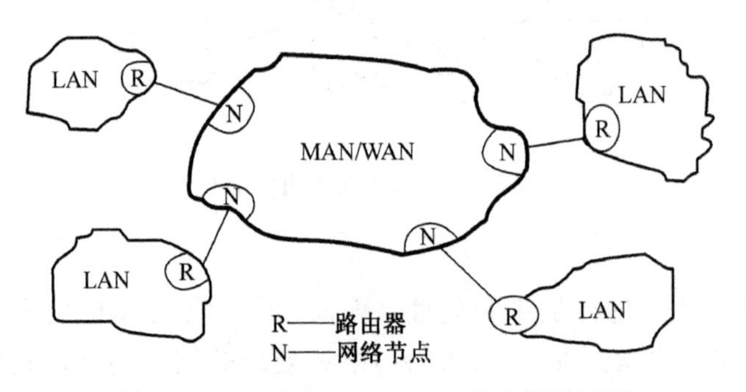

图 7-2　LAN 和 MAN、WAN 的连接示例图

1)局域网

局域网(Local Area Network，LAN)的地理分布范围在几千米以内，一般局域网建立在某个机构所属的一个建筑群内或大学的校园内，也可以是办公室或实验室由几台、几十台计算机连成的小型局域网络。局域网连接的这些用户的微型计算机及其网络上作为资源共享的设备(如打印机、绘图仪、数据流磁带机等)间可进行信息交换，另外通过路由器和广域网或城域网相连接以实现信息的远程访问和通信。LAN 是当前计算机网络发展中最活跃的分支。局域网有别于其他类型网络的特点是：

(1)局域网的数据传输率高，一般在 10～100Mbit/s，现在的高速 LAN 的数据传输率可达千兆位。局域网信息的传输时延小、差错率低；局域网易于安装，便于维护和管理。

(2)局域网的拓扑结构一般采用广播式信道的总线型、星型、树型和环型。

2)城域网

城域网(Metropolitan Area Network，MAN)采用类似于 LAN 的技术，但规模比 LAN 大，地理分布范围在 10～100km，介于 LAN 和 WAN 之间，一般覆盖一个城市或地区。现在城域网的划分日益淡化，从采用的技术上将其归于广域网内。

3)广域网

广域网(Wide Area Network，WAN)地理分布范围很大，可以是一个国家或洲际网络，规模十分庞大且复杂。它的传输介质由专门负责公共数据通信的机构提供。Internet(国际互联网)就是典型的广域网。

7.2　计算机局域网组成

随着网络技术的发展，局域网技术已经应用到各行各业中，并且已经成为日常生活不可缺少的部分，世界上每天都有成千上万的局域网在不停地运转。构建一个完整的局域网需要硬件系统、软件系统和通信规程三部分，硬件包括主体设备、连接设备和传输介质，软件包括网络操作系统和应用软件，通信规程涉及网络中的各种协议。

7.2.1　主体设备

1. 网络服务器

在网络系统中，有一些计算机和设备允许别的计算机共享它的资源，另外也会应其他计算机或设备的请求来提供服务或共享资源，这就是网络服务器。服务器按照它所提供的服务类型可分为设备服务器、管理服务器、应用程序服务器和通信服务器。

(1) 设备服务器是为网络用户提供共享的设备，如硬盘驱动器、打印机等。

(2) 管理服务器是为网络用户提供管理功能的服务器，如文件服务器、域名服务器等。

(3) 应用程序服务器是在网络版应用软件的支持下所形成的专门服务器，如数据库服务器等。

(4) 通信服务器是网络系统中提供数据交换功能的服务器，如拨号网络服务器等。

2. 网络客户机

在网络系统中，只向服务器提出请求或共享网络资源，不为别的计算机提供服务的计算机称为客户机。客户机要参与网络活动，必须先与网络服务器连接，并且进行登录才可以使用。当它退出网络时，也可以作为一台独立的计算机使用。

网络服务器和网络客户机在进入和退出网络时是有明显区别的，服务器必须是先进后出，即在网络需要时进入，当所有工作站都退出时方可退出。客户机是无顺序要求的，可以按照需要随时登录或退出。

7.2.2　连接设备

1. 网卡

网卡又称为网络接口卡(Net Interface Card，NIC)，如图 7-3 所示，是计算机互连的重要硬件设备，通常插入到计算机总线插槽内或某个外部接口的扩展卡上，与网络连接设备或个人计算机(PC)相连，实现计算机和网络的物理硬件之间的连接。

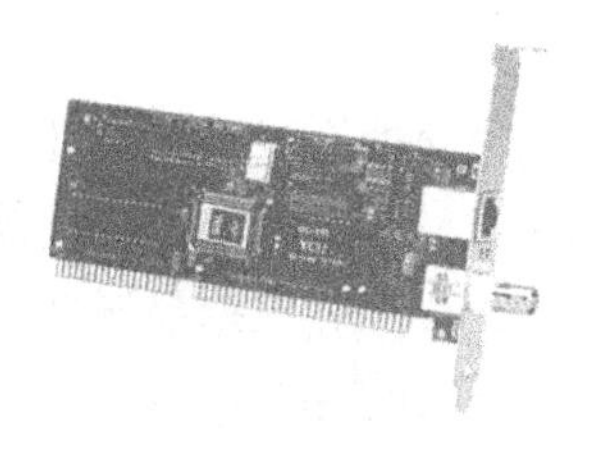

图 7-3　网卡

网卡总线宽度为16位或32位，服务器通常采用32位的网卡。网卡按总线类型可分为 ISA、EISA、PCI、PCMCIA 和并行接口。其中，PCI 接口支持“即插即用”，既可用于客户机，又可用于服务器；对于笔记本电脑，通常采用PCMCIA总线或并行接口的便携式网卡。网卡按接口类型可分为：AUI接口，连接粗同轴电缆；BNC接口，连接细同轴电缆；RJ-45接口，连接非屏蔽双绞线；对于采用光纤传输介质的网卡，常见的接口类型为SC或ST型接口。

每台计算机的网卡都有一个固化的网卡地址(硬件地址)，称为MAC地址，该地址是全球唯一且不可重复的一串十六进制数，所有可用的网卡地址总数约为70亿个。

网卡的基本功能包括以下三种。

(1)数据转换：数据在计算机内是并行传输，在计算机外是串行传输，网卡能完成对数据的并/串和串/并转换。

(2)数据缓存：这是网卡的一个重要功能，它运用缓存的传输技术协调局域网介质和计算机设备之间的速率，以防止数据在传输过程中丢失，同时实现传输控制。

(3)通信服务：网络接口卡中提供的通信协议服务软件，通常被固化在网络接口卡的只读存储器中。

2. 集线器

集线器的英文名称就是通常见到的Hub，集线器的主要功能是对接收到的信号进行再生整形放大，以扩大网络的传输距离，同时把所有节点集中在以它为中心的节点上。集线器主要以优化网络布线结构、简化网络管理为设计目标，是对网络进行集中管理的最小单元，像树的主干一样，是各分枝的汇集点。集线器外观如图7-4所示，其外部结构比较简单。

以集线器为中心节点的优点是：当网络系统中某条线路或某节点出现故障时，不会影响网上其他节点的正常工作，这就是集线器与传统的总线网络最大的区别，并且它提供了多通道通信，大大提高了网络通信速度。

然而，随着网络技术的发展，集线器的缺点越来越突出，逐渐被一种技术更先进的数据交换设备——交换机取代，交换机取代了部分集线器的高端应用。

3. 交换机

交换机的英文名称是Switch，它是集线器的升级换代产品，从外观上来看，它与集线器基本上没有多大区别，都是带有多个端口的长方体。交换机是按照通信两端传输信息的需要，把要传输的信息送到符合要求的相应路由上。通常的交换机就是一种在通信系统中完成信息交换功能的设备，如图7-5所示。

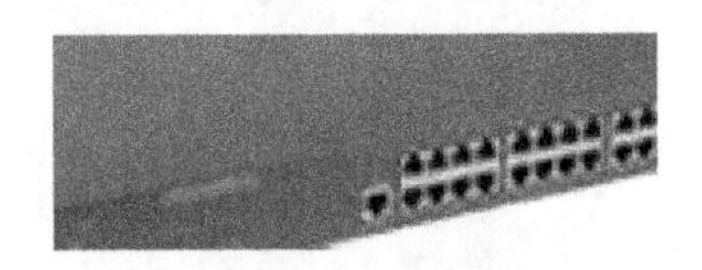

图7-4　集线器

图7-5　交换机

“交换”和“交换机”最早起源于电话通信系统PSTN。它的主要功能包括物理编址、网络拓扑结构、错误校验、帧序列及流量控制。目前，一些高档交换机还具备了一些新的功能，如对VLAN(虚拟局域网)的支持、对链路汇聚的支持，有的甚至还具有路由和防火墙的功能。

交换机拥有一条很高带宽的背部总线和内部交换矩阵，交换机的所有端口都挂接在这条背部总线上。控制电路收到数据包以后，处理端口会查找内存中的MAC地址(网卡的硬件地址)对照表以确定目的MAC的NIC(网卡)挂接在哪个端口上，通过内部交换矩阵直接将数据包迅速传送到目的节点，而不是所有节点，MAC若不存在于对照表中，才广播到所有的端口。这种方式的好处在于：一方面效率高，不会浪费网络资源，只是对目的地址发送数据，一般来说不易产生网络堵塞；另一个方面数据传输安全，因为它不是对所有节点都同时发送，发送数据时其他节点很难侦听到所发送的信息。这是交换机为什么很快取代集线器的重要原因之一。

7.2.3 传输介质

1. 双绞线

1)概述

双绞线(Twisted Pair，TP)是目前使用最广的一种传输介质。双绞线由八根具有绝缘保护层的铜导线组成。把八根绝缘的铜导线按一定规则两两互相绞在一起，可降低信号的干扰程度，每一根铜导线在传输中辐射的电磁波会被另一根铜导线上发出的电磁波抵消。与其他传输介质相比，双绞线在传输距离、信道宽度和数据传输速度等方面均受到一定限制，但价格较为低廉。目前，双绞线可分为非屏蔽双绞线(Unshielded Twisted Pair，UTP)和屏蔽双绞线(Shielded Twisted Pair，STP)，如图7-6所示。

图7-6 STP和UTP

虽然双绞线主要是用来传输模拟声音信息的，但同样适用于数字信号的传输，特别适用于较短距离的信息传输。采用双绞线的局域网的带宽取决于所用铜导线的质量、长度及传输技术。只要精心选择和安装双绞线，就可以在有限距离内达到每秒几百万位的可靠传输率。当距离很短，并且采用特殊的传输技术后，传输率可达100～155Mbit/s。由于利用双绞线传输信息时要向周围辐射，信息很容易被窃听，因此要花费额外的代价加以屏蔽。屏蔽双绞线电缆的外层由铝箔包裹，以减小辐射，但并不能完全消除辐射。屏蔽双绞线电缆价格相对较高，安装时比非屏蔽双绞线电缆困难。类似于同轴电缆，它必须配有支持屏蔽功能的特殊连接器和相应的安装技术。它有较高的传输速率，100m内可达到155Mbit/s。

双绞线的技术和标准都是比较成熟的。双绞线的安装也相对容易，其最大的缺点是对电磁干扰比较敏感。另外，双绞线不支持非常高速的数据传输。

2)常用的双绞线

综合布线中最常用的双绞线电缆有以下几种。

(1)五类4对非屏蔽双绞线。它是美国线缆规格为24的实心裸铜导线，以聚氟乙烯为绝缘材料，传输频率达100MHz，物理结构如图7-7所示。

(2)五类4对24AWG100Ω屏蔽电缆。它是美国线缆规格为24的裸铜导体，以聚氟乙烯为绝缘材料，内有一根24AWG TPG漏电线，传输频率达100MHz。

(3)五类4对26AWG屏蔽软线。它由4对线和一根26AWG TPC漏电线组成，传输频率达100MHz。

(4)五类4对24AWG非屏蔽软线。它由4对线组成，用于高速数据传输，适合于扩展传输距离，应用于互连或跳接线。传输频率达100MHz。

2. 同轴电缆

1)概述

同轴电缆由内、外两个导体同轴组成。其中，内导体是一根导线，外导体是一个圆柱面，两者之间有填充物，如图 7-8 所示。外导体能够屏蔽外界电磁场对内导体信号的干扰。同轴电缆既可以用于基带传输，又可以用于宽带传输。基带传输时只传送一路信号，而宽带传输时可以同时传送多路信号，用于局域网的同轴电缆都是基带同轴电缆。广泛使用的同轴电缆有两种：一种是特性阻抗为 50Ω的基带同轴电缆，另一种是特性阻抗为 75Ω的宽带同轴电缆。

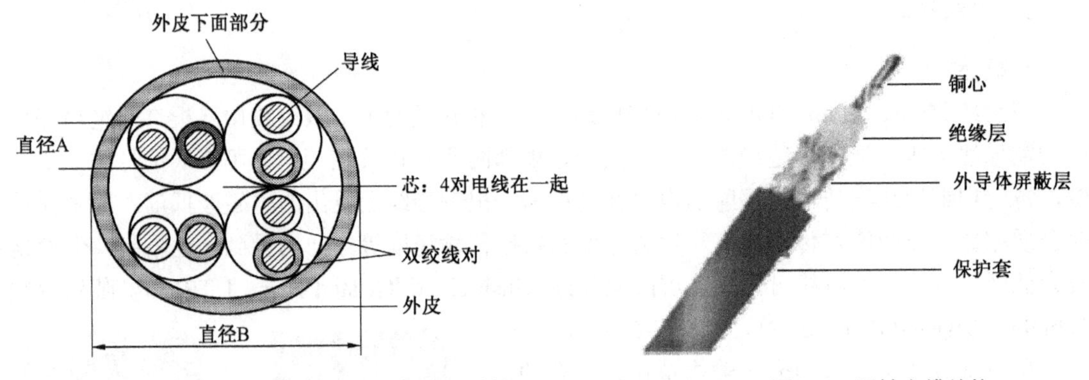

图 7-7　五类 4 对非屏蔽双绞线的物理结构　　　图 7-8　同轴电缆结构

基带同轴电缆主要用于传输数字信号，可以作为计算机局域网的传输介质。基带同轴电缆的带宽取决于电缆长度。1km 电缆可达到 10Mbit/s 的数据传输率；电缆增长，其数据传输率将会下降；短电缆可获得较高的数据传输率。

宽带同轴电缆用于传输模拟信号。“宽带”这个词来源于电话业，指比 4kHz 宽的频带。宽带电缆适用于闭路电视技术，使用的频带高达 900MHz；由于传输模拟信号，可传输近 100km，对信号的要求也远没有像对数字信号那样高。

同轴电缆的低频串音及抗干扰性不如双绞线电缆，但当频率升高时，外导体的屏蔽作用加强，同轴电缆所受的外界干扰及同轴电缆间的串音都随频率的升高而减小，因而特别适用于高频传输。一般情况下，同轴电缆的上限工作频率为 300MHz，有些质量高的同轴电缆的工作频率可达 900MHz，因此同轴电缆具有很宽的工作频率范围。当它被用来传输数据时，其数据传输率可达每秒几百兆位。由于同轴电缆具有寿命长、频带宽、质量稳定、外界干扰小、可靠性高、维护便利和技术成熟等优点，而且其费用又介于双绞线与光纤之间，在光纤通信没有大量应用之前，同轴电缆在闭路电视传输网络中一直占主导地位。

2)规格型号

目前，基带同轴电缆常用的电缆，其屏蔽线呈网状形，特性阻抗为 50Ω(如 RG-8、RG-58 等)；宽带同轴电缆常用的电缆屏蔽层通常用铝冲压而成，特征阻抗为 75Ω(如 RG-59 等)。

粗同轴电缆(粗缆)与细同轴电缆(细缆)是指同轴电缆的直径大小。粗缆适用于比较大型的局部网络，它的标准距离长、可靠性高。由于安装时不需要切断电缆，因此可以根据需要灵活调整计算机的入网位置，但粗缆网络必须安装收发器和收发器电缆，安装难度大，所以总体造价高。相反，细缆安装则比较简单，造价低，但由于安装过程要切断电缆，两头需装上基本网络连接头(BNC)，然后接在 T 型连接器两端，所以当接头多时容易产生接触不良的隐患，这是目前运行中的以太网所发生的最常见故障之一。

计算机网络一般选用 RG-8 以太网粗缆和 RG-58 以太网细缆，RG-59 用于电视系统，RG-62 用于 ARCnet 网络和 IBM3270 网络。无论是粗缆还是细缆均用于总线型网络，即一根缆上接多部机器，这种拓扑结构适用于机器密集的环境；当一个触点发生故障时，故障会串联影响到整根缆线上的所有机器，故障的诊断和修复都很麻烦，因此将逐步被非屏蔽双绞线或光缆取代。

3. 光纤

1) 概述

光导纤维简称光纤。光纤由纤芯、包层及护套组成，如图 7-9 所示。纤芯和包层由玻璃组成；护套由塑料组成，用于防止外界的伤害和干扰。

光纤有 4 个主要优点。首先，因为传输的是光，所以光纤不会引起电磁干扰，也不会被干扰；其次，光纤传输光信号的距离比铜导线所能传输的距离远得多；第三，光纤可以对更多的信息进行编码，所以光纤可在单位时间内传输比铜导线更多的信息；第四，与电流总需要两根导线形成回路不同，光信号仅需一根光纤即可从一台计算机传输数据到另一台计算机。

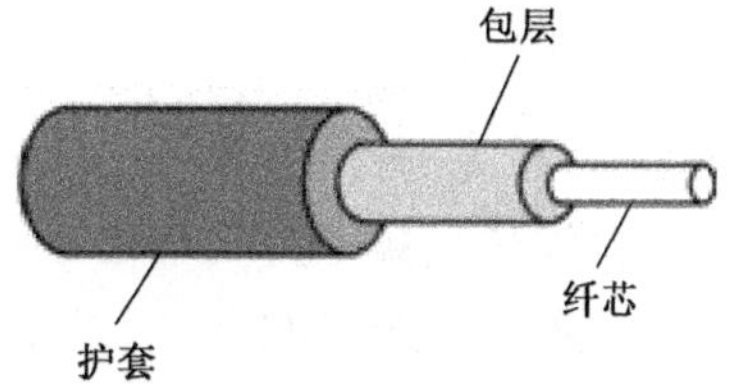

图 7-9　光纤剖面图

尽管光纤有不少优点，但它也有其不利之处。首先，光纤的安装需要专门设备以保证光纤的端面平整以便光能透过；其次，当一根光纤在护套中断裂(如被弯成直角)，要确定其位置是非常困难的；第三，修复断裂光纤也很困难，需要专门的设备连接两根光纤以确保光能透过结合部。

2) 分类

光纤主要有以下两种分类方式。

(1) 按传输模式的数量分类。按此分类法,光纤分为单模光纤(Single Mode Fiber)和多模光纤(Multi Mode Fiber)。单模光纤的纤芯直径很小，在给定的工作波长上只能以单一模式传输，传输频带宽，传输容量大；多模光纤是在给定的工作波长上，能以多个模式同时传输的光纤。与单模光纤相比，多模光纤的传输性能较差。

(2) 按光纤截面上折射率分布分类。按光纤截面上折射率分布的不同，光纤可分为阶跃型光纤和渐变型光纤。阶跃型光纤纤芯的折射率是一个常数，而在纤芯和包层的交界面折射率突然变小，包层的折射率为另一常数，这样光纤截面上折射率呈阶跃型变化；渐变型光纤纤芯的折射率随着半径的增加按一定规律减小，在纤芯与包层交界处减小为包层的折射率，纤芯的折射率的变化轨迹近似于抛物线。

4. 无线电波

除了用于无线电广播、电视节目及移动电话外，无线电波也可用于计算机传输数据。一个使用无线电波通信的网络经常被非正式地称为是运行在射频(Radio Frequency，RF)上的，并且其传输也被称为 RF 传输。与使用铜导线或光纤的网络不同，使用 RF 传输的网络并不要

图 7-10　无线传输

求在计算机之间有直接的物理连接。每台计算机都带有一个天线，通过它发送和接收 RF，如图 7-10 所示。

RF 网络所用的天线在物理上可大可小，取决于所需的接收范围。例如，用于穿越城镇在几千米范围内传播信息的天线可能需要一个垂直安装在建筑物顶上近两米的金属杆，而一个只要求在大楼中通信的天线可以小到足以安装在便携计算机内(小于 20cm)。

无线电波被广泛应用于通信的原因是它的传播距离可以很远，也很容易穿过建筑物。无线电波是全方向传播的，因此无线电波的发射和接收装置不必要求精确对准。

无线电波的传播特性与频率有关。在低频上，无线电波能轻易地绕过一般障碍物，但其能量随着传播距离的增大而急剧递减。在高频上，无线电波趋于直线传播并易受障碍物的阻挡，还会被雨水吸收。对于所有频率的无线电波，都很容易受到其他电子设备的各种电磁干扰。

5. 微波

微波是指频率为 300MHz～300GHz 的电磁波，其波长为 1m～1mm（不含 1m），它的频率比一般的无线电波更高，也称其为“超高频电磁波”。微波也能用于传播信息，通信部门使用微波传输电话信号，一些大公司也安装了微波通信系统作为公司网络的一部分。

微波与无线电波向各个方向传播不同，微波传输集中于某个方向；另外，微波能比用 RF 传输承载更多的信息；但是，微波不能穿透金属结构，微波传输在发送器和接收器之间存在无障碍的通道时工作得很好。因此，绝大多数微波装置都设有高于周围建筑物和植被的高塔，并且其发送器都直接面向对方高塔上的接收器。

6. 红外线

在光谱中，波长从 0.76～400μm 的一段光波称为红外线。红外线一般局限于一个很小的区域(如在一个房间内)，并且通常要求发送器直接指向接收器。红外硬件设备与采用其他机制的设备相比，较便宜，且不需要天线。

计算机网络可以使用红外技术进行数据通信，如为一个大房间配备一套红外连接设备，以使该房间内的所有计算机在房间内移动时仍能和网络保持连接。红外网络对小型的便携计算机尤为方便，因为红外技术提供了无需天线的无绳连接。这样，使用红外技术的便携计算机可将所有的通信硬件放在机内。

7. 激光

通过光纤可把光用于通信中，此外，光也能用于在空中传输数据。和微波通信系统相似的是，采用光的通信连接通常由两个站点组成，每个站点都拥有发送器和接收器，设备安装在一个固定的位置，经常在一个高塔上，并且相互对齐，以便一个站点的发送器将光束直接传输至另一站点的接收器。发送器使用激光器(Laser)产生光束，因为激光能在很长距离内保持聚焦。

和微波传输相似的是，激光器发出的光束走的是直线，并且不能被遮挡，但激光光束不能穿透植物以及不适于雨、雪、雾等多种气候条件，因此激光传输的应用受到限制。

7.2.4 网络操作系统

网络操作系统(Network Operating System，NOS)是为了方便上网用户的一种服务系统软件，是能够提供网络服务的计算机操作系统，主要包括以下5种。

1. 资源共享

网络操作系统的主要功能是管理全网的软硬件资源，实现整个系统的资源共享，保证客户机能够访问网络的软件和硬件资源，包括文件和外设，如打印机和传真机等。

2. 信息传输

网络操作系统的另一个重要功能是协调和保障网络中计算机之间的通信和同步，保证按用户的要求实现信息传输。

3. 安全性

对不同用户规定不同的权限，对进入网络的用户提供身份验证机制，保证网络上的用户、数据和设备的安全。

4. 可靠性

运行可靠，有容错机制，并能在发生任何故障时很快恢复。

5. 统一管理

支持多个处理器、磁盘驱动器等硬件设备及其数据安全功能，如跨磁盘保存和磁盘镜像工作等。

网络操作系统能够让服务器和客户机共享文件和打印功能，它们也提供其他的服务，如通信、安全和用户管理。常见的网络操作系统有Windows 2000 Server、NetWare、UNIX和Linux等。UNIX操作系统起源于AT&T的贝尔实验室，是标准的分时多用户操作系统，也是当今最为流行的网络操作系统，主要用于大型机、小型机和专用服务器上。UNIX操作系统有着极其多的分类和版本，著名的Linux操作系统也属于这一阵营。NetWare操作系统是美国Novell公司推出的一种网络操作系统，曾经是局域网上应用得最多的操作系统。随着Microsoft公司推出的Windows 2000 Server等一系列网络操作系统的广泛应用，NetWare逐渐退出了它在局域网操作系统上的统治地位。

7.2.5 网络协议

协议是管理网络如何通信的规则，协议对网络设备之间的通信指定了标准。没有协议，网络设备不能解释由其他设备发送来的信号，数据不能传输到任何地方。使用时，用户必须首先明白什么协议适合自己的网络环境，然后，必须安装和配置文件服务器和客户机上的协议并测试配置。常用的网络协议有NetBEUI、IPX/SPX、TCP/IP，其中TCP/IP是使用最普遍的一种。

TCP/IP不是一种简单的协议，而是一组小而专业化的协议，包括TCP、IP、UDP、ARP、ICMP，以及其他的一些被称为子协议的协议，大部分网络管理员将整组协议称为TCP/IP。TCP/IP最初是由美国国防部在20世纪60年代末期为其远景研究规划署网络(ARPANET)而开发的，由于其低成本以及在多个不同平台间通信的可靠性，TCP/IP 迅速发展并开始流行，被称为“全球互联网”或“因特网”(Internet)的基础。

网络协议通常分不同层次进行开发，每一层分别负责不同的通信功能。TCP/IP 是一组不同层次上的多个协议的组合，每一层负责不同的功能。

1. 网络接口层

该层有时也称为数据链路层，通常包括操作系统中的设备驱动程序和计算机中对应的网络接口卡。它们一起处理与电缆(或其他任何传输介质)相关的物理接口细节。

2. 网际层

该层处理分组在网络中的活动，如分组的选路。在 TCP/IP 协议簇中，网际层协议包括 IP(网际协议)、ICMP(Internet 控制报文协议)，以及 IGMP(Internet 组管理协议)。

3. 传输层

该层主要为两台主机上的应用程序提供端到端的通信。TCP/IP 协议簇有两个互不相同的传输协议：TCP(传输控制协议)和 UDP(用户数据报协议)。

4. 应用层

应用层负责处理特定的应用程序细节，包括下面的通用应用程序。

(1) Telnet：远程登录。

(2) FTP：文件传输协议。

(3) SMTP：简单邮件传送协议。

(4) SNMP：简单网络管理协议。

7.3 计算机网络互连

国际标准化组织(ISO)提出了 OSI 参考模型作为计算机网络体系结构的参考模型，但并非所有的计算机网络都严格遵守这个标准，大量同构网、异构网仍然存在(包括各种各样的局域网、城域网、广域网)。为实现更大范围内的信息交换和资源共享，需要将这些网络互相连接起来。网络互连是计算机网络发展到一定阶段的产物，是网络技术中的一个重要组成部分。

7.3.1 网络互连基础

网络互连是指用一定的网络互连设备将多个拓扑结构相同或不同的网络连接起来，构成更大规模的网络。网络互连的目的是使网络上的一个用户可以访问其他网络上的资源，实现网络间的信息交换和资源共享。网络互连允许不同的传输介质、不同的拓扑结构共存于一个大的网络中。

1. 网络互连类型

根据网络的地理覆盖范围，网络互连可分为 4 种类型。

1)局域网之间的互连(LAN-LAN)

局域网与局域网的互连是实际应用中最为常用的一种互连方式，其互连结构有以下两种：

(1)同构网互连。同构网互连是指具有相同协议的局域网的互连，这种互连方式比较简单，使用网桥即可。

(2)异构网互连。异构网互连是指具有不同网络协议的共享介质局域网的互连，这种互连也可以通过网桥实现。

2)局域网与广域网间的互连(LAN-WAN)

局域网与广域网的互连应用广泛，可通过路由器或网关实现互连。

3)广域网之间的互连(WAN-WAN)

4)通过广域网实现局域网之间的互连(LAN-WAN-LAN)

两个分布在不同地理位置的局域网可以通过广域网实现互连。

无论哪种类型的互连，每个网络都是互连网络的一部分，是一个子网。子网设备、子网操作系统、子网资源、子网服务将成为一个整体，使互联网上的所有资源实现共享。

2. IP地址与域名

互联网上有数以百万台主机，为了区分这些主机，为每台主机都分配了一个专门的“地址”作为标识，称为IP地址，IP是Internet Protocol(国际互联网协议)的缩写。各主机间要进行信息传递必须知道对方的IP地址。每个IP地址的长度为32位，分4段，每段8位(一个字节)，常用十进制数字表示，每段数字范围为1～254，段与段之间用小数点分隔。IP地址又分为五类，分别对应于A类、B类、C类、D类和E类IP地址。

(1)A类IP地址。一个A类IP地址由1字节的网络地址和3字节主机地址组成，网络地址的最高位必须是0，即第一段数字范围为1～127。每个A类地址可连接16387064台主机，Internet有126个A类地址。

(2)B类IP地址。一个B类IP地址由2字节的网络地址和2字节的主机地址组成，网络地址的最高位必须是10，即第一段数字范围为128～191。每个B类地址可连接64516台主机，Internet有16256个B类地址。

(3)C类IP地址。一个C类地址由3字节的网络地址和1字节的主机地址组成，网络地址的最高位必须是110，即第一段数字范围为192～223。每个C类地址可连接254台主机，Internet有2054512个C类地址。

(4)D类IP地址。第一个字节以1110开始，第一个字节的数字范围为224～239，是多点播送地址，用于多目的地信息的传输和作为备用。

(5)E类IP地址。以11110开始，即第一段数字范围为240～254。E类地址保留，仅作实验和开发用。

由于IP地址全是数字，为了便于用户记忆，Internet引进域名服务系统(Domain Name System，DNS)。当在浏览器地址栏输入某个域名(即通常所说的网址)后，这个信息首先被发送到提供域名解析的服务器上，域名服务器将其解析为相应网站的IP地址，再发回发送域名的机器，完成这一任务的过程称为域名解析。域名解析的具体过程是：当一台机器a向其域名服务器A发出域名解析请求时，如果A可以解析，则将解析结果发给a，否则A将向其上级域名服务器B发出解析请求。如果B能解析，则将解析结果发给a，如果B无法解析，则将请求发给再上一级域名服务器 C，……如此下去，直至解析到为止。域名简单地说就是 Internet 上主机的名字，它采用层次结构，每一层构成一个子域名，如图 7-11 所示。

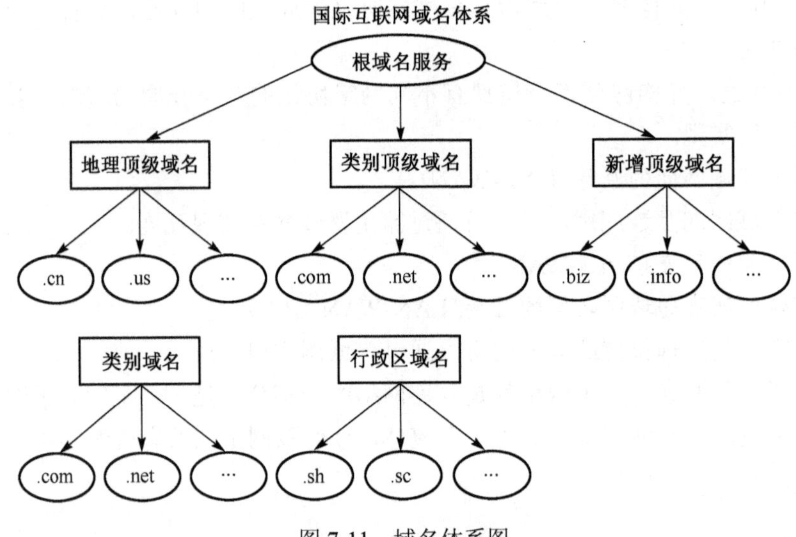

图 7-11　域名体系图

以机构区分的最高域名有 7 个：com（商业机构）、net（网络服务机构）、gov（政府机构）、mil（军事机构）、org（非盈利性组织）、edu（教育部门）、int（国际机构）。以地域区分的最高域名有 CA（加拿大）、CH（瑞士）、CN（中国）、DE（德国）、FR（法国）、IT（意大利）、JP（日本）、KR（韩国）、US（美国）等。我国域名体系分为类别域名和行政区域名两套。类别域名有六个，分别依照申请机构的性质依次分为 AC（科研机构）、COM（工、商、金融等专业）、EDU（教育机构）、GOV（政府部门）、NET（互联网络、接入网络的信息中心和运行中心）、ORG（各种非盈利性的组织）。行政区域名是按照我国的各个行政区划分而成的，其划分标准依照国家技术监督局发布的国家标准而定，包括“行政区域名”34 个，适用于我国的各省、自治区、直辖市，分别为 BJ（北京市）、SH（上海市）、TJ（天津市）、CQ（重庆市）、SC（四川省）、HK（香港）、MO（澳门）等。

上述几类域名共同组成了一个完整的“网址”（URL）。例如，四川师范大学 Web 服务器的域名为 www.sicnu.edu.cn，sicnu 表示四川师范大学，edu 表示教育部门，cn 表示中国。

7.3.2　网络互连设备

网络互连通常是指将不同的网络或相同的网络用互连设备连接在一起，形成一个范围更大的网络；也可以是将一个原来很大的网络划分为几个子网，以增强网络性能和便于管理。随着网络和信息技术的发展，各个单位建立的局域网纷纷进行互连，并通过公共信息网络设施连入地区、国家信息网络和 Internet，进行信息交换和信息资源共享。

网络互连根据网络互连设备的层次分为如下几种。

1. 中继器

中继器是网络物理层的一种连接器，用于放大在传输介质中已衰减的电信号。在局域网中每段 10BASE-T 粗电缆标准传输距离为 500m，10BASE-2 细电缆则是 185m，超过规定的标准传输距离的局域网需加中继器才能正常运行。

2. 网桥

网桥的工作在网络数据链路层进行。网桥可以将大范围的网络分成几个相互独立的网段，使得某一网段的传输效率提高，而各网段之间还可以通过网桥进行通信和访问。通过网桥连接局域网，可以提高各子网的性能和安全，网桥结构如图 7-12 所示。

3. 路由器

路由器是在网络层上实现多个网络互连的一种设备。在通过路由器互连的网络中，只要求每个网络层以上的高层协议相同，底层的协议可以是不同的。路由器比网桥更复杂、管理功能更强，更具灵活性，经常被用于多个局域网、局域网与广域网，以及不同类型网络的互连。路由器功能如图 7-13 所示。

4. 网关

网关通过硬件和软件来实现不同网络协议之间的转换功能，它工作在网络传输层或更高层，主要用于不同体系结构的网络或局域网同大型计算机的连接。局域网通过网关可以使网络用户省去同大型计算机连接的接口设备和电缆。

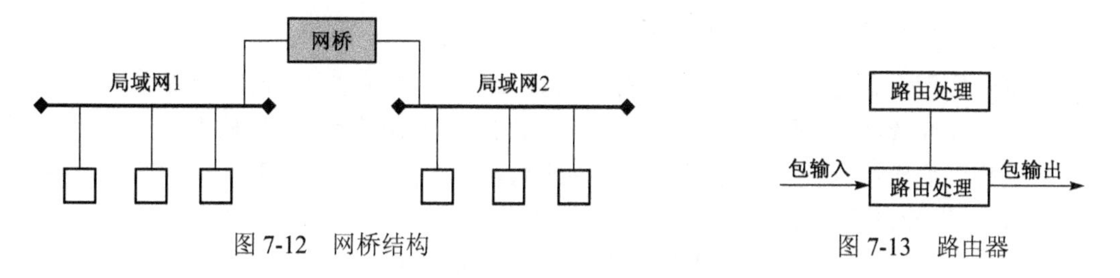

图 7-12　网桥结构　　图 7-13　路由器

7.4　计算机安全

计算机的安全是一个越来越引起人们关注的重要问题，也是一个十分复杂的课题。随着计算机在各领域中的广泛应用，计算机病毒也在不断产生和传播。同时，计算机网络不断地遭到非法入侵，重要情报资料不断地被窃取，甚至造成网络系统的瘫痪等，已给各个国家及众多公司造成巨大的经济损失，甚至危害国家和地区的安全。因此，计算机系统的安全问题是一个关系到人类生活与生存的大事情，必须充分重视并设法解决它。

7.4.1　计算机病毒及其分类

计算机病毒在《中华人民共和国计算机信息系统安全保护条例》中被明确定义，病毒指“编制或者在计算机程序中插入的破坏计算机功能或者破坏数据，影响计算机使用并且能够自我复制的一组计算机指令或者程序代码”。它与人体感染病毒的机理非常相似，能通过自我复制向其他程序扩散，或主动发起攻击，破坏和扰乱系统及用户程序的正常运行。计算机病毒具有传染性、破坏性、潜伏性、寄生性等特点，对计算机系统和网络系统具有非常大的危害。

1. 计算机病毒的工作原理

计算机病毒的典型工作原理可以从下面四个阶段来认识。

(1) 感染阶段：计算机病毒利用多种方式侵入计算机系统，病毒主要的传播途径是下载和复制有病毒的文件、应用程序、游戏软件，将病毒带入计算机系统。电子邮件是最常见的病毒感染渠道。另一类病毒则是通过计算机操作系统的漏洞而被其他感染了病毒的计算机传入并潜伏下来。感染的病毒附着在应用程序、可执行文件或其他文件里，隐藏在计算机的磁盘中。

(2) 繁殖阶段：计算机病毒自我复制，将完全相同的副本放入其他文件或程序中。计算机用这种方法感染其他文件和程序。大量复制自身，通过繁殖向整个计算机扩散。

(3) 触发阶段：因为某个事件，病毒程序被触发而运行，实施破坏行为。常见的触发事件如系统启动、特定日期、执行某个程序等。

(4) 执行阶段：在这个阶段，病毒程序运行并实施破坏，如破坏系统引导区、文件、应用程序，向网络其他计算机渗透等。

2. 计算机病毒的类型

计算机病毒可以分为以下几种类型。

(1) 寄生病毒：这是一类传统、常见的病毒。这种病毒寄生在其他应用程序中，当被感染的程序运行时，寄生病毒程序也随之运行，继续感染其他程序，传播病毒。

(2) 引导区病毒：这种病毒感染计算机操作系统引导区，系统在引导操作系统前先将病毒导入内存，进行繁殖和破坏活动。

(3) 蠕虫病毒：蠕虫病毒通过不停地自我复制，最终使计算机资源耗尽而崩溃，或向网络中大量发送广播，致使网络阻塞。蠕虫病毒是目前网络中最为流行、猖獗的病毒。

(4) 宏病毒：它是专门感染 Word、Excel 文件的病毒，危害性极大。宏病毒与大多数病毒不同，它只感染文档文件，而不感染可执行文件。文档文件本来存放的是不可执行的文本和数字，“宏”是 Word 和 Excel 文件中的一段可执行代码，宏病毒就是伪装成 Word 和 Excel 中的“宏”，当 Word 或 Excel 文件被打开时，宏病毒会运行，感染其他文档文件。

(5) 特洛伊病毒：这种病毒又称木马病毒。特洛伊病毒会伪装成一个应用程序或一个游戏而藏于计算机中，通过不断将受到感染的计算机中的文件发送到网络而泄露机密信息。

(6) 变形病毒：这是一种能够躲避杀毒软件检测的病毒。变形病毒在每次感染时会创建与其功能相同，但程序代码明显变化的复制品，使得防病毒软件难以检测。

7.4.2 计算机病毒的特征

1. 传染性

传染性是病毒的基本特征。在生物界，通过传染，病毒从一个生物体扩散到另一个生物体。在适当的条件下，它可大量繁殖，并使被感染的生物体表现出病症，甚至死亡。同样，计算机病毒也会通过各种渠道从已被感染的计算机扩散到未感染的计算机，在某些情况下，造成被感染的计算机工作失常，甚至瘫痪。与生物病毒不同的是，计算机病毒是一段人为编制的计算机程序代码，这段程序代码一旦进入计算机并得以执行，它会搜寻其他符合传染条件的程序或存储介质，确定目标后再将自身代码插入其中，达到自我繁殖的目的。只要一台计算机染毒，如果不及时处理，那么病毒会在这台计算机上迅速扩散，其中的大量文件(一般是可执行文件)会被感染，而被感染的文件又成了新的传染源，再与其他机器进行数据交换或通过网络接触，病毒会继续传染。

正常的计算机程序一般是不会将自身的代码强行连接到其他程序之上的，而病毒却能使自身的代码强行传染到一切符合其传染条件的程序之上。计算机病毒通过各种可能的渠道(如U盘、计算机网络)感染其他的计算机。当在一台机器上发现了病毒时，往往曾在这台计算机上用过的U盘已感染上了病毒，而与这台机器连网的其他计算机也许也被该病毒侵染上了。是否具有传染性是判别一个程序是否为计算机病毒的最重要条件。

2. 隐蔽性

病毒程序一般是编程技巧高、短小精悍的程序。通常附着在正常程序中或磁盘较隐蔽的地方，也有个别的以隐藏文件形式出现，目的是不让用户发现。如果不经过代码分析，病毒程序与正常程序是不容易区别开来的。一般在没有防护措施的情况下，计算机病毒程序取得系统控制权后，可以在很短的时间里传染大量程序，而且受到传染后，计算机系统通常仍能正常运行，使用户不会感到任何异常。如果病毒在传染到计算机上之后，计算机马上无法正常运行，那么它本身便无法继续进行传染了。因此，正是由于其隐蔽性，计算机病毒才得以在用户没有察觉的情况下扩散到其他计算机中。

大部分病毒代码之所以设计得非常短小，也是为了隐藏。病毒一般只有几百字节或1KB，而PC机对DOS文件的存取速度可达每秒几百千字节以上，所以病毒转瞬之间便可将这短短的几百字节附着到正常程序之中，使人不易被察觉。

3. 潜伏性

大部分病毒感染系统之后一般不会马上发作，它可长期隐藏在系统中，只有在满足其特定条件时才启动。只有这样它才可进行广泛地传播。如“PETER-2”在每年2月27日会提三个问题，答错后会将硬盘加密；著名的“黑色星期五”在逢13号的星期五发作；国内的“上海一号”会在每年三 、六、九月的13日发作。当然，最令人难忘的便是每月26日发作的CIH。这些病毒在平时会隐藏得很好，只有在发作日才会露出本来面目。

4. 破坏性

任何病毒只要侵入系统，都会对系统及应用程序产生不同程度的影响：轻者会降低计算机工作效率，占用系统资源；重者可导致系统崩溃。由此特性可将病毒分为良性病毒与恶性病毒。良性病毒可能只显示些画面或出点音乐、无聊的语句，或者根本没有任何破坏动作，但会占用系统资源，这类病毒较多，如GENP、小球、W-BOOT等；恶性病毒则有明确的目的，或破坏数据、删除文件，或加密磁盘、格式化磁盘，有的对数据造成不可挽回的破坏，这也反映出病毒编制者的险恶用心。

5. 不可预见性

从对病毒的检测方面来看，病毒还有不可预见性。不同种类的病毒，它们的代码千差万别，但有些操作是共有的，如驻内存，改中断等。目前，利用病毒的这种共性，制作了声称可查所有病毒的程序。这些程序的确可查出一些新病毒，但由于目前的软件种类极其丰富，且某些正常程序也使用了类似病毒的操作甚至借鉴了某些病毒的技术。使用这种方法对病毒进行检测势必会造成较多的误报情况，而且病毒的制作技术也在不断提高，病毒对反病毒软件永远是超前的。

6. 寄生性

指病毒对其他文件或系统进行一系列非法操作，使其带有这种病毒，并成为该病毒的一个新的传染源。这是病毒的最基本特征。

7. 触发性

指病毒的发作一般都有一个激发条件，即一个条件控制。这个条件根据病毒编制者的要求可以是日期、时间、特定程序的运行或程序的运行次数等。

7.4.3 计算机病毒的预防和清除

对于计算机病毒，需要树立以防为主、清除为辅的观念，从一开始就封堵计算机病毒的侵入途径。由于计算机病毒不仅干扰受感染计算机的正常工作，更严重的是继续传播病毒、泄密和干扰网络的正常运行。因此，当计算机感染了病毒后，需要立即采取措施进行清除。

1. 计算机病毒的预防措施

预防计算机病毒，最有效的办法是安装正版杀毒软件，定期升级杀毒软件，经常对硬盘和 U 盘进行扫描杀毒。光有杀毒软件是不够的，提高人们预防病毒的意识，形成使用计算机的良好习惯也是一个重要方面。

(1) 操作系统安全设置。利用 Windows Update 确保操作系统及时更新，确认系统登录密码已设定为强密码，关闭不必要的共享资源并将共享资源设为“只读”状态，留意病毒和安全警告信息。

(2) 不轻易执行邮件附件中的 EXE 和 COM 等可执行程序。邮件附件极有可能带有计算机病毒或是黑客程序，轻易运行，很可能带来不可预测的结果。对于认识的朋友和陌生人发来的电子邮件中的可执行程序附件必须检查，确定无异后才可使用。

(3) 不轻易打开邮件附件中的文档文件。对方发送过来的电子邮件及相关附件的文档，要用“另存为”命令保存到本地硬盘，待用查杀计算机病毒软件检查无毒后才可以打开使用。如果双击 DOC、XLS 等附件文档，会自动启用 Word 或 Excel，如带有病毒则会立刻传染计算机，如有“是否启用宏”的提示，不要轻易打开，否则极有可能感染上宏病毒。

(4) 不直接运行附件。对于文件扩展名比较特殊的附件，或者是带有脚本文件，如*.VBS、*.SHS 等的附件，不要直接打开，一般可以删除包含这些附件的电子邮件，以保证计算机系统不受计算机病毒的侵害。

(5) 对收发邮件的设置。如果使用 Outlook Express 作为收发电子邮件软件，应当进行一些必要的设置。选择“工具 | 选项”命令，在“安全”中设置“附件的安全性”为“高”；在“其他”中单击“高级选项”按钮，单击“加载项管理器”按钮，不选中“服务器脚本运行”复选框。最后单击“确定”按钮，保存设置。

(6) 警惕发送出去的邮件。对于本机往外传送的邮件，也一定要仔细检查，确定无毒后才可发送，否则将可能会给接收邮件的计算机用户带来病毒危害。

2. 计算机病毒清除

1) 使用杀毒软件

市面上的杀毒软件很多，如金山毒霸、瑞星等，其中瑞星杀毒软件是使用较广的一种。使用瑞星杀毒软件可以查杀硬盘、移动设备、内存、引导区和邮件中的病毒。如图 7-14 所示，瑞星杀毒主程序界面包括以下三部分：

(1) 快速查杀：用于扫描木马、后门、蠕虫等病毒易于存在的系统位置，如内存等关键区域，适合于初级用户。

(2) 全盘查杀：扫描系统关键区域及整个磁盘，全面清除木马、后门、蠕虫等病毒，此方法相对快速查杀功能耗费的时间会增加，但是对计算机的病毒清理会更彻底。

(3) 自定义查杀：只检查并清除指定的区域中的病毒，适合于高级用户。

图 7-14　瑞星主界面

2) 手工清除病毒

如果是难以根除的病毒，尽管使用了杀毒软件，也很难杀干净，如计算机感染了“欢乐时光”病毒后就是如此，这时就需要手工清除病毒。

(1) 删除所有被感染但不重要的文件，如“欢乐时光”容易感染的文件主要是 htm 或 htt、asp 类文件，这些多数是网页类文件，不是很重要，计算机在感染此病毒后就可以删除所有 Internet Explorer 中的“历史”文件和 Outlook Express 中的电子邮件。

(2) 通过搜索引擎获得用手工杀掉该病毒的方法，然后再灵活地运用这些方法来搜索还有没有文件带有该病毒。例如，据资料介绍，用手工清除“欢乐时光”病毒的方法是先查出所有的 htm、html、htt 或 asp 的文件，查看它们的源文件中是否含有 Rem I am sorry! happy time，如果有，则表明该文件染上了“欢乐时光”病毒，将该文件删除即可。

对于手工清除病毒的方法，针对不同病毒而采用不同的方法，具体处理时需要多从网上查阅资料，对于不能处理的病毒应向专业人士求助。

7.4.4　网络安全

在计算机安全中，网络安全也是一个不容忽视的问题，对于网络上的非法入侵，恶意攻击等，目前主要采用防火墙作为防范手段。防火墙能屏蔽内部网络，拦截网络攻击，保护网络的安全。按防火墙的应用位置可以分成三类：边界防火墙、个人防火墙和混合防火墙，其中个人用户最常用的是个人防火墙。

个人防火墙是为了解决网络上的网络病毒传播和黑客攻击问题而研制的个人信息安全产品，它本身具有完备的规则设置，能有效地监控任何网络连接，保护网络不受黑客的攻击。天网防火墙就是一种常用的个人防火墙软件。

天网防火墙个人版(简称为天网防火墙)是一款由天网安全实验室制作的给个人计算机使用的网络安全程序。它根据系统管理者设定的安全规则把守网络，提供强大的访问控制、应用选通、信息过滤等功能。它可以帮用户抵挡网络病毒入侵和攻击，防止信息泄露，并可与天网安全实验室的网站相配合，根据可疑的攻击信息来找到攻击者。天网防火墙把网络分为本地网和互联网，可以针对来自不同网络的信息来设置不同的安全方案。天网防火墙软件的界面如图 7-15 所示。

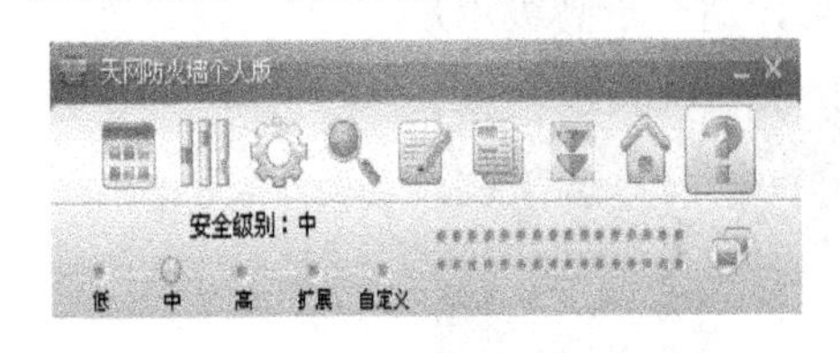

图 7-15　天网防火墙

天网防火墙个人版安全级别分为高、中、低，默认的安全等级为中，其中各自的安全设置如下。

• 低：计算机将完全信任局域网，允许局域网内部的机器访问用户提供的各种服务(文件、打印机共享服务)，但禁止互联网上的计算机访问这些服务。

• 中：禁止局域网内部和互联网的计算机访问自己提供的网络共享服务(文件、打印机共享服务)，局域网和互联网上的计算机将无法看到本机。开放动态规则管理，允许授权运行程序、开放端口。

• 高：禁止局域网内部和互联网的计算机访问用户提供的网络共享服务(文件、打印机共享服务)，局域网和互联网上的计算机将无法看到本机。除了是由已经被认可的程序打开的端口，系统屏蔽向外部开放的所有端口。

对于一般的初级用户，可以把安全级别定在中或者高，用天网这两个设定的安全级别，即可放心拦截绝大多数网络攻击。

习　题　七

一、判断题（正确填写“A”，错误填写“B”）

1．计算机网络需要通信协议的支持才能正常工作。（　　）

2．计算机网络按逻辑功能划分的资源子网负责信息传输。（　　）

3．交换机与路由器的功能相同。（　　）

4．网络协议就是网络设备间的通信规则。（　　）

5．TELNET 属于传输层的应用程序。（　　）

6．计算机无论采用何种方式接入网络，其 IP 地址均是唯一的。（　　）

7．在网络传输中域名地址会被转换为 IP 地址。（　　）

8．计算机病毒能在网络上传播。（　　）

9．百度是一种搜索引擎。（　　）

10．电子邮件不能实现群发。（　　）

二、单项选择题

1．以下不属于计算机网络功能的是________。

A．数据通信　　B．资源共享　　C．分布处理　　D．视频剪辑

2．以下不能归入局域网的是________。

A．寝室网络　　B．家庭网络　　C．部门网络　　D．城市网络

3．以下不是局域网连接设备的有________。

A．网卡　　B．集线器　　C．交换机　　D．双绞线

4．下列介质中传输速度最快的是________。

A．光纤　　B．双绞线　　C．同轴电缆　　D．微波

5．下列不属于 TCP/IP 协议层的是________。

A．网络接口层　　B．网际层　　C．传输层　　D．数据层

6．IP 地址分为________类。

A．5　　B．4　　C．3　　D．6

7．域名中 EDU 代表________。

A．教育机构　　B．政府机构　　C．商业机构　　D．军队

8．电子邮件中所包含的信息________。

A．只能是文字　　B．可以是文字与图形、图像信息

C．文字与声音信息　　D．可以是文字、声音、图形、图像信息

9．不同的网络传输介质________。

A．具有相同的传输速率和相同的传输距离　　B．具有不同的传输速率和不同的传输距离

C．具有相同的传输速率和不同的传输距离　　D．具有不同的传输速率和相同的传输距离

10．以下属于专用下载软件的是________。

A．迅雷　　B．暴风影音　　C．Google　　D．旺旺

三、多项选择题

1．下列与计算机网络“资源共享”功能对应的应用是________。

A．网络打印　　B．网络电视　　C．电子邮件　　D．微信通话

2．计算机网络按覆盖区域大小分为________。

A．广域网　　B．局域网　　C．城域网　　D．校园网

3．构造一个完整的局域网需要________。

A．软件系统　　B．硬件系统　　C．通信规程　　D．防火墙

4．下列哪些属于网络操作系统________。

A．UNIX　　B．Linux　　C．Netware　　D．Windows 2003 Server

5．TCP/IP 协议簇包含了如下________协议。

A．TCP　　B．UDP　　C．ARP　　D．ICMP

6．以下属于C类IP地址的是________。

A．192.168.1.1　　B．222.115.230.12　　C．169.1.2.3　　D．124.33.25.7

7．以下属于网络互联的是________。

A．路由器　　B．中继器　　C．网桥　　D．网卡

8．以下属于网络应用的是________。

A．微信　　B．QQ　　C．支付宝　　D．MSN

9．以下属于计算机病毒的传播渠道是________。

A．U盘　　B．网络下载文件　　C．QQ传输文件　　D．浏览网页

10．以下正确的电子邮箱名称是________。

A．123.aa.com　　B．123@qq.com　　C．qq@qq.com　　D．abc.msn

四、填空题

1．计算机网络需要________台以上的网络终端设备构成。

2．计算机网络从逻辑功能上划分为资源子网和________。

3．在计算机网络术语中，WAN的中文意义是________。

4．对普通用户来说，使用最普遍的网络协议是________。

5．FTP的功能是________。

6．IP地址的每一段有效数字范围是________。

7．DNS的作用是将________地址转换成IP地址。

8．从域名地址www.google.com.hk中看出该网站位于________。（提示：此处填地域名称）

9．一种能自我复制、传播并且会导致计算机系统不稳定的程序，称为________。

10．能帮助用户阻挡网络攻击的程序，称为________。

第 8 章　多媒体技术基础

多媒体技术是随着计算机技术、通信技术和广播电视技术的发展而兴起的一门多学科交叉的综合技术。20 世纪 90 年代以来，多媒体技术在人们的学习和生活中发挥着越来越重要的作用，改变了人类信息交流的方式，提高了人类信息交流的效率。目前，多媒体技术的发展给人类的生产方式、生活方式带来了巨大的变革。

8.1　多媒体技术概述

8.1.1　多媒体的概念

1. 媒体

根据国际电信联盟(International Telecommunication Union，ITU)的定义，媒体(Medium)即承载信息的载体。媒体分为感觉媒体(Perception Medium)、表示媒体(Representation Medium)、表现媒体(Presentation Medium)、存储媒体(Storage Medium)和传输媒体(Transmission Medium)5 种。

(1)感觉媒体：是指能直接作用于人体，使人直接产生感觉的媒体，如声音、文字、图形和图像等，以及物质的质地、形状、温度等。

(2)表示媒体：为了加工感觉媒体而构造出来的一种媒体，如语音编码、图像编码等。

(3)表现媒体：将感觉媒体与通信电信号进行转换的一类媒体，它又可分为输入表现媒体(如键盘、麦克风、扫描仪、摄像机等)和输出表现媒体(如显示器、打印机等)两种。

(4)存储媒体：用于存放表示媒体的一类媒体，如硬盘、光盘、磁盘等。

(5)传输媒体：用来将表示媒体从一处传送到另一处的物理传输介质，如光纤、同轴电缆、电磁波及其他各种通信电缆。

人们通常所说的媒体包括两个含义：一是指承载信息的物理载体(即存储和传递信息的实体)，如手册、磁盘、光盘、磁带及相关的播放设备等；二是指信息的表现形式(或者说传播形式)，如文字、图形、图像、声音、动画、视频等。本章中的媒体特指后者。

2. 多媒体

“多媒体”一词译自英文 Multimedia，而该词又是由 multiple 和 media 复合而成的。从字面的意思来看，多媒体是指图形、图像、声音、动画和视频中两种或者两种以上的信息表现形式的组合。通常情况下所说的多媒体，不仅指多种媒体信息本身，而且指处理和应用多媒体信息的相应技术，因此多媒体常被当做多媒体技术的同义词。

3. 多媒体技术

多媒体技术(Multimedia Technology)是指一种将文本、图形、图像、声音、动画和视频等形式的信息结合在一起，并通过计算机进行综合处理和控制，能支持完成一系列交互式操作的信息技术，是多种媒体的综合运用。

8.1.2　多媒体技术的特点

多媒体技术所处理的图形、图像、声音、动画和视频等媒体信息是一个有机的整体，多媒体技术的关键特性在于信息载体的多样性、集成性、交互性和数字化，这也是多媒体技术研究中必须解决的主要问题。

1. 多样性

多媒体技术的多样性是多媒体研究需要解决的关键问题。多媒体技术的多样性，一方面指信息和信息载体的多样性。多媒体技术可以综合处理文字、图形、图像、声音、动画和视频等多种形式的媒体信息；信息载体多样性使信息在交换时有更灵活的方式和更广阔的自由空间。另一方面是指在处理信息时，不仅仅是简单获取和再现信息，而是能够根据人的构思、创意来处理各种媒体信息，以达到生动、灵活、自然的效果。

2. 集成性

集成性指多种媒体信息和多种媒体处理设备的集成。一方面多媒体技术是图形、图像、声音、动画和视频等多种媒体的集成；另一方面又是承载信息的物理载体的集成。多媒体技术以多媒体计算机为核心，利用各种媒体输入、输出设备和各种媒体处理软件，综合处理各种信息。

3. 交互性

交互性指用户能对信息的获取、编辑、存储、显示和传播的全过程进行完全有效的控制，并把结果以多种媒体形式表现出来，实现用户和用户之间、用户和计算机之间的信息双向交流和互动。多媒体技术的交互性使人们可以自由地控制和干预信息的处理，增强对信息的注意和理解，延长信息的保留时间，使人们获取信息的方式由被动变为主动。

4. 数字化

数字化指将各种媒体信息转化成计算机能够识别且由 0 和 1 组成的序列。多媒体信息处理成为数字化信息后，计算机就能对数字化的多媒体信息进行存储、加工和传播。

8.1.3　多媒体技术的主要研究内容

多媒体技术的研究涉及诸多问题，其中主要有以下几个方面。

1. 数据压缩技术

在多媒体系统中，由于涉及的各种媒体信息主要是非常规数据类型，如图形、图像、视频和音频等，这些数据所需要的存储空间是十分巨大的，而且视频、音频信号还要求快速的传输处理，但目前多媒体计算机中，存储器的存储空间和互联网的传输速度都是有限的。因此，为了使多媒体技术达到实用水平，除了采用新技术手段增加存储空间和通信带宽外，对数据进行有效压缩将是多媒体发展中必须解决的关键技术之一。

2. 多媒体数据库技术

数据量大、种类繁多、关系复杂是多媒体数据的基本特征，传统的数据库系统难以组织和管理这些数据。目前，人们利用面向对象(Object Oriented，OO)方法和机制开发了新一代面向对象数据库(Object Oriented Data Base，OODB)，结合超媒体(Hypermedia)技术的应用，为多媒体数据库的建模、组织和管理提供了有效的方法。但是 OODB 和多媒体数据库技术还很不成熟，与实际复杂数据的管理和应用要求仍有较大的差距。

3. 多媒体存储设备与技术

多媒体的音频、视频、图像等信息虽经过压缩处理，但仍需相当大的存储空间，多媒体存储设备与技术较好地解决了这个问题。大容量只读光盘存储器 CD-ROM 的容量约为 650MB，DVD 光盘的容量可以达到 4.7～17GB，同时磁盘阵列和光盘塔等大容量的存储设备也为多媒体应用提供了便利条件。

4. 多媒体通信与分布处理技术

数据通信设施和能力严重制约多媒体信息产业的发展。目前，通信网络的传输性能已经不能很好地满足多媒体数据数字化通信的需求。真正的“信息高速公路”和“高速宽带网”的实现能够较好地解决这个问题。同时，边广泛地实现信息共享，多媒体的分布处理是一个十分重要的问题。超越时空限制，充分利用信息，协同合作，相互交流，节约时间和经费等是多媒体信息分布处理技术的基本目标。

5. 虚拟现实技术

所谓“虚拟现实”(Virtual Reality，VR)，就是采用计算机技术生成一个逼真的视觉、听觉、触觉感官世界，人们可以直接用人的技能和智慧，与虚拟实体进行交互。虚拟现实技术要解决的问题是，怎样实现这个虚拟实体和怎样实现交互两大问题。虚拟现实是一种多技术、多学科相互渗透和集成的技术，同时虚拟现实也是多媒体技术发展的更高境界，具有更高层次的集成性和交互性，因此虚拟现实技术成为多媒体技术研究中的一个热点。

8.2　多媒体制作工具

8.2.1　声音素材制作工具

1. 基本概念

声音在物理学上指声波，是由机械振动在介质中传播而形成的，具有一定的能量，这种声波传递到人的耳朵，引起耳膜的振动，就是人们通常听到的声音。单一的机械振动产生单一的声波称为正弦波。但是，人们通常听到的声音波形都不是简单的正弦波，而是由许多频率和振幅不相同的正弦波叠加而成，如图 8-1 所示。

声音的特性可用音量、音调和音色三个要素来描述。音量取决于振幅的大小，振幅 A 是指声波相对于基线的最大位移，通常振幅越大，音量越大。音调取决于频率的高低，频率 f 是指产生声音的振源每秒钟振动的次数，以赫兹(Hz)为单位，通常频率越高，音调越高，正常人能听到的声音的频率范围为 20Hz～20kHz。频率的倒数 $1/f$ 就是周期 T。音色取决于组成声音的谐波的多少和强弱。声音波形通常由基波和多次谐波叠加而成，声音波形各次谐波的比例和随时间的衰减幅度决定了声源的音色特征，由此人们可以区别具有相同音量和音调的声音。

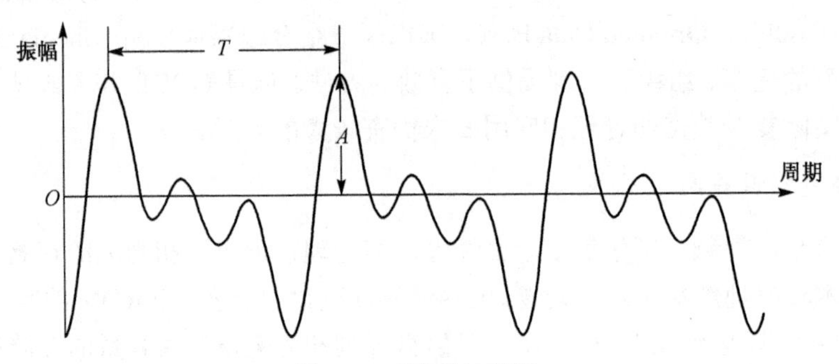

图 8-1　声音的波形图

2. 数字化音频信号

音频信号是一种连续变化的模拟信号，而计算机只能处理和记录二进制的数字信号，因此音频信号必须经过一定的变化和处理，变成二进制数据后才能在计算机进行中存储和编辑。经过数字化处理的声音是数字化音频信号。

1) 数字化音频的主要技术指标

数字化音频的主要技术指标有三项：采样频率、量化位数、声道数。

(1) 采样频率 f: 是指一秒钟内采样的次数，通常采样频率越高，数字化音频的质量越高，但数据量也越大。根据奈奎斯特(Harry Nyquist)采样理论，只要采样频率高于输入信号最高频率的两倍，就能从采样信号系列还原原始信号。正常人能听到的声音的最高频率为 22kHz，因此在实际采集声音的过程中，通常设置的采样频率为 44.1 kHz 就足够了。

(2) 量化位数：是指存放每个采样点的振幅的二进制位数，经常采用的有 8 位、12 位和 16 位。国际标准语音编码采用 8 位量化位数，每个采样点可以表示 2^8(0～255) 个不同量化值；音频可采用 16 位量化位数，每个采样点可表示 2^{16}(0～65535) 个不同量化值。在相同的采样频率下，采样量化位数越高，音质越好，但数据量也越大。

(3) 声道数：是指声音通道的个数。单声道只产生和记录一个波形；双声道产生和记录两个波形，即立体声，所占用的存储空间是单声道的两倍。

每秒存储数字化声音文件的字节数为：采样频率×采样精度(量化位数)×声道数/8。

通常，在对声音质量要求不高的情况下，适当降低采样频率和量化位数，采用单声道录音，能有效地降低声音文件的大小。

2) 数字化音频的过程

数字化音频的过程如图 8-2 所示。

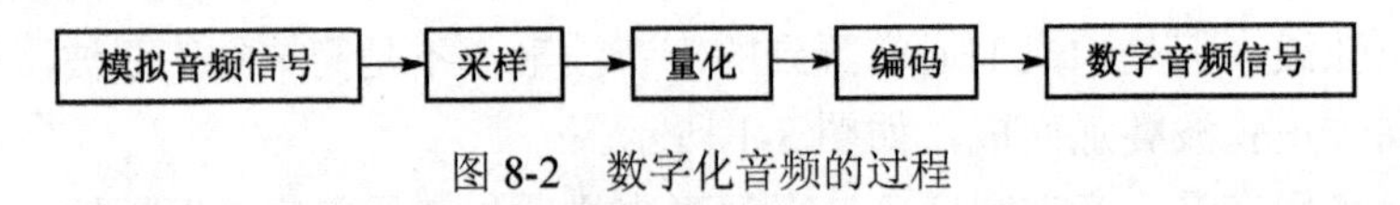

图 8-2　数字化音频的过程

(1) 采样：就是每间隔一定的时间，获取一个振幅值，使在时间上连续的振幅值变成在时间上离散的数值。该时间间隔称为采样周期 T，周期的倒数 $1/T$ 即采样频率 f。

(2) 量化：就是将采样所得的值表示为二进制数。只要确定了量化位数，量化值也就确定了。图 8-3 表示声音的采样和量化过程。

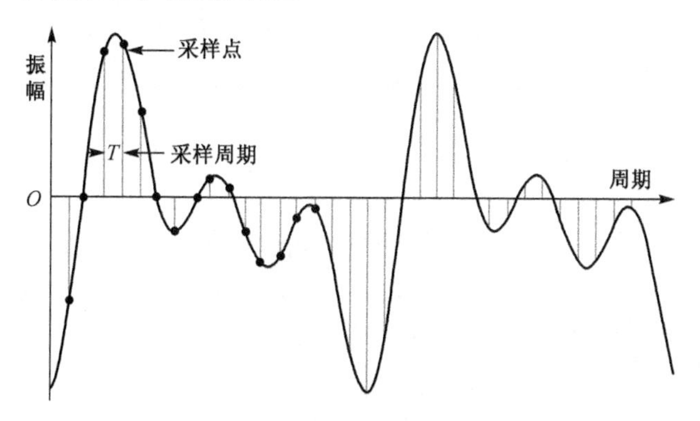

图 8-3 声音的采样和量化过程

(3) 编码：是指采用一定的格式来记录数字数据和采用一定的算法来压缩数字数据以减少存储空间和提高传输效率的过程。前者通常采用脉冲编码调制(Pulse Code Modulation，PCM)，PCM 编码最大的优点就是音质好，但是音频文件的容量比较大。常见的 Audio CD 就采用了 PCM 编码，一张光盘的容量只能容纳 72min 的音乐信息。后者根据不同的要求，可以采用不同的压缩编码方式，如 MPEG 音频压缩标准，它的特点是压缩比比较高，制作简单，便于交换，非常适合在网上传播；RA 音频压缩标准，它的特点是有较高的压缩比，适合于采用流媒体方式在网上实时播放。

3) 常见的音频文件格式

数字化音频信息在计算机中是以文件的形式储存的，常见的数字化音频文件的存储格式主要有以下的六种。

(1) WAV (.wav) 格式。WAV 格式是微软公司开发的一种声音文件格式，即波形文件，是最早的数字音频格式，被 Windows 平台及其应用程序广泛支持。WAV 格式支持许多压缩算法，支持多种音频位数、采样频率和声道。采用 44.1kHz 的采样频率，16 位量化位数的 WAV 的音质与 CD 相差无几，但 WAV 格式对存储空间需求太大，不便于交流和传播。

(2) MIDI (.mid) 格式。MIDI 格式是 Musical Instrument Digital Interface 的缩写，又称为乐器数字接口，是数字音乐/电子合成乐器的统一国际标准。它定义了计算机音乐程序、数字合成器及其他电子设备交换音乐信号的方式，规定了不同厂家的电子乐器与计算机连接的电缆和硬件设备间数据传输的协议，可以模拟多种乐器的声音。MIDI 文件存储一些指令，把这些指令发送给声卡，由声卡按照指令将声音合成出来。

(3) CD (.cda) 格式。CD 格式的采样频率为 44.1kHz，16 位量化位数。CD 存储采用了音轨的形式，记录的是波形流，是一种近似无损的格式。

(4) MP3 (.mp3) 格式。MP3 格式全称是 MPEG-1 Audio Layer 3，它在 1992 年合并至 MPEG 规范中。MP3 能够以高音质、低采样率对数字音频文件进行压缩。

(5) RealAudio 格式。RealAudio 格式是由 Real Networks 公司推出的一种文件格式，最大的特点是即使在网速较慢的情况下，也可以实时传输音频信息，主要适用于网络上的在线播放。现在的 RealAudio 格式主要有 RA(RealAudio)、RM(Real Media，RealAudio G2)、RMX(RealAudio Secured)三种。

(6) WMA(.wma)格式。WMA 格式的全称是 Windows Media Audio，是微软推出的一种文件格式。WMA 格式以减少数据流量但保持音质的方法来达到更高的压缩率，其压缩率一般可以达到 1∶18。

3. 声音文件的采集与制作

在制作多媒体项目时，需要各种各样的数字化音频文件，制作数字化音频文件一般有两个基本阶段：声音的采集阶段和声音的加工处理阶段。GoldWave 是一款非常方便实用的录音及声音编辑软件。本节将介绍使用 GoldWave 录音、分离视频中的声音和对声音进行简单的编辑处理。

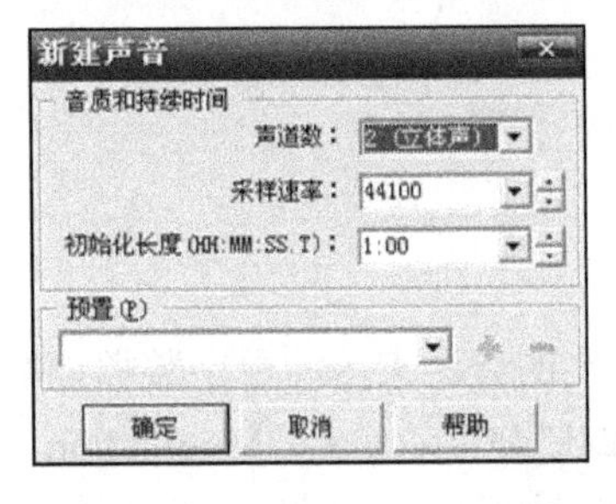

图 8-4 “新建声音”对话框

1) 使用 GoldWave 录音

(1) 新建声音文件。选择“文件 | 新建”命令，弹出如图 8-4 所示的“新建声音”对话框中，设置声音文件的声道数(立体声/单声道)、采样速率和初始化长度，然后单击“确定”按钮。

(2) 开始录音。单击工具栏上的“录音”按钮——红色圆点键或者使用快捷键 Ctrl+F9，就可以用麦克风开始录音了，如图 8-5 所示。

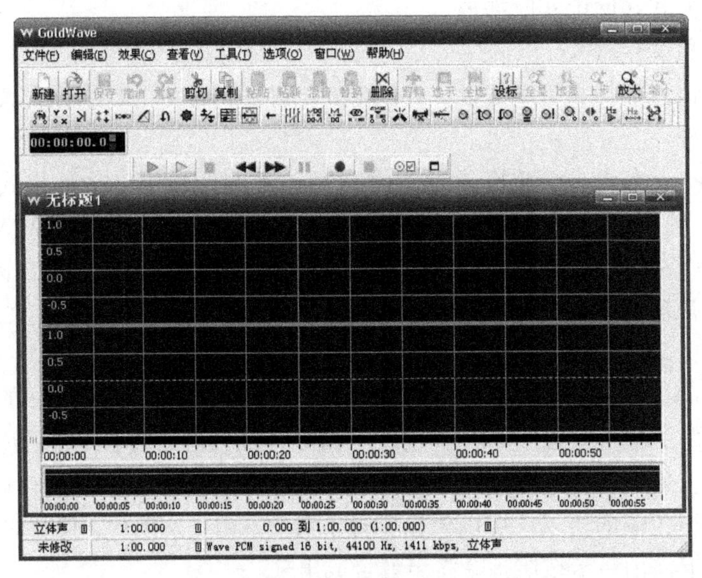

图 8-5 启动录音

(3) 停止录音。单击工具栏上的按钮 ▮▮，即可结束录音。

(4) 保存声音文件。选择“文件 | 保存”命令，打开“保存声音为”对话框，保存文件。用 GoldWave 录制声音，系统默认的保存类型为 WAV 格式。

2) 使用 GoldWave 分离视频中的声音

看 VCD 或欣赏 MTV 时，如果有好听的声音，如精彩的电影独白、流行音乐等，都可以

把声音单独分离出来，保存为数字化音频文件。具体操作如下：选择“文件 | 打开”命令，选中需要分离声音的 AVI 格式或者是 DAT 格式的文件，再选择“文件 | 另存为”命令，将该文件另存为音频文件的格式即可。

在分离视频中的声音时，除了上面讲到的将视频文件直接另存为音频文件以外，还可以选择需要的片断存为音频文件。具体的做法是：首先在波形图上单击需要的音频文件的开始，然后在波形图上右击定音频文件的结尾，这时可以看到选中的波形以较亮的颜色并配以蓝色底色显示，未选择的波形以较淡的颜色并配以黑色底色显示，如图 8-6 所示；最后将选择的部分波形文件复制、粘贴到新建的声音文件中，保存该声音文件即可。

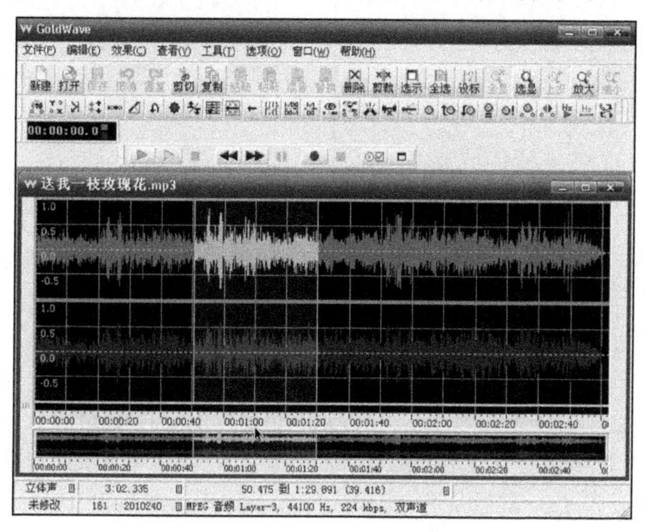

图 8-6　选择部分波形文件

3) 使用 GoldWave 编辑声音

(1) 合成声音。在制作多媒体项目时，有时需要将录制的语音文件加上背景音乐，具体操作如下：首先选择“文件 | 打开”命令，打开背景音乐文件，选取区域，单击“编辑 | 复制”命令；再选择“文件 | 打开”命令，打开录制的声音文件，选择“编辑 | 混音”命令，打开“混音”对话框，如图 8-7 所示。在“混音”对话框中，可以设置插入背景音乐的起始时间和背景音乐的音量。一般来讲，作为背景音乐，音量在 30%～50%就可以了。最后单击“确定”按钮就可以了。

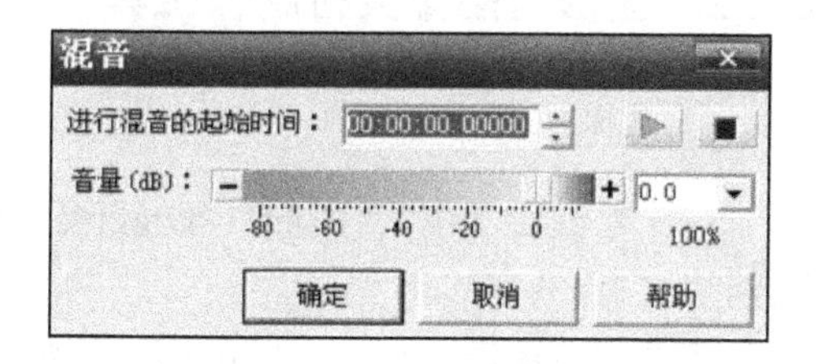

图 8-7　“混音”对话框

(2) 美化声音。用 GoldWave 可以美化声音，对声音执行多种效果的处理。常用的效果处理有去噪声、回声、混响/回声/延迟、升降调、颤音、失真、淡入/淡出等，这里简单介绍回声、去噪声、升降调和淡入/淡出效果。

①回声。回声效果能带来一些使声音更丰满的变化，能极大地改变声音效果。处理后的声音听起来仿佛是从多个声源发出来的一样。具体操作如下：首先打开声音文件，选择需要处理的波形文件片断，再选择“效果 | 回声”命令，打开“回声”对话框，如图 8-8 所示，设置回声效果，也可以直接在“预置”选项中选择需要的效果。

②升降调。在制作语音语调的多媒体项目时，要用到男女两种声音，用户可以只让一人读语音，另一角色的语音通过 GoldWave 处理得到，使男音变成女音或使女音变成男音。具体操作如下：首先打开要处理的声音文件，选择选择“效果丨音调”命令，打开“音调”对话框，如图 8-9 所示，可以在“预置”中选择 GoldWave 预设的变调模式，也可以在输入框中输入音调改变的程度，输入的数字表示音调改变的半音数。正值表示音调上升，负值表示音调下降。

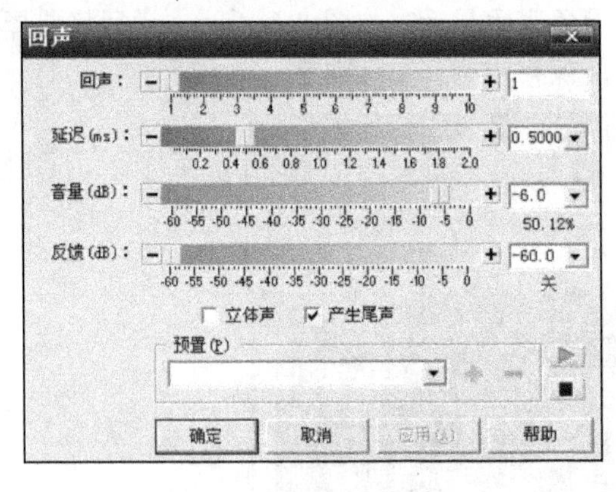

图 8-8 “回声”对话框

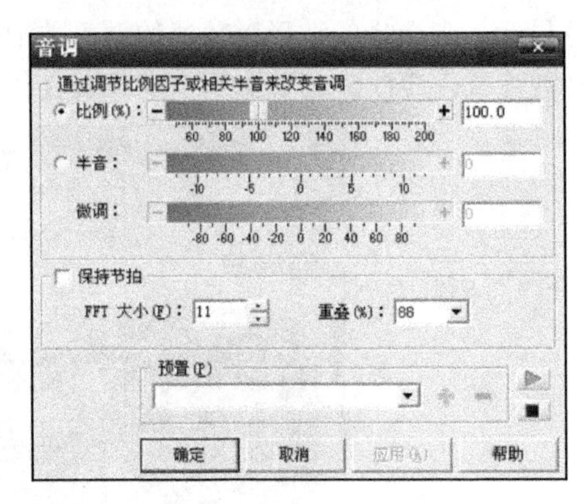

图 8-9 “音调”对话框

③ 去噪声。录音时往往带有噪音，用 GoldWave 可以除掉噪声。具体操作如下：首先打开声音文件，选择“效果丨压限器/扩展器”命令，打开“压限器/扩展器”对话框，一般如果 WAV 文件噪声不是很大，可以选择“预置”选项中“噪声门限 2”。

④ 淡入/淡出。在制作多媒体项目时，一般不会让背景音乐声突然播放或停止，而是让背景音乐声在开始播放时渐渐增强，结束时渐渐减弱，在开始和结束很平缓地过渡。GoldWave 的淡入淡出功能可以通过“效果丨音调”命令来实现。另外，调节音量也可以通过该菜单项来实现。

8.2.2　图形与图像素材制作工具

1. 基本概念

在计算机科学中，“图形”(Graphics)和“图像”(Image 或 Picture)是一对既有联系又有区别的概念。

图形一般指用计算机绘制的画面，如直线、圆、圆弧、矩形、任意曲线和图表等，以矢量图形文件格式存储。矢量图文件中存储的是描述构成该图的各种图元大小、位置、维数、形状、色彩等指令，通过专门软件将描述图形的指令转换成屏幕上的形状和颜色，因此图形可以任意缩放而不失真。图形文件一般比较小，通常用来描述轮廓不很复杂，色彩不是很丰富的对象，如几何图形、工程图纸等。

图像一般是指通过扫描仪、摄像机等输入设备捕捉实际的画面产生，由像素点阵构成的位图。位图文件存储的是构成图像的每个像素点的颜色、亮度等信息，位图在缩放过程中会损失细节或产生锯齿。位图文件存储量比较大，通常用来表现含有大量细节(如明暗变化、场景复杂或者轮廓色彩丰富)的对象。图 8-10 分别显示位图和矢量图放大以后的效果。

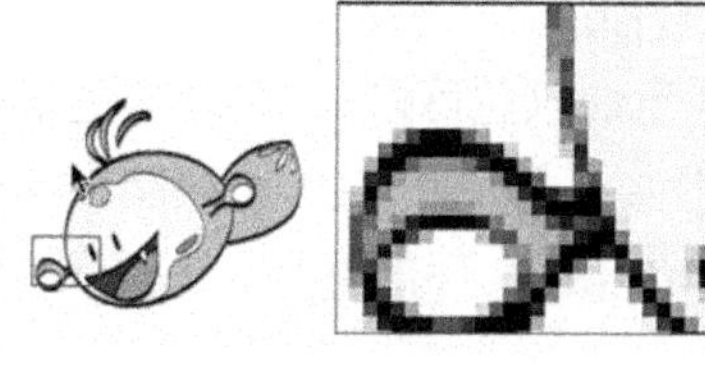

(a)位图与放大后的位图　　(b)矢量图与放大后的矢量图

图 8-10　位图与矢量图

2. 数字化图形图像

图形是计算机通过绘图软件，按照一定的数学算法绘制的矢量图。矢量图本来就是以数字化的方式存储在计算机里面的，所以就没有必要对图形进行数字化处理。图像是现实中真实的画面，本质上是一种模拟信号。因此本节主要讨论数字化图像。图像数字化过程一般也要经过采样、量化、编码三个阶段。

1)数字化图像

(1)采样。图像采样就是把模拟的图像信息转化为离散点的过程。采样的实质就是把图像分割成一系列称为像素点的小区域。用像素点的“列数×行数”来表示像素点的数目，称为分辨率。对于同一幅图，如果分割的像素数目越多，则说明图像的分辨率越高，看起来就越逼真，同时存储量也就越大；反之，图像显得越粗糙，存储量也就相应地小一些。对同一幅图采用不同的像素点来表示，如图 8-11 所示。

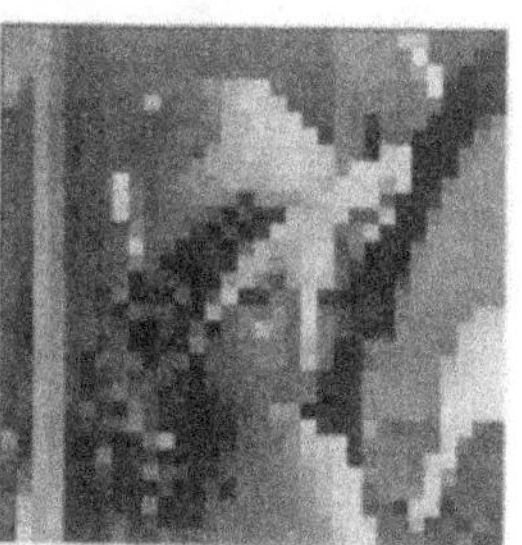

(a)原始图像　(b)采样图像(128×128)　(c)采样图像(64×64)　(d)采样图像(32×32)

图 8-11　图像采样与分辨率示意图

(2)量化。图像的量化是指用一定位数的二进制数来表示像素点的色彩或者是亮度。量化位数越大，则越能真实地反映原有图像的颜色，但得到的数字图像的存储容量也越大。例如，用 8 位、16 位、24 位等来表示图像的颜色。

在多媒体计算机中，常用像素深度来表示图像的色彩值。它决定彩色图像每个像素可能有的颜色数，或灰度图像每个像素可能有的灰度级数。

①白图像：像素深度为 1 位，每个像素点仅用 1 个二进制位表示。

②灰度图像：像素深度为 8 位，量化为 0～255 共 256 级灰度值，每个像素点由从 0 (黑色)到 255(白色)的亮度值来表现，其中间的值来表现不同程度的灰色。每个像素点用 1 字节来表示。

③彩色图像：彩色图像的每个像素的颜色都可看成是三种基本颜色：R 表示红(Red)、G

表示绿(Green)和 B 表示蓝(Blue)，按照不同的比例组合而成。若每种颜色用 8 位量化，那么一个像素共用 24 位表示，即像素深度为 24 位。每个像素的颜色可以是 2^{24} 种颜色中的一种。

(3)编码。图像编码是按一定的规则，将量化后的数据用二进制数据存储在文件中。图像的分辨率和像素深度直接决定了位图文件的大小，即位图文件的存储量(字节)=图像的分辨率×像素深度/8。

例如，一张分辨率为 1024×768 的真彩色图像需要的存储空间为 1024×768×24/8≈2.3MB

由此可见，数字化图像如果不经过压缩直接存储，所占用的存储空间是巨大的。因此，数字化图像一般要根据需要，采用不同的编码技术进行压缩以后再存储。

2)常见的图形图像文件格式

数字化图形图像在计算机以文件的形式储存，常见的图形图像存储格式主要有以下几种。

(1)图像文件。

①BMP(.bmp)文件。BMP 是英文 Bitmap(位图)的简写，它是 Windows 操作系统中的标准图像文件格式，能够被 Windows 多种应用程序所支持。这种格式的特点是包含的图像信息较丰富，几乎不进行压缩，但占用磁盘空间过大，主要应用于单机系统。

②JPEG(.jpg)文件。JPEG 文件是由联合照片专家组(Joint Photographic Experts Group)开发的一种图像文件格式。它用有损压缩方式去除冗余的图像和彩色数据，在获取极高压缩率的同时能展现十分丰富生动的图像；同时 JPEG 还是一种很灵活的格式，具有调节图像质量的功能，允许用不同的压缩比例压缩文件。目前各类浏览器均支持 JPEG 图像格式，同时 JPEG 格式的文件较小，下载速度快，因此 JPEG 文件广泛应用于网络，成为网络上最受欢迎的图像格式。

③GIF(.gif)文件。GIF 是英文 Graphics Interchange Format(图形交换格式)的缩写，是 20 世纪 80 年代，美国一家著名的在线信息服务机构 CompuServe 针对当时网络传输带宽的限制，开发出的图像格式。GIF 格式的特点是压缩比高，磁盘空间占用较少。此外，考虑到网络传输中的实际情况，GIF 图像格式还增加了渐显方式，也就是说，在图像传输过程中，用户可以先看到图像的大致轮廓，然后随着传输过程的继续而逐步看清图像中的细节部分。

(2)图形文件。

①WMF(.wmf)文件。WMF 是 Windows 中常见的一种图元文件格式，是矢量文件格式。它具有文件短小、图案造型化的特点，整个图形常由各个独立的组成部分拼接而成，但其图形往往较粗糙。

②EMF(.emf)文件。EMF 是微软公司开发的一种 Windows 32 位扩展图元文件格式。其总体目标是要弥补使用 WMF 的不足，使得图元文件更加易于接受。

③EPS(.eps)文件。EPS 是用 PostScript 语言描述的一种 ASCII 码文件格式，既可以存储矢量图，也可以存储位图，最高能表示 32 位颜色深度，特别适合 PostScript 打印机。

④DXF(.dxf)文件。DXF 是 AutoCAD 中的矢量文件格式，它以 ASCII 码方式存储文件，在表现图形的大小方面十分精确。DXF 文件可以被许多软件调用或输出。

3. 图形图像文件的采集与制作

1)图像的采集与制作

在制作多媒体素材时，图像文件的创作一般分为两个基本阶段：图像的采集阶段和图像的加工处理阶段。

图像的采集一般有以下的三个途径，一是利用抓图软件获取图像；二是运用外部设备获取图像；三是利用抓图热键获取图像。下面分别加以简单介绍。

①利用抓图软件获取图像。可以实现抓图的软件很多，常见的有 Screen Thief、Capture Professional、Professional Capture System、Snap Shot、Hyper Snap-Dx、SnagIt 等。利用这些抓图软件都可以很方便地捕捉图像。这里简单介绍利用 SnagIt 获取图像的方法。SnagIt 是一款实用、方便、易学易用且功能强大的抓图软件。SnagIt 可以抓取七种类型的画面和文本、视频；允许自定义抓图的热键；抓取的图片可以保存为.bmp 等 6 种常见格式，每种格式还提供多个选项并可设置默认选项以便下次调用；抓取的图片可以同时输出到打印机、剪贴板、文件、电子邮件、目录册、网络、预览窗口并支持自动为文件取名保存等。

SnagIt 的安装十分简单，图 8-12 是安装后 SnagIt 启动的界面。使用 SnagIt 抓取图像时，首先必须单击主界面左侧的“图像捕获”按钮，然后在“输入”主菜单下选择要抓取的图像类型，再将要抓取的画面切换到前台，按下抓图热键(默认为 Ctrl+Shift+P，可通过“工具 | 程序参数设置”，然后打开“程序参数设置”对话框进行修改)，所选画面就会被 SnagIt 捕获。选择的类型不同，抓取时操作方法也略有差别。

图 8-13 是“输入”菜单，在输入菜单下，可抓取 9 类画面，简介如下。

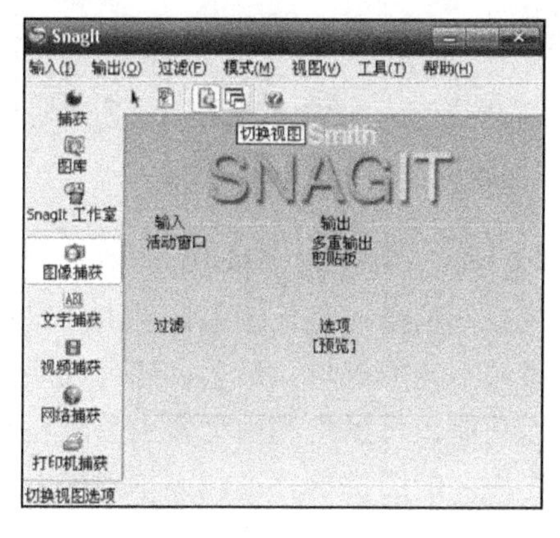

图 8-12　SnagIt 的启动界面

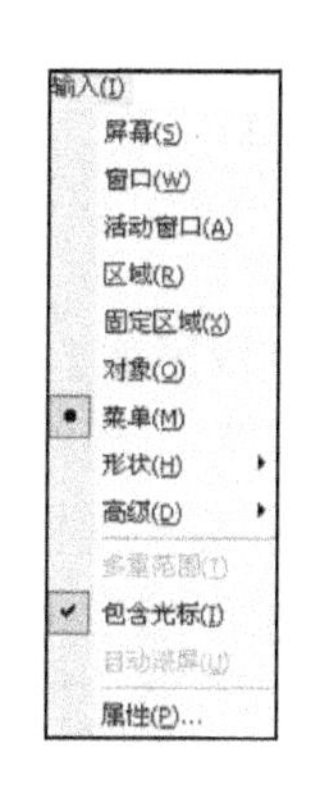

图 8-13　“输入”菜单

· 屏幕：选择此项，按下热键时将抓取全屏画面。

· 窗口：按下热键时，光标将变为“手”形，同时出现一个大小会自动变化的红线方框，移动光标位置，方框就会套住不同的区域，再单击，方框内的区域就会被抓取。用该选项来抓取程序界面中的一部分非常方便。

· 活动窗口：按下热键时，抓取活动窗口。

· 区域：按下热键时，再拖动鼠标画框，所画方框内的区域就会被抓取。

· 固定区域：按下热键时，出现一个固定大小的方框，移动方框到合适的位置后再单击，框内的区域就会被抓取。方框的大小、起始位置可通过“输入 | 属性”命令进行设置。

· 形状：按下热键后，单击图像文件的某区域，选中的形状区域，就会显示在预览窗口中。

· 菜单：抓取程序的下拉菜单或右击菜单。在“输入 | 属性”菜单中还可进一步设置抓取时是否包括菜单栏，是否捕获层叠菜单(即是否包括已展开的子菜单)等。

• 高级：在此菜单项下，还可以设置抓取剪贴板中的内容等，这里就不再赘述。

在抓取图像时，SnagIt 还可在“输入”菜单下设定是否包括光标，是否自动滚动，非常方便。在抓取图像时，也可以随时按 Esc 键终止抓图。

图 8-14 是“输出”菜单，默认每次抓取的图像都会自动输出到“预览窗口”。SnagIt 还支持将抓取的图像输出到多个对象，从而提高工作效率。要同时输出到其他多个对象，需要先选择“输出 | 多重输出”命令，再选择“输出”下的其他输出对象即可。对于各种输出类型，选择“输出 | 属性”命令，打开如图 8-15 所示的“输出属性”对话框后可以进行更详细的设置，如图像文件默认存盘格式、是否自动取名、文件保存位置等。

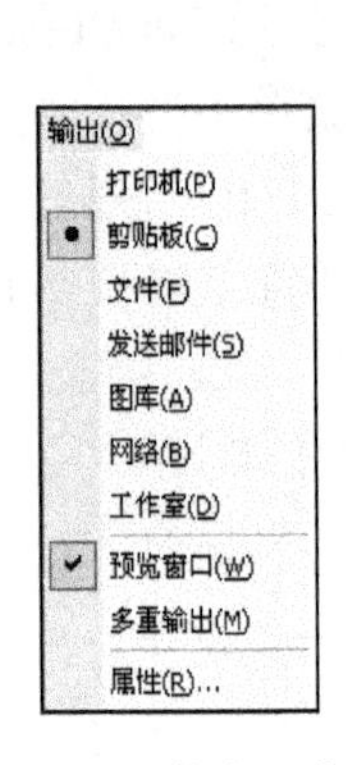

图 8-14 “输出”菜单

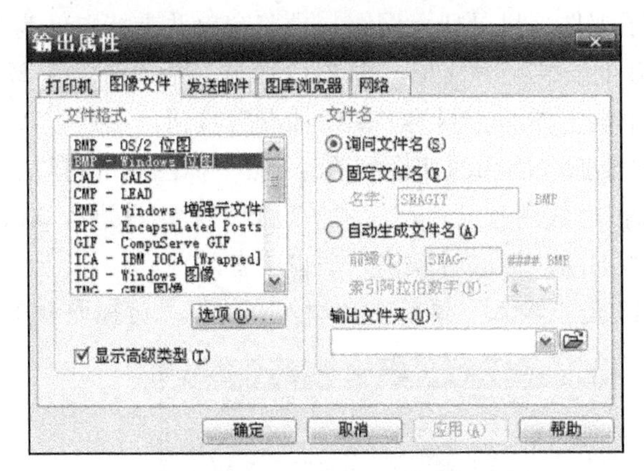

图 8-15 “输出属性”对话框

②运用外部设备获取图像。可以利用扫描仪扫描一些文献资料中的图像，从而获取需要的数字图像；利用数码相机拍摄一些图像，然后把拍摄的照片输入计算机，直接获取数字图像。另外，大量的素材光盘也是获取数字图像不错的对象；最后，还可以从互联网上下载图像素材。许多搜索引擎都提供了图片搜索功能，可以先利用搜索引擎从互联网上按关键字搜索所需要的相关主题的图像，然后挑选需要的图像保存下载到本地机上，编辑处理加工后使用。

③利用抓图热键获取图像。除了以上两种主要的获取图像的方法，还可以利用抓图热键获取图像。在 Windows 操作系统上，按下 PrintScreen 键就可以把当前屏幕显示任意的全屏图像抓取到剪贴板中；按 Alt+PrintScreen 快捷键，可以把当前工作窗口的图像抓取到剪贴板中。

2) 图形的采集与制作

在制作多媒体素材时，图形文件通常是使用计算机绘图软件绘制得到的，Corel 公司的 CorelDraw、Adobe 公司的 Illustrator、Macromedia 公司的 Freehand 都是不错的绘制矢量图的软件。

①CorelDraw。CorelDraw 是 Corel 公司出品的一流的平面矢量绘图软件，被专业设计人员广泛使用，它的集成环境(称为工作区)为平面设计提供了先进的手段和最方便的工具。在 CorelDraw 系列的软件包中，包含了 CorelDraw、Corel Photo-Paint 两大软件和一系列的附属工具软件，可以完成一幅作品从设计、构图、草稿、绘制、渲染的全部过程。CorelDraw 是系列软件包中的核心软件，可以在其集成环境中完成平面矢量绘图。

②Illustrator。Illustrator 是 Adobe 公司出品的矢量图形图像编辑软件，该软件不仅能处理矢量图形，也可处理位图图形。Adobe Illustrator 不仅仅是艺术作品工具，也同时提供相当的精度，可以胜任任何从小型到大型的复杂项目的设计。同时，Illustrator 还提供与 Adobe 的其他应用软件统一的界面，包括 Adobe Photoshop 和 Adobe PageMaker 等。

③Freehand。在目前的矢量图创作领域，Adobe 公司推出的 Freehand 一直与 CorelDraw 和 Illustrator 并驾齐驱。与上面的两种软件相比，Freehand 在图形处理方面没有太多的优势。但是，Freehand 的文字处理功能可以与许多专业的文字处理软件媲美。

8.2.3　动画与视频制作工具

1. 基本概念

在计算机科学中，“动画”和“视频”也是一对既有联系又有区别的概念。

动画将一系列静态的图形按照一定的顺序排列，利用专门的动画制作软件使这些图形连续呈现，以形成动态的场景。

视频由一系列静态的图像(每一幅图像称为一帧)按照一定的顺序排列组成。通过快速播放每帧画面(12 帧/秒)，利用人眼的视觉暂留原理，产生连续的动态效果。视频分为模拟视频和数字视频两种。早期的电视就是模拟视频，而现在的 DVD 和数字摄像机等所有的视频都是数字视频。

2. 数字化视频

1) 视频信息的数字化

将传统的模拟电视信号经过采样、量化、编码，转换成用二进制代码表示的数字信号过程，就称为视频信息的数字化。数字视频可以使用计算机进行存储、编辑和播放，并且适合在网络上传播，因此得到广泛的应用。

视频信息的数字化通常有以下的两种方式：一是先从彩色全电视信号，如来自录像带、摄像机的电视信号中分离出彩色分量，然后进行数字化；二是直接用一个高速的 A/D 转化器对彩色全电视信号进行数字化，然后再进行分离。不管采用何种方式进行视频数字化，都要通过视频捕捉卡和相应的软件来实现。

数字化视频如果不经过压缩直接存储，所占用的存储空间是巨大的。例如，要在计算机上按每秒 30 帧，连续显示分辨率为 1024×768 的 24 位真彩色高质量的视频，需要的存储空间大概是 1024×768×24/8×30=67.5MB。一张 650MB 的光盘最多能存储几秒钟的视频。因此数字化视频一般要通过压缩、降低帧速、降低分辨率等手段来减小数据量。

2) 常见的动画与视频文件格式

数字化视频在计算机以文件的形式储存，常见的动画与视频的存储格式主要有以下几种。

(1) 动画文件。

①GIF 格式。最初的 GIF 只是简单地用来存储单幅静止图像(称为 GIF87a)，后来随着技术发展，可以同时存储若干幅静止图像进而形成连续的动画(称为 GIF89a)，具有单个 GIF 图像的所有特点。目前，Internet 上大量采用的彩色动画文件多为这种格式的文件。

②FLIC 格式。FLIC 是 Autodesk 公司在其出品的 2D、3D 动画制作软件中均采用的彩色动画文件格式。FLIC 是 FLC 和 FLI 的统称：FLI 是最初的基于 320×200 分辨率的动画文件

格式，而 FLC 进一步扩展，它采用了更高效的数据压缩技术，具有比 FLI 更高的压缩比，其分辨率也有了不少提高。FLIC 文件具有数据量小、分辨率大，通用性好和使用广泛的特点。

③SWF 格式。SWF 是 Flash 的矢量动画格式。这种格式的动画能用比较小的体积来表现丰富的多媒体形式，并且还可以与 html 文件达到一种“水乳交融”的境界，因此广泛应用于网页制作中。Flash 动画是一种“准”流(Stream)形式的文件，人们在观看时，可以不必等到动画文件全部下载到本地硬盘再观看，而是随时可以观看；而且，Flash 动画是利用矢量技术制作的，不管将画面放大多少倍，画面仍然清晰流畅。

(2) 视频文件。最常见的视频文件格式有 Microsoft 公司的 AVI 文件(.AVI)和 Apple 公司的 QuickTime 文件(.MOV 和.QT)，此外还有 MPEG 文件(.MPG)和 VCD 专用的 DAT 文件(.DAT)及网络上常用的 RealVideo 文件(.RM)和 ASF 格式等。

①AVI 格式。AVI(Audio-Video Interleave，音频-视频交错)格式是将音频与视频交错保存在一个文件中，较好地解决了音频与视频同步的问题，是 Video for Windows 视频应用程序使用的格式，目前已成为 Windows 视频标准格式文件，但是该文件格式需要较大的存储空间。

②MOV 格式。MOV 格式是 Apple 公司的 QuickTime for Windows 视频应用程序中使用的文件格式。它具有跨平台、存储空间小的技术特点，而采用了有损压缩方式的 MOV 格式文件，画面效果较 AVI 格式要稍微好一些。

③MPEG 格式。MPEG 是按照 MPEG 标准压缩的视频文件格式。从它衍生出来的格式非常多，视频方面则包括 MPEG-1、MPEG-2 和 MPEG-4，常用于 VCD、DVD 的制作方面。

④RM 格式。RM 格式是 Real Networks 公司开发的流媒体格式文件，具有体积小而又比较清晰的特点，主要用于在低速率的网上实时传输视频。

⑤ASF 格式。ASF(Advanced Streaming Format)是 Windows Media 技术的核心。它采用了 MPEG-4 压缩算法，压缩率和图像的质量都很不错。

3. 动画与视频的采集与制作

1) 视频的采集与制作

获取视频素材的方法有以下的几种。

(1) 用超级解霸截取 VCD 上的视频片段。首先要单击“循环”按钮。只有处于“循环选择”状态下，单击“选择开始点”按钮和“选择结束点”按钮方可使用：通过拖动“滑块”来定位要截取片段的起始帧，然后单击“选择开始点”按钮；同样的方法，定位要截取片段的结束帧，再单击“选择结束点”按钮；然后单击“保存 MPG”按钮，如图 8-16 所示。

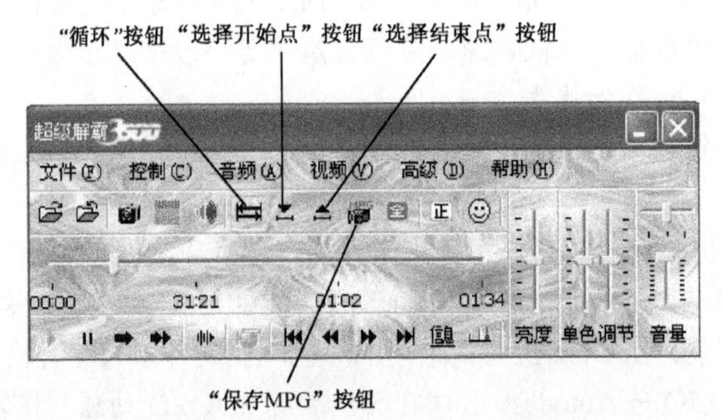

图 8-16　用“超级解霸”截取 VCD 上的视频片段

在“保存数据流”对话框中选择保存文件夹、保存文件类型(若要同时保存图像及声音选“MPEG 系统流”，若只保存图像而不要声音则选“MPEG 视频流”)，输入文件名，然后单击“保存”按钮。

(2) 用屏幕抓取软件记录屏幕的动态显示。用 SnagIt 可以记录在用户在屏幕活动中内容，并保存为一个符合标准的 AVI 文件。

①首先单击工具栏中的“视频捕获”按钮，选择“输入 | 窗口”命令，在“输入”菜单中选中“文件”和“预览窗口”复选框，然后按 Ctrl+Shift+P 键开始捕获。将鼠标移动到播放的窗口中单击，出现如图 8-17 所示的对话框。

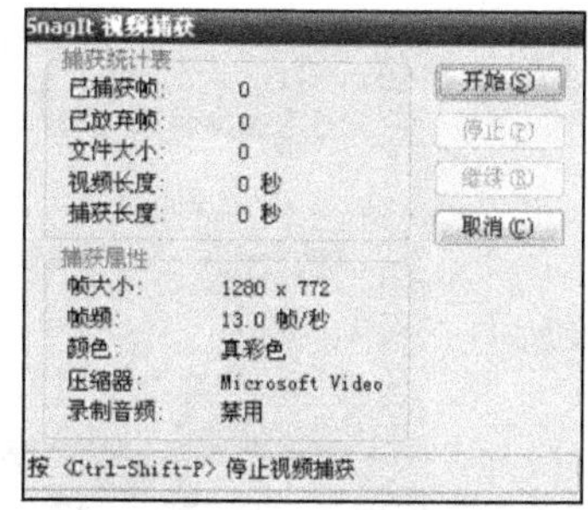

图 8-17　用 SnagIt 捕获视频

②单击“开始”按钮，SnagIt 就开始捕捉接下来的整个操作过程，如果在“输入”菜单中选中“录制音频”，则在记录视频的同时，如果对着麦克风讲话，音频也被记录下来。最后按 Ctrl+Shift+P 键，在出现的“停止视频捕捉”对话框中，单击“停止”按钮即可终止视频捕捉。

(3) 用会声会影制作视频。会声会影(Corel Video Studio)是一款适合初级用户使用的视频编辑软件，提供了一套从捕获视频到编辑视频和分享视频的完整解决方案，具有界面简洁、操作简单的特点。启动软件后，工作界面如图 8-18 所示。

图 8-18　会声会影启动界面

会声会影编辑器：用完整功能的视频编辑器来创建影片，提供从添加素材、标题、效果、覆叠、音乐到视频输出的整个视频制作过程。

影片向导：用主题模板快速制作影片，是初学者的理想工具，引导初学者通过三个快速、简单的步骤完成视频制作。

DV 转 DVD 向导：从 DV 设备捕获视频，并直接刻录到 DVD。

下面将这三个方面进行简单的介绍。

①通过“会声会影编辑器”编辑制作影片。

在图 8-18 中选择“会声会影编辑器”，打开如图 8-19 所示的编辑器主界面。

- 菜单栏：提供各种命令，用于打开和保存影片项目、处理素材等。
- 步骤面板：包含视频制作的七个步骤。

图 8-19　会声会影编辑器主界面

捕获：将 DV 中的视频及音频抓轨至计算机，即可实现影视编辑后期制作。如果计算机中有现成的视频片段，便可省去这一步。在会声会影中自带了很多视频素材，这些素材在制作片头和结尾时非常有用。

编辑：整理、编辑和修整视频素材是会声会影处理视频的核心步骤。在这里，可以对影片进行大量的实用控制，如影片和图片的增加和裁剪、时间控制、位置控制、反转场景、色彩较正、多重修整视频、自动按场景分割，以及保存静态图像和消音等。

效果：在素材之间添加转场效果。在会声会影里，特殊效果非常丰富，用户可以充分地发挥想象空间，影视滤镜和转场可相互组合，变化多样。

覆叠：在视频轨的基础上，可以增加一个覆叠视频轨，并与第一个视频轨相结合；可以更方便地调节视频的长短以及场景的选取。

标题：创建静态或动态的文字字幕。既可以做标题，也可以写歌词字幕，还可以写上心理感言等。可以改变字幕的字体、形态、颜色和大小，还可以为字幕加上所需要的动画效果。

音频：给影片添加音乐和录音，也有两个轨道，加配乐的时候如果发现开始的片断中有音乐，那么可以在编辑栏中将原影片的音乐调成静音。

分享：将创建好的影片输出和刻录光盘。影片制作完成之后，要保存项目文件，会声会影项目文件的扩展名是.VSP。可以把完成的作品以多种方式输出，包括创建视频文件、创建光盘、DV 录制、HDV 录制等。会声会影支持输出的影片格式包括 DV、HDV、WMV、MP4、FLV 等。

• 预览窗口：显示当前的素材、视频滤镜、效果或标题内容。

导览面板：如图 8-20 所示的导览面板，使用该面板上的按钮，可以浏览所选的素材，进行精确的编辑或修整。用“导览控件”可以浏览所选的素材或项目，用“修整拖柄”和“飞梭栏”可以编辑素材。

注意：用“分割视频” 配合“飞梭栏”可以将素材在飞梭栏指定的位置剪辑为两段视

频；用“修整拖柄”选择视频的起始位置和结束位置以后，可以通过菜单中的“素材 | 保存修整后的视频”命令，将选择的视频片段进行保存。配合 00:00:02:13 可以精确地定位视频的起始点。

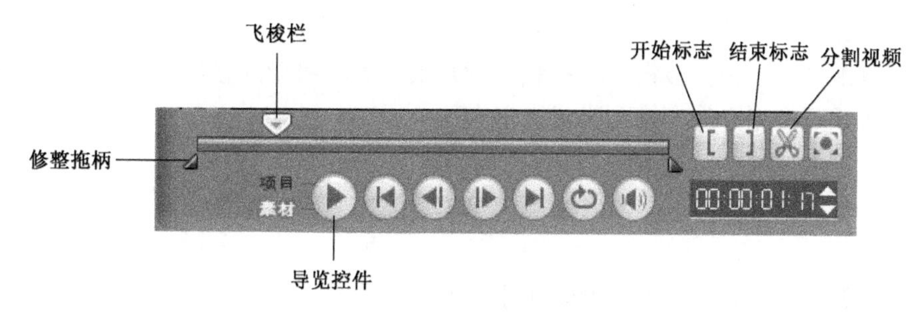

图 8-20　导览面板

- 时间轴：是编辑影片项目的地方，有三种类型的视图可用于显示项目时间轴。
- 视图模式：有三种不同的视图模式可供选择。

单击 按钮，显示“故事板视图”。故事板视图是将视频添加到影片的最快捷方法。故事板中的每个略图代表影片中的一个事件，事件可以是视频素材、图像素材或转场。略图可以按时间顺序显示事件的一些画面。每个素材的时间显示在每个略图的底部。转场效果可以插入到两个视频素材之间。

单击 按钮，显示“时间轴视图”。利用时间轴视图可以清楚显示影片的元素，可对素材精确到帧的编辑，同时可以准确地显示出素材在此项目中的时间和位置，是会声会影处理视频的核心。

单击 按钮，显示“音频视图”。利用音频视图可以可视化地调整视频、声音和音乐素材的音量。在音频模式中，选中音频文件，“选项面板”会显示“环绕混音”，用于调整视频、覆叠、声音和音乐轨的音量。

- 素材库：保存和整理所有的媒体素材。
- 选项面板：包含控件、按钮和其他信息，用于自定义所选素材的设置。此面板的内容会根据编辑对象的不同而发生变化。

用会声会影制作编辑一段视频，一般需要步骤面板所示的 7 个步骤。如果要简单快速地制作一段视频，还可以在图 8-18 所示的会声会影编辑界面中选择“影片向导”。

②通过“影片向导”制作影片。

在图 8-18 中选择“影片向导”，通过三个步骤就可以轻轻松松地完成影片制作。

首先，单击“影片向导”，如果需要制作宽屏影片，在进入“影片向导”前选中“16:9”。根据界面上 5 种醒目的图标及文字提示来导入不同类型的视频和图像素材。导入的素材将被添加到窗口下方的媒体素材列表中，用户可以根据需要将素材拖动成期望的顺序。选中素材后，利用“飞梭栏”和“导览面板”中的按钮来控制预览，并通过“飞梭栏”的开始标记和结束标记对素材进行简单修整。

然后，单击“下一步”按钮，在打开的界面中选择合适的主题模板。会声会影提供了家庭影片、相册和 HD-家庭影片、HD-相册四大类几十种主题模板。其中 HD 是高清格式，对计算机的多媒体性能要求较高。每个模板都带有预设的起始和终止的视频素材、标题和背景音乐。打开“设置影片区间”对话框，根据视频时间、背景音乐时间和自定义来设置影片的长度。选择预设标题后直接在预览窗口修改标题，单击文字属性在弹出窗口中调整标题的字体、大小、颜色等。利用“加载背景音乐”按钮可以替换背景音乐。注意，背景音乐的时间少于 30s 时不会循环播放。

最后，单击“下一步”按钮，选择输出影片的方式，将影片输出成可以在计算机上播放的视频文件或者直接将影片刻录到光盘上保存。

习　题　八

一、判断题(正确填写“A”，错误填写“B”)

1. 多媒体课件是一种多媒体应用软件。(　　)
2. 图形是由计算机绘制的画面，图像是由相关设备捕捉实际画面产生的。(　　)
3. 在相同的条件下，位图所占的空间比矢量图小。(　　)
4. 通常说的多媒体，仅仅是指多媒体信息本身。(　　)
5. 模拟音频信号在时间和振幅上都是连续的，便于计算机实现声音的处理。(　　)
6. 在 GoldWave 中新建声音文件时，设置采样频率越高，声音失真越小，声音文件越大。(　　)
7. 在 GoldWave 中，声音编辑区如果是蓝色的底纹，表示声音波形是选中的状态。(　　)
8. GoldWave 只能录麦克风的声音，无法录制计算机中的声音。(　　)
9. SnagIt 是一款功能强大的图像捕捉软件，既能捕捉图像，又能捕捉文字和视频。(　　)
10. SnagIt 中，抓取的图像既可以输出到剪贴板，也可以输出到文件。(　　)

二、单项选择题

1. 两分钟双声道、16 位采样位数、22.05kHz 采样频率声音的不压缩数据量是________。
   A. 10.09MB　　B. 10.34MB　　C. 10.35KB　　D. 5.05MB
2. 适合制作交互矢量动画的工具软件是________。
   A. Authorware　　B. Photoshop　　C. AutoCAD　　D. Flash
3. Windows 操作系统中的标准图像文件格式是________。
   A. BMP　　B. JPG　　C. TIFF　　D. WAV
4. 目前，Internet 上大量采用的彩色动画文件多为________格式文件。
   A. GIF　　B. SWF　　C. AVI　　D. MOV
5. 下列采集的声音________的质量最好。
   A. 单声道、8 位量化、22.05kHz 采样频率　　B. 双声道、8 位量化、44.1kHz 采样频率
   C. 单声道、16 位量化、22.05kHz 采样频率　　D. 双声道、16 位量化、44.1kHz 采样频率
6. SnagIt 默认的抓图热键为________。
   A. Ctrl+Shift+T　　B. Ctrl+Shift+P　　C. Alt+Shift+T　　D. Alt+Shift+P
7. 在 SnagIt 中抓取区域，按下抓图热键时，鼠标将变成________。
   A. 手形　　B. 空心的箭头　　C. 实心的箭头　　D. 漏斗形
8. 会声会影的项目文件扩展名________。
   A. DOS　　B. VSP　　C. ABD　　D. UVP

9. 会声会影时间轴上面有________种轨道。

A. 2　　B. 3　　C. 5　　D. 6

10. 按钮在会声会影中的作用________。

A. 复制素材　　B. 删除素材　　C. 剪辑素材　　D. 粘贴素材

三、多项选择题

1. 多媒体技术的主要特性有________。

A. 多样性　　B. 交互性　　C. 集成性　　D. 数字化

2. 在多媒体计算机中，常用的图像输入设备________。

A. 数码照相机　　B. 彩色扫描仪　　C. 彩色模拟摄像机　　D. 视频信号数字化仪

3. 下列配置中________是多媒体计算机必不可少的。

A. CD-ROM 驱动器　　B. 高质量的音频卡

C. 高分辨率的图形、图像显示　　D. 高质量的视频采集卡

4. 声音的特性用________来描述。

A. 音量　　B. 音调　　C. 音色　　D. 音高

5. 数字化音频的主要技术指标有________。

A. 采样频率　　B. 量化位数　　C. 声道数　　D. 声音格式

6. 下面________是常用的图像文件的后缀。

A. GIF　　B. BMP　　C. MID　　D. TIF

7. 下面________是常用的矢量图绘制软件件。

A. CorelDraw　　B. Freehand　　C. PowerPoint　　D. Adobe illustrator

8. 关于矢量图和位图说法正确的是________。

A. 位图适合表达具有丰富细节的内容

B. 矢量图具有放大以后仍然保持清晰的特点

C. 矢量图比位图优越

D. 位图放大以后会产生锯齿状的失真

9. 下列描述正确的是________。

A. 视频素材只能放到视频轨上面　　B. 色彩也属于一种素材

C. 声音轨可以放置一首音乐　　D. 可以在同一个素材上使用多个滤镜特效

10. 下列叙述正确的是________。

A. 在会声会影中，可以导入视频、图片、音乐

B. 在会声会影中，可以导入新的转场效果

C. 在会声会影中，不能录音

D. 在会声会影中，不能同时在视频轨上的两个素材间使用两个转场

四、填空题

1. 声音、________、________、________和________中两种或者两种以上的信息表现形式的组合就构成了多媒体。

2. 数字化音频需要经过________、________、________才能将模拟音频信号转化为数字音频信号。

3. 在多媒体技术中，数字化音频文件的存储格式有________、________、________、________、________和 RealAudio 格式。

4．GoldWave 中，可以使用文件菜单下的________命令实现文件格式的批量转化。

5．SnagIt 有三种视图模式，分别是________、________、________。

6．在会声会影中制作视频的步骤有捕获、________、________、________、________、音频和分享。

7．会声会影有三种视图模式，分别是________、________、________。

第9章　基础知识综合训练

综合训练1

1．在CD光盘上标记有CD-RW字样，此标记表明这光盘________。

A．只能写入一次，可以反复读出的一次性写入光盘

B．可多次擦除型光盘

C．只能读出，不能写入的只读光盘

D．RW是Read and Write的缩写

2．调制解调器(Modem)的作用是________。

A．将计算机的数字信号转换成模拟信号

B．将模拟信号转换成计算机的数字信号

C．将计算机数字信号与模拟信号互相转换

D．为了上网与接电话两不误

3．二进制数011111转换为十进制整数是________。

A．64　　B．63　　C．32　　D．31

4．有一域名为sicnu.edu.cn，根据域名代码的规定，此域名表示________机构。

A．政府机关　　B．商业组织　　C．军事部门　　D．教育机构

5．已知字符A的ASCII码是01000001B，字符D的ASCII码是________。

A．01000011B　　B．01000100B　　C．01000010B　　D．01000111B

6．在计算机内部用来传输、存储、加工处理的数据或指令都是以________形式进行的。

A．十进制码　　B．二进制码　　C．八进制码　　D．十六进制码

7．下列的英文缩写和中文名字的对照中，错误的是________。

A．CAD——计算机辅助设计　　B．CAM——计算机辅助制造

C．CIMS——计算机集成管理系统　　D．CAI——计算机辅助教学

8．目前，微机中所广泛采用的电子元器件是________。

A．电子管　　B．晶体管

C．小规模集成电路　　D．大规模和超大规模集成电路

9．在下列字符中，其ASCII码值最小的一个是________。

A．空格字符　　B．0　　C．A　　D．a

10．控制器的功能是________。

A．指挥、协调计算机各部件工作　　B．进行算术运算和逻辑运算

C．存储数据和程序　　D．控制数据的输入和输出

11．下列存储器中，属于外部存储器的是________。

A．ROM　　B．RAM　　C．Cache　　D．硬盘

12．微型计算机的主机由CPU、________构成。

A．RAM　　B．RAM、ROM和硬盘

C．RAM和ROM　　D．硬盘和显示器

13．用高级程序设计语言编写的程序称为________。

A．源程序　B．应用程序　C．用户程序　D．实用程序

14．十进制数 101 转换成二进制数是________。

A．01101001　B．01100101　C．01100111　D．01100110

15．计算机病毒是指能够侵入计算机系统并在计算机系统中潜伏、传播，破坏系统正常工作的一种具有繁殖能力的________。

A．流行性感冒病毒　　B．特殊小程序

C．特殊微生物　　D．源程序

16．下列关于世界上第一台电子计算机ENIAC的叙述中，________是不正确的。

A．ENIAC是1946年在美国诞生的

B．它主要采用电子管和继电器

C．它首次采用存储程序和程序控制使计算机自动工作

D．它主要用于弹道计算

17．编译程序的最终目标是________。

A．发现源程序中的语法错误

B．改正源程序中的语法错误

C．将源程序编译成目标程序

D．将某一种高级语言程序翻译成另一种高级语言程序

18．下列存储器中，属于内部存储器的是________。

A．CD-ROM　B．ROM　C．软盘　D．硬盘

19．1MB的准确数量是________。

A．1024×1024 Word　　B．1024×1024 Byte

C．1000×1000 Byte　　D．1000×1000 Word

20．一个计算机操作系统通常应具有________。

A．CPU管理、显示器管理、键盘管理、打印机和鼠标管理等五大功能

B．硬盘管理、软盘驱动器管理、CPU管理、显示器管理和键盘管理等五大功能

C．CPU管理、存储管理、文件管理、输入/输出管理和作业管理五大功能

D．计算机启动，打印，显示，文件存取和关机等五大功能

综合训练2

1．以下属于高级语言的有________。

A．机器语言　B．C语言　C．汇编语言　D．以上都是

2．将计算机与局域网互联，需要________。

A．网桥　B．网关　C．网卡　D．路由器

3．为解决某一特定问题而设计的指令序列称为________。

A．文档　　B．语言　　C．程序　　D．系统

4．配置高速缓冲存储器(Cache)是为了解决________。

A．内存与辅助存储器之间速度不匹配问题

B．CPU与辅助存储器之间速度不匹配问题

C．CPU与内存储器之间速度不匹配问题

D．主机与外设之间速度不匹配问题

5．下列设备中，能作为输出设备用的是________。

A．键盘　　B．鼠标　　C．扫描仪　　D．磁盘驱动器

6．英文缩写CAM的中文意思是________。

A．计算机辅助设计　　B．计算机辅助制造

C．计算机辅助教学　　D．计算机辅助管理

7．字符比较大小实际是比较它们的ASCII码值，下列正确的是________。

A．“A”比“B”大　　B．“H”比“h”小

C．“F”比“D”小　　D．“9”比“D”大

8．十进制数73转换成二进制数是________。

A．1101001　　B．1000110　　C．1011001　　D．1001001

9．人们把以________为硬件基本电子器件的计算机系统称为第三代计算机。

A．电子管　　B．小规模集成电路

C．大规模集成电路　　D．晶体管

10．一个字符的标准ASCII码用________位二进制位表示。

A．8　　B．7　　C．6　　D．4

11．下列关于电子邮件的说法，正确的是________。

A．收件人必须有E-mail账号，发件人可以没有E-mail账号

B．发件人必须有E-mail账号，收件人可以没有E-mail账号

C．发件人和收件人均必须有E-mail账号

D．发件人必须知道收件人的邮政编码

12．1GB等于________字节。

A．1000×1000　　B．1000×1000×1000　　C．3×1024　　D．1024×1024×1024

13．内存中有一小部分用来存储系统的基本信息，CPU对它们只读不写，这部分存储器的英文缩写是________。

A．RAM　　B．Cache　　C．ROM　　D．DOS

14．计算机病毒最重要的特点是________。

A．可执行　　B．可传染　　C．可保存　　D．可复制

15．已知“装”字的拼音输入码是“zhuang”，而“大”字的拼音输入码是“da”，则存储它们内码分别需要的字节个数是 ________。

A．6，2　　B．3，1　　C．2，2　　D．3，2

16．下列各项中，________不能作为Internet的IP地址。

A．202.96.12.14　　B．202.196.72.140　　C．112.256.23.8　　D．201.124.38.79

17．计算机软件分为系统软件和应用软件两大类，其中________是系统软件的核心。

A．数据库管理系统　　B．操作系统
C．程序语言系统　　D．财务管理系统

18．二进制数 101110 转换成等值的八进制数是________。

A．45　　B．56　　C．67　　D．78

19．下列软件中，不是操作系统的是________。

A．Linux　　B．UNIX　　C．MS-DOS　　D．MS-Office

20．WPS、Word 等文字处理软件属于________。

A．管理软件　　B．网络软件　　C．应用软件　　D．系统软件

综合训练 3

1．已知英文字母 m 的 ASCII 码值为 6DH，那么码值为 4DH 的字母是________。

A．N　　B．M　　C．P　　D．L

2．根据 Internet 的域名代码规定，域名中的________表示商业组织的网站。

A．.net　　B．.com　　C．.gov　　D．.org

3．微机中，西文字符所采用的编码是________。

A．EBCDIC 码　　B．ASCII 码　　C．原码　　D．反码

4．在标准 ASCII 编码表中，数字码、小写英文字母和大写英文字母的前后次序是________。

A．数字、小写英文字母、大写英文字母
B．小写英文字母、大写英文字母、数字
C．数字、大写英文字母、小写英文字母
D．大写英文字母、小写英文字母、数字

5．计算机感染病毒的可能途径之一是________。

A．从键盘上输入数据
B．随意运行外来的、未经消病毒软件严格审查的 U 盘上的软件
C．所使用的软盘表面不清洁
D．电源不稳定

6．CPU 的指令系统又称为________。

A．汇编语言　　B．机器语言　　C．程序设计语言　D．符号语言

7．微型计算机中内存储器比外存储器________。

A．读写速度快　　B．存储容量大　　C．运算速度慢　　D．以上三项都对

8．十进制数 64 转换为二进制数为________。

A．1100000　　B．1000000　　C．1000001　　D．1000010

9．把用高级语言写的程序转换为可执行程序，要经过的过程称为________。

A．汇编和解释　　B．编辑和连接　　C．编译和连接装配　　D．解释和编译

10．拥有计算机并以拨号方式接入网络的用户需要使用________。

A．CD-ROM　　B．鼠标　　C．软盘　　D．Modem

11．40 倍速光盘驱动器的数据传输速率是指________。

A．每秒传输 40KB　　B．每秒传输 4000KB

C．每秒传输 6000KB　　D．每秒传输 8000KB

12．在不同进制的四个数中，最小的一个数是________。

A．11011001(二进制)　　B．75(十进制)

C．37(八进制)　　D．2A(十六进制)

13．硬盘属于________。

A．内部存储器　B．外部存储器　C．只读存储器　D．输出设备

14．计算机的内存储器由________组成。

A．RAM　B．ROM　C．RAM 和硬盘　D．RAM 和 ROM

15．正确的 IP 地址是________。

A．202.202.1　B．202.2.2.2.2　C．202.112.111.1　D．202.257.14.13

16．微型计算机存储器系统中的 Cache 是________。

A．只读存储器　　B．高速缓冲存储器

C．可编程只读存储器　　D．可擦除可再编程只读存储器

17．操作系统的主要功能是________。

A．对用户的数据文件进行管理，为用户提供管理文件条件

B．对计算机的所有资源进行控制和管理，为用户使用计算机提供条件

C．对源程序进行编译和运行

D．对汇编语言程序进行翻译

18．二进制数 111001 转换成十进制数是________。

A．58　B．57　C．56　D．41

19．汉字国标码(GB 2312—80)把汉字分成________等级。

A．简化字和繁体字两个　　B．一级汉字、二级汉字、三级汉字共三个

C．一级汉字、二级汉字共二个　　D．常用字、次常用字、罕见字三个

20．显示器是一种________。

A．输入设备　　B．输出设备

C．既是输入设备，又是输出设备　　D．控制设备

综合训练 4

1．二进制数 1011011 转换成十进制数为________。

A．103　B．91　C．171　D．71

2．在下列字符中，其 ASCII 码值最小的一个是________。

A．9　B．p　C．Z　D．a

3．计算机网络最突出的优点是________。

A．精度高　B．容量大　C．运算速度快　D．共享资源

4．电话拨号连接是计算机个人用户常用的接入因特网的方式。称为“非对称数字用户线”的接入技术的英文缩写是________。

A．ADSL　B．ISDN　C．ISP　D．TCP

5．十进制数 121 转换为二进制数为________。

A．1111001　　B．111001　　C．1001111　　D．100111

6．下列关于计算机病毒的叙述中，错误的是________。

A．反病毒软件可以查、杀任何种类的病毒

B．计算机病毒是人为制造的、企图破坏计算机功能或计算机数据的一段小程序

C．反病毒软件必须随着新病毒的出现而升级，提高查、杀病毒的功能

D．计算机病毒具有传染性

7．当前微机上运行的 Windows 属于________。

A．批处理操作系统　　B．单用户单任务操作系统

C．单用户多任务操作系统　　D．分时操作系统

8．目前流行的微机的字长是________。

A．8 位　　B．16 位　　C．32 位　　D．64 位

9．用 16×16 点阵来表示汉字的字型，存储一个汉字的字型需用________个字节。

A．16×1　　B．16×2　　C．16×3　　D．16×4

10．下面关于 USB 的叙述中，错误的是________。

A．USB 接口的尺寸比并行接口大得多

B．USB 2.0 的数据传输率大大高于 USB 1.1

C．USB 具有热插拔与即插即用的功能

D．在 Windows XP 以上版本中，使用 USB 接口连接的外部设备(如移动硬盘、U 盘等)不需要驱动程序

11．把用高级语言写的程序转换为可执行的程序，要经过的过程称为________。

A．汇编和解释　　B．编辑和连接　　C．编译和连接　　D．解释和编译

12．世界上第一台计算机是 1946 年由美国研制成功的，该计算机的英文缩写名为________。

A．MARK-II　　B．ENIAC　　C．EDSAC　　D．EDVAC

13．下列各指标中，________是数据通信系统的主要技术指标之一。

A．重码率　　B．传输速率　　C．分辨率　　D．时钟主频

14．下列两个二进制数进行算术加运算，10100+111=________。

A．10211　　B．110011　　C．11011　　D．10011

15．静态 RAM 的特点是________。

A．在不断电的条件下，信息在静态 RAM 中保持不变，故而不必定期刷新就能永久保存信息

B．在不断电的条件下，信息在静态 RAM 中不能永久无条件保持，必须定期刷新才不致丢失信息

C．在静态 RAM 中的信息只能读，不能写

D．在静态 RAM 中的信息断电后不丢失

16．按操作系统的分类，UNIX 属于________操作系统。

A．批处理　　B．实时　　C．分时　　D．网络

17．下列选项中，不属于显示器主要技术指标的是________。

A．分辨率　　B．重量　　C．像素的点距　　D．显示器的尺寸

18．计算机硬件能直接识别并执行的语言是________。

A．高级语言　　B．算法语言　　C．机器语言　　D．符号语言

19．完整的计算机软件指的是________。

A．程序、数据与相应的文档　　B．系统软件与应用软件

C．操作系统与应用软件　　D．操作系统和办公软件

20．在微型计算机内存储器中，不能用指令修改其存储内容的部分是________。

A．RAM　　B．DRAM　　C．ROM　　D．SRAM

综合训练 5

1．一个汉字的国标码用 2 个字节存储，其每个字节的最高二进制位的值分别为________。

A．0，0　　B．1，0　　C．0，1　　D．1，1

2．在计算机中，每个存储单元都有一个连续的编号，此编号称为________。

A．地址　　B．位置号　　C．门牌号　　D．房号

3．执行一条指令的过程是________。

A．形成指令地址，取出指令，执行指令

B．形成指令地址，取出指令，分析指令，执行指令

C．取出指令，执行指令，形成下一条指令地址

D．取出指令，分析指令，执行指令，形成下一条指令地址

4．存储在 ROM 中的数据当计算机断电后________。

A．部分丢失　　B．不会丢失　　C．可能丢失　　D．完全丢失

5．________是决定微处理器性能优劣的重要指标。

A．内存的大小　　B．内存储器　　C．主频　　D．微处理器的型号

6．办公自动化(OA)是计算机的一项应用，按计算机应用的分类，它属于________。

A．科学计算　　B．辅助设计　　C．实时控制　　D．信息处理

7．下列有关总线的描述不正确的是________。

A．总线分为内部总线和外部总线　　B．内部总线也称为片总线

C．总线的英文表示就是 Bus　　D．总线体现在硬件上就是计算机主板

8．计算机病毒除通过有病毒的软盘传染外，另一条可能途径是通过________进行传染。

A．网络　　B．电源电缆　　C．键盘　　D．输入不正确的程序

9．下列软件中属于应用软件的是________。

A．Windows　　B．PowerPoint

C．UNIX　　D．Linux

10．主机域名 mh.bit.edu.cn 中最高域是________。

A．mh　　B．edu　　C．cn　　D．bit

11．下面关于操作系统的叙述中，正确的是________。

A．操作系统是计算机软件系统中的核心软件

B．操作系统属于应用软件

C．Windows 是 PC 唯一的操作系统

D．操作系统的五大功能是：启动、打印、显示、文件存取和关机

12．计算机内部采用的数制是________。

A．十进制　B．二进制　C．八进制　D．十六进制

13．二进制数 1011001 转换成十进制数是________。

A．80　B．89　C．76　D．85

14．计算机指令由两部分组成，它们是________。

A．运算符和运算数　B．操作数和结果

C．操作码和操作数　D．数据和字符

15．按照数的进位制概念，下列各数中正确的八进制数是________。

A．8707　B．1101　C．4109　D．10BF

16．十进制数 215 等于二进制数________。

A．11101011　B．11101010　C．11010111　D．11010110

17．第一代电子计算机的主要组成元件是________。

A．继电器　B．晶体管　C．电子管　D．集成电路

18．一个字节表示的最大无符号整数是________。

A．255　B．128　C．256　D．127

19．内存储器是计算机系统中的记忆设备，它主要用于________。

A．存放数据　B．存放程序　C．存放地址　D．存放数据和程序

20．要存放 10 个 24×24 点阵的汉字字模，需要________存储空间。

A．72B　B．320B　C．720B　D．72KB

综合训练 6

1．计算机最主要的工作特点是________。

A．存储程序与自动控制　B．高速度与高精度

C．可靠性与可用性　D．有记忆能力

2．字长是 CPU 的主要技术性能指标之一，它表示的是________。

A．CPU 计算结果的有效数字长度

B．CPU 一次能处理二进制数据的位数

C．CPU 能表示的最大有效数字位数

D．CPU 能表示的十进制整数位数

3．在下列字符中，其 ASCII 码值最大的一个是________。

A．Z　B．9　C．空格字符　D．a

4．已知英文字母 m 的 ASCII 码值为 109，则英文字母 i 的 ASCII 码值是________。

A．106　B．105　C．104　D．103

5．下列叙述中，正确的是________。

A．字长为 16 位表示这台计算机最大能计算一个 16 位的十进制数

B．字长为 16 位表示这台计算机的 CPU 一次能处理 16 位二进制数

C．运算器只能进行算术运算

D．SRAM 的集成度高于 DRAM

6．人们可以操作和控制多媒体信息，这是多媒体技术的________。

A．多样化特征　B．集成化特征　C．交互性特征　D．实时性特征

7．英文缩写 CAD 的中文意思是________。

A．计算机辅助设计　B．计算机辅助制造

C．计算机辅助教学　D．计算机辅助管理

8．下列叙述中，正确的一条是________。

A．十进制数 101 的值大于二进制数 1000001

B．所有十进制小数都能准确地转换为有限位的二进制小数

C．十进制数 55 的值小于八进制数 66 的值

D．二进制的乘法规则比十进制的复杂

9．DVD-ROM 属于________。

A．大容量可读可写外存储器　B．大容量只读外部存储器

C．CPU 可直接存取的存储器　D．只读内存储器

10．下列叙述中，正确的是________。

A．所有计算机病毒只在可执行文件中传染

B．计算机病毒通过读写 U 盘或 Internet 网络进行传播

C．只要把带毒软盘片设置成只读状态，那么此盘片上的病毒就不会因读盘而传染给另一台计算机

D．计算机病毒是由于 U 盘片表面不清洁而造成的

11．用高级程序设计语言编写的程序________。

A．计算机能直接执行　B．可读性和可移植性好

C．可读性差但执行效率高　D．依赖于具体机器，不可移植

12．下列设备组中，完全属于外部设备的一组是________。

A．激光打印机、移动硬盘、鼠标

B．CPU、键盘、显示器

C．SRAM 内存条、CD-ROM 驱动器、扫描仪

D．优盘、内存储器、硬盘

13．域名 mh.bit.edu.cn 中主机名是________。

A．mh　B．edu　C．cn　D．bit

14．二进制数 110001 转换成十进制数是________。

A．47　B．48　C．49　D．50

15．ROM 中的信息是________。

A．由计算机制造厂预先写入的

B．在系统安装时写入的

C．根据用户的需求，由用户随时写入的

D．由程序临时存入的

16．用户在 ISP 注册拨号入网后，其电子邮箱建在________。

A．用户的计算机上　B．发信人的计算机上

C．ISP 的主机上　D．收信人的计算机上

17．下面关于随机存取存储器（RAM）的叙述中，正确的是________。

A．RAM 分静态 RAM（SRAM）和动态 RAM（DRAM）两大类

B．SRAM 的集成度比 DRAM 高

C．DRAM 的存取速度比 SRAM 快

D．DRAM 中存储的数据无须刷新

18．在一个非零无符号二进制整数之后去掉一个 0，则此数的值为原数的________倍。

A．4　B．2　C．1/2　D．1/4

19．下列叙述中，正确的一条是________。

A．CPU 能直接读取硬盘上的数据

B．CPU 能直接与内存储器交换数据

C．CPU 由存储器、运算器和控制器组成

D．CPU 主要用来存储程序和数据

20．下列术语中，属于显示器性能指标的是________。

A．速度　B．可靠性　C．分辨率　D．精度

综合训练 7

1．下列关于计算机病毒的叙述中，正确的一条是________。

A．反病毒软件可以查、杀任何种类的病毒

B．计算机病毒是一种被破坏了的程序

C．反病毒软件必须随着新病毒的出现而升级，提高查、杀病毒的功能

D．感染过计算机病毒的计算机具有对该病毒的免疫力

2．以下关于汇编语言的描述中，错误的是________。

A．汇编语言诞生于 20 世纪 50 年代初期

B．汇编语言不再使用难以记忆的二进制代码

C．汇编语言使用的是助记符号

D．汇编程序是一种不再依赖机器的语言

3．5 位无符号二进制数字最大能表示的十进制整数是________。

A．64　B．63　C．32　D．31

4．计算机技术中，下列度量存储器容量的单位中，最大的单位是________。

A．KB　B．MB　C．Byte　D．GB

5．下列叙述中，正确的是________。

A．把数据从硬盘上传送到内存的操作称为“输出”

B．WPS 是一种国产的系统软件

C．扫描仪属于输出设备

D．将高级语言编写的源程序转换成为机器语言程序的程序称为编译程序

6．微型机中，关于 CPU 的“Pentium Ⅲ/866”配置中的数字 866 表示________。

A．CPU 的型号是 866　B．CPU 的时钟主频是 866MHz

C．CPU 的高速缓存容量为 866KB　D．CPU 的运算速度是 866MIPS

7．下列叙述中，错误的是________。

A．硬盘在主机箱内，它是主机的组成部分

B．硬盘属于外部存储器

C．硬盘驱动器既可做输入设备又可做输出设备用

D．硬盘与CPU之间不能直接交换数据

8．在下列设备中，________不能作为微机的输出设备。

A．打印机　B．显示器　C．鼠标　D．绘图仪

9．下列各项中，________能作为电子邮箱地址。

A．L202@263.NET　B．TT202#YAHOO

C．A112.256.23.8　D．K201&YAHOO.COM.CN

10．五笔字型码输入法属于________。

A．音码输入法　B．形码输入法

C．音形结合的输入法　D．联想输入法

11．下列的英文缩写和中文名字的对照中，正确的是________。

A．CAD——计算机辅助设计

B．CAM——计算机辅助教育

C．CIMS——计算机集成管理系统

D．CAI——计算机辅助制造

12．UPS是指________。

A．大功率稳压电源　B．不间断电源

C．用户处理系统　D．联合处理系统

13．二进制数1111111111等于十进制数________。

A．511　B．512　C．1023　D．1024

14．在下列字符中，其ASCII码值最小的一个是________。

A．2　B．p　C．Y　D．a

15．一个字长为6位的无符号二进制数能表示的十进制数值范围是________。

A．0～64　B．1～64　C．1～63　D．0～63

16．下列不属于计算机特点的是________。

A．存储程序控制，工作自动化　B．具有逻辑推理和判断能力

C．处理速度快、存储量大　D．不可靠、故障率高

17．计算机的操作系统是________。

A．计算机中使用最广的应用软件　B．计算机系统软件的核心

C．微机的专用软件　D．微机的通用软件

18．计算机网络分局域网、城域网和广域网，________属于广域网。

A．Ethernet　B．Novell网　C．Chinanet网　D．Token Ring网

19．十进制数91转换成二进制数是________。

A．1011011　B．10101101　C．10110101　D．1001101

20．6位二进制数最大能表示的十进制整数是________。

A．64　B．63　C．32　D．31

综合训练 8

1. 十进制数 67 转换成二进制数是________。
   A. 1000011　　B. 1100001　　C. 1000001　　D. 1100011
2. 一个汉字的机内码与国标码之间的差别是________。
   A. 前者各字节的最高位二进制值各为 1，而后者为 0
   B. 前者各字节的最高位二进制值各为 0，而后者为 1
   C. 前者各字节的最高位二进制值各为 1、0，而后者为 0、1
   D. 前者各字节的最高位二进制值各为 0、1，而后者为 1、0
3. 下列四种软件中，属于系统软件的是________。
   A. WPS　　B. Word　　C. Windows　　D. Excel
4. 计算机存储器中，一个字节由________位二进制位组成。
   A. 4　　B. 8　　C. 16　　D. 32
5. 按电子计算机传统的分代方法，第一代至第四代计算机依次是________。
   A. 机械计算机、电子管计算机、晶体管计算机、集成电路计算机
   B. 晶体管计算机、集成电路计算机、大规模集成电路计算机、光器件计算机
   C. 电子管计算机、晶体管计算机、小、中规模集成电路计算机、大规模和超大规模集成电路计算机
   D. 手摇机械计算机、电动机械计算机、电子管计算机、晶体管计算机
6. 下列叙述中，正确的是________。
   A. C++ 是高级程序设计语言的一种
   B. 用 C++ 程序设计语言编写的程序可以直接在机器上运行
   C. 当代最先进的计算机可以直接识别、执行任何语言编写的程序
   D. 机器语言和汇编语言是同一种语言的不同名称
7. 以下说法中，正确的是________。
   A. 域名服务器(DNS)中存放 Internet 主机的 IP 地址
   B. 域名服务器(DNS)中存放 Internet 主机的域名
   C. 域名服务器(DNS)中存放 Internet 主机域名与 IP 地址的对照表
   D. 域名服务器(DNS)中存放 Internet 主机的电子邮箱的地址
8. 在计算机硬件技术指标中，度量存储器空间大小的基本单位是________。
   A. 字节(Byte)　　B. 位(bit)　　C. 字(Word)　　D. 半字
9. 下列的英文缩写和中文名字的对照中，正确的是________。
   A. WAN——广域网　　B. ISP——因特网服务程序
   C. USB——不间断电源　　D. RAM——只读存储器
10. 在计算机中采用二进制，是因为________。
   A. 可降低硬件成本　　B. 两个状态的系统具有稳定性
   C. 二进制的运算法则简单　　D. 上述三个原因
11. 在一个非零无符号二进制整数之后添加一个 0，则此数的值为原数的________倍。

A．4　　B．2　　C．1/2　　D．1/4

12．下列关于计算机病毒的叙述中，错误的一条是________。

A．计算机病毒会造成对计算机文件和数据的破坏

B．只要删除感染了病毒的文件就可以彻底消除此病毒

C．计算机病毒是一段人为制造的小程序

D．计算机病毒是可以预防和消除的

13．下列各进制的整数中，________的值最小。

A．十进制数 10　B．八进制数 10　C．十六进制数 10 D．二进制数 10

14. 已知英文字母 m 的 ASCII 码值为 109 ，那么英文字母 p 的 ASCII 码值是________。

A．112　　B．113　　C．111　　D．114

15．假设某台计算机的内存容量为 256MB，硬盘容量为 40GB。硬盘容量是内存容量的________。

A．80 倍　　B．100 倍　　C．120 倍　　D．160 倍

16．在计算机中，鼠标属于________。

A．输出设备　　B．菜单选取设备 C．输入设备　　D．应用程序的控制设备

17．计算机操作系统是________。

A．一种使计算机便于操作的硬件设备

B．计算机的操作规范

C．计算机系统中必不可少的系统软件

D．对源程序进行编辑和编译的软件

18．计算机技术中，英文缩写 CPU 的中文译名是________。

A．控制器　　B．运算器　　C．中央处理器　　D．寄存器

19．二进制数 101001 转换成十进制数是________。

A．35　　B．37　　C．39　　D．41

20．十进制数 55 转换成二进制数是________。

A．0110101　　B．0110110　　C．0110111　　D．0110011

综合训练 9

1．随机存储器中，有一种存储器需要周期性的补充电荷以保证所存储信息的正确，它称为________。

A．静态 RAM(SRAM)　　B．动态 RAM(DRAM)

C．RAM　　D．Cache

2．在下列字符中，其 ASCII 码值最小的一个是________。

A．9　　B．p　　C．Z　　D．a

3．在下列传输介质中，抗干扰能力最强的是________。

A．双绞线　　B．光缆　　C．同轴电缆　　D．电话线

4．已知英文字母 m 的 ASCII 码值为 109，则英文字母 j 的 ASCII 码值是________。

A．106　　B．105　　C．104　　D．103

5．计算机对汉字进行处理和存储时使用汉字的________。

A．字形码　B．机内码　C．输入码　D．国标码

6．下列各进制的整数中，________表示的值最大。

A．十进制数 11　B．八进制数 11　C．十六进制数 11　D．二进制数 11

7．一条计算机指令中规定其执行功能的部分称为________。

A．源地址码　B．操作码　C．目标地址码　D．数据码

8．英文缩写 ISP 指的是________。

A．电子邮局　B．电信局

C．Internet 服务提供商　D．供他人浏览的网页

9．一个字长为 8 位的无符号二进制整数能表示的十进制数值范围是________。

A．0～256　B．0～255　C．1～256　D．1～255

10．根据域名代码规定，域名为 sic.com.cn 表示的网站类别应是________。

A．教育机构　B．政府机关　C．军事机构　D．商业机构

11．在计算机中，条码阅读器属于________。

A．输入设备　B．存储设备　C．输出设备　D．计算设备

12．操作系统管理用户数据的单位是________。

A．扇区　B．文件　C．磁道　D．文件夹

13．微型计算机存储系统中，PROM 是________。

A．可读写存储器　B．动态随机存取存储器

C．只读存储器　D．可编程只读存储器

14．正确的电子邮箱地址的格式是________。

A．用户名+计算机名+机构名+最高域名

B．用户名+@+计算机名+机构名+最高域名

C．计算机名+机构名+最高域名+用户名

D．计算机名+@ +机构名+最高域名+用户名

15．目前，PC 所采用的主要功能部件(如 CPU)是________。

A．小规模集成电路　B．大规模集成电路

C．晶体管　D．光器件

16．微机突然断电，此时微机________中的信息全部丢失，恢复供电后也无法恢复这些信息。

A．U 盘　B．RAM　C．硬盘　D．ROM

17．下列叙述中，正确的是________。

A．由高级语言编写的程序可移植性差

B．机器语言就是汇编语言，无非是名称不同而已

C．指令是由一串二进制数 0、1 组成的

D．用机器语言编写的程序可读性好

18．如果要运行一个指定的程序，则必须将这个程序装入到________中。

A．RAM　B．ROM　C．硬盘　D．CD-ROM

19．在微机的配置中常看到“P4 2.4G”字样，其中数字“2.4G”表示________。

A．处理器的时钟频率是2.4GHz　　B．处理器的运算速度是2.4

C．处理器是Pentium 4第2.4　　D．处理器与内存间的数据交换速率

20．一个完整的计算机系统应该包含________。

A．主机、键盘和显示器　　B．系统软件和应用软件

C．主机、外设和办公软件　　D．硬件系统和软件系统

综合训练10

1．存储一个32×32点阵汉字字型信息的字节数是________。

A．64B　　B．128B　　C．256B　　D．512B

2．十进制数 77 转换成二进制数是________。

A．1001011　　B．1000110　　C．1001101　　D．1011001

3．在计算机中，对汉字进行传输、处理和存储时使用汉字的________。

A．字形码　　B．国标码　　C．输入码　　D．机内码

4．计算机的技术性能指标主要是指________。

A．计算机所配备语言、操作系统、外部设备

B．硬盘的容量和内存的容量

C．显示器的分辨率、打印机的性能等配置

D．字长、运算速度、内/外存容量和CPU的时钟频率

5．微型计算机中使用最普遍的字符编码是________。

A．EBCDIC码　　B．国标码　　C．BCD码　　D．ASCII码

6．下列各组软件中，完全属于系统软件的一组是________。

A．UNIX，WPS，MS-DOS

B．AutoCAD，Photoshop，PowerPoint

C．Oracle，Fortran编译系统，系统诊断程序

D．物流管理程序，Sybase，Windows

7．二进制数 101001 转换成十进制数是________。

A．35　　B．37　　C．39　　D．41

8．下列关于计算机病毒的四条叙述中，有错误的一条是________。

A．计算机病毒是一个标记或一个命令

B．计算机病毒是人为制造的一种程序

C．计算机病毒是一种通过磁盘、网络等媒介传播、扩散，并能传染其他程序的程序

D．计算机病毒是能够实现自身复制，并借助一定的媒体存在且具有潜伏性、传染性和破坏性的程序

9．十进制数 113 转换成二进制数是________。

A．1110001　　B．1000111　　C．1110000　　D．10110000

10．运算器的主要功能是进行________。

A．算术运算　　B．逻辑运算　　C．加法运算　　D．算术和逻辑运算

11．下列字符中，ASCII 码值最小的是________。

A．a　　B．A　　C．x　　D．Y

12．二进制数 1100100 等于十进制数________。

A．144　　B．90　　C．64　　D．100

13．微机的主机指的是________。

A．CPU、内存和硬盘

B．CPU、内存、显示器和键盘

C．CPU 和内存储器

D．CPU、内存、硬盘、显示器和键盘

14．存储 400 个 24×24 点阵汉字字形所需的存储容量是________。

A．255KB　　B．75KB　　C．37．5KB　　D．28．125KB

15．微机的硬件系统中，最核心的部件是________。

A．内存储器　　B．硬盘　　C．CPU　　D．输入输出设备

16．下列叙述中，错误的一条是________。

A．CPU 可以直接处理外部存储器中的数据

B．操作系统是计算机系统中最主要的系统软件

C．CPU 可以直接处理内部存储器中的数据

D．一个汉字的机内码与它的国标码相差 8080H

17．用 8 个二进制位能表示最大的无符号整数等于十进制整数________。

A．127　　B．128　　C．255　　D．256

18．下列的英文缩写和中文名字的对照中，错误的是________。

A．CPU——控制程序部件

B．ALU——算术逻辑部件

C．CU——控制部件

D．OS——操作系统

19．下列叙述中，错误的一条是________。

A．计算机硬件主要包括主机、键盘、显示器、鼠标和打印机五大部件

B．计算机软件分系统软件和应用软件两大类

C．CPU 主要由运算器和控制器组成

D．内存储器中存储当前正在执行的程序和处理的数据

20．在微机系统中，麦克风属于________。

A．输入设备　　B．输出设备　　C．放大设备　　D．播放设备

综合训练 11

1．KB(千字节)是度量存储器容量大小的常用单位之一，这里的 1KB 等于________。

A．1000 个字节　B．1024 个字节　C．1000 个二进位 D．1024 个字

2．在外部设备中，扫描仪属于________。

A．输出设备　　B．存储设备　　C．输入设备　　D．特殊设备

3．计算机之所以能按人们的意志自动进行工作，主要是因为采用了________。

A．二进制数制　B．高速电子元件　C．存储程序控制　D．程序设计语言

4．将用高级程序语言编写的源程序翻译成目标程序的程序称为________。

A．连接程序　B．编辑程序　C．编译程序　D．诊断维护程序

5．已知字符 A 的 ASCII 码是 01000001B，ASCII 码为 01000111B 的字符是________。

A．D　B．E　C．F　D．G

6．二进制数 00111001 转换成十进制数是________。

A．58　B．57　C．56　D．41

7．用 MIPS 为单位来衡量计算机的性能，它指的是计算机的________。

A．传输速率　B．存储器容量　C．字长　D．运算速度

8．用来控制、指挥和协调计算机各部件工作的是________。

A．运算器　B．鼠标器　C．控制器　D．存储器

9．标准 ASCII 码用 7 位二进制位表示一个字符的编码，其不同的编码共有________。

A．127 个　B．128 个　C．256 个　D．254 个

10．计算机的硬件主要包括中央处理器(CPU)、存储器、输出设备和________。

A．键盘　B．鼠标　C．输入设备　D．显示器

11．无符号二进制整数 1001001 转换成十进制数是________。

A．72　B．71　C．75　D．73

12．十进制数 111 转换成二进制数是________。

A．1111001　B．01101111　C．01101110　D．011100001

13．假设 ISP 提供的邮件服务器为 bj163.com，用户名为 XUEJY 的正确电子邮件地址是________。

A．XUEJY @ bj163.cn　B．XUEJY&bj163.com

C．XUEJY#bj163.com　D．XUEJY@bj163.com

14．Internet 实现了分布在世界各地的各类网络的互连，其基础和核心的协议是________。

A．HTTP　B．TCP/IP　C．HTML　D．FTP

15．CD-ROM 光盘________。

A．只能读不能写　B．能读能写　C．只能写不能读　D．不能读不能写

16．下列度量单位中，用来度量计算机运算速度的是________。

A．MB/s　B．MIPS　C．GHz　D．MB

17．能直接与 CPU 交换信息的存储器是________。

A．硬盘存储器　B．CD-ROM　C．内存储器　D．软盘存储器

18．在下列字符中，其 ASCII 码值最大的一个是________。

A．8　B．9　C．a　D．b

19．二进制数 100100 等于十进制数________。

A．144　B．36　C．64　D．100

20．下列叙述中，正确的是________。

A．计算机的体积越大，其功能越强

B．CD-ROM 的容量比硬盘的容量大

C．存储器具有记忆功能，故其中的信息任何时候都不会丢失

D．CPU 是中央处理器的简称

综合训练 12

1．下列四项内容中，不属于 Internet（因特网）基本功能是________。

A．电子邮件　　B．文件传输　　C．远程登录　　D．实时监测控制

2．根据汉字国标 GB2312—80 的规定，1KB 的存储容量能存储的汉字内码的个数是________。

A．128　　B．256　　C．512　　D．1024

3．目前，打印质量最好的打印机是________。

A．针式打印机　　B．点阵打印机　　C．喷墨打印机　　D．激光打印机

4．计算机病毒是一种________。

A．特殊的计算机部件　　B．游戏软件

C．人为编制的特殊程序　　D．能传染的生物病毒

5．下列各类计算机程序语言中，不属于高级程序设计语言的是________。

A．Visual Basic　　B．Visual C++　　C．C 语言　　D．汇编语言

6．十进制数 91 转换成二进制数是________。

A．1011101　　B．10101101　　C．1011011　　D．1001101

7．下列叙述中，错误的是________。

A．内存储器一般由 ROM 和 RAM 组成

B．RAM 中存储的数据一旦断电就全部丢失

C．CPU 可以直接存取硬盘中的数据

D．存储在 ROM 中的数据断电后也不会丢失

8．下列两个二进制数进行算术运算，10000-101 = ________。

A．01011　　B．1101　　C．101　　D．100

9．调制解调器（Modem）的主要技术指标是数据传输速率，它的度量单位是________。

A．MIPS　　B．Mbit/s　　C．DPI　　D．KB

10．假设某台式计算机的内存储器容量为 128MB，硬盘容量为 10GB。硬盘的容量是内存容量的________。

A．40 倍　　B．60 倍　　C．80 倍　　D．100 倍

11．已知 a=00111000B 和 b=2FH，则两者比较的正确不等式是________。

A．$a>b$　　B．$a=b$　　C．$a<b$　　D．不能比较

12．USB 1.1 和 USB 2.0 的区别之一在于传输率不同，USB1.1 的传输率是________。

A．150Kbit/s　　B．12Mbit/s　　C．480Mbit/s　　D．48Mbit/s

13．现代计算机中采用二进制数制是因为二进制数的优点是________。

A．代码表示简短，易读

B．物理上容易实现且简单可靠，运算规则简单，适合逻辑运算

C．容易阅读，不易出错

D．只有 0、1 两个符号，容易书写

14．以下关于电子邮件的说法，不正确的是________。

A．电子邮件的英文简称是 E-mail

B．加入因特网的每个用户通过申请都可以得到一个电子信箱

C．在一台计算机上申请电子信箱，以后只有通过这台计算机上网才能收信

D．一个人可以申请多个电子信箱

15．假设某台式计算机内存储器的容量为 1KB，其最后一个字节的地址是________。

A．1023H　　B．1024H　　C．0400H　　D．03FFH

16．下列关于 ASCII 编码的叙述中，正确的是________。

A．一个字符的标准 ASCII 码占一个字节，其最高二进制位总为 1

B．所有大写英文字母的 ASCII 码值都小于小写英文字母‘a’的 ASCII 码值

C．所有大写英文字母的 ASCII 码值都大于小写英文字母‘a’的 ASCII 码值

D．标准 ASCII 码表有 256 个不同的字符编码

17．已知汉字“家”的区位码是 2850，则其国标码是________。

A．4870D　　B．3C52H　　C．9CB2H　　D．A8D0H

18．在标准 ASCII 码表中，英文字母 a 和 A 的码值之差的十进制值是________。

A．20　　B．32　　C．−20　　D．−32

19．在计算机的存储单元中存储的________。

A．只能是数据　B．只能是字符　C．只能是指令　D．可以是数据或指令

20．对计算机病毒的防治也应以“预防为主”。下列各项措施中，错误的预防措施是________。

A．将重要数据文件及时备份到移动存储设备上

B．用杀病毒软件定期检查计算机

C．不要随便打开/阅读身份不明的发件人发来的电子邮件

D．在硬盘中再备份一份

习 题 答 案

第1章

一、判断题

1. A　2. B　3. B　4. B　5. B　6. B　7. B　8. B　9. A　10. B
11. A　12. A　13. B　14. B　15. B　16. B　17. B　18. B　19. B　20. B

二、单项选择题

1. A　2. C　3. C　4. A　5. B　6. A　7. D　8. B　9. D.　10. C
11. A　12. D　13. A　14. C　15. D　16. D　17. C　18. D　19. C　20. B
21. B　22. A　23. A　24. B　25. B　26. B　27. B　28. B　29. B　30. D

三、多项选择题

1. BCD　2. BD　3. AD　4. ABC　5. CD
6. ACD　7. ACD　8. ABCD　9. ABD　10. BC

四、填空题

1. ENIAC　2. 7　3. 字长　4. 硬件系统、软件系统
5. 系统软件　应用软件　6. 运算器　控制器　存储器　输入设备　输出设备　运算器　控制器
7. 地址　8. 操作系统　9. 1024　10. UPS　11. 机器语言　12. USB
13. 512　14. RAM　15. ROM

第2章

一、判断题

1. A　2. B　3. B　4. A　5. B　6. A　7. B　8. B　9. B　10. A
11. A　12. B　13. A　14. B　15. A　16. B　17. B　18. A　19. A　20. B

二、单项选择题

1. B　2. D　3. B　4. A　5. C　6. B　7. A　8. D　9. C　10. B
11. D　12. C　13. A　14. C　15. B　16. D　17. A　18. C　19. D　20. C

三、多项选择题

1. ABCD　2. ABC　3. BC　4. ABC　5. ABC
6. BCD　7. ABCD　8. ACD　9. ACD　10. ABCD

四、填空题

1. Shift+Del　2. Ctrl+C　3. Alt+PrintScreen　4. Windows Media Player
5. 滚动条　6. Ctrl　7. 对话框　8. 255
9. 全部文件　10. 标题栏

第3章

一、判断题

1. B　2. A　3. B　4. B　5. A　6. B　7. A　8. A　9. B　10. A
11. A　12. A　13. A　14. A　15. A　16. A　17. A　18. A　19. A　20. A
21. A　22. A　23. A　24. A　25. B　26. A　27. B　28. B　29. A　30. A
31. A　32. A　33. A　34. A　35. B

二、单项选择题

1. D　2. C　3. A　4. C　5. C　6. A　7. C　8. C　9. A　10. D
11. C　12. C　13. C　14. A　15. A　16. A　17. C　18. C　19. D　20. B
21. C　22. A　23. A　24. B　25. C

三、多项选择题

1. ABD　2. ABCD　3. ABCD　4. ABCD　5. ABCD
6. AC　7. ACD　8. ABCD　9. CD　10. ABCD
11. ABCD　12. ABCD　13. ABCD　14. ABCD　15. BCD
16. ABCD　17. CD　18. ABCD　19. ABCD　20. ABCD

四、填空题

1. 排版　2. 着重号　3. 页面视图　4. 选中　5. 中文版式
6. Alt　7. 页面布局　8. 更改大小写　9. SmartArt 图形　10. 封面
11. 黑体　12. 图片　13. 活动　14. 邮件合并　15. 打印预览
16. 自动更正　17. 布局　转换为文本　18. 文本转换成表格
19. 两端　左　20. 标题

第4章

一、判断题

1. A　2. B　3. B　4. A　5. B　6. B　7. A　8. A　9. B　10. A
11. A　12. B　13. A　14. A　15. A　16. B　17. A　18. B　19. A　20. A

二、单项选择题

1. D　2. A　3. B　4. C　5. B　6. A　7. B　8. D　9. B　10. C

11. D　12. C　13. D　14. A　15. A　16. A　17. C　18. B　19. D　20. B

三、多项选择题

1. ABC　2. ABCD　3. BCD　4. BCD　5. BCD
6. AD　7. ABCD　8. BCD　9. AB　10. ABC
11. AC　12. ABC　13. ABC　14. ABC　15. ABCD
16. BC　17. BD　18. ABCD　19. ABCD　20. AB

四、填空题

1. 3　2. 左、右　3. =(等号)　4. DEL　5. 筛选
6. 64　7. 3　8. 插入函数　9. =AVERAGE(A3:B7,D3:E7)
10. =$b5+d4　11. 数据有效性　12. A2+B2　13. 2　14. northwind
15. 10　16. –256　17. #　18. 相对引用　19. =SUM(Sheet2!B2:D2)　20. Ctrl

第5章

一、判断题

1. A　2. A　3. B　4. B　5. A　6. A　7. A　8. B　9. B　10. A
11. A　12. B　13. A　14. A　15. B　16. B　17. B　18. A　19. A　20. A

二、单项选择题

1. C　2. C　3. D　4. B　5. B　6. C　7. D　8. C　9. D　10. B
11. B　12. B　13. D　14. A　15. B　16. B　17. D　18. A　19. C　20. A

三、多项选择题

1. ABCD　2. BC　3. BCD　4. ACD　5. ABCD
6. ABC　7. ABC　8. ABCD　9. ABCD　10. ABCD
11. BCD　12. ABCD　13. ABC　14. ABCD　15. ABC

四、填空题

1. 主题字体　主题颜色　主题效果　2. 切换　3. 幻灯片母版
4. 图片工具　5. 快速访问工具栏　6. 文件
7. 插入　8. 视频　9. 占位符　10. Ctrl+N
11. Esc　12. 超链接　13. 压缩媒体文件　14. 书签　15. 动作按钮

第6章

一、判断题

1. B　2. B　3. A　4. A　5. A　6. B　7. A　8. A　9. B　10. B

二、单项选择题

1. C　2. C　3. C　4. A　5. C　6. C　7. C　8. B　9. C　10. B

三、多项选择题

1. ABC　2. ABC　3. ABD　4. ABC　5. ABD
6. ABD　7. ACD　8. BCD　9. ABC　10. ABCD

四、填空题

1. 矢量图　位图　位图　矢量图
2. RGB　CMYK　灰度
3. Alt+Delete
4. 编辑　描边
5. 横排文字蒙版工具
6. 色相/饱和度
7. 投影　内阴影　外发光　内发光　斜面和浮雕
8. 锁定透明像素　锁定图像像素　锁定位置　锁定全部
9. 线性渐变　径向渐变　角度渐变　对称渐变　菱形渐变
10. 冻结蒙版工具

第7章

一、判断题

1. A　2. B　3. B　4. A　5. B　6. B　7. A　8. A　9. A　10. B

二、单项选择题

1. D　2. D　3. D　4. A　5. D　6. A　7. A　8. D　9. B　10. A

三、多项选择题

1. AB　2. ABC　3. ABC　4. ABCD　5. ABCD
6. AB　7. ABC　8. ABCD　9. ABCD　10. BC

四、填空题

1. 2　2. 通信子网　3. 广域网　4. TCP/IP　5. 文件传输
6. 1～254　7. 域名地址　8. 香港　9. 计算机病毒　10. 防火墙

第8章

一、判断题

1. A　2. A　3. B　4. B　5. B　6. A　7. A　8. B　9. A　10. A

二、单项选择题

1. A　2. D　3. A　4. A　5. D　6. B　7. A　8. B　9. C　10. C

三、多项选择题

1. ABCD　2. AB　3. ABCD　4. ABC　5. ABC
6. ABD　7. ABD　8. ABD　9. BCD　10. ABD

四、填空题

1. 图形　图像　动画　视频　2. 采样　量化　编码
3. WAV　MIDI　CD　MP3　WMA　4. 批处理
5. 传统视图　经典视图　简洁视图　6. 编辑　效果　覆叠　标题
7. 故事板视图　时间轴视图　音频视图

第9章

综合训练1

1. B　2. C　3. D　4. D　5. B　6. B　7. C　8. D　9. A　10. A
11. D　12. C　13. A　14. B　15. B　16. C　17. C　18. B　19. B　20. C

综合训练2

1. B　2. C　3. C　4. C　5. D　6. B　7. B　8. D　9. B　10. B
11. C　12. D　13. C　14. B　15. C　16. C　17. B　18. B　19. D　20. C

综合训练3

1. B　2. B　3. B　4. C　5. B　6. B　7. A　8. B　9. C　10. D
11. C　12. C　13. B　14. D　15. C　16. B　17. B　18. B　19. C　20. B

综合训练4

1. B　2. A　3. D　4. A　5. A　6. A　7. C　8. D　9. B　10. A
11. C　12. B　13. B　14. C　15. A　16. C　17. B　18. C　19. B　20. C

综合训练5

1. A　2. A　3. D　4. B　5. C　6. D　7. A　8. A　9. B　10. C
11. A　12. B　13. B　14. C　15. B　16. C　17. C　18. A　19. D　20. C

综合训练6

1. A　2. B　3. D　4. B　5. B　6. C　7. A　8. A　9. B　10. B
11. B　12. A　13. A　14. C　15. A　16. C　17. A　18. C　19. B　20. C

综合训练7

1. C　2. D　3. D　4. D　5. D　6. B　7. A　8. C　9. A　10. B
11. A　12. B　13. C　14. A　15. D　16. D　17. B　18. C　19. A　20. B

综合训练 8

1. A	2. A	3. C	4. B	5. C	6. A	7. C	8. A	9. A	10. D
11. B	12. B	13. D	14. A	15. D	16. C	17. C	18. C	19. D	20. C

综合训练 9

1. B	2. A	3. B	4. A	5. B	6. C	7. B	8. C	9. B	10. D
11. A	12. B	13. D	14. B	15. B	16. B	17. C	18. A	19. A	20. D

综合训练 10

1. B	2. C	3. D	4. D	5. D	6. C	7. D	8. A	9. A	10. D
11. B	12. D	13. C	14. D	15. C	16. A	17. C	18. A	19. A	20. A

综合训练 11

1. B	2. C	3. C	4. C	5. D	6. B	7. D	8. C	9. B	10. C
11. D	12. B	13. D	14. B	15. A	16. B	17. C	18. D	19. B	20. D

综合训练 12

1. D	2. C	3. D	4. C	5. D	6. C	7. C	8. A	9. B	10. C
11. A	12. B	13. B	14. C	15. D	16. B	17. B	18. B	19. D	20. D

参考文献

柴靖．2008．Word 2007 文档处理．北京：清华大学出版社

成秀莲．2007．Office 2007 中文版完全应用指南．北京：兵器工业出版社

邓超成，赵勇，等．2010．大学计算机基础——Windows XP+Office 2003 版．北京：科学出版社

龚福保．2008．中文 Office 2007 办公应用实训教程．西安：西北工业大学出版社

黄冬梅，王爱继．2006．大学计算机应用基础案例教程．北京：清华大学出版社

贾昌传，王巧玲，等．2006．计算机应用基础．北京：清华大学出版社

贾宗福．2007．新编大学计算机基础教程．北京：中国铁道出版社

教育部高等学校计算机基础课程教学指导委员会．2011．高等学校计算机基础核心课程教学实施方案．北京：高等教育出版社

教育部高等学校计算机基础课程教学指导委员会．2009．高等学校计算机基础教学发展战略研究报告暨计算机基础课程教学基本要求．北京：高等教育出版社

教育部高等学校文科计算机基础教学指导委员会．2008．大学计算机教学基本要求．北京：高等教育出版社

刘亚平，郝谦．2004．计算机辅助教学与多媒体课件制作．北京：中国铁道出版社

龙马工作室．2011．Office 2010 办公应用从新手到高手．北京：人民邮电出版社

陆汉权．2006．大学计算机基础教程．杭州：浙江大学出版社

吕庆莉，年玮．2007．计算机应用基础．西安：西北工业大学出版社

朴明焕，等．2006．Photoshop 梦幻特效设计Ⅱ．北京：中国青年出版社

乔金莲，刘广瑞．2008．中文 PowerPoint 2007 幻灯片制作实训教程．西安：西北工业大学出版社

全国计算机等级考试一级考试大纲．2013．教育部考试中心

全国信息技术水平大赛考试大纲(高级办公软件)．2012．教育部教育管理信息中心

神龙工作室．2008．Photoshop CS3 入门与提高．北京：人民邮电出版社

宋翔．2011．中文版 Office 2010 应用大全．北京．兵器工业出版社

王建忠，邓超成，等．2010．大学计算机基础实训指导．北京：科学出版社

王建忠．2012a．大学计算机基础(Office 2007 版)．北京：科学出版社

王建忠．2012b．大学计算机基础实训指导(Office 2007)．北京：科学出版社

张海波．2012．精通 Office 2010 中文版．北京：清华大学出版社